U0923472

普通高等教育“十一五”国家级规划教材

21世纪高职高专规划教材
网络专业系列

交换机/路由器的配置与管理

（第2版）

冯　昊　黄治虎　编著

清华大学出版社
北京

内容简介

交换机和路由器是网络的核心设备，从事网络组建、网络管理和维护的技术人员掌握交换机和路由器的配置与管理技术，至关重要。

本书以规划设计和组建完成某高校大型校园网络的案例为主线，采用任务驱动方式，详细介绍了大型网络的规划设计方法、Cisco 和华为的交换机与路由器的配置与管理技术，以及网络的后期维护与管理方法。

全书内容新颖，实用性和可操作性极强，网络设备涵盖了高、中、低端设备。全书共 9 章，主要包括计算机网络基础、规划设计交换式局域网、交换机配置基础、校园网汇聚层与核心层间的互联、配置虚拟局域网、路由器配置基础、访问控制列表、广域网协议及其配置、网络管理等内容。

本书配有习题和实训，可作为高职高专院校计算机相关专业的教材，也可作为网络培训教材。

图书在版编目（CIP）数据

交换机/路由器的配置与管理/冯昊，黄治虎编著．—2 版．—北京：清华大学出版社，2009.4（2022.1 重印）
21 世纪高职高专规划教材．网络专业系列
ISBN 978-7-302-19118-6

Ⅰ．交…　Ⅱ．①冯…　②黄…　Ⅲ．①计算机网络－信息交换机－高等学校：技术学校－教材　②计算机网络－路由选择－高等学校：技术学校－教材　Ⅳ．TN915.05

中国版本图书馆 CIP 数据核字（2008）第 199891 号

责任编辑：张　景
责任校对：袁　芳
责任印制：曹婉颖

出版发行：清华大学出版社
　　网　　址：http://www.tup.com.cn，http://www.wqbook.com
　　地　　址：北京清华大学学研大厦 A 座　　**邮　　编**：100084
　　社 总 机：010-62770175　　**邮　　购**：010-62786544
　　投稿与读者服务：010-62776969，c-service@tup.tsinghua.edu.cn
　　质 量 反 馈：010-62772015，zhiliang@tup.tsinghua.edu.cn
印 装 者：北京鑫海金澳胶印有限公司
经　　销：全国新华书店
开　　本：185mm×260mm　　**印　张**：21.5　　**字　　数**：490 千字
版　　次：2009 年 4 月第 2 版　　**印　　次**：2022 年 1 月第 17 次印刷
定　　价：59.00 元

产品编号：029784-05

出版说明

高职高专教育是我国高等教育的重要组成部分，担负着为国家培养并输送生产、建设、管理、服务第一线高素质技术应用型人才的重任。

进入21世纪后，高职高专教育的改革和发展呈现出前所未有的发展势头，学生规模已占我国高等教育的半壁江山，成为我国高等教育的一支重要的生力军；办学理念上，"以就业为导向"成为高等职业教育改革与发展的主旋律。近两年来，教育部召开了三次产学研交流会，并启动四个专业的"国家技能型紧缺人才培养项目"，同时成立了35所示范性软件职业技术学院，进行两年制教学改单试点。这些举措都表明国家正在推动高职高专教育进行深层次的重大改革，向培养生产、服务第一线真正需要的应用型人才的方向发展。

为了顺应当前我国高职高专教育的发展形势，配合高职高专院校的教学改革和教材建设，进一步提高我国高职高专教育教材质量，在教育部的指导下，清华大学出版社组织出版了"21世纪高职高专规划教材"。

为推动规划教材的建设，清华大学出版社组织并成立了"高职高专教育教材编审委员会"，旨在对清华版的全国性高职高专教材及教材选题进行评审，并向清华大学出版社推荐各院校办学特色鲜明、内容质量优秀的教材选题。教材选题由个人或各院校推荐，经编审委员会认真评审，最后由清华大学出版社出版。编审委员会的成员皆来源于教改成效大、办学特色鲜明、师资实力强的高职高专院校、普通高校以及著名企业，教材的编写者和审定者都是从事高职高专教育第一线的骨干教师和专家。

编审委员会根据教育部最新文件和政策，规划教材体系，比如部分专业的两年制教材；"以就业为导向"，以"专业技能体系"为主，突出人才培养的实践性、应用性的原则，重新组织系列课程的教材结构，整合课程体系；按照教育部制定的"高职高专教育基础课程教学基本要求"，教材的基础理论以"必要、够用"为度，突出基础理论的应用和实践技能的培养。

本套规划教材的编写原则如下：

(1) 根据岗位群设置教材系列，并成立系列教材编审委员会；

(2) 由编审委员会规划教材、评审教材；

(3) 重点课程进行立体化建设，突出案例式教学体系，加强实训教材的出版，完善教学服务体系；

(4) 教材编写者由具有丰富教学经验和多年实践经历的教师共同组成，建立"双师型"编者体系。

本套规划教材涵盖了公共基础课、计算机、电子信息、机械、经济管理以及服务等大类的主要课程,包括专业基础课和专业主干课。目前已经规划的教材系列名称如下:

· 公共基础课

公共基础课系列

· 计算机类

计算机基础教育系列
计算机专业基础系列
计算机应用系列
网络专业系列
软件专业系列
电子商务专业系列

· 电子信息类

电子信息基础系列
微电子技术系列
通信技术系列
电气、自动化、应用电子技术系列

· 机械类

机械基础系列
机械设计与制造专业系列
数控技术系列
模具设计与制造系列

· 经济管理类

经济管理基础系列
市场营销系列
财务会计系列
企业管理系列
物流管理系列
财政金融系列
国际商务系列

· 服务类

艺术设计系列

本套规划教材的系列名称根据学科基础和岗位群方向设置,为各高职高专院校提供"自助餐"形式的教材。各院校在选择课程需要的教材时,专业课程可以根据岗位群选择系列;专业基础课程可以根据学科方向选择各类的基础课系列。例如,数控技术方向的专业课程可以在"数控技术系列"选择;数控技术专业需要的基础课程,属于计算机类课程的可以在"计算机基础教育系列"和"计算机应用系列"选择,属于机械类课程的可以在"机械基础系列"选择,属于电子信息类课程的可以在"电子信息基础系列"选择。依此类推。

为方便教师授课和学生学习,清华大学出版社正在建设本套教材的教学服务体系。本套教材先期选择重点课程和专业主干课程,进行立体化教材建设:加强多媒体教学课件或电子教案、素材库、学习盘、学习指导书等形式的制作和出版,开发网络课程。学校在选用教材时,可通过邮件或电话与我们联系获取相关服务,并通过与各院校的密切交流,使其日臻完善。

高职高专教育正处于新一轮改革时期,从专业设置、课程体系建设到教材编写,依然是新课题。希望各高职高专院校在教学实践中积极提出意见和建议,并向我们推荐优秀选题。反馈意见请发送到E-mail:gzgz@tup.tsinghua.edu.cn。清华大学出版社将对已出版的教材不断地修订、完善,提高教材质量,完善教材服务体系,为我国的高职高专教育出版优秀的高质量的教材。

高职高专教育教材编审委员会

前言

随着计算机和网络技术的迅猛发展,计算机网络及应用已渗透到社会各个领域,各行各业都处在全面网络化和信息化建设进程中,对网络应用型人才的需求也与日俱增,计算机网络行业已成为技术人才稀缺的行业之一。

传统网络专业课程设置不能满足用人单位对网络岗位的技能要求。传统网络专业课程设置受网络实训设备、师资或教材的限制,未能开设交换机和路由器配置与管理方面的课程,主要侧重于网络理论介绍和针对小型局域网络组建的技能培养,这就造成了所培养的毕业生只能胜任小型局域网络(单一网段的网络)的组建和维护管理工作。但目前稍微大一点的局域网络都是需要划分网段的,这就要求网络工程师必须掌握对网络核心设备(交换机和路由器)的配置和管理能力。

没有掌握交换机和路由器的配置与管理这一网络核心技能,是造成目前计算机或网络专业毕业生就业难的主要原因之一,也是造成目前网络专业就业市场出现"两旺两难"的主要原因。"两旺"是指供方和需求方都旺盛,"两难"是指"学生就业难,企业招人难"。网络工程的组建,除了网络规划设计、网络综合布线以外,最关键的任务就是要对交换机和路由器按网络规划设计的要求进行合理配置,这是技术含量较高的一个工作岗位。

作为具有"高技术性"和"职业性"双重特性的高等职业教育,在网络专业或计算机应用专业(网络方向)开设交换机和路由器的配置与管理方面的课程是至关重要和紧迫的,并且该课程应成为核心主打课程之一。

《交换机/路由器的配置与管理》(第 2 版)是普通高等教育"十一五"国家级规划教材,是对《交换机/路由器的配置与管理》的一次全新改版,融入了作者最近几年从事网络工程规划设计、网络管理和网络专业教学积累的经验。经过本次改版,全书内容更加新颖,实用性和可操作性都得到了很大的提高,所有案例均来自真实应用,并提供有详细的网络实训方案和实训步骤。书中与 Cisco(思科)设备配置相关的应用示例,可在 Cisco Packet Tracer 4.1/5.0 模拟环境中进行全真的网络实训操作。

本书以作者亲自规划设计、参与建设并维护管理的某个具有双因特网出口的大型高校校园网络工程案例为主线,组织各章内容,采用项目教学和任务驱动模式编写,详细介绍了大型局域网络的规划设计方法、思科和华为的交换机与路由器的配置与管理技术,以及网络的后期维护与管理方法。

在实际的网络工程中,所选择使用的网络设备可能会来自两个或多个厂商,如思科、华为、华三、锐捷等,这就要求网络工程师必须掌握最主流的网络设备厂商的交换机或路由器的配置方法。因此,本教材在讲解中,同时介绍了目前最主流的思科和华为(华三)的交换机和路由器的配置技术,所介绍的网络设备涵盖了高、中、低三个档次的主流设备。高端设备主要以华为S8505万兆核心交换机和华为NE40交换路由器为例,介绍其配置方法和在本案例中的应用。

本书侧重于对网络实用技能的培养,内容讲解清晰透彻,其目标是通过对该书内容的学习和实践操作,达到能规划设计大、中型局域网络,并能独立配置思科或华为(华三)的交换机和路由器的能力,以及网络后期的维护与管理能力。由于局域网络通常使用静态路由,本次改版,对动态路由的配置进行了削减,仅做了简单介绍,重点放在静态路由部分。

对网络进行规划设计、对交换机和路由器进行配置和管理,都需要读者具备一定的网络理论知识,为此,本教材在第1章对必须掌握和充分理解的网络理论知识进行了简明扼要的介绍。对于未学习过计算机网络基础知识的读者,通过本章的学习,也能无障碍地进行后续章节的学习。

本教材的特色主要体现在以下四个方面:

- 总体采用任务驱动、项目教学方式进行组织编写。
- 突出计算机网络规划设计、网络工程组建和网络管理能力的培养。
- 案例新颖实用,可操作性强。
- 组织与讲解体现了"易学易教"的原则。语言讲解上,力求条理清晰、语言简洁、通俗易懂。

本书配有习题和实训,相关资料可访问作者网站(http://www.pcnetedu.com)来获得,对本书的建议可发送至answer@pcnetedu.com邮箱。

全书共9章,第1～6章由冯昊编写,第7～9章由黄治虎编写。建议学时数不低于72学时。对于网络实训设备不够的学校,建议采用Cisco Packet Tracer 5.0模拟器进行网络实训。

本教材得到了清华大学出版社的大力支持和帮助,在此致以衷心的感谢!限于笔者学识,不当之处,敬请批评指正。

编　者

2009年3月

目　录

第1章

计算机网络基础

本章介绍在计算机网络组建与维护管理中所必须理解和掌握的一些计算机网络知识，并重点介绍 TCP/IP 模型和 TCP/IP 协议。

1.1 计算机网络基本概念

计算机网络是计算机技术和通信技术发展的必然产物，进入 20 世纪 90 年代以后，以因特网(Internet)为代表的计算机网络得到了飞速发展，加速了全球数字化、网络化和信息化革命的进程。计算机网络正日益影响和改变着人们的生活方式、工作方式和学习方式，现在人们的生活、工作、学习和交往都已离不开计算机网络了。

1.1.1 计算机网络的定义、分类与性能指标

1. 计算机网络的定义

计算机网络是指利用有线或无线的传输介质，将分布在不同地理位置、独立的计算机互联起来而构成的计算机集合。组建网络的目的是实现资源共享和通信。

目前，最庞大的计算机网络就是因特网(Internet)，它利用传输介质和网络互联设备将分布在全球范围内的计算机或计算机网络互联起来，从而形成一个全球性的计算机网络。

2. 计算机网络的分类

可以从不同的角度对计算机网络进行分类。

(1) 根据网络交换功能的不同，计算机网络可分为电路交换网、报文交换网、分组交换网和混合交换网。混合交换网就是在一个数据网络中同时采用了电路交换技术和分组交换技术的网络。

目前，计算机网络主要采用分组交换技术，电话网络采用电路交换技术。

(2) 根据网络覆盖地理范围的大小，计算机网络可分为局域网、城域网和广域网。

- 局域网(Local Area Network，LAN)。局域网是指网络覆盖范围在几百米至几千米的网络，网络覆盖的地理范围较小，如校园网、企事业单位内部网等。

  局域网可运行的协议主要有以太网协议(IEEE 802.3)、令牌总线(IEEE 802.4)、令牌环(IEEE 802.5)和光纤分布数据接口(FDDI)。目前，局域网最常用的是以太网协议，因此，在没有特别说明的情况下局域网通常是指以太网。以太网是指运行以太网协议的网络。

- 城域网(Metropolitan Area Network,MAN)。城域网是指网络覆盖范围在几千米至几十千米的网络,其作用范围为一个城市。城域网可采用局域网技术来组建,也可采用分布式队列双总线(Distributed Queue Dual Bus,DQDB)技术来组建,该协议已成为国际标准,编号为IEEE 802.6。
- 广域网(Wide Area Network,WAN)。广域网是指网络覆盖范围在几十至几千千米的网络,可以跨越不同的国家或洲。广域网通信所采用的技术与局域网有较大差别。

(3) 根据网络的使用者,计算机网络可划分为公用网络和专用网络。

3. 计算机网络的性能指标

计算机网络的主要性能指标有带宽和时延。

(1) 带宽

在模拟信号中,带宽是指通信线路允许通过的信号频率范围,其单位为赫兹(Hz)。

在数字通信中,带宽是指数字信道发送数字信号的速率,其单位为比特每秒(b/s或bps),因此带宽有时也称为吞吐量,常用每秒发送的比特数来表示。例如,通常说某条链路的带宽或吞吐量为100M,实际上是指该条链接的数据发送速率为100Mb/s或100Mbps,即每秒钟可传送100M比特的数据。

注意:在数字通信中,单位换算关系与计算机领域是不同的,其换算关系如下:

1kb/s=1000b/s

1Mb/s=1000kb/s

1Gb/s=1000Mb/s

(2) 时延

时延是指一个报文或分组从链路的一端传送到另一端所需的时间。时延由发送时延、传播时延和处理时延三部分构成。

发送时延是使数据块从发送节点进入到传输介质所需的时间,即从数据块的第一个比特数据开始发送算起,到最后一个比特发送完毕所需的时间,其值为数据块的长度除以信道带宽,因此,在发送的数据量一定的情况下,带宽越大,则发送时延越小、传输越快。发送时延又称传输时延。

传播时延是指电磁波在信道中传输一定的距离所花费的时间。一般情况下,这部分时延可忽略不计,但若通过卫星信道传输,则这部分时延较大。电磁波在铜线电缆中的传播速度约为2.3×10^5 km/s,在光纤中的传播速度约为2.0×10^5 km/s,1000km长的光纤线路产生的传播时延约为5ms。

处理时延是指数据在交换节点为存储转发而进行一些必要处理所花费的时间。在处理时延中,排队时延占的比重较大,通常可用排队时延来作为处理时延。

1.1.2 网络拓扑结构

网络拓扑结构是指用传输介质互联的各节点的物理布局。在网络拓扑结构图中,通常用点来表示联网的计算机,用线来表示通信链路。

在计算机网络中，网络拓扑结构主要有总线型、星型、环型、树型和网状型，最常用的是星型结构。在实际组网应用中，可能采取多种结构混合使用。

1. 总线型结构

总线型结构网络使用同轴电缆细缆或粗缆作为公用总线来连接其他节点，总线的两端安装一对 50Ω 的终端电阻，以吸收电磁波信号，避免产生有害的电磁波反射。采用细同轴电缆时，每一段总线的长度一般不超过 185m。其拓扑结构如图 1.1 所示。总线型结构网络可靠性差、速率慢（10Mb/s），目前已很少使用。

主要优点：结构简单，所需电缆数量较少。

主要缺点：故障诊断和隔离较困难，可靠性差，传输距离有限，共享带宽，速度慢。

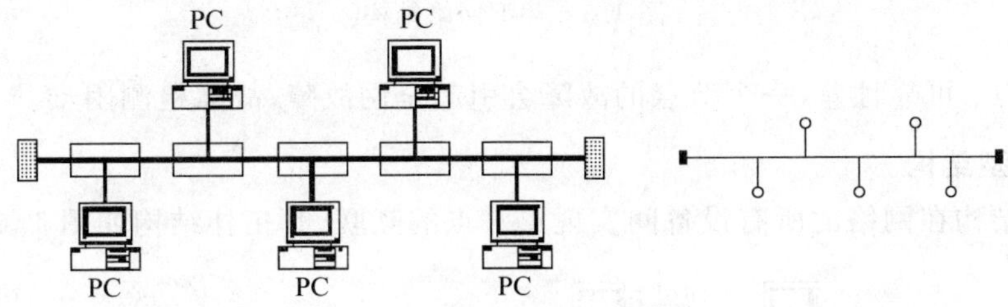

图 1.1　总线型网络结构

2. 星型结构

星型结构网络中各节点以星型方式连接到中心交换节点，从而实现各节点间的相互通信，是目前局域网的主要组网方式。中心交换节点可以采用集线器或交换机，目前主要采用交换机作为中心交换节点。其拓扑结构如图 1.2 所示。

主要优点：控制简单，故障诊断和隔离容易，易于扩展，可靠性好。

主要缺点：需要的电缆较多，中心交换节点负荷较重。

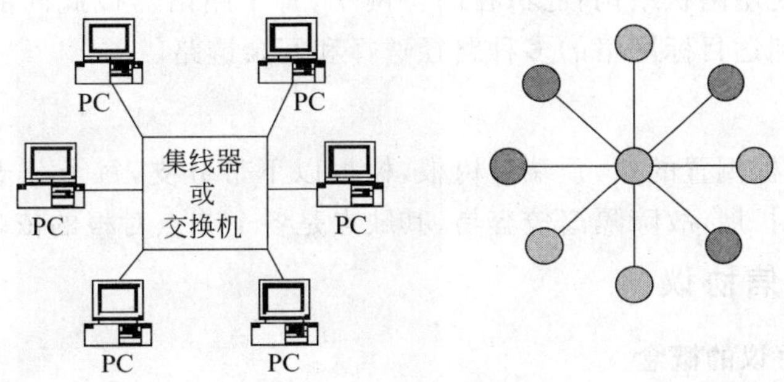

图 1.2　星型网络结构

3. 环型结构

环型结构由通信线路将各节点连接成一个闭合的环，数据在环上单向流动，网络中用令牌控制来协调各节点的发送，任意两节点都可通信。网络拓扑结构如图 1.3 所示。

主要优点：所需线缆较少，易于扩展。

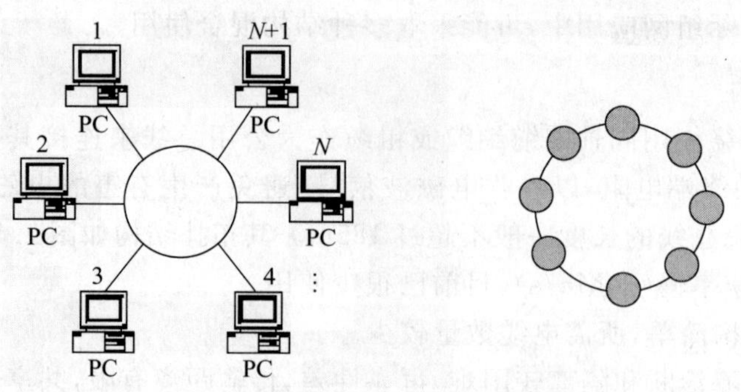

图 1.3 环型网络结构

主要缺点:可靠性差,一个节点的故障会引起全网故障;故障检测困难。

4. 网状型结构

网状型结构在网络的所有设备间实现点对点的互联,其拓扑结构如图 1.4 所示。

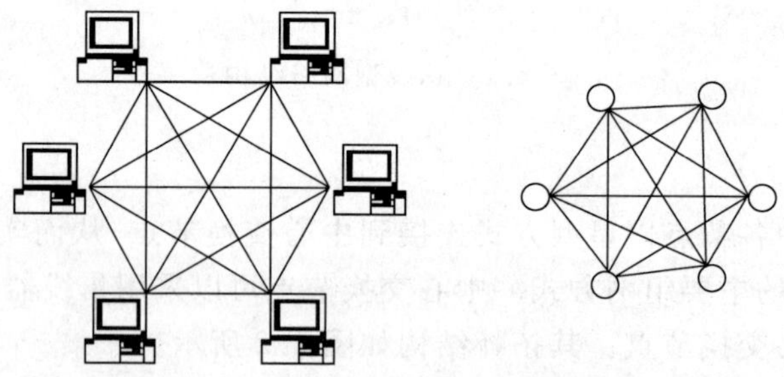

图 1.4 网状型网络拓扑结构

在局域网中,使用网状结构较少;在因特网中,骨干路由器彼此间的互联可采用该种网状结构,以提供到达目标网络的多种路径选择和冗余链路。

5. 树型结构

树型结构像一棵倒置的树,顶端是树根,树根以下带分支,每个分支还可以再进行分支。树型结构易于扩展,故障隔离较容易,其缺点是各个节点对根的依赖性太大。

1.1.3 网络通信协议

1. 网络通信协议的概念

在计算机网络中,要做到有条不紊地交换数据和通信,就必须共同遵守一些事先约定好的规则。这些为进行网络中的数据交换而建立的规则、标准或约定,就称为网络协议。

网络协议由语法、语义和同步三个要素组成。语法规定了数据与控制信息的结构或格式;语义定义了所要完成的操作,即完成何种动作或做出何种响应;同步定义了事件实现顺利的详细说明。

2. 常用的网络通信协议

在局域网中，常用的协议主要有 NetBEUI 协议和 TCP/IP 协议，用得最广泛的主要是 TCP/IP 协议。

(1) NetBEUI 协议

NetBEUI(NetBIOS Extended User Interface，NetBIOS 扩展用户接口)是 IBM 于 1985 年开发的一种体积小、效率高、速度快的通信协议，但不具备跨网段工作的能力，主要用于小型网络(小于 200 台主机)。

(2) TCP/IP 协议

TCP/IP 协议是因特网(Internet)的标准通信协议，支持路由和跨平台特性。在局域网中，也广泛采用 TCP/IP 协议来工作。

TCP/IP 协议是一个大的协议集，并不仅是 TCP 和 IP 这两个协议。有关 TCP/IP 协议的详细介绍将在后续部分讲解。

1.2　计算机网络体系结构

相互通信的两个计算机系统必须高度协调一致才能正常工作，而这种“协调”是相当复杂的，因此计算机网络实际上是一个非常复杂的系统。

对计算机网络体系结构进行分层，可将庞大而复杂的问题转化为若干较小的局部问题，这样就比较容易研究和处理。

对计算机网络体系结构的分层模型有 OSI 参考模型和 TCP/IP 模型两种。OSI 属于国际标准，由于分层较多，实现较复杂，主要用于理论研究；TCP/IP 模型分层较少，实现较容易，成为事实上的国际标准。

1.2.1　OSI 参考模型

OSI 参考模型(Open System Interconnection Reference Model，开放系统互联参考模型)是国际标准化组织 ISO 于 1983 年正式推出的，即著名的 ISO 7498 国际标准。

在 OSI 参考模型中，网络体系结构被分成了七层，由低层到高层依次是物理层、数据链路层、网络层、传输层、会话层、表示层和应用层。每一层均向相邻的上一层通过层间接口提供服务，上一层要在下一层所提供的服务的基础上实现本层的功能，因此服务是垂直的，而协议是水平的，协议是控制对等层实体之间通信的规则，即只有对等的层才能相互通信。

应用层为用户提供所需的各种应用服务，如 Web 服务、邮件服务、远程登录、文件传输服务、域名服务等。

表示层主要用于数据的表示、编码和解码，实现信息的语法语义表示和转换，如加密解密、转换翻译、压缩与解压缩等。

会话层用于为不同机器上的应用进程建立和管理会话。

传输层也称为运输层，主要用于解决数据在网络之间的传输质量问题，提高网络层服务质量，提供可靠的点对点的数据传输。它从会话层接收数据，并在必要时将数据分割成适合在网络层传输的数据单元,然后将这些数据交给网络层,再由网络层负责将数据传送到目的主机。该层的数据传输单位为数据报。

网络层解决网络与网络之间的通信问题,主要功能有逻辑编址、分组传输、路由选择等。此层的数据传送单位为IP数据包。

数据链路层为网络层接供一条无差错的数据传输链路。在发送数据时,接收网络层传递来的数据包,封装成数据帧;在接收数据时,数据链路层将物理层传递来的二进制比特流还原为数据帧。数据链路层传送的基本单位为数据帧,使用物理地址(Media Access Control,MAC)进行寻址。

物理层负责传送原始比特流,并屏蔽传输介质的差异,使数据链路层不必考虑传输介质的差异,实现数据链路层的透明传输。另外,物理层还必须解决比特同步的问题。

1.2.2 TCP/IP模型

1. TCP/IP模型体系结构

OSI的七层体系结构仅是一个纯理论的分析模型,本身并不是一个具体协议的真实分层,既复杂又不实用,因此具有四层体系结构的TCP/IP模型得到了广泛应用,成为事实上的国际标准和工业生产标准。

在TCP/IP模型中,网络体系结构由低层到高层,依次分为网络接口层、网络层、传输层和应用层,其网络体系结构与OSI七层结构的对应关系如图1.5所示。

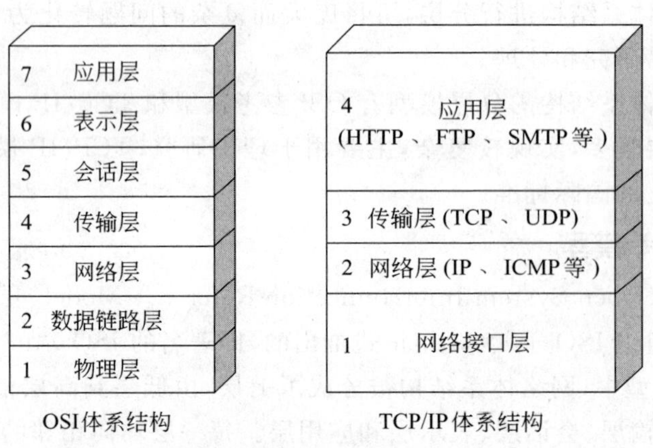

图1.5 OSI与TCP/IP体系结构

在TCP/IP体系结构中,网络接口层整合了OSI体系结构中的物理层和数据链路层的功能,因此,从协议的层次结构看,TCP/IP模型实际上是一个具有五层协议的体系结构。

在实际应用中,网络接口层主要由网络接口(网卡)来实现,它实现了数据链路层和物理层的功能。网络层主要由路由器或3层交换机来实现。传输层由用户主机中的应用进程来实现,它存在于分组交换网外面的主机之中。传输层的任务就是负责主机中两个进程之间的通信,传输层上层的应用层就不再关心信息的传输问题了。通常也将分组交换网称为通信子网,而将用户主机的集合称为资源子网。

2. 各层常用的协议

(1) 应用层协议

应用层常用协议主要有 HTTP(超文本传输协议)、S-HTTP(安全的超文本传输协议)、SMTP(简单邮件传输协议)、IMAP4(因特网信息访问协议第 4 版)、POP3(邮局协议第 3 版)、TELNET(终端仿真协议)、FTP(文件传输系统)、TFTP(简单文件传输协议)、DNS(域名系统)、DHCP(动态主机配置协议)、SNMP(简单网络管理协议)等。

(2) 传输层协议

传输层协议主要有 TCP(传输控制协议)和 UDP(用户数据报协议)。

(3) 网络层协议

网络层主要协议有 IP(网际协议)/IPv6 协议、ICMP(互联网控制信息协议)/ICMPv6、RIP2(路由信息协议第 2 版)、OSPF(开放最短路径优先协议)、IGRP(内部网关路由协议)、EGP(外部网关协议)等。

(4) 网络接口层协议

网络接口层完成了 OSI 中的数据链路层和物理层的功能,在进行数据分组传送时,负责建立无差错的数据传输链路。

数据链路层常用的协议主要有 MAC(媒体接入控制)、HDLC(高级数据链路控制协议)、PPP(点对点协议)、ARP(地址解析协议)、RARP(逆向地址解析协议)、MPLS(多协议标签交换协议)等。

ARP 协议用于将目的 IP 地址解析为数据链路层物理寻址所需的 MAC 地址,解析成功后,IP 地址与 MAC 地址的对应关系会保存在主机的 ARP 缓冲区中,建立起一个 ARP 列表,以供下次查询使用。RARP 则用于将 MAC 地址解析为对应的 IP 地址。

目前,使用得最多的是 TCP/IP 协议的第 4 版,即 IPv4。新的版本是 IPv6,已开始在骨干网络中应用,IPv4 与 IPv6 将共同存在较长的时间。

3. 数据在各层间的传递过程

为简化问题,假设计算机 1 和计算机 2 直接相连,现在计算机 1 的应用进程 AP_1 要向计算机 2 的应用进程 AP_2 发送数据。下面分析该数据在发送端和接收端的各层间的传递过程。

应用进程 AP_1 将要传送的数据交给应用层,应用层在数据首部加上必要的控制信息 H_5,然后将数据传递给下面的传输层,数据和控制信息就成为下一层的数据单元。

传输层接收到这个数据单元后,再在首部加上本层的控制信息 H_4,再交给下面的网络层,成为网络层的数据单元。

网络层接收到这个数据单元后,再在首部加上 IP 包头 H_3,并交给下面的数据链路层。

数据链路层接收到这个数据单元后,在首部和尾部分别加上控制信息 H_2 和 T_2,将数据单元封装成数据帧,然后交给物理层进行传送。

对于 HDLC 数据帧,在首部和尾部各加上 24bit 的控制信息;对于 Ethernet V2 格式的 MAC 帧,首部添加 14(6+6+2)字节,尾部添加 4 字节的帧校验序列(Frame Check

Sequence,FCS)。

物理层直接进行比特流的传送,不再加控制信息。当这一串比特流经网络传输介质到达目的主机时,就从第1层依次交付给上一层进行处理。每一层根据控制信息进行必要的操作,然后将本层的控制信息剥去,将剩下的数据单元再交付给上一层进行处理,最后应用进程 AP_2 就可收到来自 AP_1 应用进程传送的数据。

从中可见,在发送时,数据从高层向低层流动,每一层(物理层除外)都给收到的数据单元套上一个本层的"信封"(控制信息);接收时,数据从低层向高层流动,每一层(物理层除外)进行必要处理后,去掉本层的"信封",将"信封"中的数据单元再上交给上一层进行处理。整个传递过程如图1.6所示。

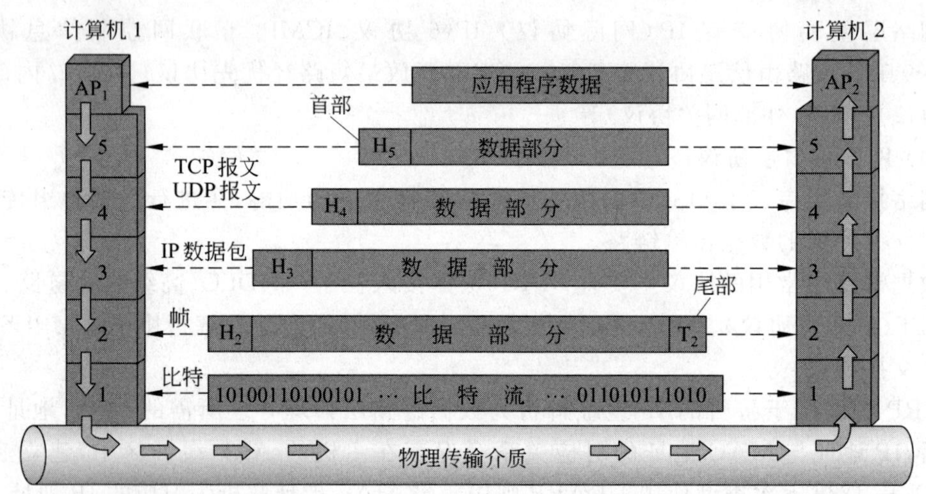

图1.6 数据在各层间的传递过程

1.3 以太网简介

1. 以太网标准

以太网是美国施乐(Xerox)公司于1975年研制成功的,是一种基于基带总线的局域网,采用无源电缆作为总线来传送数据帧,当时的数据速率为2.94Mb/s。

1980年,DEC、Intel和施乐公司联合提出了10Mb/s速率的以太网规范(DIX V1),1982年修改为第2版(DIX Ethernet V2),成为世界上第一个局域网规范。

在此基础上,IEEE 802委员会于1983年制定了第一个以太网标准,编号为802.3,数据速率为10Mb/s。该标准仅对帧格式做了很小的一点调整,允许基于这两种标准的硬件可以在同一个局域网上互操作。由于这两个标准差异很小,通常不严格区分,因此目前存在两个以太网协议标准,即国际标准的IEEE 802.3和DIX Ethernet V2标准。

由于商业竞争,IEEE 802委员会并未形成统一的局域网标准,除了以太网局域网标准(802.3)外,还有令牌总线(802.4)和令牌环网(802.5)的局域网标准。目前局域网主要采用以太网协议标准,称为以太局域网。

2. 以太网工作原理

以太网使用载波监听多点接入/碰撞检测协议，即 CSMA/CD（Carrier Sense Multiple Access with Collision Detection）协议进行工作。

载波监听是指每一个站点在发送数据之前，要先检测总线是否空闲，是否有其他计算机在发送数据。若有，则暂时不要发送数据，以免发生碰撞冲突。

碰撞检测是指站点应一边发送数据，一边检测信道上信号电压的大小，以判断当前是否有冲突产生。若有碰撞冲突产生，信号将产生严重失真，此时就必须立即停止发送，并等待一段随机时间后，再重新进行载波监听和发送。

从中可见，使用 CSMA/CD 协议工作时，一个站点不能同时发送数据和接收数据，属于半双工通信。连接在同一总线上的所有站点，均在同一个冲突域范围，站点越多，碰撞冲突的几率就越大，网络通信速率和效率就会大大降低。

3. 高速以太网

传统以太网的速率为 10Mb/s，且以半双工方式工作。速率达到和超过 100Mb/s 的以太网统称为高速以太网。

(1) 快速以太网

快速以太网（Fast Ethernet）是指速率达到 100Mb/s 的以太网，采用星型拓扑结构，在双绞线（100Base-TX）或光纤（100Base-FX）上传送 100Mb/s 的基带信号。1995 年 IEEE 正式将快速以太网定为国际标准，编号为 802.3u。

快速以太网的 MAC 帧格式仍采用 IEEE 802.3 标准规定的帧格式，由于速率提高了 10 倍，为了保持最短帧长（64 字节）不变，采取了将网段的最大电缆长度减小到 100m，帧间时间间隔也从原来的 9.6μs 改为 0.96μs。

快速以太网是对 IEEE 802.3 标准的补充，能自动识别和适应 10Mb/s 和 100Mb/s 网速。快速以太网在半双工模式工作时，遵循 CSMA/CD 协议；但在全双工模式工作时，则不再遵循该协议。

(2) 吉比特以太网

吉比特以太网又称为千兆以太网，IEEE 于 1997 年通过了吉比特以太网标准，编号为 IEEE 802.3z，1998 年成为正式标准。

吉比特以太网允许在 1Gb/s 速率下以全双工或半双工两种模式工作，向后兼容 10Base-T 和 100Base-T。使用 IEEE 802.3 协议规定的帧格式，在半双工模式工作时使用 CSMA/CD 协议。

吉比特以太网目前常用作主干网，对带宽要求较高的应用场合，也可采用吉比特以太网，千兆交换到桌面。

吉比特以太网的物理层可以使用基于光纤（1000Base-X）和双绞线（1000Base-T）的传输介质。可使用的光纤传输介质有以下两种。

- 1000Base-SX　SX 表示使用短波长（850nm）激光。使用纤芯直径为 62.5μm 和 50μm 的多模光纤时，传输距离分别为 275m 和 550m。
- 1000Base-LX　LX 表示使用长波长（1300nm）激光。使用纤芯直径为 62.5μm 和

50μm 的多模光纤时，传输距离为 550m；使用纤芯直径为 10μm 的单模光纤时，传输距离为 5km。

1000Base-T 使用 4 对 5 类 UTP 双绞线时，传输距离为 100m。

(3) 10 吉比特以太网

10 吉比特以太网又称万兆以太网，由 IEEE 802.3ae 委员会制定，编号为 IEEE 802.3ae，于 2002 年 6 月成为正式标准。

10 吉比特以太网的帧格式、最小帧长和最大帧长均与 IEEE 802.3 标准规定相同，以利于以太网的升级。10 吉比特以太网只能以全双工模式工作，因此不再使用 CSMA/CD 协议。其采用星型结构组网，由于数据速率很高，传输介质只能使用光纤，而不能使用铜线。

若使用多模光纤，传输距离可达 65～300m；若使用长距离单模光纤，配合长距离单模光纤接口，传输距离可达 40km。

1.4 数据链路层与以太网帧格式

1.4.1 数据链路层简介

为了使数据链路层能更好地适应多种局域网标准，802 委员会将局域网的数据链路层分成了两个子层，分别是逻辑链路控制(Logical Link Control，LLC)子层和媒体接入控制(Medium Access Control，MAC)子层。与接入到传输媒体有关的内容均放在 MAC 子层中，这样 LLC 子层就与传输媒体无关，不管采用何种局域网协议标准，对 LLC 子层来说都是透明的。

LLC 子层在 MAC 子层的基础上向网络层提供服务，MAC 子层的存在屏蔽了不同物理链路种类的差异性。其主要功能包括数据帧的封装和拆封、帧的寻址和识别、帧的接收与发送、链路管理、帧差错控制等。

数据链路层传输的数据单位为数据帧，寻址时使用的地址为 MAC 地址(物理地址或硬件地址)。MAC 地址采用 6 个字节共 48bit 二进制数编码表示，表达时采用十六进制数来表示。对于 Windows 系统，采用“xx-xx-xx-xx-xx-xx”格式表示，例如 00-0F-EA-01-B9-4E。在华为和华三交换机或路由器中，采用“xxxx-xxxx-xxxx”格式表示，如 000F-EA01-B94E；在 Cisco 交换机或路由器中，采用“xxxx.xxxx.xxxx”格式表示，如 000F.EA01.B94E。

MAC 地址是全球唯一的，不允许重复，前 3 个字节为厂商标识，后 3 个字节为该厂商所生产的网络设备的序号。

网络适配器(网卡)实现了数据链路层和物理层的功能。

1.4.2 以太网帧格式

目前以太网有四种不同标准的帧格式，分别是 DIX Ethernet V2 帧格式、IEEE 802.3 raw 帧格式(Novell 专用的以太网标准帧格式)、IEEE 802.3 SAP 帧格式和 IEEE 802.3 SNAP 帧格式。目前最常用的是 DIX Ethernet V2 标准的帧格式，也是目前以太网的网络设备默认采用的帧格式，该种帧格式比较简单。

以太网设备默认采用 Ethernet V2 帧格式，将网络层传输来的 IP 数据报文，通过添加帧头和帧尾，封装成数据帧，然后在物理层中传输。Ethernet V2 标准的 MAC 帧格式如图 1.7 所示。

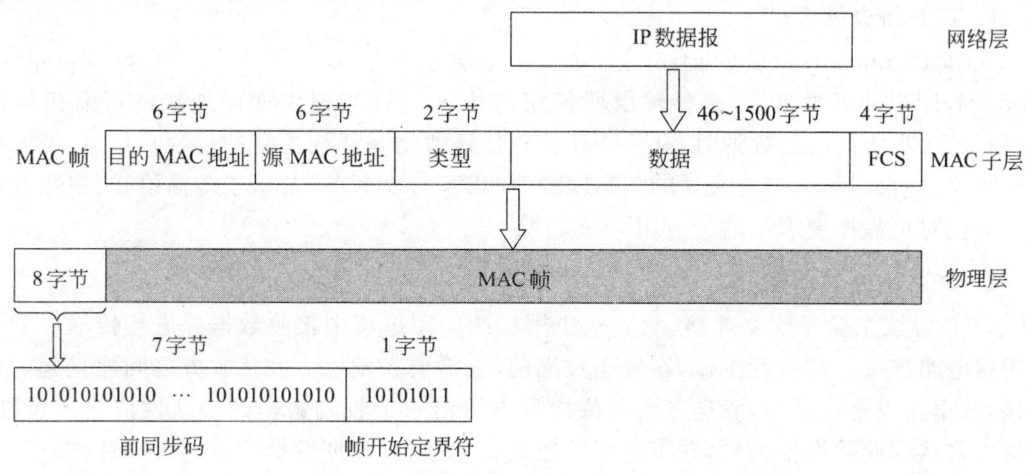

图 1.7　Ethernet V2 标准的 MAC 帧格式

Ethernet V2 帧格式的帧头由目的 MAC 地址、源 MAC 地址和 2 个字节的类型标识字段构成，帧头共 14 字节；接下来的是不定长的数据字段，该字段为帧的负荷(payload)，即所封装的 IP 数据报文，该部分数据的长度为 46～1500 字节，即 MTU(Maximum Transmission Unit，最大传输单元)值；帧尾由 4 个字节构成，代表帧校验序列(Frame Check Sequence，FCS)，采用 32 位的 CRC 循环冗余校验，对从目标 MAC 地址字段到数据字段的数据进行校验。

2 个字节的类型标识字段用于标识以太网帧中所携带的上层数据的协议类型，采用十六进制数表示。例如，0x0800 代表 IP 协议数据，0x86DD 代表 IPv6 协议数据，0x809B 代表 AppleTalk 协议数据，0x8137 代表 Novell IPX 协议数据。

从中可见，以太网中 MAC 帧最短有效帧长为 64 字节，凡是长度小于 64 字节的帧都是无效帧，并直接丢弃。最大帧长为 1518 字节。

从 MAC 子层将 MAC 帧交给物理层进行传输时，还要在帧的前面插入 8 个字节(由硬件自动生成和插入)。这 8 个字节由两部分构成，第一部分为 7 个字节构成的前同步码(1 和 0 交替出现)，其作用是使接收端在接收 MAC 帧时能迅速实现比特同步；第二部分为 1 个字节的帧开始定界符，定义为 10101011，表示在这后面的信息就是 MAC 帧了。因此在物理层传输的数据要比 MAC 帧多 8 个字节，添加的目的是实现比特同步。这是因为在刚开始接收 MAC 帧时，由于尚未与到达的比特流达到同步，MAC 帧最前面的若干比特就无法接收到，会使整个 MAC 帧成为无效的帧。

1.5 TCP/IP 协议

1.5.1 TCP 协议

1. TCP 协议简介

TCP(Transmission Control Protocol,传输控制协议)和 UDP(User Datagram Protocol,用户数据报协议)是传输层所使用的协议。TCP 提供面向连接的可靠传输服务,利用 TCP 协议传送数据时,有建立连接→传送数据→释放连接的过程。UDP 是无连接的协议,提供尽最大努力交付的传输服务,属于不可靠服务,常用于传输语音、视频等数据量大且对可靠性要求不高的应用。

2. TCP 协议的功能

TCP 协议主要是建立连接,然后从应用层的应用进程中接收数据并进行传输。TCP 采用虚电路连接方式进行工作,在发送数据前,它需要在发送方和接收方之间建立起一个连接,数据在发送出去后,发送方会等待接收方给出一个收到数据的确认性应答。否则,发送方将认为此数据报丢失,并将重新发送此数据报,以保证数据传输的可靠性。

3. TCP 报头

传输层使用 TCP 协议时,在数据单元首部所添加的控制信息,就是 TCP 报头。TCP 报文首部(报头)的前 20 个字节是固定的,后面有 4N(N 为整数)字节是根据需要而增加的选项,因此 TCP 报头的总长度最小为 20 个字节,报头结构如图 1.8 所示。

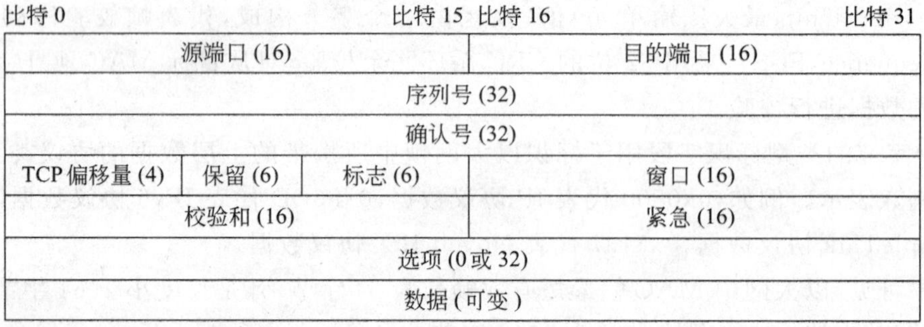

比特 0		比特 15	比特 16　　比特 31
源端口 (16)			目的端口 (16)
序列号 (32)			
确认号 (32)			
TCP偏移量 (4)	保留 (6)	标志 (6)	窗口 (16)
校验和 (16)			紧急 (16)
选项 (0或32)			
数据 (可变)			

图 1.8 TCP 报头结构

源端口:指定了发送端所使用的端口号。端口采用 2 个字节共 16 个比特编码表示,因此 TCP 端口最多可有 65536 个端口。端口是传输层向应用层提供服务的层间接口。

目的端口:指定了接收端所使用的端口号。

序列号:占 4 个字节,32bit。TCP 给在一个 TCP 连接中传送的数据流中的每一个字节都编上一个序号,整个数据的起始序列号在连接建立时设置。TCP 报头中的序列号字段的值代表本报文段所发送数据的第一个字节的序号。例如,若当前 TCP 报头中的序列号值为 101,本报文所携带的数据为 100 个字节,则下一个 TCP 报文的报头序列号值就应为 201。

确认号：占4个字节，代表期望收到的下一个报文段数据的第一个字节序号，即期望收到的下一个报文段首部的序列号字段的值。

TCP在传输的过程中，使用序列号和确认号来跟踪数据的接收情况。

TCP偏移量：占4bit，它指定了段头的长度。即TCP报文段的数据起始处距离TCP报文段的起始处有多远。段头的长度与段头选项字段的设置有关。

保留：占6bit，指定了一个保留字段，以备将来使用，目前应置为0。

标志：占6bit，从左到右依次是URG、ACK、PSH、RST、SYN、FIN标志位，含义如下。

- URG：表示紧急指针。当URG位为1时，TCP报头的紧急字段才有效，它相当于告诉系统该报文段有紧急数据，需要尽快传送，而不是按原来的排队顺序传送。
- ACK：表示确认。只有当ACK标志位为1时，TCP报头的确认字段才有效。
- PSH：表示尽快地将数据送往接收进程处理，而不再等到缓冲区填满后才向上交付给应用进程处理。
- RST：表示复位连接。当RST位被置为1时，表明TCP连接中出现严重差错，必须释放连接，然后再重新建立连接。利用复位比特可实现异常终止一个连接。
- SYN：表示同步，在连接建立时用来同步序号。当SYN=1而ACK=0时，表明这是一个连接请求报文。若对方同意建立连接，则在响应报文中，应使SYN=1，ACK=1。因此，同步比特SYN置为1，就表明这是一个连接请求报文或连接接受的响应报文。
- FIN：用于释放一个连接。当FIN位为1时，表明此报文段的发送端数据已发送完毕，并要求释放连接。

窗口：占2个字节，16bit，用于指定发送端允许传输的下一报文段数据的大小，单位为字节。发送方与接收方之间的流量控制是通过调整发送方的窗口大小来实现的，是用接收方的数据接收能力来控制发送方的窗口大小，从而控制发送端的数据发送量。

校验和：校验和包含TCP报头和数据部分，用来校验报头和数据部分在传输过程中的完整性。

紧急：指明报文中包含紧急信息，只有当URG标志位置1时，紧急指针才有效。

选项：长度可变。目前，TCP只规定了一个选项，即MSS(Maximum Segment Size，最大报文段长度)，它代表了TCP报文中数据字段的最大长度。在连接建立过程中，双方应将自己能够支持的MSS填写在这一字段中，在以后的数据传送阶段，MSS取双方的较小值来决定TCP报文负荷的大小。若选项字段未填(0值)，则MSS默认值为536个字节，此时TCP报文的大小为536+20=556字节。

对TCP报文的解码视图如图1.9所示。

4. TCP协议的工作原理

(1) TCP连接的建立过程

TCP传送数据应首先建立起TCP连接，其连接的建立过程又称为TCP的三次握手。

第一次握手：首先发送方主机向接收方主机发起一个建立连接的同步(SYN)请求

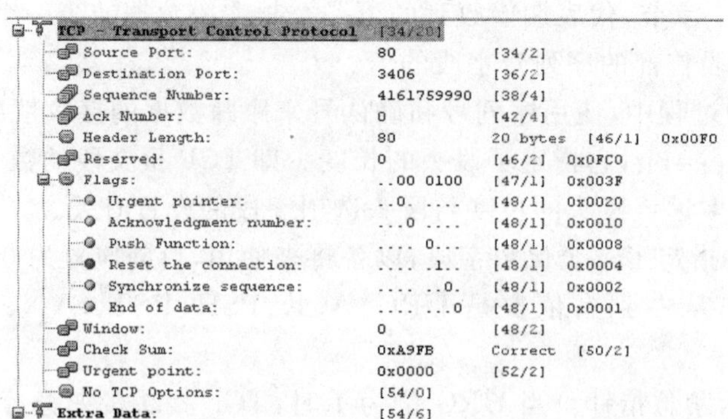

图 1.9 TCP 报文解码视图

SYN(X),并进入 SYN_SEND 状态,等待接收方主机确认。

第二次握手:接收方主机在收到这个请求后,如果同意建立连接,则发送确认 ACK,确认序号为收到的序号加 1,并且报文中的 SYN 也要置为 1,即向发送方主机回复一个同步/确认(SYN/ACK)应答报文,并进入 SYN_RCVD 状态。

第三次握手:发送方主机收到此应答报文后,再向接收方主机发送一个确认(ACK)报文,然后发送方和接收方均进入 ESTABLISHED 状态,完成三次握手。至此,TCP 连接建立成功,发送方和接收方就可开始传送数据了。

TCP 建立连接的三次握手过程如图 1.10 所示。

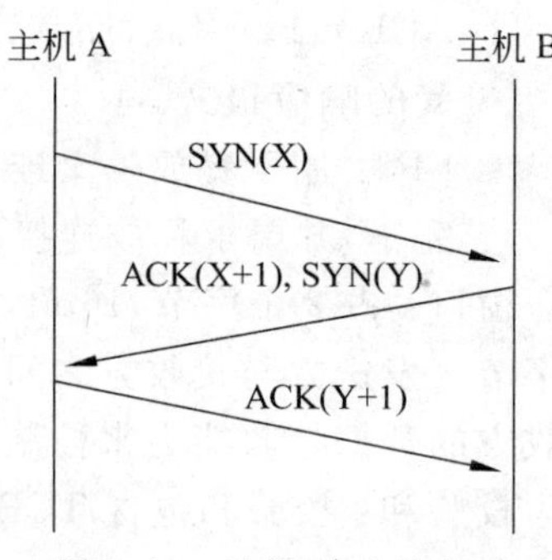

图 1.10 TCP 建立连接的三次握手过程

(2) TCP 连接的关闭

当应用进程结束数据传送后,就要释放已建立的连接。TCP 连接是双向的,每个方向都必须单独进行关闭。首先进行关闭的一方执行主动关闭,而另一方则执行被动关闭,关闭连接的过程如下。

① 当客户端的数据传输完后,可主动发送出 FIN 置 1 的报文给服务端(客户端主动关闭),以关闭客户端至服务端方向的数据传送,并等待服务端的 ACK 确认应答,同时进入 FIN_WAIT_1 状态。

② 服务端收到 FIN 置 1 的报文后,进入被动关闭,回复一个 ACK 确认报文,并进入 CLOSE_WAIT 状态;客户端收到该 ACK 确认报文后,进入 FIN_WAIT_2 状态。

③ 至此完成了 TCP 连接的半关闭,即完成了客户端至服务端方向的数据发送。此时,客户端虽然不能发送数据,但还仍能接收服务端发给客户端的数据,即服务端至客户端方向的连接还未被关闭。

服务端发送一个 FIN 置 1 的报文给客户端,关闭服务端至客户端方向的数据传送,并等待客户端的 ACK 确认应答,同时进入 LAST_ACK 状态。

客户端收到 FIN 置 1 的报文后,回复 ACK 确认报文,并进入 TIME_WAIT 状态,经过 2 倍报文最大生存时间(MSL)后,TCP 删除原来建立的连接记录,返回到初始的 CLOSED 状态。服务端收到 ACK 确认报文后,进入 CLOSED 状态,完成连接的双向关闭。

整个 TCP 连接和关闭过程中的状态变迁如图 1.11 所示。图中的“收”代表当收到什么 TCP 报文时所发生的状态变迁；“发”代表为了进行某个状态变迁需要发送的 TCP 报文；“应用进程”说明当应用进程进行某种操作时发生的状态变迁。

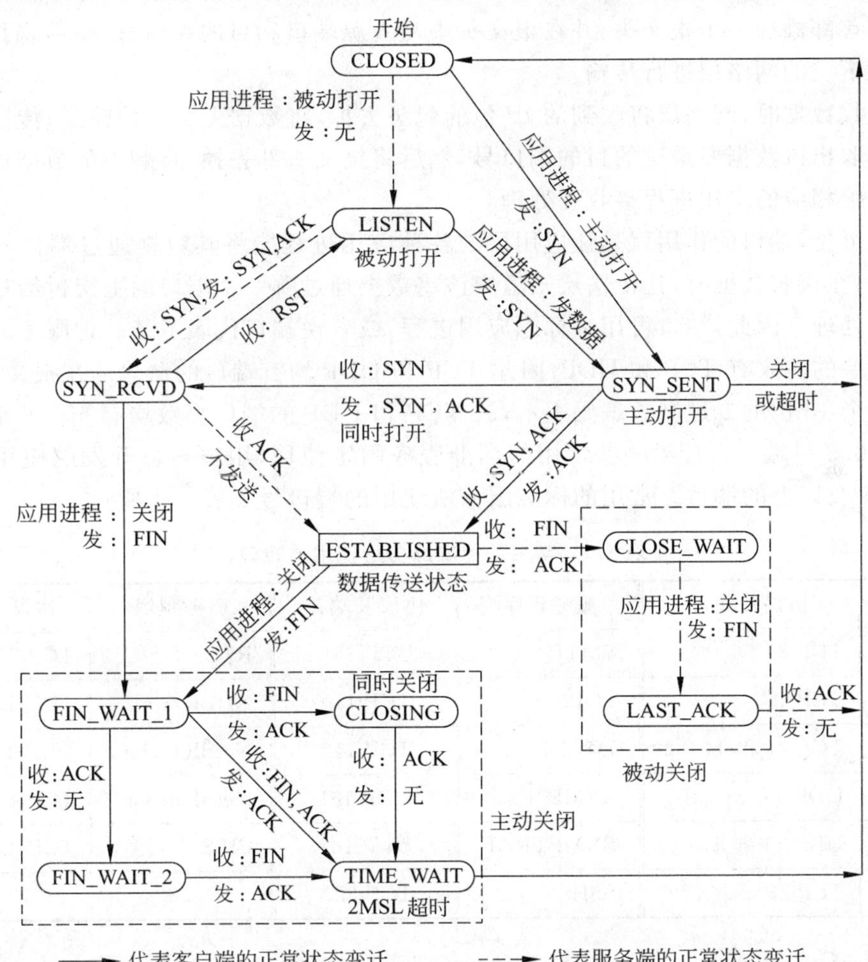

图 1.11　TCP 连接状态变迁

若要观察 TCP 连接状态的变迁，依次单击 Windows“开始”菜单中的“运行”菜单项，然后执行“cmd”命令进入 MS-DOS 状态。接着打开浏览器访问某一个网站，然后快速在 MS-DOS 状态执行查看连接状态的“netstat -an”命令，即可查看到当前的网络连接和各连接的状态。通过不断地执行“netstat -an”命令，进行状态刷新显示，即可观察到 TCP 连接的不同状态。

(3) TCP 重传

在 TCP 的传输过程中，如果在重传超时时间内，没有收到接收方主机对某数据报义的确认回复，发送方主机就认为此数据报文丢失，并再次发送这个数据报文给接收方，这称为 TCP 重传。

5. 端口的概念

端口(Port)是传输层的服务访问点,传输层使用端口与位于上层的应用进程进行通信,应用层的各种进程也通过相应的端口与传输层进行交互。

在发送数据时,应用层的应用进程通过相应的端口将数据传递给传输层,传输层就会在数据的首部添加一个报文头,并在报文头中写入源端口和目的端口号,然后将封装后的数据交给下层的网络层进行传输。

在接收数据时,网络层将收到的IP包的包头去掉,将数据上交给传输层,传输层再从报文头部取出该数据要送达的目的端口号,然后将报文头部去掉,将剩下的数据通过目的端口上交给相应的应用进程接收和处理。

从中可见,端口的作用就是让应用层的各种应用进程能将其数据通过端口向下交付给传输层;在接收数据时,让传输层知道应该将数据通过哪一个端口向上交付给目的应用进程接收处理。因此,端口可用来标志应用进程,或者说端口代表了某一种服务。

传输层的协议有TCP和UDP,因此TCP和UDP均有端口的概念。在报文头中,端口采用一个16位的二进制数编码表示,故TCP和UDP的端口总数均有65536个。

0～1023号端口分配给一些常用的标准服务固定使用,用户自行开发的应用进程应使用1024及以上的端口。常用的标准服务所使用的端口号如表1.1所示。

表1.1 常用的标准服务所使用的端口

服务程序	协议及端口	服务程序	协议及端口	服务程序	协议及端口
HTTP	TCP 80	SMTP	TCP 25	RPC	TCP/UDP 135
S-HTTP	TCP 443	POP3	TCP 110	NetBIOS-ns	TCP/UDP 137
FTP	TCP 21 和 TCP 20	IMAP4	TCP 143	NetBIOS-dgm	UDP 138
TFTP	UDP 69	SNMP	UDP 161	NetBIOS-ssn	TCP 139
DNS	UDP 53	SNMPTRAP	UDP 162	CIFS	TCP/UDP 445
Telnet	TCP 23	SSH	TCP 22		

CIFS(Common Internet File System)是从Windows 2000和Windows XP系统开始新增的,使用TCP/UDP 445号端口。

在Windows系统中,SMB(Server Message Block)用于实现文件和打印共享服务。NBT(NetBIOS over TCP/IP)使用TCP 137、UDP 138和TCP 139端口,来实现基于TCP/IP的NetBIOS网际互联。在Windows NT 4.0中,SMB基于NBT实现,从Windows 2000开始,SMB除了基于NBT实现外,还可直接通过TCP/UDP 445号端口来实现。

当Windows 2000/Windows XP系统未禁用NBT时(UDP 137、138和445以及TCP 139和445号端口将开放),当连接SMB服务时,会尝试连接TCP 139和TCP 445号端口。若TCP 445号端口有响应,则会发送RST标志位置1的报文给TCP 139号端口,以断开TCP 139号端口的TCP连接,然后改用TCP 445号端口建立连接;当TCP

445号端口无响应时，才使用TCP 139号端口。

当系统禁用NBT(只会开放TCP/UDP 445号端口)的情况下访问SMB服务时，只会尝试连接TCP 445号端口，若无响应，则连接失败。

RPC(Remote Procedure Call，远程过程调用)协议使用TCP/UDP 135端口工作，用于提供DCOM(分布式组件对象模型)服务，利用RPC可以实现远程调用执行另一台计算机中的程序代码。

冲击波病毒、磁碟机病毒等很多病毒都是通过135端口传播的。为防止病毒在局域网中的大范围传播，通常可在楼宇汇聚层交换机、核心层交换机和防火墙上，通过配置IP包过滤规则，禁止访问TCP的135、137、139和445号端口以及UDP的135、137、138和445号端口，以达到阻断病毒传播的目的。

若要使用网管软件(SNMP协议)，在防火墙上应注意打开UDP 161和UDP 162端口。

6. TCP协议的缺陷

TCP协议在三次握手过程中存在一定的缺陷，利用这个缺陷，可发动SYN泛洪(SYN Flood)攻击，最终导致系统拒绝服务(Denial of Service，DoS)。

如果一个客户端向服务器发送了SYN连接请求报文后突然死机或掉线，则服务器在发出SYN＋ACK应答报文后是无法收到客户端的ACK应答报文的，第三次握手无法完成，此时的连接状态称为半连接状态。这种情况下，服务器端一般会重试(再次发送SYN＋ACK给客户端)并等待一段时间，若仍接收不到ACK确认报文，则丢弃这个未完成的连接，这段时间的长度称为SYN超时(Timeout)，一般为30s～2min。

一个客户端出现异常导致服务器的一个线程等待并不会造成大的问题，但如果一个恶意的攻击者或者大量的攻击者大量模拟这种情况，就会消耗掉系统的大量资源，导致系统运行缓慢甚至发生崩溃，出现无法响应正常用户访问请求的现象，从用户的角度看来，服务器没有响应，拒绝提供服务。

目前，由于服务器的运行速度和性能非常高，一对一地进行SYN泛洪攻击一般不会成功，可采取大量的攻击者同时对一台服务器发起SYN泛洪攻击来实现，这种攻击方式称为分布式拒绝服务攻击(Distributed Denial of Service)，一般容易成功，危害性较大。

对SYN泛洪攻击可通过在路由器上配置TCP拦截来预防。

7. 利用TCP协议分析网络连接故障

对于网络连接访问故障，可利用TCP协议的相关知识来分析，以发现和解决问题。

在故障分析中，要注意从TCP建立连接的三次握手过程来进行分析，并注意连接是双向的，数据包(访问请求包)有去就必有回(响应包)，否则就无法建立连接。可沿着数据包出去的路径和回来的路径进行分析，并注意请求包的源端口与目的端口以及响应包的源端口和目的端口的变化，以及注意检查沿途的网络设备(三层交换机、路由器或防火墙)是否开放了对这些目的端口的访问和允许来自某个源端口的响应包的通过。

例如在实际应用中，出现了局域网用户可正常访问网页和其他互联网服务但就是无法登录网上银行的现象。对于该网络故障，其分析思路如下。

既然用户能访问网页，说明网络连接和互联网出口没有问题，而出现某一项服务无法访问，则说明对该服务的访问请求包或者其响应包被防火墙、路由器或三层交换机给阻挡了；接下来就可沿着请求包出去和回来的路径，检查路径中的三层设备中的ACL包过滤规则，看是否对该项服务(端口)的访问请求包或响应包给去掉了。网上银行出于安全考虑，使用的是S-HTTP协议(https://)，其服务端口为TCP 443。

另外也要结合网络拓扑图，考虑和检查三层网络设备上相关的路由是否已设置，以及设置是否正确，特别要注意响应包的返回路由是否已添加。很多时候是添加了数据包出去的路由，而忘了添加响应包回来时的路由，使响应包回到局域网边界设备后，由于缺乏返回方向的路由，导致TCP连接无法建立而造成访问失败。

为了在通信时不致发生混乱，就必须把端口号和主机的IP地址结合在一起使用。一个TCP连接由它的两个端点来标志，而每一个端点又是由IP地址和端口号来决定的，因此在分析TCP连接建立过程时，常常要结合IP地址与端口号。

[**例1.1**] 现有某单位组建了局域网，网络边界设备为一台路由器，连接因特网的接口地址为222.177.59.47。通过在路由器上配置网络地址转换(NAT)，可实现代理服务器的功能，从而解决局域网内用户访问因特网的应用需求。该单位还要组建一台Web服务器，由于没有多余的公网IP地址给Web服务器使用，因此Web服务器使用内网的私有地址192.168.252.10，然后在路由器上配置端口地址转换，将对222.177.59.47地址的TCP 80端口的访问，映射为对192.168.252.10主机的TCP 80端口的访问。这样，位于因特网中的用户，就可通过访问222.177.59.47地址的TCP 80端口(http://222.177.59.47)实现对该单位Web服务器的访问。事实证明，该解决方案是完美可行的。现在的问题是，该单位的内网用户使用“http://222.177.59.47”访问本单位的Web服务器时，却发现无法访问，而因特网用户访问正常，试分析内网用户无法访问的原因。

分析：外网用户访问Web服务器正常，排除服务器本身的故障。下面从TCP建立连接的过程进行分析查找。

为便于分析和表达，假设访问请求的客户机IP地址为192.168.2.10。为简化示意图，路径中的中间设备忽略，示意图中使用“S:”代表源主机，“D:”代表要访问的目标主机。

TCP建立连接时，客户端会随机选择一个未用的较低的端口(≥1024)，与服务器的目的端口(TCP 80)建立连接。假设客户端使用TCP 1025号端口。

① 客户端发出访问请求包，包中的源地址和源端口为192.168.2.10:1025，目标地址和目标端口为222.177.59.47:80。

② 访问请求包通过路由和转发，最终到达网络的边界路由器。在路由器中，由于定义了端口地址转换，将对222.177.59.47地址的80端口的访问替换为对192.168.252.10主机的80端口的访问，经过端口地址转换后的访问请求包的目标主机就发生了变化。

③ 通过路由和转发，访问请求包最终到达目标主机192.168.252.10。目标主机对访问请求进行响应，生成响应包。该响应包中的源主机为192.168.252.10，响应端口为80，即192.168.252.10:80，目标主机和端口为192.168.2.10:1025。

④ 通过网络内部三层交换机的路由转发，响应包到达客户端，但此时的响应包不会

通过路由器转发，且此时收到的响应包并不是客户机期望收到的响应包。这是因为访问请求的目标主机是222.177.59.47，正确的响应包应是来自222.177.59.47主机的响应包，即响应包中的源主机地址应是222.177.59.47，而现在收到的响应包中的源地址是192.168.252.10，且客户机又没有发出对192.168.252.10主机的访问请求，因此会被认为是无效的包而被丢弃，而期望收到的回应包是永远无法收到的，因此TCP连接无法建立，访问失败。从中也可以看出，响应包未按原路径返回，被重新定向了。

整个访问过程中，数据包中的源主机和源端口以及目标主机和目标端口的变化如图1.12所示。

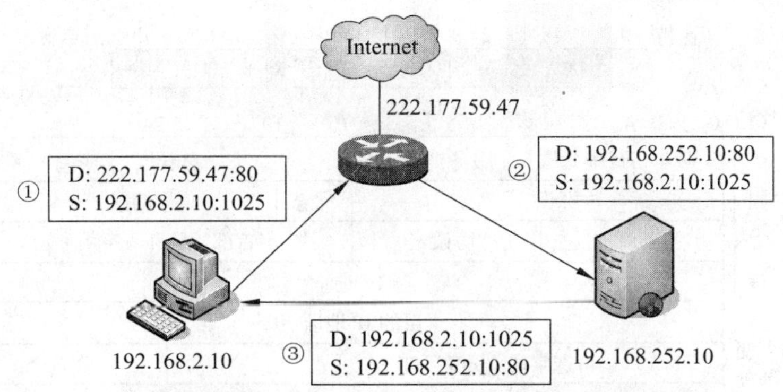

图1.12 访问过程中源与目的IP地址和端口变化

因此，内网用户要访问自己的Web服务器，不能采用公网地址访问，只能采用Web服务器的内网地址访问，即采用http://192.168.252.10形式访问。

Web服务器通常会注册域名的。采用域名方式访问，域名注册时，域名解析为的IP地址肯定是222.177.59.47这个公网地址，否则因特网用户将无法访问。这样，内网用户就不能采用域名来访问自己的Web服务器。除了采用内网IP地址方式访问外，有没有什么办法使内网用户也能采用域名方式访问自己的Web服务器呢?

解决办法是，在局域网内部配置一台DNS服务器，假设DNS服务器的IP地址为192.168.252.254。在该DNS服务器中，将自己单位Web服务器的域名解析为192.168.252.10，然后设置DNS服务器的转发器地址，将转发器设置为当地的、位于因特网中合法的DNS服务器的IP地址。然后，对于局域网中的所有用户主机配置首选DNS服务器的地址为192.168.252.254，即使用自己的DNS服务器进行域名解析，这样就可完美解决该问题。

1.5.2 IP协议

1. IP协议简介

IP(Internet Protocol，因特网协议)协议是负责网络互联的网络层的核心协议，也是TCP/IP体系中最主要的协议之一。IP协议具有分组与重新组装、寻址和路由的功能。

IP协议提供一种无连接的传输机制，在发送数据时，IP协议将数据进行分割，封装成IP数据包在网络中传输。每个IP数据包都作为独立的单元来对待，根据IP数据包中的目标网络地址进行路由转发,以将IP数据包送达到目标主机。IP数据包全部到达目标主机后,再进行重新组装还原。

无论传输层使用何种协议,都要依赖IP协议来发送和接收数据。IP协议不保证数据传输的可靠性,其可靠性由传输层的TCP协议负责。

2. IP数据包的格式

IP数据包由首部和数据两部分构成。IP首部由固定部分和可变部分组成,固定部分总共为20个字节,可变部分最多为40个字节。最常用的首部长度为20个字节(不使用任何可选项)。IP数据包的格式如图1.13所示。

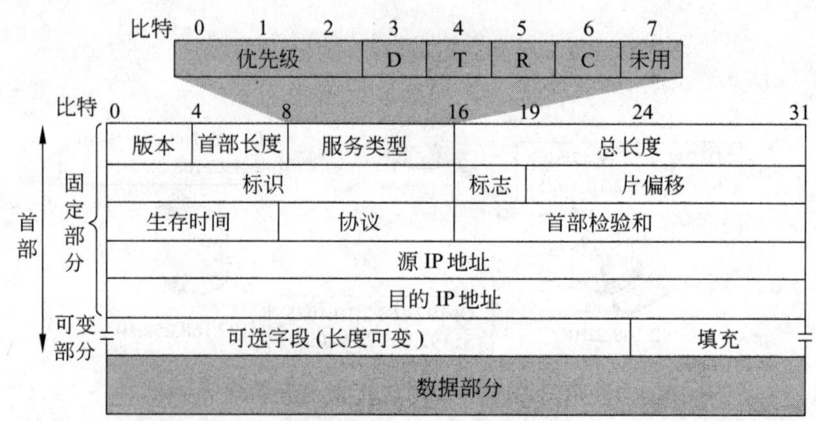

图1.13 IP数据包的格式

- 版本 占用4bit,指定IP协议的版本,目前常用的是IPv4版,IPv6是发展方向。
- 首部长度 占用4bit,可表示的最大值为15个单位,每个单位代表4个字节,因此IP的首部长度最大值为60字节。数据部分在4字节的整数倍时开始。
- 服务类型 占用8bit,前3个比特代表优先级,因此IP数据包具有8个优先级。D比特表示要求有更低的时延,T比特表示要求有更高的吞吐量,R比特表示要求有更高的可靠性,C比特表示要求选择代价更小的路由。
- 总长度 代表首部和数据之和的长度,单位为字节。由于总长度占用16bit,因此IP数据包的最大长度为65536字节,即64KB。
- 标识 占16bit,是一个计数器,用来产生数据包的标识。当数据包的长度超过网络允许的MTU值时,就必须对IP数据包进行分片传输。分片时,这个标识字段的值就会被复制到所有IP数据包片的标识字段中。在接收端对各分片的IP数据包进行重装还原时,就根据该标识字段的值来识别,具有相同标识字段值的IP分片包组装在一起。
- 标志 占3bit,目前只有低2位的比特有意义。最低位代表MF(More Fragment),当该位为1时,表示后面还有分片;该位为0时,表示这是若干个数据包片中的最后一个。中间一位为DF(Don't Fragment)标志位,代表不允许分片。只有DF位为0时,才允许分片传输。

- 片偏移　较长的分组在分片后，某片的数据在原分组中的相对位置。片偏移以 8 个字节为单位，因此每个分片的长度一定是 8 字节的整数倍。
- 生存时间　代表数据包在网络中的寿命，单位为秒。通常为 32s。
- 协议　占用 8bit，该字段指出此数据包携带数据的协议类型。该字段的取值与协议的对应关系如表 1.2 所示。

表 1.2　协议字段值与协议类型

协议名	ICMP	IGMP	TCP	EGP	IGP	UDP	IPv6	OSPF
协议字段值	1	2	6	8	9	17	41	89

- 首部检验和　对数据包首部的检验和，不包括数据部分。
- 源 IP 地址和目的 IP 地址　各占 4 个字节。

1.5.3　IP 地址及分类与管理

在使用 IP 协议的 IP 网络中，使用 IP 地址标志主机的位置，使用路由指示如何到达该主机所在的网络，因此网络中的每一台主机都应有一个 IP 地址。

1. IP 地址的格式

在 IPv4 版本中，IP 地址采用 4 个字节、32 位的二进制数编码表示。为了便于记忆，通常采用点分十进制数表示法来表达，即每 8 个二进制位用小数点进行分隔，然后将每部分的二进制数(1 个字节)转换为对应的十进制数来表示，其格式为 a. b. c. d。其中 a、b、c、d 四个部分均为 1 个字节，其取值范围为 0～255。例如：192.168.120.250。

2. IP 地址的编址

IP 地址的编址方法经过了三个发展阶段，分别如下：

- 分类的 IP 地址　这是最基本的编址方法，在 1981 年通过了相应的标准。
- 子网的划分　这是对最基本的编址方法的改进，其标准在 1985 年通过。
- 构成超网　这是无分类编址方法，1993 年提出后很快就得到推广应用。

3. IP 地址的结构

目前在局域网中，主要还是采用“分类的 IP 地址”，同时结合子网划分方法来对 IP 地址进行规划和使用。

对于“分类的 IP 地址”编址方法，将 IP 地址划分为若干个固定的类，每一类的地址都由两个字段组成，前一字段代表主机所在的网络编号(网络地址)，后一字段代表主机在该网络中的主机编号(主机号)。因此，IP 地址由网络地址和主机号两部分构成，其结构如图 1.14 所示。

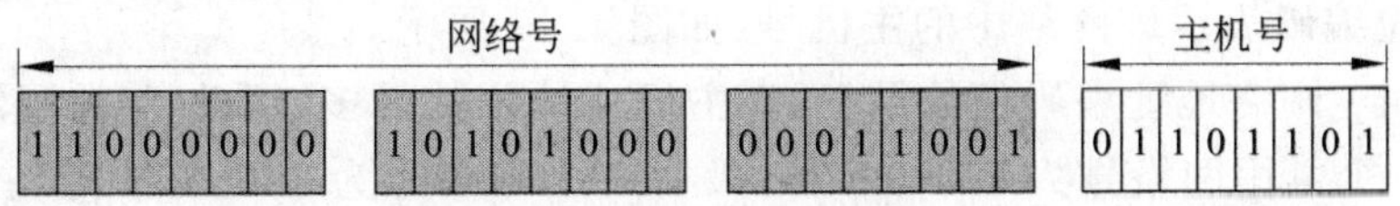

图 1.14　IP 地址的结构

4. 子网掩码

对于一个给定的IP地址,如何区分出网络地址和主机号呢?

方法是:利用子网掩码来进行标识。子网掩码也是一个32位的二进制数,与IP地址相同,也采用点分十进制数法来表示,如255.255.255.0。

将IP地址的二进制数与子网掩码的二进制数按二进制位一一对应,进行逻辑与运算,其结果就是网络地址。即子网掩码中为1的位所对应的IP地址部分,就是网络地址;子网掩码中为0的位所对应的部分,就是主机地址编号。

例如,若IP地址为192.168.11.125,子网掩码为255.255.255.0,则该主机所在的网络地址为192.168.11.0,主机号为125。

另外,子网掩码也可用子网掩码中为1的二进制位个数的多少来表示。例如,IP地址为192.168.11.125,子网掩码为255.255.255.0,则可将IP地址与子网掩码统一表达为192.168.11.125/24。

其中,"/24"表示子网掩码的二进制数中有连续的24个1。

子网划分可以实现将一个较大的网络划分成更多的若干个小的子网络(子网),子网划分就是通过子网掩码来实现的。

5. 特殊IP地址

在IP地址中,有一些IP地址具有特殊的含义。

- 回环地址　以127开头的IP地址(127.x.y.z),如常用的127.0.0.1,用作本地回环地址(Loopback),用于对本地主机的TCP/IP网络的测试。发送到这个地址的数据包不会输出到实际的网络,而是送给系统的Loopback驱动程序来处理。
- 广播地址　主机地址编码的二进制数位均为1的地址用于广播通信,属于广播地址。例如,192.168.11.255就属于广播地址,IP数据包的目标主机地址若为该地址,则该IP数据包将广播到192.168.11.0网络中的每一台主机。
- 网络地址　主机地址编码的二进制数位均为0的地址用于代表该网络的地址。例如,192.168.11.0就是网络地址,它代表编号为192.168.11的这个网络。

另外,0.0.0.0地址用于表示默认路由;255.255.255.255地址用于向本地网络的所有主机发送广播消息。

6. IP地址的分类

对于"分类的IP地址"编址方法,根据网络规模的大小,将IP地址划分为A类、B类、C类、D类和E类地址,最常用的主要是A类、B类和C类地址。D类地址属于组播地址(multicast),E类地址为保留地址。

A类、B类和C类地址分别采用1个字节、2个字节和3个字节来编码表示网络号,剩余二进制位编码表示该网络中的主机号,如图1.15所示。

A类地址:网络地址编码位数最少,而主机地址位数最多,因此A类网络最少,只有126个。第1个可用网络号为1.0.0.0/8,最后一个网络号为126.0.0.0/8;每一个A类网中可拥有的主机数则是最多的,可容纳$2^{24}-2$台主机。

B类地址:网络地址采用14位二进制编码表示,可有2^{14}个B类网络。第1个可用网

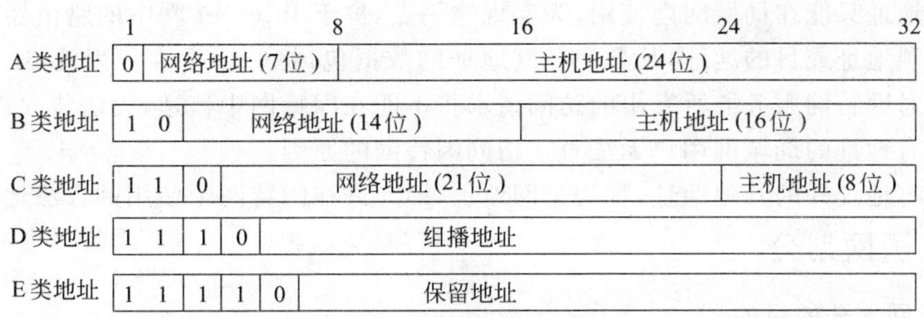

图 1.15　IP 地址的分类

络号为 128.0.0.0/16，最后一个网络号为 191.255.0.0/16；每个网络可有 $2^{16}-2$ 台主机。

C 类地址：网络地址和主机地址分别占 21 位和 8 位，网络数较多，共有 2^{21} 个。第 1 个可用网络号为 192.0.0.0/24，最后一个可用网络号为 223.255.255.0/24，每个 C 类网可容纳的主机数仅有 254 台，即 2^8-2 台。

D 类地址：属于组播地址，不能分配给单独的主机使用，它是一种比广播地址稍弱的形式，支持多目标传输，地址范围为 224.0.0.0～239.255.255.255。

组播是指一台主机可以同时将数据包转发给多个接收者。

E 类地址：保留地址，专门用来供研究使用。地址范围为 240.0.0.0～247.255.255.255。

7. IP 地址的管理

IP 地址的分配和管理由 ICANN 管理机构负责。ICANN(The Internet Corporation for Assigned Names and Numbers，互联网名称与数字地址分配)是一个非营利性的国际组织，负责互联网协议(IP)地址的分配、协议标识符的指派、通用顶级域名及国家和地区顶级域名系统的管理，以及根服务器系统的管理。

IP 地址的分配和管理最初是由 IANA(Internet Assigned Numbers Authority，互联网地址分配)机构负责，现在由 ICANN 行使 IANA 的职能。

亚太互联网络信息中心(APNIC)是具有 IP 地址管理权的国际机构，负责亚太地区的 IP 地址分配和管理。中国互联网络信息中心(CNNIC)是亚太互联网络信息中心的国家级 IP 地址注册机构成员。

目前，IPv4 的地址资源已趋紧张，地址资源面临枯竭，IPv6 将是解决该问题的最佳出路。

8. 公网地址与私网地址

由于 IPv4 地址数量有限，地址资源比较紧缺，为解决该问题，IANA 机构将 IP 地址划分了一部分出来，将其规定为私网地址，不同的局域网可重复使用这些 IP 地址。

IANA 机构对 A 类网、B 类网和 C 类网均划分出了一部分私网地址，分别是：一个 A 类地址 10.0.0.0/8、16 个 B 类地址 172.16.0.0/16～172.31.0.0/16、256 个 C 类地址 192.168.0.0/16。

私有地址只能在局域网内使用，为实现这一点，位于 Internet 网中的路由器，对 IP 数据包中的源地址或目的地址，凡含有私网地址的数据包，将一律丢弃。因此，使用私有地址的主机对因特网服务器所发出的访问请求将不能在因特网中传递，无法建立连接，这就是使用私有地址的局域网用户无法直接访问因特网的原因。

除私有地址外的其他地址，称为公网地址，即允许在因特网中使用的合法地址。

1.5.4 子网划分

1. 子网划分的目的

在网络的规划与组建中，常常需要进行子网划分，子网划分的目的是节约 IP 地址。例如三层设备互联时，两端的互联接口需要各设置一个 IP 地址，总共需要两个 IP 地址，且这两个 IP 地址必须在一个独立的网段中。最小的 C 类网，一个网段可用的 IP 地址数有 254 个，如果直接分配一个 C 类网段给互联接口使用，则 IP 地址浪费太大，因此需要进行子网划分。

2. 子网划分的方法

子网划分是将一个大的网络划分为若干个小的子网络，每个子网得有一个子网络编号，该子网的编码所需的二进制位从何而来呢?

方法是：将原来用于主机编码的二进制位，从高位(左端)拿一部分出来用于子网的编码使用，剩下的二进制位用于编码表达子网中的主机编号，如图 1.16 所示。

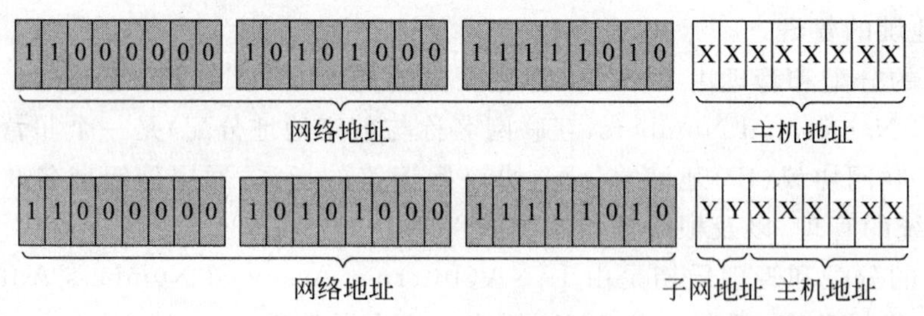

图 1.16 子网划分

下面以“将 192.168.250.0/24 网段划分为 4 个子网，每个子网 64 个 IP 地址”为例，介绍子网的划分方法。

由于要划分 4 个子网，需要 2 个二进制位来编码表示，这 4 个子网的编号分别为 00、01、10 和 11。

要划分的网段为 C 类网，原主机编码有 8 个二进制位，将高位(左侧)的 2 个二进制位(图 1.16 中用 Y 表示)用做子网编码，剩下的 6 个二进制位用做子网中的主机编码，因此每个子网可有 2^6 共 64 个 IP 地址。此时，子网掩码的最后一个字节的二进制数就应为“11000000”，转换为十进制数就为 192，因此，进行子网划分后子网掩码就应为 255.255.255.192。

下面逐一分析每个子网的起始 IP 地址。分析时只考虑 IP 地址的最后一个字节，因为前 3 个字节不会变，均应为 192.168.250。

每一个网段主机的第一个编号全为 0,该地址实际上是该网段的网络地址;最后一个主机地址编号全为 1,是该网段的广播地址。网络地址和广播地址不能分配给用户使用,在网络地址和广播地址之间的 IP 地址是实际可使用的 IP 地址。

- 第 1 个子网：子网号 00
  网络地址：.**00** 000000　　　即 192.168.250.0
  广播地址：.**00** 111111　　　即 192.168.250.63
- 第 2 个子网：子网号 01
  网络地址：.**01** 000000　　　即 192.168.250.64
  广播地址：.**01** 111111　　　即 192.168.250.127
- 第 3 个子网：子网号 10
  网络地址：.**10** 000000　　　即 192.168.250.128
  广播地址：.**10** 111111　　　即 192.168.250.191
- 第 4 个子网：子网号 11
  网络地址：.**11** 000000　　　即 192.168.250.192
  广播地址：.**11** 111111　　　即 192.168.250.255

由上可见,进行子网划分后,IP 地址总数不会改变,网段增加了,但可用的 IP 地址数会减少,这是因为每一个子网的第 1 个 IP 地址和最后 1 个 IP 地址将不能分配给用户使用。

经验总结：可根据子网的 IP 地址数量,快速计算出子网掩码的最后一个字节的十进制值,其值为：256－子网中的 IP 地址数量。

例如,在上述例子中,子网中的 IP 地址数量为 64 个,因此子网掩码的最后一个字节的值就应为 256－64＝192,故子网掩码为 255.255.255.192。

若要划分出只有 4 个 IP 地址的子网掩码,则此时子网掩码的最后一个字节值应为 256－4＝252,即子网掩码为 255.255.255.252。

反之,知道子网掩码,也可快速算出每个子网拥有的 IP 地址数量,方法相同。例如,若子网掩码为 255.255.255.224,则子网中的 IP 地址数量为 256－224＝32(个)。

注意：子网的个数或主机数必须是 2^n,不可能为奇数。

1.6 MPLS VPN 简介

1.6.1 VPN 简介

VPN(Virtual Private Network,虚拟专用网络)是一种新兴的网络技术,它是将物理上分布在不同地点的网络,利用因特网(Internet),通过隧道技术仿真出一条点到点的专线,从而实现在因特网上建立起专用的数据通信通道的一种技术。

在虚拟专用网中,任意两个节点之间的连接并没有传统专网所需的端到端的物理线路,而是利用因特网的资源组建起的一条专线,是仿真出的一个私有专用网络,故称为虚拟专用网。虚拟专用网虽不是真正的专用网络,但却能实现专用网络的功能,对于用户而言,虚拟专用网是透明的,就好像实际存在一条专用线路一样。

使用虚拟专用网,可大大节省线路费用,传统专用网需租用的专线费用高昂。对于各地有分公司并且需要将各分公司的局域网互联的企业,使用VPN技术实现企业内部网互联,则是一种较好的选择,如图1.17所示。在图中,总公司和分公司通过路由器接入当地ISP服务商,然后利用隧道技术和相关隧道协议,在因特网中仿真出一条专用通信通道,使用效果就好像在两个企业间有一条直接相连的专线一样,如图1.17虚线所示。

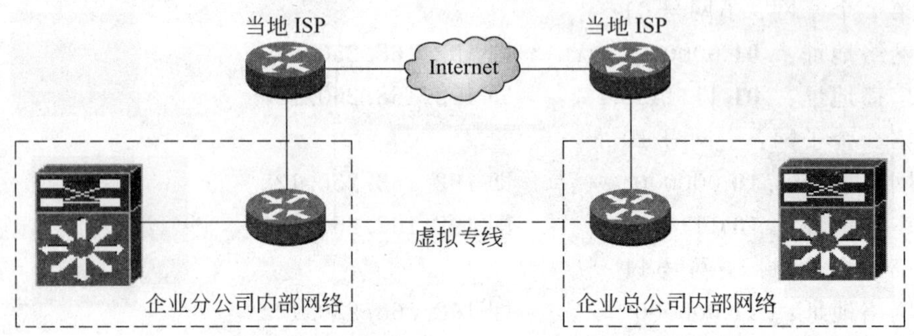

图1.17 企业通过VPN实现局域网互联

另外,利用VPN,还可实现远程办公或远程访问企业内部网的功能。

1.6.2 MPLS简介

1. MPLS协议的提出

MPLS(Multi Protocol Label Switch,多协议标记交换)是ATM技术和IP技术的融合,综合了IP信令简单和ATM交换引擎高效的优点。

20世纪90年代诞生的ATM技术,在传送实时数据时,能够保证服务质量(QoS),这在当时是一种突破性的技术进展。ATM信元(53字节)采用固定长度,有利于基于硬件实现路由和转发,交换引擎高效,但ATM网络造价昂贵,因此未得到广泛应用,主要用于部分主干网络。

IP网络信令简单,与各种应用结合很好,造价较低。但IP数据转发是基于逐跳式的,每个转发数据的路由器都要根据IP包头的目的地址,通过查找路由表来获得下一跳的出口地址。由于路由算法复杂,无法基于硬件实现,主要采用软件方式实现,这与ATM基于硬件的转发,在效率上低了不少。

为此,IETF于1997年成立了MPLS工作组,旨在开发一种将第三层的路由选择功能与面向连接的第二层交换功能综合在一起的新协议标准,以使IP技术与ATM技术能很好地融合。2001年1月,MPLS成为因特网的建议标准。

2. MPLS工作原理简介

MPLS使用很简单的转发算法,在第二层对打上固定长度“标记”的分组,用硬件方式进行转发,这种采用硬件技术对打上标记的分组进行转发就称为标记交换。

支持MPLS标记交换功能的路由器称为标记交换路由器(Label Switching Router,LSR)。LSR在转发分组之前,要使用路由选择功能构造分组转发表,然后使用标记交换功能对分组进行基于硬件的快速转发。当IP分组进入MPLS标记交换域时，在入口节点进行打标，然后在MPLS域中进行快速标记交换，在MPLS的出口节点再去除标志，以后就按照一般IP分组的转发方法进行转发。

3. MPLS的功能与应用

MPLS技术功能如下：

- 解决IP网对实时性的要求，支持面向连接的服务质量(QoS)。
- 支持虚拟专用网络(VPN)，能提供一般专用网络所具有的功能，但本身却不是一个独立的物理网络，能将公用网络(因特网)的可靠性、扩展性与专用网络的安全性、高效性有机结合，使IP网具备高速交换、流量控制和QoS等特性。
- 支持多种网络协议。

利用MPLS技术实现的VPN网络与公用网络完全隔离，能提供安全、快速、可靠的内部通信需求，因此，在实际应用中，校本部与远程分校、企业总部与远程子公司间的局域网互联，除了传统的VPN实现方案外，也可采用MPLS VPN技术来实现互联，实现拓扑结构与传统VPN方式相同，如图1.17所示。

1.7 网络传输介质

1.7.1 有线传输介质

有线传输介质有同轴电缆、双绞线和光纤三种。

1. 同轴电缆

同轴电缆用于总线型组网，分细缆和粗缆两种，常用的主要是细缆，如图1.18所示。

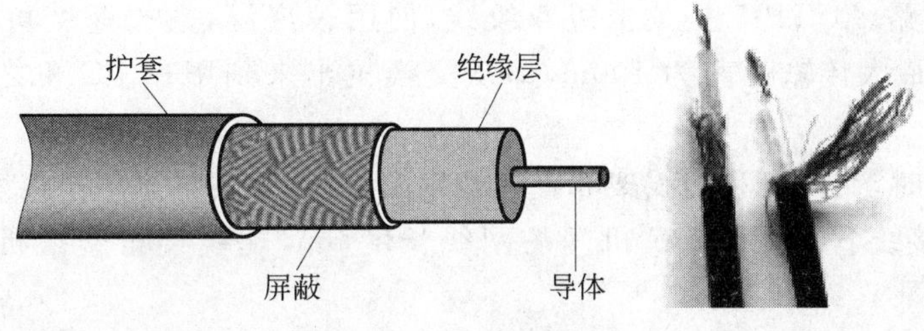

图1.18　细同轴电缆

同轴电缆接头使用BNC头和T型接头，如图1.19所示，BNC接头用于连接主机，T型接头用于串接总线并与连接主机的BNC接头相连，实现对总线的分接。

对于同轴电缆细缆，遵循10Base-2标准，每一网络段的总线长度最大为180m，最高传输率为10Mb/s；粗缆遵循10Base-5标准，总线长度可达500m。总线与工作站之间的连接距离不应超过0.2m，总线上工作站与工作站之间不应小于0.46m。

2. 双绞线

双绞线由4对电缆组成，每对相互绝缘的铜导线缠绕成螺旋状，以减少邻近线对引起

图 1.19　BNC 接头

的电磁干扰,其外观如图 1.20 所示。双绞线的网络接头使用 RJ-45 接头(又称水晶头),外观如图 1.21 所示。

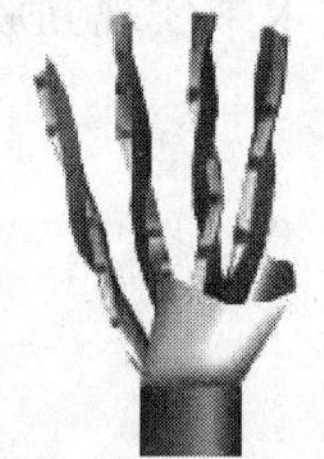

图 1.20　双绞线

图 1.21　RJ-45 接头

双绞线分为屏蔽双绞线(STP)和非屏蔽双绞线(UTP)两大类。非屏蔽双绞线又分为 3 类(UTP-3)和 5 类(UTP-5)。UTP-3 是话音级的双绞线缆,数据速率可达 16Mb/s,主要用于电话线路。UTP-5 是数据级双绞线,使用较广泛,数据速率可达 100Mb/s 和 1000Mb/s,单段最大传输距离为 100m,即从交换机出来到用户 PC 机之间的最大距离为 100m。

在综合布线时,交换机和配线架放置在楼宇配线间,配线架至用户接线盒间的最大距离一般为 90m,接线盒至用户 PC 机间的网线长度 5m,配线架至交换机间的跳线考虑 5m,配线方式如图 1.22 所示。

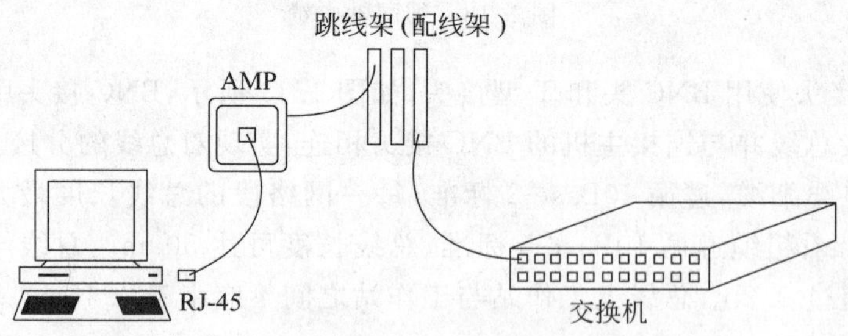

图 1.22　网络布线结构

屏蔽双绞线增加了铝铂包裹以减小辐射，价格比非屏蔽双绞线贵，目前应用还较少。

双绞线以太网线的制作方法分为两种，一种是交叉线，另一种是直通线。对于直通线，两端的 RJ-45 线序排列完全相同，适用于计算机到交换设备的连接。对于交叉线，一端保持正常线序，另一端的 1 与 3、2 与 6 线相互交换位置。交叉线适用于交换机与交换机间的互联、交换机与路由器间的互联、PC 机与 PC 机的互联。对于现在的新设备，也可直接用直通线互联，设备会自动识别，只要互联上后，端口指示灯能亮就行。

对于 100Mb/s 和 1000Mb/s 网速，线序遵循 EIA/TIA 568B 标准，从左至右（如图 1.21）线序如下：

1脚	2脚	3脚	4脚	5脚	6脚	7脚	8脚
白橙	橙	白绿	蓝	白蓝	绿	白棕	棕

对于直通线，两端均采用该线序进行制作。对于交叉线，一端采用该线序，另一端采用以下线序制作即可。

1脚	2脚	3脚	4脚	5脚	6脚	7脚	8脚
白绿	绿	白橙	蓝	白蓝	橙	白棕	棕

3. 光纤

(1) 光纤简介

光纤是光导纤维的简称，由纤芯、包层和保护层组成。光纤成对使用，一根用于接收数据，一根用于发送数据。光纤的纤芯只有头发丝粗细，一根光缆通常封装多对至上百对光纤。

光纤具有带宽高、数据传输率高、无电磁辐射、抗干扰能力强、传输距离远等优点。光纤分单模光纤和多模光纤两种。

单模光纤的纤芯很小，光源采用半导体激光，传输速率高，传输距离远，但造价较高，适合于大容量、长距离的光纤通信，户外布线大于 2km 时应选用单模光纤。使用优质光纤，配合使用长距离的单模光纤模块，传输距离可达 70km。

多模光纤的光源采用发光二极管，传输数据速率较低，传输距离可达 550m，但造价较低。在局域网中，核心层交换机与各幢楼的汇聚层交换机间的互联，由于距离通常会超过 100m，因此经常使用多模光纤来连接，此时交换机应配置多模光纤接口。

(2) 光纤熔接

光缆通常封装有多对光纤，这些光纤还没有光纤接头，必须将每根光纤利用光纤熔接机与成品尾纤（尾纤的一端已制作好光纤接头）进行熔接，熔接处放在光纤终端盒中。光缆中有钢丝，以增强抗拉伸的能力，必须将钢丝固定连接到光纤终端盒上，以防止外力拉断熔接的光纤。光纤终端盒如图 1.23 所示。

光纤熔接机如图 1.24 所示。对光纤使用专用切割刀切割整齐后，将要熔接的光纤放入光纤熔接机，在光纤熔接机的液晶屏幕上将放大显示光纤的对齐调整和熔接情况。放入光纤后，熔接机会自动调整对齐要熔接的两根光纤。如图 1.24 所示液晶屏幕的上下部分显示了同时熔接两对光纤的情况，熔接方式采用高压瞬间放电产生瞬间高温进行熔接。

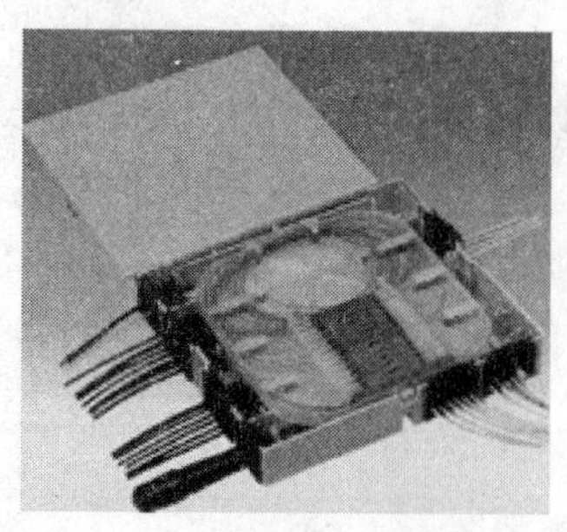
图 1.23　光纤终端盒

图 1.24　藤仓 FSM-50S 光纤熔接机

(3) 尾纤

尾纤是一端已制作好光纤接头，另一端没有接头的光纤。根据光纤接头的不同，常用的主要有 SC 尾纤、ST 尾纤和 FC 尾纤。

熔接好的尾纤和光纤终端盒如图 1.25 所示，尾纤使用的是 FC 型光纤尾纤。

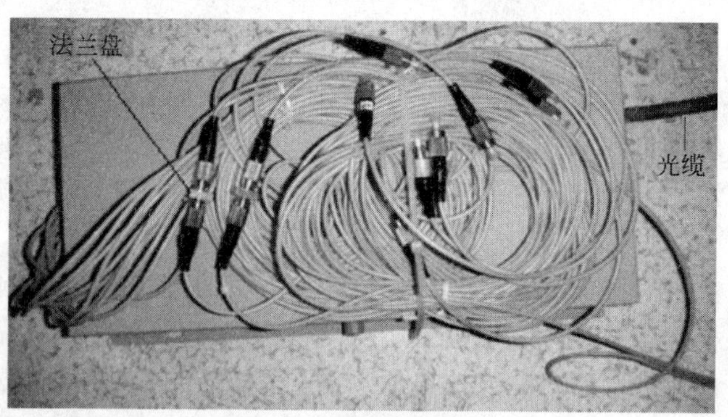

图 1.25　FC 型光纤尾纤与光纤终端盒

(4) 光纤接头类型

光纤接头的类型有 ST 型、FC 型、SC 型和 LC 型四种，接口形状总体上分为圆口和方口两类，如图 1.26 和图 1.27 所示。这些光纤接头是早期不同企业开发形成的标准。

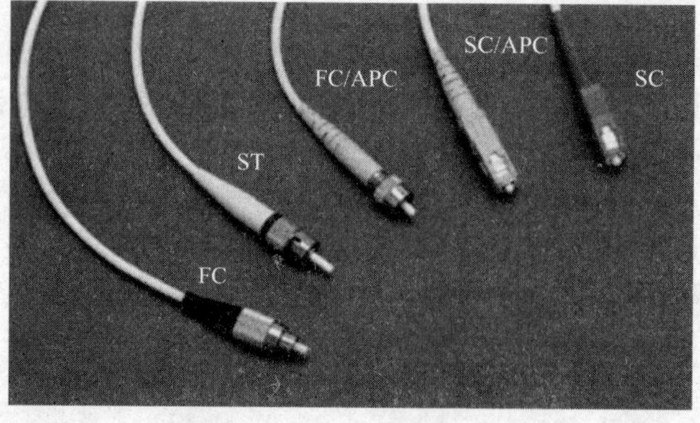

图 1.26　光纤接头

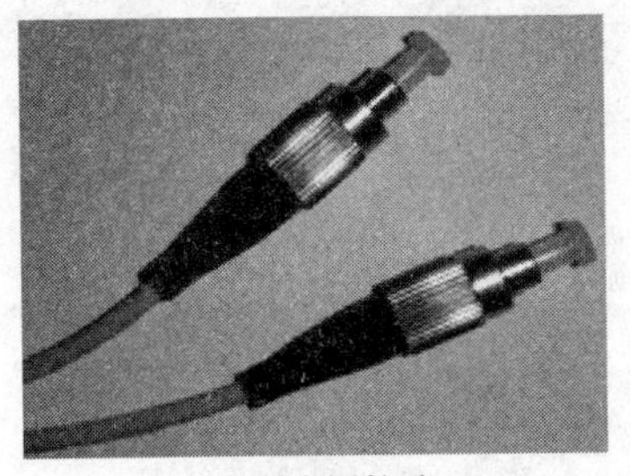
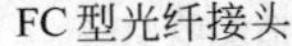
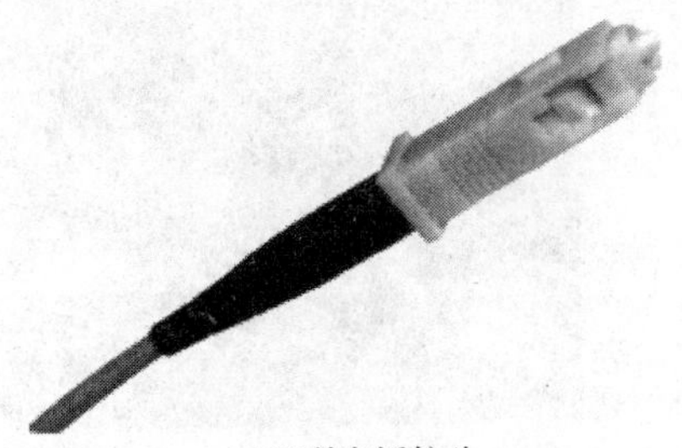

FC 型光纤接头　　SC 型光纤接头

图 1.27 FC 型与 SC 型光纤接头

- ST 头为金属圆型卡口式结构，插入后旋转半周有一卡口固定，常用于光纤配线架，缺点是容易折断。
- FC 头紧固方式为螺丝扣，有一螺帽拧到适配器上，优点是牢靠、防灰尘。
- SC 头为矩形塑料插拔式结构，无须旋转，直接插拔，容易拆装，使用很方便，缺点是容易掉出来。常用于连接 GBIC 光纤模块。
- LC 头是小型化的 SC 头，用于连接 SFP(小型可拔插光纤接口)光纤模块。目前交换机和路由器的光纤模块均采用 SFP 型，早期采用 GBIC 型光纤模块，SFP 比 GBIC 小一倍，有助于提高端口密度。

(5) 光纤适配器与光纤跳线

光纤适配器(Fiber Adapter)，又称法兰盘，是实现光纤活动连接的重要器件，它通过尺寸精密的开口套管，在适配器内部实现光纤的精密对准连接。利用光纤适配器可延长光纤跳线的长度或进行接头类型的转换。

由于尾纤长度有限，若尾纤与要连接的网络设备距离较远、长度不够，那么就可利用光纤适配器将尾纤与另一根光纤跳线进行连接，来延长光纤的连接距离，如图 1.28 所示。

图 1.28 利用光纤适配器连接尾纤与光纤跳线

光纤适配器根据所连接光纤头的类型，分为 ST 型光纤适配器、SC 型光纤适配器、SC 双口光纤适配器、FC 型光纤适配器以及一些接口类型转换适配器等类型，如图 1.29 所示。

光纤跳线用于通过光纤模块，连接两个不同的网络设备(交换机或路由器)。

光纤跳线两端的接口类型根据需要可以任意搭配。常见的有 SC-SC、ST-ST、FC-FC、LC-LC、ST-LC、ST-FC、FC-SC、SC-LC 等类型光纤跳线，如图 1.30 所示。

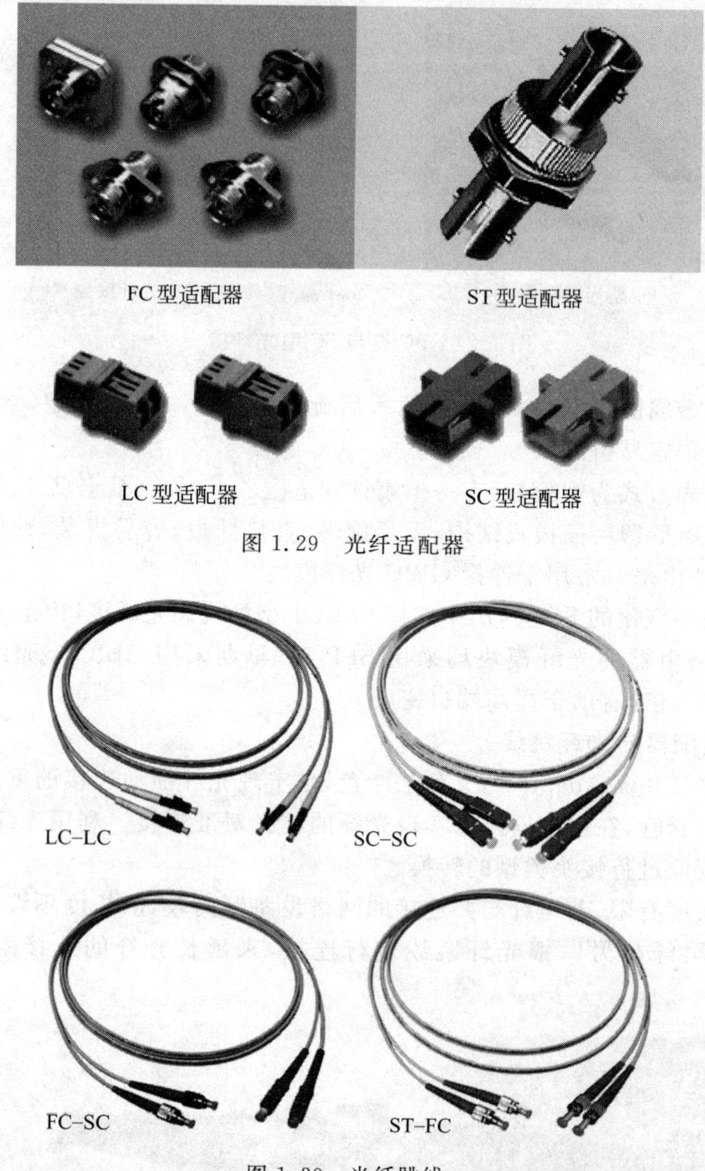

图 1.29 光纤适配器

图 1.30 光纤跳线

(6) 光纤配线箱

光纤配线箱用于将光缆中的光纤分接在配线箱上的光纤适配器上,如图 1.31 所示。

在校园网组网中,各栋楼的汇聚层交换机与核心层交换机之间的连接,通常采用光纤链路。各栋楼的光缆拉到中心机房后,这些光缆就要在光纤配线箱中进行配线,将各栋楼使用的光纤分别转接到光纤配线箱上的光纤适配器上,然后再用光纤跳线连接至核心层交换机。

图 1.31 的光纤配线箱上使用的是 ST 型光纤适配器。目前核心层交换机多采用 SFP 型光纤接口,它需要的光纤跳线接头类型为 LC 型,因此应使用 ST-LC 型的光纤跳线。ST 型接头接在光纤配线箱上,LC 型接头插入核心层交换机的 SFP 光纤接口上,如图 1.32 所示。

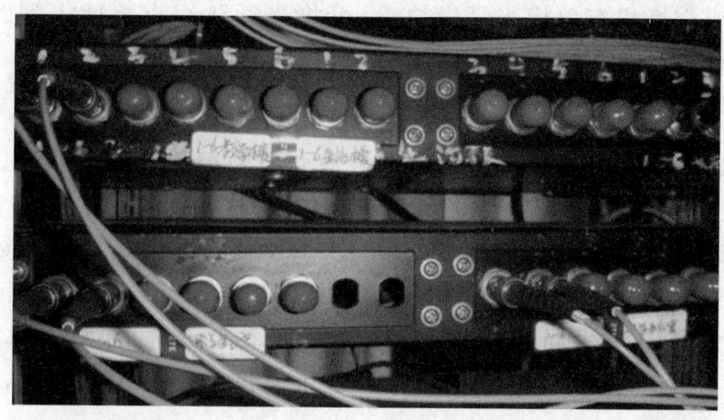

图 1.31　光纤配线箱

图 1.32　插入 SFP 光纤模块的 LC 型光纤接头

(7) 光纤的连接使用

尾纤通过光纤适配器与光纤跳线连接后，就可将光纤跳线的另一端插入到光纤收发器的光纤接口上，光纤收发器的 RJ-45 电口通过双绞线再接入到路由器或交换机的 RJ-45 电口上，从而实现光纤与局域网设备的连接。

光纤收发器用于将光信号转换为电信号，其光纤接口类型有 SC 型(如图 1.33 所示)和 FC 型。

图 1.33　采用 SC 型光纤接头的光纤收发器

如果路由器或交换机有单模光纤模块,也可将光纤跳线直接插入到路由器或交换机的光纤接口上,中间就不再需要光纤收发器进行光电转换。

1.7.2 无线传输介质

无线局域网(Wireless LAN,WLAN)的传输介质采用无线传输介质。无线传输介质主要有红外线和微波,工作频率主要在2.4GHz和5GHz。

无线局域网络目前常用的协议主要有IEEE 802.11b、IEEE 802.11g(802.11g+)和IEEE 802.11n,通信速率分别可达11Mb/s、54Mb/s(108Mb/s)、300Mb/s。

除了基于以太网的无线局域网络外,还有基于移动通信的无线网络,主要有基于CDMA和GPRS技术的无线网络。GPRS实际速度为60kb/s左右,CDMA速率为153.6kb/s左右。

习题1

1. 目前计算机网络主要采用的是(　　)技术。
   A. 电路交换　　B. 分组交换　　C. 报文交换　　D. 混合交换
2. 计算机网络在逻辑功能上可以分为(　　)。
   A. 通信子网与资源子网　　B. 通信子网与共享子网
   C. 主从网络与对等网络　　D. 数据网络与多媒体网络
3. 根据计算机网络的覆盖范围,可以把网络划分为三大类,以下不属于其中的是(　　)。
   A. 广域网　　B. 城域网　　C. 局域网　　D. 宽带网
4. 目前速率为100Mb/s的局域网采用的协议标准是(　　)。
   A. IEEE 802.3　　B. IEEE 802.3u　　C. IEEE 802.3z　　D. IEEE 802.4
5. 以下关于带宽和时延的描述,正确的是(　　)。
   A. 带宽越大,数据的传输速度越快
   B. 利用光纤代替铜质电缆,可减少传播时延,从而提高网速
   C. 带宽越大,数据的发送速率就越快,发送时延就越小
   D. 带宽是指允许通过的频率范围
6. 目前局域网组网采用的拓扑结构主要是(　　)。
   A. 总线型　　B. 环型　　C. 网状型　　D. 星型
7. 在OSI模型中,第N层和其上的$N+1$层的关系是(　　)。
   A. N层为$N+1$层提供服务
   B. $N+1$层将从N层接收的信息增了一个头
   C. N层利用$N+1$层提供的服务
   D. N层对$N+1$层没有任何作用
8. 关于协议的描述,正确的是(　　)。
   A. 协议是实体向上一层提供的服务
   B. 协议是控制相邻层实体之间通信的规则

C. 协议是控制对等实体之间通信的规则

D. 协议是实体向上一层提供服务的能力

9. 通信子网一般由 OSI 参考模型的(　　)组成。

A. 高三层　　B. 中间三层

C. 低三层　　D. 以上都不对

10. 在 OSI 参考模型中,实现端到端的可靠通信服务的协议层是(　　)。

A. 物理层　　B. 数据链路层

C. 网络层　　D. 传输层(运输层)

11. 在 OSI 参考模型中,负责使分组以适当的路径通过通信子网的是(　　)。

A. 表示层　　B. 传输层

C. 网络层　　D. 数据链路层

12. 数据链路层传送的数据的基本单位是(　　)。

A. 报文　　B. 数据包　　C. 数据帧　　D. 数据段

13. 在实际网络应用中,数据链路层的功能主要由(　　)来实现。

A. 网络接口卡　　B. 路由器　　C. 服务进程　　D. 传输介质

14. 以下协议中,不属于数据链路层的是(　　)。

A. ARP　　B. MPLS　　C. HDLC　　D. ICMP

15. IP 协议是无连接的,只提供尽最大努力的交付,数据传输的可靠性由(　　)协议负责。

A. UDP　　B. TCP　　C. ICMP　　D. S-HTTP

16. 在 TCP/IP 参考模型应用层协议中,下列(　　)完全不需要使用 UDP 协议。

A. SNMP　　B. FTP　　C. TFTP　　D. DNS

17. 在 TCP 协议中,采用(　　)来区分不同的应用进程。

A. 端口号　　B. IP 地址　　C. 协议类型　　D. MAC 地址

18. TCP 是因特网中的传输层协议,使用(　　)次握手协议建立连接,这种建立连接的方法可以防止(　　)。

A. 1　　B. 2　　C. 3　　D. 4

E. 出现半连接　　F. 无法连接　　G. 产生错误的连接　　H. 连接失效

19. ARP 协议的作用是通过 IP 地址求出 MAC 地址,ARP 请求是广播发送的,ARP 响应(　　)发送的。

A. 单播　　B. 组播　　C. 广播　　D. 点播

20. SYN 洪水攻击主要利用了(　　)协议的缺陷来实现。ARP 病毒的传播主要利用了(　　)协议的缺陷来实现。

A. ARP　　B. IP　　C. TCP　　D. ICMP

21. 在发送数据时,将网络层的 IP 包封装成数据帧时,需要使用(　　)协议来获得目标主机的 MAC 地址。

A. RARP　　B. ARP　　C. IP　　D. TCP

22. 对 IP 数据包分片的重组通常发生在(　　)上。

A. 源主机 B. 目的主机
C. IP数据包经过的路由器 D. 目的主机或路由器

23. TCP协议的端口号范围是( )。
A. 1～65536 B. 0～65535 C. 0～1023 D. 0～1024

24. 下面选项中,属于传输层安全协议的是( )。
A. IPSec B. L2TP C. TLS D. PPTP

25. 某银行为用户提供网上服务,允许用户通过浏览器管理自己的银行账户信息,为保障通信的安全,该Web服务器可选的协议是( )。
A. POP B. SNMP C. HTTP D. HTTPS

26. ( )不属于电子邮件协议。
A. POP3 B. SMTP C. IMAP D. MPLS

27. 若两台主机在同一网段中,则这两台主机的IP地址分别与它们的子网掩码相"与",其结果一定是( )。
A. 相同 B. 为全0 C. 为全1 D. 不相同

28. 以下对子网掩码的说法中,正确的是( )。
A. 子网掩码中为0的部分代表的是网络地址
B. 子网掩码中为1的部分代表的是主机地址
C. 子网掩码只能表达为255.255.255.0的格式
D. 子网掩码用于从IP地址中区分出网络地址

29. 以下IP地址中,不属于私有地址的是( )。
A. 10.8.1.1 B. 172.32.1.1
C. 192.168.254.254 D. 192.168.10.1

30. 主机的IP地址为192.168.5.121,子网掩码为255.255.255.248,则该主机的子网号为( )。
A. 192.168.5.12 B. 121 C. 15 D. 168

31. 以下IP地址中,属于广播地址的是( )。
A. 192.168.1.7/30 B. 192.168.1.4/30
C. 192.168.1.4/24 D. 192.168.1.254/24

32. 若要划分出只有4个IP地址的子网,则子网掩码应为( )。
A. 255.255.255.192 B. 255.255.255.252
C. 255.255.255.0 D. 255.255.255.4

33. 以下IP地址中,不能作为目标地址的是( ),不能作为源地址的是( )。
A. 0.0.0.0 B. 127.0.0.1
C. 100.10.255.255 D. 10.0.0.1

34. 某公司网络的地址是202.100.192.0/20,要把该网络分成16个子网,则对应的子网掩码应是( ),每个子网可分配的主机地址数是( )。
A. 255.255.240.0 B. 255.255.224.0
C. 255.255.254.0 D. 255.255.255.0

E. 30　　F. 62　　G. 254　　H. 510

35. 以下地址中，不属于子网 192.168.64.0/20 的主机地址是(　　)。

A. 192.168.78.17　　B. 192.168.79.16

C. 192.168.82.4　　D. 192.168.66.15

36. 特别适合于高速网络系统和中远距离数据传输的传输介质是(　　)。

A. 双绞线　　B. 同轴电缆　　C. 光纤　　D. 无线介质

37. 在快速以太网(Fast Ethernet)中，UTP-5 双绞线的最大传输距离为(　　)。

A. 100m　　B. 185m　　C. 200m　　D. 550m

38. 10Gb/s 的以太局域网中，传输介质应采用(　　)。

A. 铜介质双绞线　　B. 屏蔽双绞线或光纤

C. 无线信道　　D. 光纤

39. 总公司与分公司相距 500km 以上，要实现总公司与分公司内部局域网的互联，从线路费用成本和网络速度角度考虑，最好的解决方案是(　　)。

A. 租用光纤专线实现企业内部局域网互联

B. 租用卫星通道实现企业内部局域网互联

C. 采用 MPLS VPN 实现企业内部局域网互联

D. 利用 Modem 拨号实现企业内部局域网互联

实训 1.1　制作直通线与交叉线

[**实训目的**]　掌握双绞线的直通线与交叉线的制作方法；掌握双绞线与信息模块的连接方法。

[**实训设备与器材**]

1. 器材：水晶头、UTP-5 双绞线、RJ-45 信息模块。

2. 设备与工具：网络测线仪、网络压线钳。

[**实训步骤**]

1. 认识双绞线、水晶头、RJ-45 信息模块；掌握网络压线钳工具和网络测线仪的使用方法。

2. 熟记 T568B 线序。了解直通线与交叉线的在制作方法上的差异。

3. 利用网络压线钳制作直通网线，然后利用网络测线仪检测制作是否成功。

4. 利用网络压线钳制作交叉线，并用网络测线仪检测制作是否成功。

5. 观察 RJ-45 信息模块的外观，如图 1.34 所示，掌握色标的含义，然后按色标将双绞线压制到 RJ-45 信息模块的接线卡槽中。实验时，一根双绞线的两端均可连接一个 RJ-45 信息模块，然后接上直通网线，并用网线测试仪检测网路是否通畅。

图 1.34　RJ-45 信息模块

第2章

规划设计交换式局域网

本章介绍了局域网技术的发展和目前主流的局域网组网技术、网络核心设备的功能与产品选择，并以某高校大型校园网络为例，详细介绍了交换式局域网络的规划设计方法。最后还详细介绍了Cisco官方的交换机/路由器模拟器的操作使用方法，以及在模拟器中进行网络实训的方法。

2.1 局域网技术简介

计算机技术与通信技术的结合促进了计算机局域网络的飞速发展，局域网经历了从单工到双工、从共享到交换、从低速到高速、从昂贵到普及的发展过程。本节主要介绍局域网技术的发展历程和主流的局域网技术。

2.1.1 带宽共享式以太网络

早期的以太局域网络属于带宽共享式的以太网，有总线型结构和星型两种组网方式，遵循IEEE 802.3以太网协议标准，通信速率为10Mb/s，采用半双工通信。

1. 总线型结构的共享式以太网

共享式以太局域网最早采用总线型拓扑结构，使用同轴电缆（细缆或粗缆）作为公用总线来连接其他节点。其中一个节点是网络服务器，提供资源共享服务，其余节点是网络的工作站。总线的两端安装一对50Ω的终端电阻以消除回波干扰。

共享式以太网采用广播方式通信，总线长度和工作站数目都是有限制的，一般为30台左右。总线型结构网络连接的可靠性较差，只要有一台工作站连接处的T型头出现连接故障，就会造成整个网络瘫痪。

2. 星型结构的共享式以太网

总线结构的网络连接可靠性差，之后逐渐被使用集线器（HUB）和双绞线以星型结构组网所取代。利用多台集线器级联或堆叠组网，曾是局域网很流行的组网方式。

集线器是一种多端口的中继器，共享带宽，工作在物理层，属于物理层设备，是星型拓扑结构的接线点，安装连接好网线，通上电源之后即可工作，不需要特殊的配置。

集线器的基本功能是使用广播技术进行信息分发，将一个端口上接收到的信号以广播方式发送到集线器的其他所有端口，各端口接收到广播信息后，就会对信息进行检查。

若发现该信息是发给自己的，则接收，否则丢弃，其工作原理如图2.1所示。

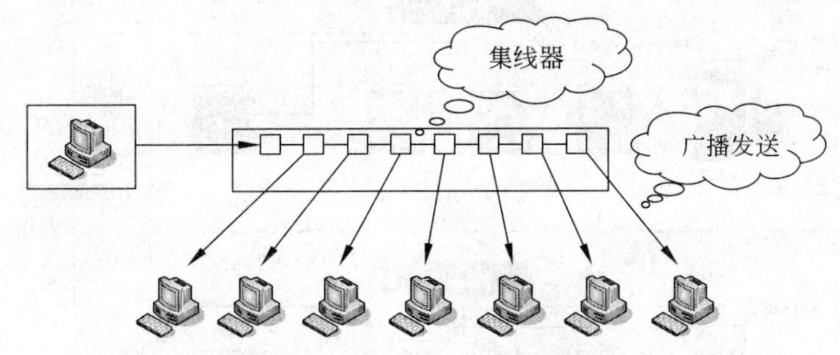

图2.1　集线器的工作原理

带宽共享式以太网遵循载波侦听多路访问/冲突检测协议(CSMA/CD)，工作在半双工通信方式，所有主机均在同一个冲突域中。随着集线器连接的主机数目增多，集线器的信息碰撞(冲突)几率就会显著提高，从而导致集线器的工作效率变差、速率降低。

一般而言，对于10Mb/s集线器，其工作站点不宜超过25个，采用100Mb/s集线器时，也不宜超过35个。

3. 冲突域与广播域的概念

使用同轴电缆以总线结构或用集线器以星型结构组建的局域网，其上的所有节点同处于一个共同的冲突域，一个冲突域内不同设备同时发出数据帧就会产生冲突，导致发送失败。冲突域内的一台主机发送数据时，处于同一个冲突域内的其他主机都可以接收到，而且也只能接收数据，不能发送数据。当主机太多时，冲突将成倍增加，带宽和速度将显著下降。

广播域是指广播帧所能到达的范围。连接在多个级联在一起的集线器上的所有主机，构成了同一个冲突域，同时也构成了一个广播域，此时冲突域和广播域的范围是相同的。而连接在一个没有划分VLAN的交换机上的主机，它们分别属于不同的冲突域，交换机的每一个端口构成一个冲突域，接在不同端口上的主机分属于不同的冲突域，但都属于同一个广播域，即交换机的所有端口构成了同一个广播域。

2.1.2　网桥

1. 利用网桥隔离冲突域

用集线器构建的局域网属于同一个冲突域，随着用户数量的增多，冲突会成倍提高，带宽利用率也将显著降低。为了隔离冲突域，出现了桥接技术。

利用网桥可以将两个或多个共享式以太网段连接起来，位于网桥两边的以太网段分属于不同的冲突域，但仍都处于同一个广播域中。这个时代的局域网通常是多个网桥将许多的集线器互联起来而构成的网络，利用网桥连接两个以太网段如图2.2所示。

网桥(Bridge)是一个局域网与另一个局域网之间建立连接的桥梁，又称桥接器。它是工作于数据链路层的网络设备，可以将两个或两个以上的局域网互联为一个逻辑局域网，使一个局域网上的用户可以通过网桥去访问另一个局域网中的资源，以实现局域网的互联。

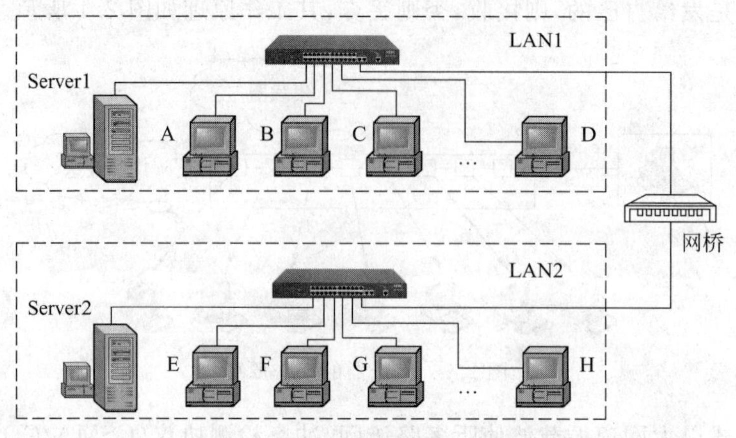

图 2.2 利用网桥隔离冲突域

2. 网桥的分类

IEEE 802 委会员制定了两种互不兼容的网桥方案用于互联局域网,分别是透明网桥和源路由选择网桥。以太网和令牌总线网采用透明网桥,令牌环网通常使用源路由选择网桥。

透明网桥(transparent bridge)使用比较方便,即连即用,不需要改变现有局域网的硬软件配置,也不需要添加或设置路由选择表和参数,可以透明地在局域网之间转发帧。所谓透明,是指局域网间可自由通信,就与没有网桥而直接相连一样,网桥对用户是不可见的,就好像没有这个设备一样。

3. 透明网桥的工作原理

透明网桥以混杂方式工作,它接收与网桥相连的所有局域网传送的每一帧。当一帧到达时,网桥必须决定是丢弃还是转发,若要转发,则必须进一步决定转发到哪一个局域网中。这需要通过查询网桥中保存的一张路径表来作出决定,该表保存着目的地址和对应的输出路径。查询到后,网桥就直接将帧转发到相应的局域网中;若未找到,则以广播方式广播该帧到与网桥相连接的其他所有局域网中,当目标主机回应后,就可得知相应的路径,网桥便会将该路径添加到路径表中,以后就可直接转发了。

网桥具有逆向学习功能,当网桥刚开始工作时,路径表是空的,但可通过逆向学习法来获知路径并逐步建立起路径表。逆向学习是指网桥通过检查收到帧的源地址及输入路径(从中可获得地址与路径的对应关系),从而找到目的站及其输出路径的方法。

由此可见,帧到达网桥后,下一步的路径选择过程取决于发送的源局域网和目的地所在的局域网。有以下两种情况:

若源 LAN 和目的 LAN 相同,则丢弃该帧,使本地通信限制在本网段内。

若源 LAN 和目的 LAN 不同,则进一步查看目的 LAN 在地址表中是否有,若有则转发该帧,若没有则进行广播。

在图 2.2 中,当 A 向 C 发送数据时,由于 A 与 C 处于同一网络,该数据包将被网桥过滤,而不会送至网络 2,从而实现网络间的隔离,使本地通信限制在本网络内。当从 A

向 H 发送数据时，由于目的和源所处的网络不同，因此网桥将转发数据包至网络 2，从而实现网间的通信。

2.1.3　交换式以太网络

交换式以太网是指采用交换机设备，并以星型结构组建的以太网络。

1. 交换机简介

网桥的一个端口所连接的网络属于一个冲突域，因此利用网桥来连接和组建局域网可缩小冲突域的范围、减少碰撞冲突的几率、提高网络通信的速度和效率。

网桥端口较少，于是诞生了交换机设备。最早的以太网交换机出现在 1995 年，交换机的前身是网桥，相当于是一个多端口的网桥。交换机的任意两个端口就相当于是一个两端口的网桥。

交换机的每一个端口属于一个冲突域，不同端口属于不同的冲突域。如果交换机的一个端口连接的是一台主机，则该主机收发数据获得收发权的几率就是 100％，不会发生碰撞冲突，因此交换机可工作在全双工模式。

交换机拥有一条高带宽的背板总线和内部交换矩阵，并为每个端口设立了独立的通道和带宽，交换机的所有端口都挂接在这条背板总线上，通过内部交换矩阵可实现高速的数据转发，因此交换机每一个端口的带宽是独享的。例如对于 100Mb/s 的交换机，每一个端口的通信速率均可同时达到 100Mb/s。集线器的端口带宽是共享的，比如一台 100Mb/s 的集线器，是所有端口共享使用这 100Mb/s 的带宽。

交换机的背板带宽越宽（背板带宽指的是交换机在无阻塞情况下的最大交换能力），交换机的处理和交换速度就越快。交换机的数据转发算法较简单（相对于路由算法），可基于硬件（ASIC 芯片）来实现，因此交换机可基于硬件实现线速交换。

由此可见，交换机各端口是独享带宽，并可实现全双工通信。

交换机工作于数据链路层，能识别数据帧中的 MAC 地址，根据目标 MAC 地址进行数据帧的转发。交换机在未特别指定的情况下，均是指二层交换机。三层交换机是指可以工作在第三层（网络层）的交换机，三层交换机增加了路由功能，能识别 IP 地址，可对 IP 数据包进行路由选择和转发。三层交换机也可工作在第二层，作为一个二层交换机来使用。

以太网交换机具备强大的数据交换处理能力和丰富的功能（VLAN 划分，生成树协议、组播支持、服务质量等），交换机和路由器已成为局域网组网的核心关键设备，交换式以太网成为目前最流行且最佳的组网方式。

2. 交换机的工作原理

交换机的工作原理是存储转发，它将某个端口发送来的数据帧先存储下来，通过解析数据帧获得目的 MAC 地址。然后，在交换机的 MAC 地址与端口对应表中检索该目的主机所连接到的交换机端口，找到后就立即将数据帧从源端口直接转发到目的端口。

若目的 MAC 在地址表中找不到，交换机便采用广播方式将数据帧广播到所有的端口，接收到端口的回应后，便知道目的主机所连的端口，然后将数据帧直接转发给该端口。之后交换机还会将该 MAC 地址和所对应的端口记忆学习下来，并将其添加到内部的地址表中,以后若要向该目的地址发送信息就可直接转发了。由此可见,交换机对目的地址具有记忆学习功能,是一种智能化的设备。当将主机连入交换机后,交换机即开始了对该地址的学习,并将学习到的MAC地址与端口对应关系保存在交换机的MAC地址表中。MAC地址表具有衰老期,以便及时更新MAC地址表。

2.1.4 虚拟局域网

1. 虚拟局域网的诞生

利用交换机组建交换式局域网,解决了冲突域的问题,提高了网络数据的交换处理速度和网络性能。但所有交换机互联所构成的局域网,属于同一个广播域。一台主机所发出的广播帧,将广播到整个局域网络中的每一台主机。

在局域网技术中,广播帧被大量使用,并占用大量的网络带宽,这将给主机为处理广播帧而造成额外的负荷。网络越大,用户数越多,就越容易形成广播风暴。特别是在目前病毒、木马泛滥成灾的时代,如果不对广播域进行隔离缩小、不抑制广播风暴的产生,将严重影响网络的正常运行,甚至会导致网络的瘫痪。

要隔离广播域,可使用路由器来实现,路由器不会转发广播帧,可有效实现分割广播域,并实现网间的通信。但由于路由器的端口数量较少,路由转发速度较慢(路由算法复杂,采用软件方式实现)且成本较贵,因此在局域网中要全部采用路由器来实现广播域的隔离,造价昂贵且难以普及。为了实现廉价的解决方案,于是诞生了虚拟局域网技术(VLAN)。

2. 虚拟局域网技术简介

虚拟局域网(Virtual Local Area Network,VLAN)是将局域网从逻辑上划分为若干个子网的交换技术,即利用交换机来实现对广播域的隔离。

利用虚拟局域网技术所划分出的每个子网,形成一个独立的网段,称为一个VLAN。每个VLAN内的所有主机间的通信和广播仅限于该VLAN内,广播帧不会被转发到其他VLAN(网段),即一个VLAN就是一个广播域。VLAN间是隔离的,不能相互通信,从而实现了对广播域的分割和隔离。

在局域网的规划与组建时,利用VLAN技术就可将一个大的局域网规划设计成由若干个网段(VLAN)来构成。

由于是在同一个局域网,各网段(子网)间肯定存在相互通信的需求。要实现网段间的相互通信,可通过为每一个VLAN配置指定VLAN接口地址来实现。该VLAN接口地址就成为该网段用户的网关地址,通过网关地址,就可实现网段(VLAN)间的相互通信。

二层交换机可以划分VLAN,但无法实现VLAN间的通信;三层交换机支持路由功能,可以通过配置VLAN子接口来实现VLAN间通信。因此,VLAN接口地址常配置在三层交换机中。

如果没有三层交换机,二层交换机也可借助外部的路由器来实现VLAN间的相互通信。在目前的交换式以太网络中,广泛采用了VLAN技术来隔离和缩小广播域。

2.2　网络互联设备

网络互联设备主要是交换机和路由器，属于网络的核心设备。

2.2.1　交换机

交换机用于将用户主机接入网络并实现相互间的通信。

1. 交换机的分类

- 根据工作协议的层次，交换机可分类（第）二层交换机和（第）三层交换机。
- 根据所应用的网络类型的不同，交换机可分为以太网交换机、ATM 交换机、FDDI 交换机和令牌环交换机等。
- 根据交换机的性能，交换机可分为接入层交换机（桌面级）、汇聚层交换机（部门级）和核心层交换机（企业级）。
- 根据交换机的可扩展性，交换机可分为固定配置的交换机和模块化交换机。低端的接入层交换机一般是固定配置的交换机，多为二层交换机。汇聚层和核心层交换机一般采用三层交换机来担任，核心层交换机多是模块化的交换机，即交换机可根据需要选配不同的功能模块，这种类型的交换机提供有多个模块插槽。

图 2.3 是一个能提供 48 个 1000Mb/s 速率的 RJ-45 电口的交换板。在核心层交换机中，通过插入该交换板，可提供 48 个千兆电口。

图 2.3　48 口千兆模块

2. 交换机的性能指示

影响交换机性能的指标主要是 Mpps 和背板带宽。

(1) Mpps

Mpps 是 Million Packet Per Second 的缩写，即每秒可转发多少个百万数据包，其值越大，交换机的交换处理速度也就越快。

(2) 背板带宽

背板带宽也是衡量交换机性能的重要指标，它直接影响交换机包转发和数据处理能力。对于由几百台计算机构成的中小型局域网，几十 Gb/s 的背板带宽一般可满足应用需求；对于由几千甚至上万台计算机而构成的大型局域网，像高校校园网或城域教育网，则需要支持几百 Gb/s 的大型三层交换机，如 Cisco 6500 系列、华为的 Quidway S8500 系列和华三的 H3C S9500 系列。

3. 交换机的功能指标

交换机通常应具备以下方面的功能,以增强交换机的应用能力。

(1) 支持 Trunk 封装协议

IEEE 802.1q 协议和 ISL 协议是 trunk 链路打标封装协议,以实现跨交换机的 VLAN 划分和通信。目前,交换机一般均支持 802.1q 协议。ISL 协议是 Cisco 交换机特有的类似于 802.1q 的协议。

(2) 支持 QoS

QoS 是 Quality of Service(服务质量)的缩写。QoS 机制能够识别通过交换机数据包的特征,并根据这些特征采取不同的传输策略,对于多媒体传输意义很重大。利用 QoS 可以给不同的应用程序分配不同的带宽。

(3) 广播抑制功能

在某些情况下,三层交换机需要转发广播包,如 DHCP 客户机发送的 BootP 广播包,但是不能任由广播包任意广播,而是在广播包超过一定数量的时候能加以限制。因此,交换机应具备广播抑制功能。

(4) 支持端口聚合功能

端口聚合是指将若干个端口聚合捆绑在一起,形成一个逻辑端口或者称为 EtherChannel。通过端口聚合,可成倍提高端口的通信速度。例如将 2 个 1000Mb/s 端口聚合成一个逻辑端口后,该逻辑端口的通信速度就是 2000Mb/s;若将 4 个这样的端口聚合,则通过速度为 4000Mb/s。利用这种技术,可大大提高与上行链路的带宽。

(5) 支持 802.1d 协议

IEEE 802.1d 协议即生成树协议。在大型网络中,为提高网络的可靠性往往采用冗余链路的方式保证网络的连通,为防止网络出现环路,必须运行生成树协议。此时交换机就必须支持该协议。

(6) 支持流量控制

能够控制交换机的数据流量,HDX、FDX 是通用的流量控制标准,目前的交换机一般均支持。

(7) 支持组播

组播不同于单播(点对点通信)和广播,它可以跨网段将数据发给网络中的一组节点,在视频点播、视频会议、多媒体通信中应用较多。

(8) 支持 SNMP 网管协议

支持 SNMP 网管协议的交换机,支持利用网管软件对其进行远程管理和控制。

(9) 可扩展性

对于核心层交换机应注意其扩展性,通常应是模块化的交换机,能在未来根据应用的需要通过添加功能模块来增强交换机的功能和增加接口。

4. 交换机的产品介绍

目前,生产交换机的主流厂商主要有国外的 Cisco、3COM 和国内的华为(Quidway)。华为与 3COM 公司曾共同出资组建了一个子公司,华为控股,命名为华为三康技术有限公司，推出了很多网络设备。之后 3COM 公司收购控股了该子公司，现命名为华三通信技术有限公司(H3C)。因此，目前主流网络设备的厂商有 Cisco、华为和华三。

由于产品线会逐渐升级更替，有关交换机或路由器的最新情况可参阅各厂商的网站。Cisco、华为和华三的官方网站分别是 http://www.cisco.com、http://www.huawei.com/cn/和 http://www.h3c.com.cn。

下面从接入层交换机、汇聚层交换机和核心层交换机三个层次介绍常用的一些交换机型号，以供网络规划和组网时参考。

(1) 接入层交换机

接入层交换机主要用于将用户主机接入网络。在网络组建中，这类交换机的需求量较大，一般采用低端的二层交换机，端口密度通常有 8 口、12 口、24 口、48 口等选择。

① Cisco 接入层交换机

Cisco 接入层交换机的早期型号有 1900 系列、3500XL 系列和 2900 系列，较新的型号有 2950 系列和 2960 系列。

Cisco Catalyst 2950 系列智能以太网交换机属于固定配置的交换机，提供桌面快速以太网接入服务和千兆位上连支持，可作为大、中、小型企业的末端接入层交换机。

Catalyst 2950 系列具备 8.8Gb/s 的交换背板带宽和最大 4.4Gb/s 的数据吞吐率，可记录 8000 个 MAC 地址。该系列产品有 Catalyst 2950-12、2950-24、2950T-24、2950C-24、2950G-12、2950G-24 和 2950G-48 等，目前该系列已停产，取而代之的是 2960 系列。

例如，Cisco Catalyst 2950C-24 交换机如图 2.4 所示，该交换机共有 26 个端口，增加了 2 个上行级联口；Cisco Catalyst 2950-24 交换机外观与之相同，但只有 24 个端口，少了 2 个级联口。

2950G 子系列带有 2 个基于千兆位接口转换器(GBIC)的千兆以太网光纤接口，可用做与汇聚层上连使用，如图 2.5 所示。型号最后的数字代表电口的数量。

图 2.4　Cisco Catalyst 2950C-24

图 2.5　Cisco Catalyst 2950G-24

Cisco Catalyst 2960 系列是 2950 系列的升级，端口密度有 24 口和 48 口两种，提供 10/100/1000Mb/s 以太网接入连接，并提供有 2 个千兆上行链路端口。

型号有 WS-C2960-24TT-L、WS-C2960-24TC-L、WS-C2960-48TT、WS-C2960-48TC-L 和 WS-C2960G-24TC-L。

产品型号中为“TT”的，表示有 2 个 10/100/1000 TX 上行链路端口；为“TC”的表示有 2 个双介质上行链路端口(10/100/1000Base-T 或 SFP)。

其中的 WS-C2960G-24TC-L 型号有 20 个 10/100/1000Mb/s 以太网端口和 4 个双介质上行链路端口(10/100/1000Base-T 或 SFP)。

② 华为与华三的接入层交换机

华为的接入层交换机主要有S2000-EA系列运营级接入交换机、S2000-HI系列智能接入交换机和S2000TP-MI系列接入交换机。

华三(H3C)的接入层交换机主要有H3C S3100-SI(EI)和H3C S5100-SI(EI)系列。S3100系列提供10/100Mb/s网络接入连接,并提供有1~2个千兆上行链路接口(1个10/100/1000Base-T和1个1000Base-X SFP)。S5100系列为全千兆二层以太网交换机。

(2) 汇聚层交换机

汇聚层交换机位于楼宇配线间,用于汇聚和连接各接入层交换机,各接入层交换机的VLAN接口地址通常配置在汇聚层交换机中。

汇聚层交换机通常采用中、低端的三层交换机来担任,以提供VLAN间的通信互访和提供额外的控制功能,如IP包过滤,以阻止病毒或木马的传播等。

① Cisco的中、低端三层交换机

Cisco的低端三层交换机主要有3500系列、3550系列、3560系列和3750系列。3500和3550系列目前已停产,3560系列是3550系列的升级替代型号。这些交换机仍为固定配置,端口密度有24口和48口两种,提供有2个或4个千兆位上行链路接口。

3550系列主要产品有Catalyst 3550-12T、3550-12G、3550-24、3550-48。Catalyst 3550-24和Catalyst 3550-48交换机提供10/100Mb/s接入服务和千兆位GBIC光纤上行链路接口。

Cisco 3560系列常用型号及配置如下:

- Cisco Catalyst 3560-24TS 24个10/100Mb/s电口和2个SFP千兆位光口
- Cisco Catalyst 3560-48TS 48个10/100Mb/s电口和4个SFP千兆位光口
- Cisco Catalyst 3560G-24TS 24个10/100/1000Mb/s电口和4个SFP千兆位光口
- Cisco Catalyst 3560G-48TS 48个10/100/1000Mb/s电口和4个SFP千兆位光口

Cisco 3750系列的型号及配置如下:

- Cisco Catalyst 3750G-24TS 24个10/100/1000Mb/s电口和4个SFP千兆位光口
- Cisco Catalyst 3750G-24T 24个10/100/1000Mb/s电口
- Cisco Catalyst 3750-24TS 24个10/100Mb/s电口和2个SFP千兆位光口
- Cisco Catalyst 3750-48TS 48个10/100Mb/s电口和4个SFP千兆位光口

中端的有4500系列和4900系列,可作为中小型网络的核心层交换机使用。4500系列属于模块化交换机,支持第2/3/4层交换,型号主要有Cisco Catalyst 4503(3个插槽)、4506(6个插槽)、4507R(7个插槽)和4510R(10个插槽)。4900系列以成熟的Cisco Catalyst 4500系列硬件和软件架构为基础,提供第二到第四层线速交换。拥有96Gb/s无阻塞交换矩阵、72Mpps第二层转发(硬件)与72Mpps第三层和第四层转发,采用基于思科快速转发(硬件)技术实现。

4900系列的产品有Cisco Catalyst 4948和Cisco Catalyst 4948-10GE两款。

Cisco Catalyst 4948 具有 48 个线速 10/100/1000Base-T 端口(电口),并另有 4 个线速端口,可容纳 1000Base-X SFP 光接口,外观如图 2.6 所示。

Cisco Catalyst 4948-10GE 提供 48 个线速的 10/100/1000Base-T 端口和 2 个线速的万兆以太网端口(X2 光学端口),外观如图 2.7 所示。

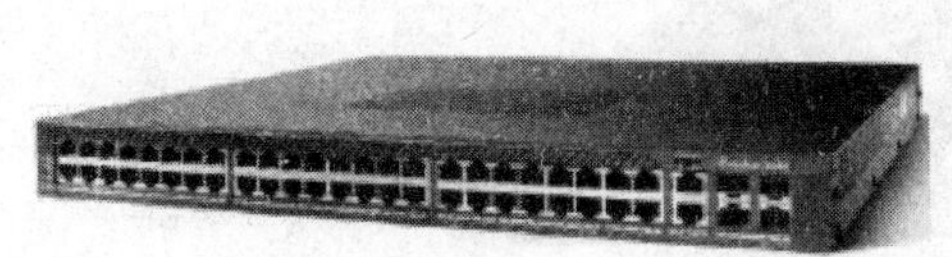

图 2.6　Cisco Catalyst 4948 交换机

图 2.7　Cisco Catalyst 4948-10GE 交换机

② 华为与华三的中、低端三层交换机

华为的低端三层主要有早期的 Quidway S3500 系列(产品型号有 S3526C、S3526E FS 和 S3526E FM 三款),该系列已停产。替代产品为 S3500EA 系列,是华为公司为满足城域网电信级业务接入而推出的运营级以太网交换机,产品型号有 S3528P-EA、S3528F-EA、S3552P-EA 和 S3552F-EA。接口配置情况如下:

- S3528P-EA　24 个 10/100M 电口,4 个 SFP 模块接口
- S3528F-EA　24 个 100M SFP 光口,2 个 SFP 模块接口和 2 个 10/100/1000M 电口
- S3552P-EA　48 个 10/100M 电口和 4 个 SFP 模块接口
- S3552F-EA　6 个业务槽位,4 个 SFP 模声接口

另外,华为的低端交换机还有 S3900 系列智能弹性交换机,中端交换机主要有 S5600 系列全千兆智能弹性交换机。

华三的低端三层交换机有 H3C S3600-SI(EI) 系列、H3C S3610 系列和 H3C E 系列。

H3C E 系列是为满足教育行业构建高安全、高智能网络需求而专门设计的新一代以太网交换机产品,具有高扩展性、高可靠性、高安全性和易管理性,是理想的教育城域网和校园网的汇聚和接入层交换机。此系列的产品型号有 H3C E328 和 E352 两款。

华三的中端交换机主要有 H3C S5500-SI(EI) 系列、H3C S5510 系列和 H3C S5600 系列,均为全千兆三层交换机。H3C S5510 系列包含如下型号,外观如图 2.8 所示。

- S5510-24P:24 个 10/100/1000Base-T 以太网端口和 4 个 1000Base-X SFP 千兆以太网端口(Combo)。
- S5510-24F:24 个 1000Base-X SFP 千兆以太网端口和 4 个 10/100/1000Base-T 以太网端口(Combo)。

(3) 核心层交换机

核心层交换机属于高性能的高端交换机,通常是万兆核心的交换机,都是模块化的交换机,以根据用户的需求选配相应的模块。

① Cisco 的核心层交换机

Cisco 的核心层交换机是 Catalyst 6500 系列。该系列主要为大型企业和电信运营商

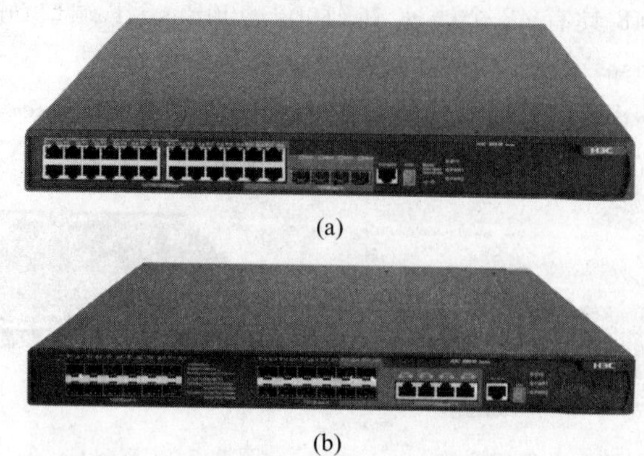

图 2.8 H3C S5510 系列全千兆三层交换机

(a) H3C S5510-24P；(b) H3C S5510-24F

网络提供高度可用的、高性能的、高扩展性和高安全性的网络服务。

该系列提供有 3 插槽、6 插槽、9 插槽和 13 插槽的机箱供选择，以及多种集成式服务模块，包括数千兆位的网络安全性、内容交换、语音和网络分析模块，能提供 48～576 个 10/100/1000 以太网端口和提供支持 192 个 1Gb/s 或 32 个 10Gb/s 的骨干网端口，能作为每秒数亿个数据包处理能力的网络核心交换。

Cisco Catalyst 6500 系列核心层交换机外观如图 2.9 所示。

图 2.9 Cisco Catalyst 6500 系列核心层交换机

② 华为与华三的核心层交换机

华为的核心层交换机主要有 S6500 系列、S7800 系列和 S8500 系列万兆核心路由交换机。S8500 系列的主要型号有 S8505、S8508 和 S8512，分别提供 7、10 和 14 个槽位，业务单板槽位数量分别为 5、8 和 12 个；背板带宽分别为 750Gb/s(可扩展至 1.5Tb/s)、1.2Tb/s(可扩展至 2.4Tb/s)、1.8Tb/s(可扩展至 3.6Tb/s)；包转发率分别为 180Mpps、288Mpps 和 432Mpps；支持 10GE 接口。

华三的核心层交换机主要有 H3C 7500 系列、H3C 7500E 系列和 H3C S9500 系列。其中 S9500 系列有 S9505(7 槽)、S9508(10 槽)、S9508V(垂直 10 槽)和 S9512(14 槽)四款产品，如图 2.10 所示。

图 2.10　H3C S9500 系列交换机

2.2.2　路由器

1. 路由器简介

路由器主要用于网络的互联，可实现不同类型的网络互联。在局域网的组建中，在局域网与因特网的边界需要使用一台路由器，利用路由器的网络地址转换（NAT）和路由功能，实现代理上网。

对于中小型局域网络，常使用中、低端路由器；对于用户数众多的大型局域网络，应采用中、高端的路由器，以提供高性能的 NAT 和路由功能。

2. 路由器的接口类型

路由器的接口中，应用最多的主要是快速以太网接口和高速同步串口（Serial）。

高速同步串口主要用于 DDN、帧中继（Frame Relay）、X. 25 等网络连接。在企业网之间，也可通过高速同步串口利用广域网连接技术来实现局域网间的互联。最大带宽可达 2Mb/s。高速同步串口外观如图 2.11 所示。

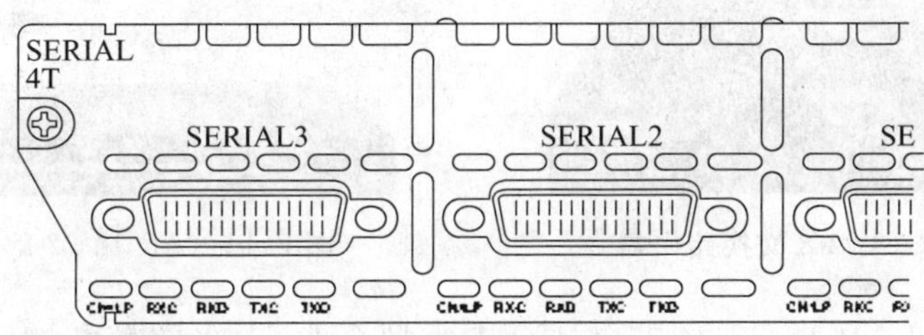

图 2.11　高速同步串口

3. 路由器产品介绍

路由器产品较多，对 Cisco 和华三也只介绍部分常用的产品。

(1) 低端路由器

① Cisco 低端路由器

Cisco 早期的低端路由器有 Cisco 2600 系列，该款产品在组网较早的企事业单位仍普遍存在。该系列产品普遍配有 2 个快速以太网接口，可选配高速同步串口。

目前 2600 系列已由 Cisco 2800 系列取代，属于中小型企业路由，产品型号有 Cisco 2801、2811、2821 和 2851。接口卡插槽 4 个，支持 VPN 硬件加速，控制口速率高达

115.2kb/s。2801 和 2811 板载 2 个 10/100Mb/s 以太口,2821 和 2851 板载 2 个 10/100/1000Mb/s 以太口。

Cisco 面向中、低端企业级用户主推的是集成多业务路由器,与传统路由器相比,其特点是更安全并能以线速提供并发数据、语音、视频和无线服务,同时还提供 CF 闪存卡接口以用于路由器 IOS 的升级,避免传统路由器升级 IOS 的不便。

按集成多业务路由器的性能,从弱到强的排列是 800 系列、1800 系列、2800 系列和 3800 系列。800 系列为固定配置的桌面型路由器,1800 系列为固定配置的机架式路由器,这两款主要针对家庭用户和小型企业;2800 和 3800 系列为模块化的可安装到机柜的路由器,主要面向企业用户。

② 华三低端路由器

华三最低端的以太网路由器主要有 ER 系列和 AR 18-2X 系列,属于宽带路由器系列,采用固定配置,主要用于中小企业、网吧和中小学校。

ER 系列产品型号有 H3C ER3100、ER3260、ER5100 和 ER5200。ER3100 和 ER5100 为 1 个 WAN 口、3 个 LAN 口和 1 个 Console 口;ER3260 和 ER5200 为 2 个 WAN 口、3 个 LAN 口和 1 个 Console 口。ER5 系列采用双核 500MHz 网络处理器,而 ER3 系列为单核 500MHz 网络处理器。

AR 18-2X 系列型号较多,常用的主要是 AR 18-22-8/AR 18-22S-8、AR 18-22-24、AR 18-23-1/AR 18-23S-1。产品型号中带"S"的支持 IPSec 数据加密。

AR 18-2X 系列为交换路由器,相当于是将一个二层交换机和一个低端的路由器封装在一起的。AR 18-22-8 具有 2 个 WAN 口和 8 个 LAN 口;AR 18-22-24 具有 2 个 WAN 口和 24 个 LAN 口,LAN 口支持 VLAN 划分。产品外观如图 2.12 和图 2.13 所示。

图 2.12 AR 18-22-8 交换路由器

图 2.13 AR 18-22-24 交换路由器

AR 18-22-8 和 AR 18-22-24 非常适合中小型企业、中小学校和网吧使用,产品价格也较为低廉。目前,AR 18-22 系列已由 MSR 20-2X 系列取代。

(2) 中端路由器

① Cisco 中高端路由器

Cisco 的路由器系列很多,中端的主要有 3 系列,中高端的主要有 7 系列,产品系列主要有 Cisco 3200 系列、3600 系列、3700 系列、3800 系列、7200 系列、7201 系列、7300 系列、7500 系列和 7600 系列。

② 华三中端路由器

AR 18-6X 系列的 H3C AR 18-63-1 是一款全千兆的路由器,是 AR18 系列路由器中的旗舰产品,适合于大型网吧、酒店、规模较大的中小学、中型企业等。

AR 18-63-1 路由器有 1 个 Console(配置口)、1 个 AUX 口、4 个 10/100/1000Mb/s 以太网 WAN 接口(2 个光/电可选,2 个电口)。

华三的 MSR 30 系列、MSR 50 系列和 AR 46 系列属于中端路由器系列。

(3) 高端路由器

① Cisco 高端路由器

Cisco 高端路由器有 10000 系列、12000 系列、12400 系列和 XR 12000 系列,属于电信级应用,一般企事业使用较少。

② 华为与华三的高端路由器

华为的高端核心路由器有 Quidway NetEngine(简称 NE)80/40/20 三个系列。

NE 80 系列核心路由器主要应用在 IP 骨干网、IP 城域网骨干层以及各种大型 IP 网络的核心位置。

NE 40 系列属通用交换路由器,主要面向 IP 城域网骨干汇聚层、IP 骨干网、大型企业网和行业网建设而推出的高端网络产品,包括 NE40-8、NE40-4 和 NE40-2 三款型号。

NE 20 系列作为集中式高速转发路由器,主要面向运营商及企业网的产品系列,按槽位数分为 NE20-8、NE20-4、NE20-2 三款产品。

NE40-2、NE40-4、NE40-8 和 NE80 的背板带宽分别为 16Gb/s、32Gb/s、64Gb/s 和 256Gb/s;包处理能力分别为 12Mpps、24Mpps、48Mpps 和 96Mpps。

华三的高端核心路由器是 H3C SR8800 系列,属于万兆核心路由产品,主要应用在 IP 骨干网、IP 城域网以及各种大型 IP 网络的核心和汇聚位置。产品型号有 SR8802、SR8805、SR8808 和 SR8812。

2.3　网络安全设备

网络安全设备主要有防火墙和入侵检测系统。

2.3.1　防火墙

防火墙目前应用较多的主要是 IP 包过滤式防火墙。在局域网组建中,防火墙主要用于保护局域网不受来自因特网的攻击,或者保护 DMZ 区中的服务器群不受来自因特网或内网用户的攻击。

防火墙除了具有 IP 包过滤功能外,防火墙通常还具有路由和网络地址转换功能。因此,对于中小型局域网络,如果购买有防火墙产品,那么可不购买路由器,代理服务器的功能由防火墙来兼任。

防火墙的端口通常有 3 个,也有 4 个的,这些接口分别是 WAN、LAN、DMZ 和 IDS。

WAN 口用于连接因特网,LAN 口用于连接内网,DMZ 口用于连接 DMZ 服务器群,IDS 口用于连接入侵检测系统。有的防火墙没有 IDS 口,可能会有 2 个 WAN 口。

对防火墙的配置通常采用基于 Web 的页面来进行配置和管理。不同的防火墙产品,Web 服务的端口号不同,出于安全考虑,Web 服务协议通常采用 HTTPS 协议。

除了购买防火墙专门产品外,另外也可采用三层交换机中的某 3 个端口,通过配置 ACL 规则来实现防火墙的功能,配置方法将在后继章节中详细介绍。

2.3.2 入侵检测系统

入侵检测系统(Intrusion Detection System,IDS)是一种网络安全设备,它可以对网络传输进行实时监控、实时收集和分析网络事件,从中发现网络系统中是否有违反安全策略的行为或被攻击的迹象,从而发出警报或者采取主动反应措施。

进行入侵检测的软件与硬件的组合便是入侵检测系统。入侵检测系统是一种智能化的设备,属于主动防御(防火墙属于被动防御),入侵检测系统可与防火墙配合工作,通过防火墙来切断或阻止有害的连接。

入侵检测系统通常由事件产生器、事件分析器、响应单元和事件数据库部分构成。IDS将需要分析的数据统称为事件,它可以是网络中的数据包或系统日志等信息。

事件产生器的作用是从网络环境中获得事件,并向系统的其他部件提供事件。事件分析器分析得到的数据,产生分析结果。响应单元则是对分析结果做出反应的功能单元,它可以做出切断并阻止连接或仅简单报警。事件数据库用于存放知识库和中间处理或最终数据。

入侵检测系统的主要功能有:

- 监测并分析用户和系统的活动。
- 核查系统配置和漏洞。
- 评估系统关键资源和数据文件的完整性。
- 识别已知的攻击行为。
- 统计分析异常行为。
- 操作系统日志管理,并识别违反安全策略的活动。

2.4 规划设计交换式园区网络

2.4.1 网络的规划设计步骤

对网络进行规划设计和组建通常遵循以下基本步骤。

(1) 用户需求分析。

网络规划设计前,应与客户充分沟通交流,弄清客户的网络建设需求。

(2) 考察园区楼宇分布图与间距。

在与客户沟通交流的同时,应现场考察掌握园区的楼宇分布与各幢楼的间距数据,绘制或索取园区的楼宇建设平面图,并在图中标注距离数据以及各幢楼的楼层数、中心机房的位置、各幢楼的配线间和线井的位置。

(3) 规划设计网络拓扑结构图和综合布线系统。

在弄清客户组网需求和园区楼宇分布图之后,就可开始规划设计网络拓扑结构图和综合布线系统,定型网络设备,并设计网络工程预算与投标书。

(4) 组织综合布线施工与验收。

工程中标后,订购相关网络设备和器材,并组织综合布线施工与验收。

(5) 安装网络设备,规划VLAN与IP地址,然后对网络设备(交换机和路由器)按规划进行配置和调试运行。

(6) 网络试运行，试运行期结束后进行网络工程验收。

(7) 对客户进行网络管理与维护培训，然后进入售后服务阶段。

2.4.2　交换式局域网的规划设计方法

交换式以太网局域网主要采用交换机和少量的路由器来构建。对于大中型局域网络，通常应采用三层式结构进行设计，这种方案结构清晰、网络运行效率高、易于维护和扩展。对于网络速度，通常应采取万兆核心、千兆主干、百兆交换到桌面或者千兆交换到桌面。

交换式局域网采用星型结构布线和组网，但网络总体结构呈层次结构。三层交换式结构中的“三层”分别是接入层、汇聚层和核心层。

1. 接入层(access layer)

接入层位于整个网络结构的最底层，接入层交换机用于连接最终用户，提供网络接入服务。

接入层交换机通常采用二层交换机，端口密度一般较高，并应配备高速上行链路端口。这类交换机用量较大，与汇聚层交换机共同放置于每幢楼的楼宇配线间。

2. 汇聚层(distribution layer)

汇聚层交换机用于汇聚接入层交换机的流量，提供 VLAN 间的互访，并上连至核心层交换机。

汇聚层交换机应采用三层交换机，以提供高性能数据交换。汇聚层交换机的每一个端口向下级连接入层交换机。当用户接入端口不够用，而汇聚层又恰好有空余端口时，汇聚层交换机的端口也可提供给用户作为网络接入端口使用。

一幢楼各房间的网线，通过综合布线，全部拉到楼宇配线间，并接在配线架上，利用双绞线跳线，再从配线架接到接入层交换机的各个端口。接入层交换机再向上级连到汇聚层交换机，汇聚层交换机再通过光纤向上级连到位于中心机房的核心层交换机。

汇聚层与核心层交换机均是三层设备，因此它们间的级联属于三层设备间的级联，其链路最好采用路由方式。

3. 核心层(core layer)

核心层交换机是整个网络的中心交换机，具有最高的交换性能，用于连接和汇聚各汇聚层交换机的流量。核心层交换机一般采用中高端的三层交换机，这类交换机具有很高的交换背板带宽和较多的高速端口，能提供高性能的交换和 IP 包的转发服务。

三层交换式组网结构如图 2.14 所示。

对于小型局域网可以不用汇聚层交换机，而直接向上级连到核心层交换机，即采用二层结构，其核心层交换机也可采用中端交换机来担任。

在具体设计网络时，可根据网络的规模和对带宽的要求，选择适当型号的交换机来做汇聚层和核心层的交换机。

为了使网络连接和运行更加可靠，在实际应用中，对可靠性要求较高的应用场合通常采用双冗余热备份方式上连到更高一层的交换机。此时，汇聚层和核心层交换机都是双重热备份的，拓扑结构如图 2.15 所示。

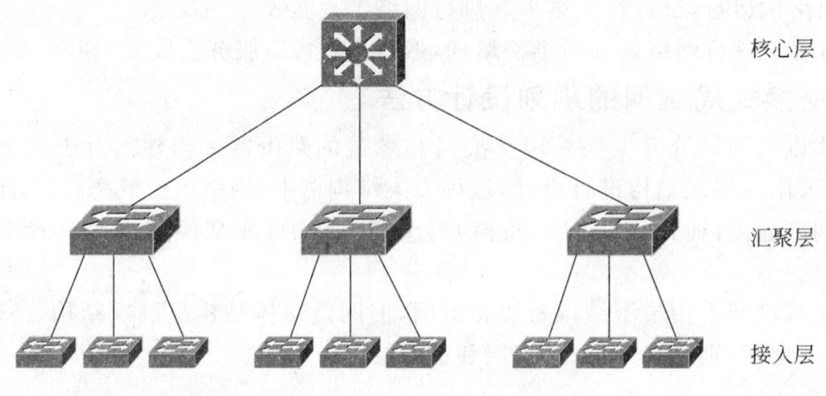

图 2.14　三层交换式组网结构

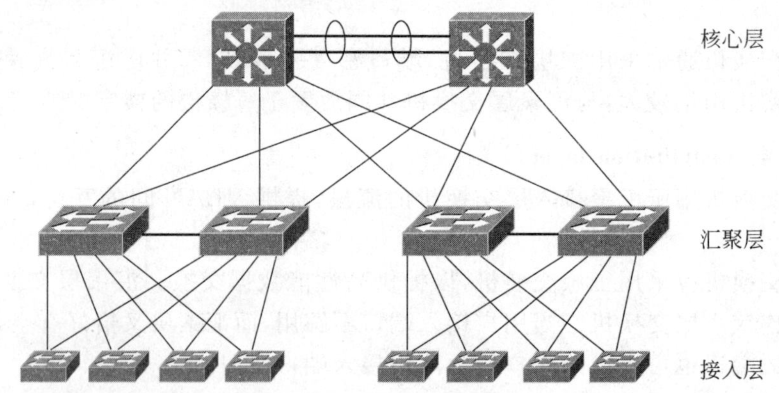

图 2.15　高可靠双冗余热备份网络结构

采用双冗余热备份结构可获得很高的可靠性，每台交换机向上都是同时连接在两台功能相同的交换机上，其中一台处于工作状态，另一台处于备用等待状态。当原处于工作状态的交换机或某条链路出现故障时，处于等待状态的交换机或链路会立即转为工作状态，接替出现故障的交换机或链路，以保障网络的通畅。

为防止链路出现环路，此时应启用生成树协议(Spanning Tree Protocol，STP)，以阻塞部分链路，防止出现环路。

2.4.3　规划设计某高校的大型局域网络

本节以规划设计某个具有3个校区、用户主机数在2000～3000范围内的大型校园网络为例，介绍网络的规划设计方法。后继章节也以该规划设计方案和网络工程组建为任务，介绍对网络核心设备(交换机/路由器)的配置与管理方法。

1. 网络建设任务

(1) 网络基本情况

某高校有3个校区，称为A区、B区和C区。A区和C区规模较大，B区规模较小。A区与B区光纤线路长度在30km左右，租用裸纤(指仅租用光纤线路，不租用两端的网络设备)专线实现这两个校区间的互联。A区与C区相距较远，约60km，因此不能采用光纤专线，而采用 MPLS VPN 实现 A 区与 C 区的互联。

A 区和 C 区各设置一个中心机房，但以 A 区为主。A 区和 C 区的主要应用服务器放在各自校区的中心机房中，但校区间也能互访这些服务器。

A 区的服务器主要有 Web 服务器、邮件服务器、教务管理服务器、视频点播服务器、DNS 服务器等，共计约 10 多台服务器。Web 服务器和邮件服务器要求同时接入电信 ChinaNET 网和教育网(Cernet)。

C 区的服务器主要有教务管理服务器、电影服务器等。

A 区使用的公网地址段为 61.186.202.32，子网掩码为 255.255.255.224，共 32 个 IP 地址；网关地址为 61.186.202.33，子网掩码为 255.255.255.252。

A 区的教育网地址段为 219.221.55.0/24，共 256 个 IP 地址；网关地址为 219.221.55.1，子网掩码为 255.255.255.252。

C 区使用的公网地址段为 222.177.150.128，子网掩码为 255.255.255.224，共 32 个 IP 地址；网关地址为 222.177.150.129，子网掩码为 255.255.255.252。

(2) 网络建设任务与性能要求

现要求组建这 3 个校园网络，实现 3 个校区间的互联互通，并能访问因特网。网络要易于扩展和维护、性能和可靠性高、安全性好。

要求校园网采用万兆核心、千兆主干、百兆交换到桌面。A 区与 B 区采用千兆光纤链路互联，A 区与 C 区采用 100Mb/s MPLS VPN 实现互联。

A 区因特网出口设置 2 条，一条接入电信 ChinaNET 网，采用 100Mb/s 光纤专线接入；另一条接入教育科研网(Cernet)，采用 10Mb/s 光纤专线接入。整个校园网用户(3 个校区)访问教育网资源时，通过教育网出口访问。

C 区设置一条因特网出口，采用 100Mb/s 光纤专线通过当地电信接入因特网。C 校区用户访问因特网时，默认采用该条链路出去访问；访问教育网资源时，通过 A 区的教育网出口访问。

2. 选择核心网络设备

(1) 设计方案说明

通常是先设计网络拓扑结构，然后再选择网络设备，此处先进行设备选型，再设计网络拓扑结构，以便在拓扑图中标注出设备型号。

3 个校区的网络建设在实际中是有先后次序的，是在发展过程中不断扩建的，此处是为了讲解和配置的方便，假设其网络是同时建设的。网络示例中所使用的设备型号为目前网络的主流设备，但不一定是最新的，对于以后新建网络，应选择符合时代的新型号。虽然设备型号和功能升级了，但组网的方法和配置策略是不会改变的，相关的配置命令也不会有太大的变化。

C 区与 A 区的网络建设方法基本相同，为避免重复介绍，本书重点放在 A 区和 B 区网络的组建上。对于 C 区仅介绍到其核心层与 A 区的互联实现方法，即主要介绍两个远程局域网之间如何实现互联互通。

为便于同时介绍 Cisco 和华为的设备配置，网络设备同时选择了两个厂商的主流设备。对于二层交换机，由于数量众多，拓扑结构图中就不再画出。

(2) 选择核心层交换机

考虑到整个校园网规模较大,用户主机数较多,核心层交换机采用华为万兆核心的路由交换机 Quidway S8505,该交换机拥有5个功能板插槽和2个引擎插槽,背板带宽为750Gb/s,包转发率为180Mpps,并支持10GE接口,具有很强的交换处理能力和可扩展性。

根据应用需要,配置一块拥有48个千兆以太网电口的功能板和一块拥有24口的千兆SFP光纤接口板,板上配置18个千兆多模光纤接口,用于连接到各幢楼的汇聚层交换机。为提高交换机的可靠性,配置双引擎。S8505的配置及外观如图2.16所示。

图 2.16 Quidway S8505 万兆核心路由交换机

光纤接口不够用时,可使用千兆的电口。使用内网地址的服务器群可使用部分千兆电口。使用公网地址的DMZ区服务器群使用 Cisco Catalyst 3750G-24T 千兆交换机实现网络的千兆接入。另使用一台 Cisco Catalyst 3750G-24T 作为千兆防火墙设备,保护DMZ区中的服务器群。

各幢楼的汇聚层交换机采用华为的 S3528P 或 Cisco 3550-24 或 3560。B区规模不大,核心层交换机采用 Cisco 4506 交换机。

(3) 选择核心路由器

由于网络用户数较多,网络出口路由器也采用高端的华为 Quidway NE40-4 交换路由器,并配置一块NAT转换板,以提高NAT转换的速度和负荷承受能力。

网络的因特网出口有2个,与核心层交换机互联需要一个接口,与防火墙设备互联需要一个接口；教育网的招生录取系统需要直连教育网，否则招生录取系统运行有问题，因此，单独使用一个接口连接招生录取用机，故路由器的以太网接口至少需要 5 个；考虑到扩展性，增配 2 个 SFP 光纤接口，标准有 4 个以太网电口。NE40-4 交换路由器接口配置及外观如图 2.17 所示。

图 2.17　Quidway NE40-4 交换路由器

3. 设计三层交换式网络拓扑结构

(1) 总体设计原则与设计方法

A 区中心机房设置在综合楼的 3 楼，该幢楼的汇聚层交换机放在中心机房，由于该幢楼的楼层较高，分别在 1 楼和 6 楼的线井各设置 1 个机柜，放置接入层交换机。其余楼宇的配线间设置在各幢楼的中间楼层，汇聚层交换机和接入层交换机均放置在配线架的机柜中，汇聚层交换机采用多模光纤以千兆链路上连到核心层交换机的 SFP 光纤接口。

(2) 网络拓扑结构图

网络拓扑图如图 2.18 所示。C 校区的汇聚层和接入层在拓扑图中省略。

4. 三层设备互联接口地址与接口规划

网络拓扑结构设计出来后，在对交换机和路由器进行配置之前，还应先规划三层设备间的互联接口和接口地址，各幢楼的 VLAN 划分以及各 VLAN 使用的 IP 地址段。

对于 VLAN 划分和 VLAN IP 地址的规划设计，将在后面学习了 VLAN 划分知识后，再进行介绍。此处先规划设计三层设备间的互联接口及接口地址。

(1) 三层设备如何实现互联

各幢楼的汇聚层交换机在通过物理线路(光纤或双绞线)与核心层交换机相连后，还必须分别对汇聚层交换机和核心层交换机进行适当的配置，该条链路才能正常工作。

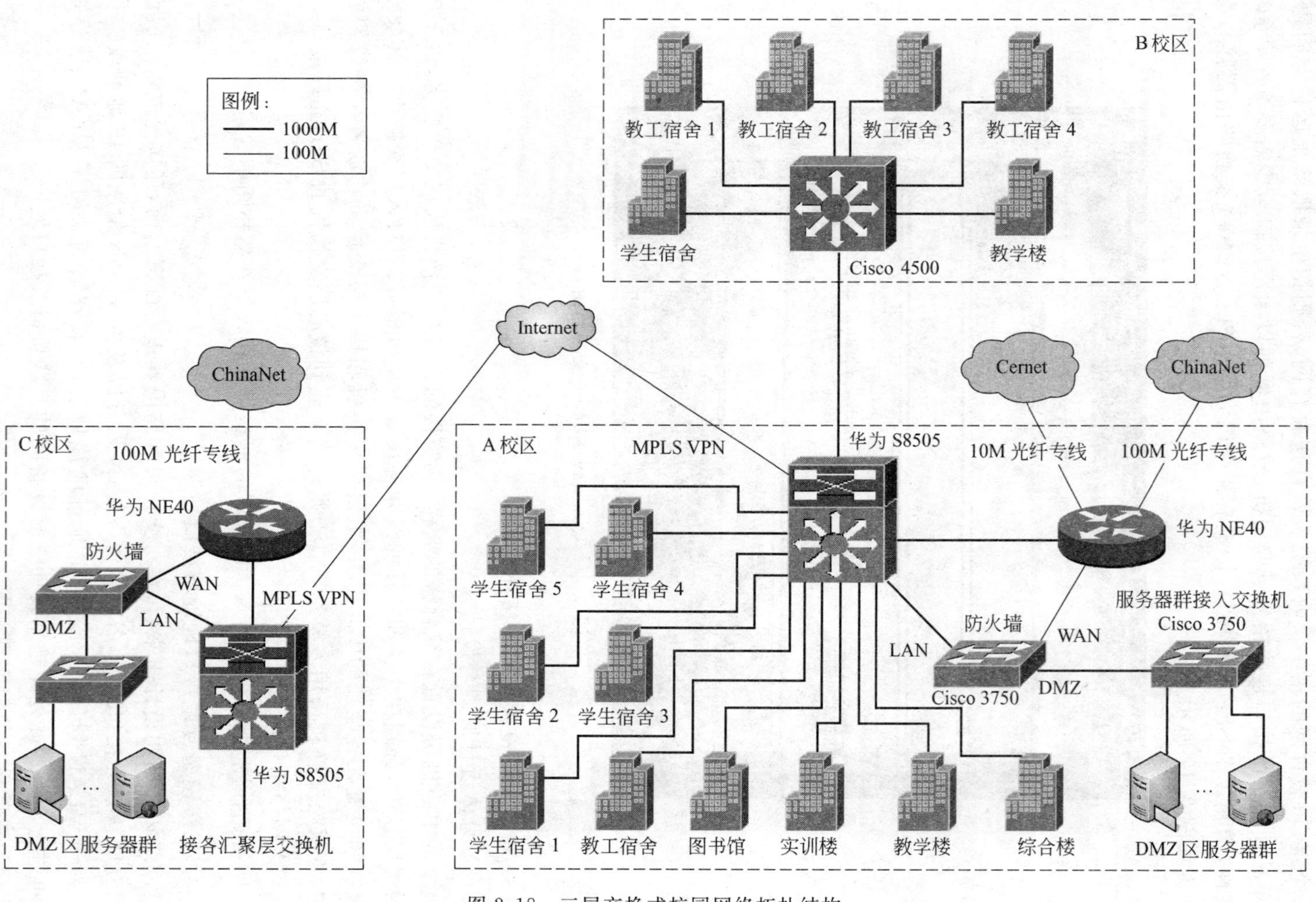

图 2.18 三层交换式校园网络拓扑结构

三层设备间互联链路的工作方式通常采用路由方式，因此需要分别配置互联接口的 IP 地址，然后通过配置指定路由来实现链路的正常工作。

(2) 如何规划互联接口地址

三层设备互联的两个接口地址必须在同一个网段，不同的互联链路的接口地址应使用不同网段的地址。

由于一对互联的接口地址只需要 2 个且必须在同一个网段，为节约 IP 地址，通常采取将一个 C(指地址数量，不是指地址的分类)的 IP 地址段通过子网划分，划分出若干个具有 4 个 IP 地址的子网，每个子网除去网络地址和广播地址，刚好剩 2 个可用的 IP 地址，这 2 个 IP 地址就可用做一对互联链路两端的接口地址，故接口地址的子网掩码通常为 255.255.255.252。

接口地址可使用三类私网地址中的任意一类，但原则上接口地址应与用户主机所使用的 IP 地址区分开来。对于中小型网络，用户主机的 IP 地址习惯上采用 192.168.0.0/16 这类地址；对于大型网络，用户主机的 IP 地址习惯上采用 10.0.0.0/8 这类地址。因此，通常接口地址采用 172.16.0.0/16～172.31.0.0/16 这类地址。

例如，接口地址可以使用 172.16.1.0/24 这一个 C 的 IP 地址，通过子网划分可用做接口地址。当然，不进行子网划分也可以，一对互联接口占用一个 C 的 IP 地址也可，只是 IP 地址略显浪费。

(3) 规划互联接口及接口地址

A 校区核心层交换机与各三层设备互联的接口地址规划如表 2.1 所示。A 校区 NE40 与防火墙和因特网互联的接口及接口地址规划如表 2.2 所示。

表 2.1　A 校区核心层交换机与各三层设备互联的接口与接口地址规划

楼宇/设备名称	汇聚层交换机型号	互联接口	汇聚层接口 IP 地址	核心层接口 IP 地址	核心层交换机互联接口
综合楼	华为 3528P	G1/1	172.16.1.1/30	172.16.1.2/30	G2/1/1
教学楼	Cisco 3550	G0/1	172.16.1.5/30	172.16.1.6/30	G3/1/1
实训楼	华为 3528P	G1/1	172.16.1.9/30	172.16.1.10/30	G3/1/2
图书馆	华为 3528P	G1/1	172.16.1.13/30	172.16.1.14/30	G3/1/3
A 区教工宿舍	华为 3528P	G1/1	172.16.1.17/30	172.16.1.18/30	G3/1/4
学生宿舍 1	华为 3528P	G1/1	172.16.1.21/30	172.16.1.22/30	G3/1/5
学生宿舍 2	华为 3528P	G1/1	172.16.1.25/30	172.16.1.26/30	G3/1/6
学生宿舍 3	华为 3528P	G1/1	172.16.1.29/30	172.16.1.30/30	G3/1/7
学生宿舍 4	华为 3528P	G1/1	172.16.1.33/30	172.16.1.34/30	G3/1/8
学生宿舍 5	华为 3528P	G1/1	172.16.1.37/30	172.16.1.38/30	G3/1/9
B 校区核心层交换机	Cisco 4500	G1/1	172.16.1.41/30	172.16.1.42/30	G3/1/10
MPLS VPN 电信端			172.16.1.45/30	172.16.1.46/30	G2/1/2
华为 NE40		E1/1/7	172.16.1.49/30	172.16.1.50/30	G2/1/3
防火墙 LAN 口	Cisco 3750	Fa1/0/2	172.16.2.1/30	172.16.2.2/30	G2/1/4

表 2.2 A校区 NE40 路由器与防火墙和因特网互联的接口与接口地址规划

设备/网络名称	设备型号	互联接口	汇聚层接口 IP 地址	核心层接口 IP 地址	NE40 接口
防火墙 WAN 口	Cisco 3750	Fa1/0/1	172.16.2.5/30	172.16.2.6/30	E1/1/6
Cernet 网			219.221.55.1/30	219.221.55.2/30	E1/1/5
ChinaNet 网			61.186.202.33/30	61.186.202.34/30	E1/1/4

A校区防火墙与 DMZ 区服务器接入交换机(Cisco 3750)之间的接口与接口地址规划如表 2.3 所示。

表 2.3 A校区防火墙与 DMZ 区服务器接入交换机之间的接口与接口地址规划

设备/网络名称	设备型号	互联接口	汇聚层接口 IP 地址	核心层接口 IP 地址	DMZ 交换机
防火墙 DMZ	Cisco 3750	Fa1/0/3	172.16.2.9/30	172.16.2.10/30	Fa1/0/24

B校区各汇聚层交换机与B校区核心层交换机互联接口及接口地址规划如表 2.4 所示。

表 2.4 B校区各汇聚层交换机与B校区核心层交换机互联接口及接口地址规划

楼宇名称	汇聚层交换机型号	互联接口	汇聚层接口 IP 地址	核心层接口 IP 地址	核心层交换机互联接口
教工宿舍 1	Cisco 3550	G0/1	172.16.3.1/30	172.16.3.2/30	G1/2
教工宿舍 2	Cisco 3550	G0/1	172.16.3.5/30	172.16.3.6/30	G1/3
教工宿舍 3	Cisco 3550	G0/1	172.16.3.9/30	172.16.3.10/30	G1/4
教工宿舍 4	华为 3528P	G1/1	172.16.3.13/30	172.16.3.14/30	G1/5
教学楼	华为 3528P	G1/1	172.16.3.17/30	172.16.3.18/30	G1/6
学生宿舍	Cisco 3550	G0/1	172.16.3.21/30	172.16.3.22/30	G1/7

C校区 NE40 接口与接口地址规划如表 2.5 所示。

表 2.5 C校区 NE40 接口与接口地址规划

设备/网络名称	设备型号	互联接口	汇聚层接口 IP 地址	核心层接口 IP 地址	NE40 接口
防火墙 WAN 口	Cisco 3750	Fa1/0/1	172.16.4.1/30	172.16.4.2/30	E1/1/6
核心层交换机	S8505		172.16.4.5/30	172.16.4.6/30	G2/1/1
ChinaNet 网			222.177.150.129/30	222.177.150.130/30	E1/1/5

C校区核心层交换机与 NE40 和防火墙的接口及接口地址规划如表 2.6 所示，核心层交换机与C校区各汇聚层交换机间的连接接口及接口地址略。

5. 网段地址规划

整个学校使用一个B的地址，其中A校区和B校区使用 64 个C的地址，网段地址起始范围为 192.168.0.0/24～192.168.63.0/24；C校区使用 192.168.64.0/24～192.168.255.0/24 共 192 个C的地址。校园网网段地址规划如表 2.7 所示。

表 2.6　C 校区核心层交换机与 NE40 和防火墙的接口及接口地址规划

设备名称	设备型号	互联接口	汇聚层接口 IP 地址	核心层接口 IP 地址	核心层交换机互联接口
防火墙 LAN 口	Cisco 3750	Fa1/0/2	172.16.4.9/30	172.16.4.10/30	G2/1/2
MPLS VPN 电信端			172.16.5.1/30	172.16.5.2/30	G2/1/3

表 2.7　校园网网段地址规划

楼宇/校区名称	网段及地址数	网 段 地 址	地址的聚合表示
B 校区	16 个 C	192.168.0.0/24～192.168.15.0/24	192.168.0.0/20
综合楼	2 个 C	192.168.16.0/24～192.168.17.0/24	192.168.16.0/23
教学楼	2 个 C	192.168.18.0/24～192.168.19.0/24	192.168.18.0/23
实训楼	8 个 C	192.168.20.0/24～192.168.27.0/24	192.168.20.0/21
图书馆	8 个 C	192.168.28.0/24～192.168.35.0/24	192.168.28.0/21
A 区教工宿舍	2 个 C	192.168.36.0/24～192.168.37.0/24	192.168.36.0/23
学生宿舍 1	2 个 C	192.168.38.0/24～192.168.39.0/24	192.168.38.0/23
学生宿舍 2	2 个 C	192.168.40.0/24～192.168.41.0/24	192.168.40.0/23
学生宿舍 3	2 个 C	192.168.42.0/24～192.168.43.0/24	192.168.42.0/23
学生宿舍 4	2 个 C	192.168.44.0/24～192.168.45.0/24	192.168.44.0/23
学生宿舍 5	2 个 C	192.168.46.0/24～192.168.47.0/24	192.168.46.0/23
A 区电信网内部服务器	1 个 C	192.168.62.0/24	
A 区教育网内部服务器	1 个 C	192.168.63.0/24	
A 区和 B 区未分配地址	14 个 C	192.168.48.0/24～192.168.61.0/24	
C 校区	192 个 C 即 (64＋128)个 C	192.168.64.0/24～192.168.255.0/24	192.168.64.0/18 192.168.128.0/17

C 校区的 192 个 C 的地址可以分成前 64 个 C 和后 128 个 C 分别进行聚合表达，以方便进行路由表达。此处的 C 代表地址数，一个 C 代表 256 个地址，1 个 B 相当于 256 个 C。

6. 公网地址使用规划

下面针对校园网络 A 区所申请到的公网址，进行地址使用规划。

(1) ChinaNet 公网地址使用规划

根据前面的网络规划，A 区所申请到的 ChinaNet 公网址段为 61.186.202.32，子网掩码为 255.255.255.224，共 32 个 IP 地址。

这 32 个 IP 地址用在三个方面，即校园网边界路由器与 Internet 接入服务商的路由器的互联接口地址、NAT 地址池和服务器。地址分配规划如下。

校园网的边界路由器与 ISP 互联需要一对接口地址，可从这 32 个地址段中划分出一个具有4个IP地址的子网来实现,该子网的地址为61.186.202.32/30。校园网的边界路由器的接口地址使用61.186.202.34,子网掩码为255.255.255.252;ISP服务商的接口地址(网关地址)为61.186.202.33,子网掩码为255.255.255.252。

路由器的NAT转换需要一个NAT地址池,可从剩余的IP地址中再划分出一个具有4个IP地址的子网用做NAT地址池,该子网的地址为61.186.202.36/30。

32个IP地址,用去8个后,还剩24个,将这24个IP地址再划分成2个子网,一个子网8个IP地址,用于内部服务器静态NAT转换使用,另一个子网16个IP地址,提供给服务器使用。其子网地址和网关地址如下。

内部服务器静态NAT转换使用的网段地址为:61.186.202.40/29。

服务器用的子网地址为61.186.202.48/28;网关地址为61.186.202.49;子网掩码为255.255.255.240。

(2) Cernet公网地址使用规划

A区所申请到的教育网地址段为219.221.55.0/24,共256个IP地址。地址使用规划如下。

边界路由器互联接口地址段为219.221.55.0/30,边界路由器使用219.221.55.2,子网掩码为255.255.255.252;ISP服务商接口地址(网关地址)为219.221.55.1,子网掩码为255.255.255.252。

NAT地址池使用的地址段为219.221.55.4/30。

内部服务器静态NAT转换使用的地址段为219.221.55.8/29。

教育网的招生录取计算机必须使用教育网地址,不能进行NAT地址转换,划分一个具有16个IP地址的子网供招生系统使用,地址段为219.221.55.16/28。

教育网服务器划分使用其中的64个IP地址,其余地址保留备用。这64个IP地址段为219.221.55.64/26,该网段的网关地址为219.221.55.65,子网掩码为255.255.255.192。

2.5 使用交换机/路由器模拟器

2.5.1 模拟器简介

学习交换机/路由器的配置和进行网络实验,面临的最大问题就是缺乏实验用的网络设备和实验环境。利用交换机和路由器模拟器,可在一定程度上缓解该矛盾。

目前,常用的模拟器主要有Cisco Packet Tracert、Boson NetSim和Dynamips。

Cisco Packet Tracert是Cisco官方推出的Cisco交换机和路由器模拟器,支持自定义设备,提供了对Cisco 1841、2620XM、2621XM、2811型号路由器和Cisco 2950-24、2950T、2960、3560型号交换机的模拟,支持自由设计网络拓扑进行网络实验,是一款非常逼真的模拟器。最新的5.0版功能得到加强,新增了对三层交换机Cisco 3560的支持,并增加了对IPv6和端口范围(range)选择的支持。有了对三层交换机的支持和端口范围的选择,进行网络实验就会更加方便。

Dynamips(工大瑞普)是一款Cisco路由器模拟器,可模拟Cisco 7200、3600、2691、

3725、3745、2600 和 1700 系列路由器。该款模拟器是模拟路由器的硬件环境，然后在这个环境中运行真实的 Cisco IOS 操作系统，来模拟出真实的路由器。该款模拟器的不足之处在于安装配置比较麻烦。

Boson NetSim 是 Boson 公司推出的一款 Cisco 交换机和路由器模拟程序，它采取模拟命令及命令输出的方式，来实现对交换机和路由器功能的模拟，仿真度不如前两款软件。

Boson NetSim 模拟器针对 Cisco 公司的 CCNA 和 CCNP 认证考试，提供了相应的网络实验，为备考者提供了练习配置命令和进行网络实验的环境。目前，最新版本为 Boson NetSim for CCNA 7.0 和 Boson NetSim for CCNP 7.0。

2.5.2　Cisco Packet Tracer 模拟器用法

1. 安装 Cisco Packet Tracert 软件

下面以 Cisco Packet Tracert 4.1 为例，下载软件包并解压后，运行安装程序启动安装向导，安装完毕后即可使用。运行后的模拟器界面如图 2.19 所示。

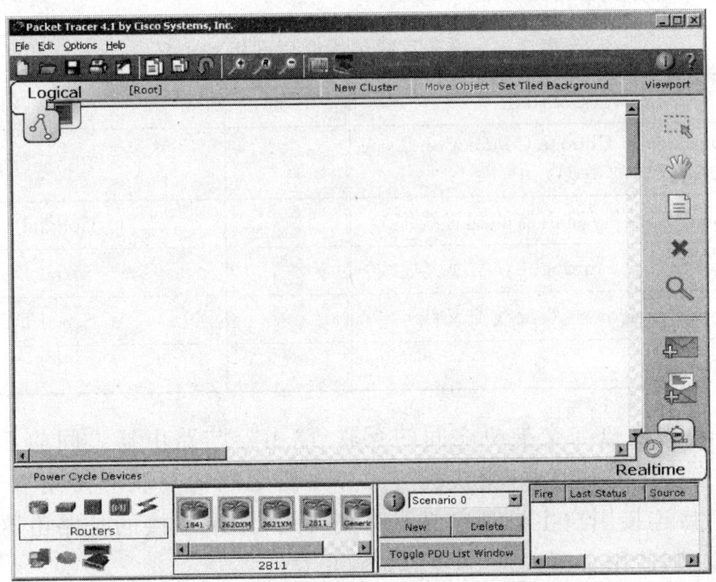

图 2.19　Cisco Packet Tracert 4.1 模拟器主界面

2. 模拟器基本用法

(1) 选择和添加网络设备

该界面中间的空白区域就是拓扑图的构建和网络实验的工作区域。可通过拖动的方式从设备库中添加交换机、路由器、PC 主机、Server 服务器等设备和网络传输介质，来构建要实验的网络拓扑。

主界面左下角为设备类型选择库，鼠标指向设备图标时，会自动提示该设备的类型。单击设备类型图标后，在类型库右侧的设备型号选择列表框中可选择具体的设备型号。模拟器还提供了可定制接口的设备类型。

使用拖动方法,向工作区添加一台 Cisco 2811 路由器和一台 Cisco 2960 交换机。

网络设备图标添加到工作区后,单击主界面右侧工具栏中的第 1 个工具按钮(Select),可选择对象,并可通过拖动的方式调整图标在工作区中的位置。

新添加的路由器,其端口默认是禁用的(shutdown),需要进行 no shutdown 操作,端口才会激活。线路连接后,链路才会起来。

(2) 添加设备互联传输介质

在设备类型库中单击⚡图标,可在设备型号列表框中详细显示可用的网络设备间互联的传输介质,如图 2.20 所示。

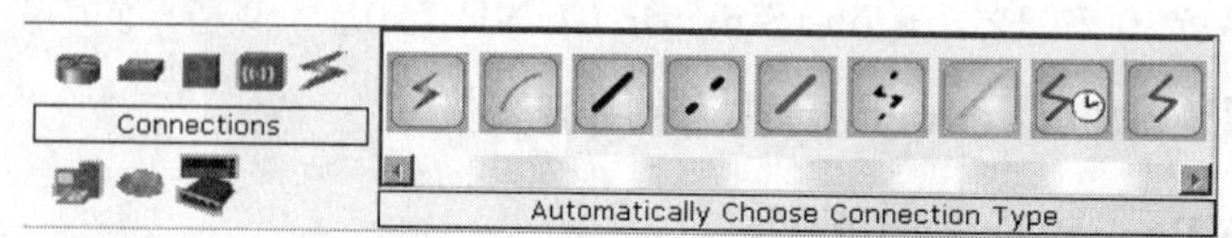

图 2.20 可用的设备互联传输介质

各传输介质图标的含义如表 2.8 所示。

表 2.8 设备互联传输介质图标的含义

图标	含义及用途	图标	含义及用途
	Automatically Choose Connection Type(自动选择连接类型)		Phone(电话线)
	Console(交换机/路由器的配置线缆)		Coaxial
	Copper Straight-through(双绞线直通线)		Serial DCE
	Copper Cross-over(双绞线交叉线)		Serial DTE
	Fiber(光纤)		

在模拟器中,交换机与交换机之间的互联、路由器与路由器之间的互联应使用交叉线;路由器与交换机之间的互联、交换机与用户主机之间的互联应使用直通线。另外,路由器的以太口直接连接用户主机时也要使用交叉线;如果连接的是路由器上增配的交换模块上的以太口,则使用直通线。

选择设备互联的传输介质后,当鼠标移动到工作区后,其指针形状会变成 RJ-45 接头形状。在要互联的设备上单击鼠标左键,从上弹菜单中选择用来互联的接口。然后将鼠标移动到要互联的对端设备上(会动态显示连接线缆),单击鼠标左键,从上弹菜单中选择用来互联的接口,即可实现在这两个设备间添加互联的传输介质。

互联传输介质的两端会各显示一个圆形的示意图标,该图标的颜色表示了该接口的工作状态是否正常。红色表示物理线路有问题(线路类型不对、端口被禁用或者设备未开机加电),相当于交换机或路由器的接口指示灯没有亮;橘黄色表示端口的物理线路已接通,端口指示灯已亮,数据链路还未处于正常工作状态;绿色表示端口及链路工作正常。

交换机或路由器的端口被禁用(shutdown)时,端口状态为红色;重新启用后(no shutdown),变为橘黄色,过一会儿后变为绿色,此时端口才恢复正常工作状态。

网络拓扑结构和链路状态如图 2.21 所示。

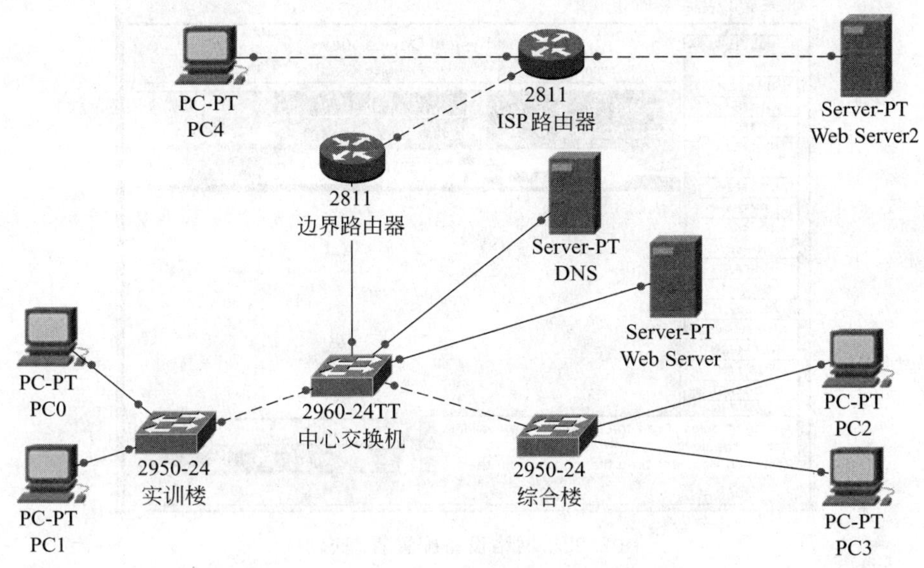

图 2.21　设计好的实验拓扑结构与处于正常工作状态的链路

(3) 删除设备或传输介质

要删除网络设备或互联的传输介质,可先单击右侧工具栏中的✖图标,选择删除功能,此时鼠标指针会变成"叉"的形状,单击要删除的对象即可。

对象删除结束后,注意单击工具栏中的 按钮,恢复为选择对象状态。

2.5.3　使用模拟器进行网络实验

1. 网络设备的配置方法

添加网络设备并实现互联之后,还必须对网络设备进行正确的配置,网络才能正常运行。

在模拟器中,单击要配置的网络设备,此时会弹出一个新的窗口。该窗口显示了网络设备的硬件外观和可选配的模块,并提供了图形化的配置方式和基于命令行接口(CLI)的配置方式,这与真实网络设备的配置途径基本相同。模拟器的图形化配置方式,相当于真实交换机或路由器的 Web 配置方式。

下面以配置 Cisco 2811 路由器为例,介绍如何配置网络设备。

(1) 硬件配置与浏览

单击右侧工具栏中的 按钮,让模拟器处于对象选择状态,然后单击 Cisco 2811 路由器图标,此时就会打开如图 2.22 所示的窗口。在该窗口中,可实现对该设备的全部配置和管理。

Physical 选项卡用于设备硬件浏览和配置。在左侧的列表框中,显示了该设备可选配的模块,选中某个模块后,在窗口底部显示了对该模块接口的描述和模块的外观图。

窗口的右上部区域显示了该设备的外观图,单击 Zoom In 按钮,可放大近观设备的外观。Original Size 显示原始大小,Zoom Out 为远观缩小显示外观图。

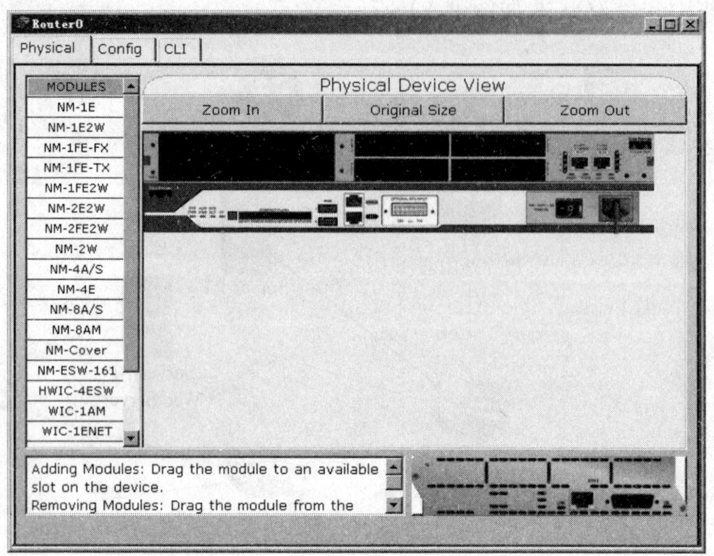

图 2.22 网络设备配置管理窗口

设备上显示有电源开关,可通过单击来打开或关闭设备的电源。电源开关右侧有电源指示灯,呈绿色时,表示电源开。设备必须打开电源后,才能工作。

添加或删除选配的模块时,必须先关闭设备的电源。添加选配模块时,首先在左侧的模块库中选择要添加的模块,然后将底部右侧的模块示意图拖放到设备的空槽位上即可。删除可选模块时,在关闭电源的情况下,将要删除的模块拖出去即可。

(2) 通过图形化方式配置设备

模拟器的图形化配置方式还可对每步操作给出相应的等价命令,以帮助读者学习掌握。

单击 Config 选项卡,可切换到图形化配置界面,如图 2.23 所示。

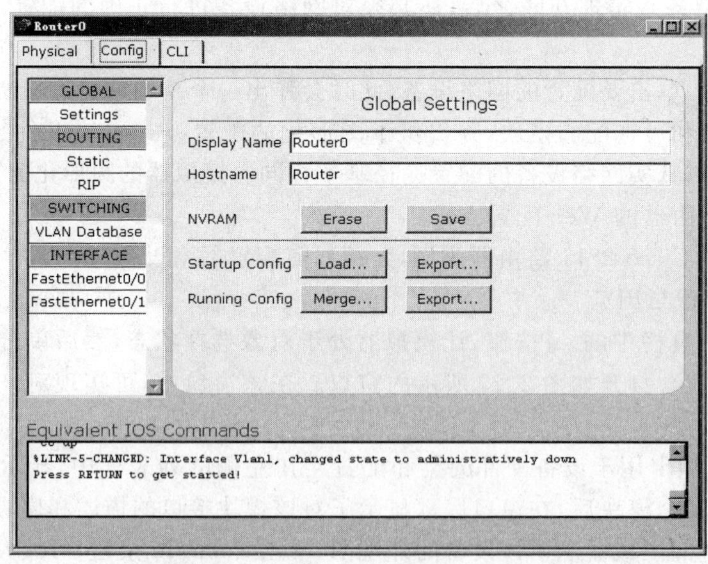

图 2.23 路由器的图形化配置界面

① 全局设置

在 Global Settings 配置页面，可设置或修改设备的显示名（拓扑结构中的名称）和主机名（配置文件中的名称），以及对启动配置文件和运行配置文件的管理。

Startup Config 代表交换机或路由器的启动配置文件，该文件是开机加电启动时所加载的配置文件，该文件存储在 NVRAM（Non-Volatile Random Access Memory，非易失性随机访问存储器）存储器中。

单击 Load 按钮，可从备份配置文件中加载启动配置；单击 Export 按钮，可导出备份启动配置；单击 Erase 按钮，将删除设备中的启动配置；单击 Save 按钮，可保存当前配置，即将当前正在内存中运行的配置，保存到启动配置中。

Running Config 代表当前正在内存中运行的配置，该配置信息关机掉电后就会消失。

单击 Merge 按钮，可将指定的配置文件中的配置信息合并到当前的 Running Config 配置文件中。

② 路由配置

在配置界面左侧的列表框中，单击 ROUTING 选项下面的 Static 命令，可添加/删除静态路由，其配置界面如图 2.24 所示。

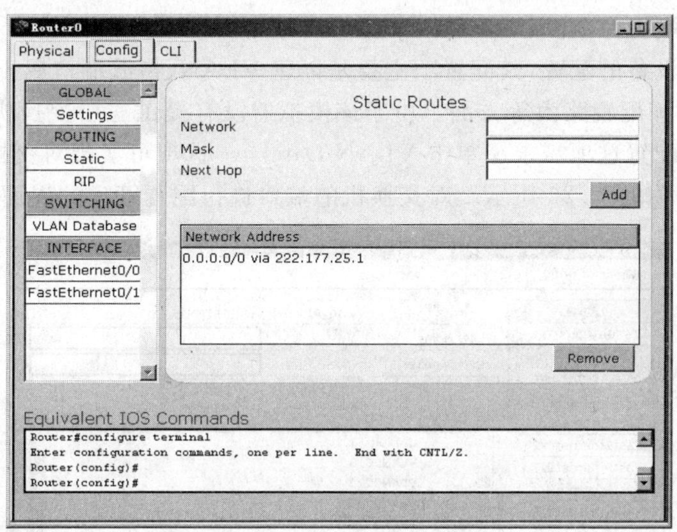

图 2.24　配置管理静态路由

图 2.24 所示的设备添加了一条默认路由，其下一跳（Next Hop）指向 222.177.25.1 接口地址。

③ 接口配置

在配置界面左侧的列表框中，单击 INTERFACE 选项可展开显示该设备拥有的接口。选中要配置的接口后，在右侧的界面中将显示对该接口的配置与管理界面，如图 2.25 所示。

对接口的配置，主要包括端口的状态、通信速率、通信方式（自动、全双工、半双工）、IP 地址、子网掩码等。对于 MAC 地址，通常采用默认值，不用修改；若要修改，则应保证不

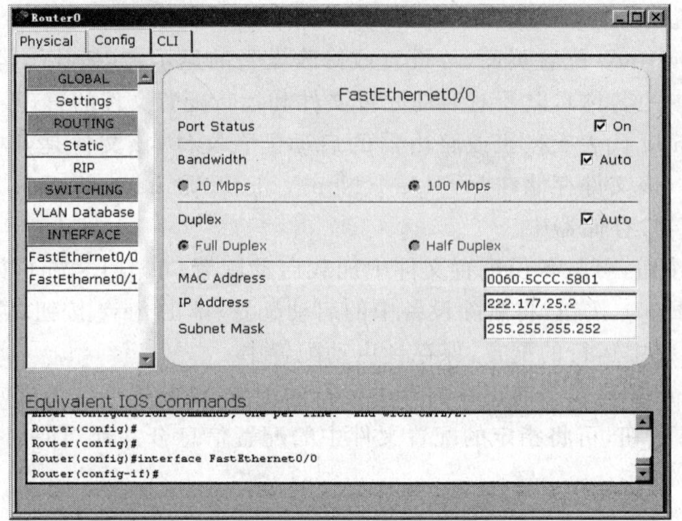

图 2.25　对路由器接口进行配置和管理

要重复。进行配置修改时,在下面的等价 IOS 命令(Equivalent IOS Commands)列表框中将显示相应的配置命令。

对于交换机设备的配置,其配置项主要是创建 VLAN、指派端口属于哪一个 VLAN、配置 Trunk 端口和配置路由等方面。由于该模拟器没有提供三层交换机,因此对于二层交换机没有路由配置这项需求。单击 VLAN Database 选项可实现对交换机 VLAN 的配置和管理,其界面如图 2.26 所示。对交换机的端口进行配置管理的界面如图 2.27 所示。

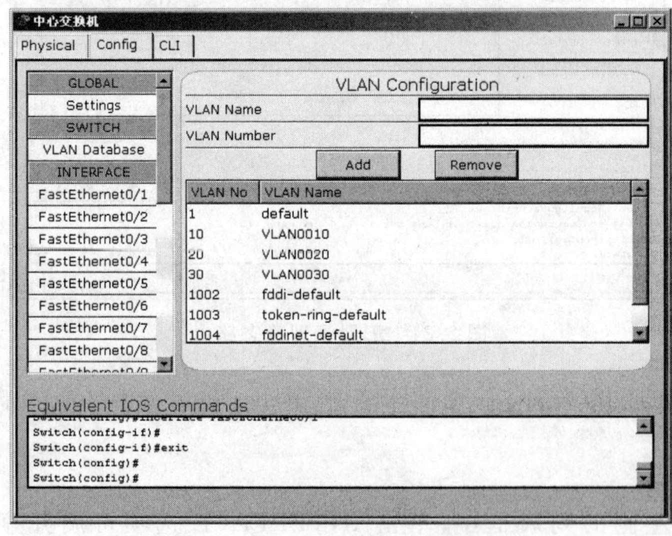

图 2.26　交换机 VLAN 的配置管理

二层交换机端口的工作模式有 Access 和 Trunk 两种,可通过下拉框进行选择设置。当一台交换机上存在两个或两个以上的 VLAN 时,此时交换机与上级交换机或路由器间的级联链路就必须采用 Trunk 链路方式工作,该条链路两端级联端口的工作模式必须设

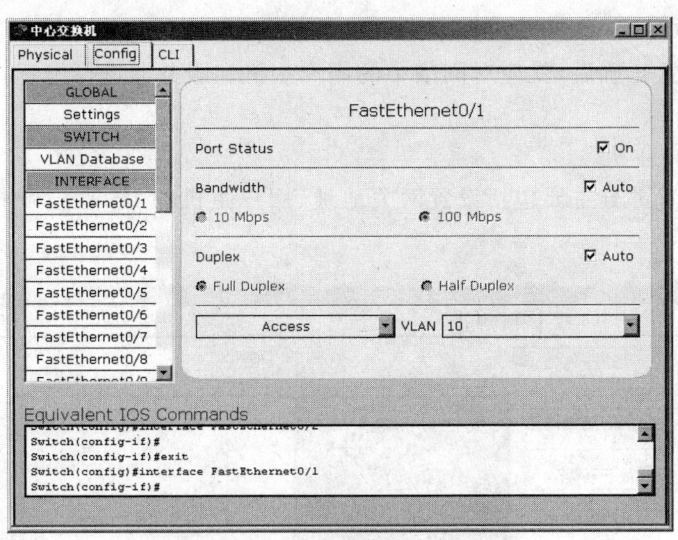

图 2.27　交换机端口的配置管理

置为 Trunk，其余情况下应设置为 Access(默认值)。

(3) 通过命令行方式配置设备

命令行方式是配置交换机和路由器的主要方式，需要学习掌握相关的配置命令和用法。图形化配置方式仅能进行一些简单的配置，较复杂的配置仍要通过命令行方式来实现，如对路由器的 NAT 配置、子接口划分、配置 Trunk 封装协议等。

单击 CLI 选项卡，可切换到命令行配置界面。在该配置界面中，通过输入交换机和路由器的命令来进行配置。交换机和路由器开机启动过程的画面也可在该界面中显示输出，如图 2.28 所示。执行 enable 命令，可进入特权模式，在该模式下执行 show run 命令可显示当前的配置(running config)。

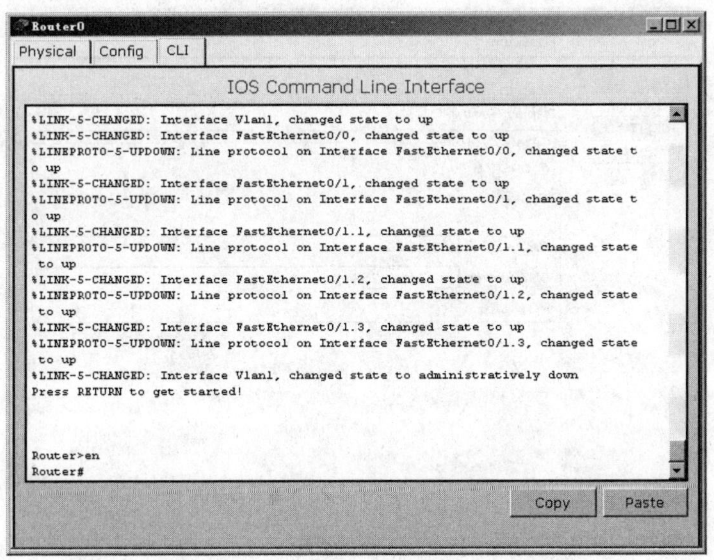

图 2.28　路由器的命令行配置界面

2. 配置用户终端

网络设备配置正确后,就应对网络中的用户主机和服务器进行配置,并测试网络访问是否正确。

(1) 配置用户主机

用户主机配置部分主要包括设置网关地址、用户主机的IP地址和子网掩码,配置界面如图2.29所示。

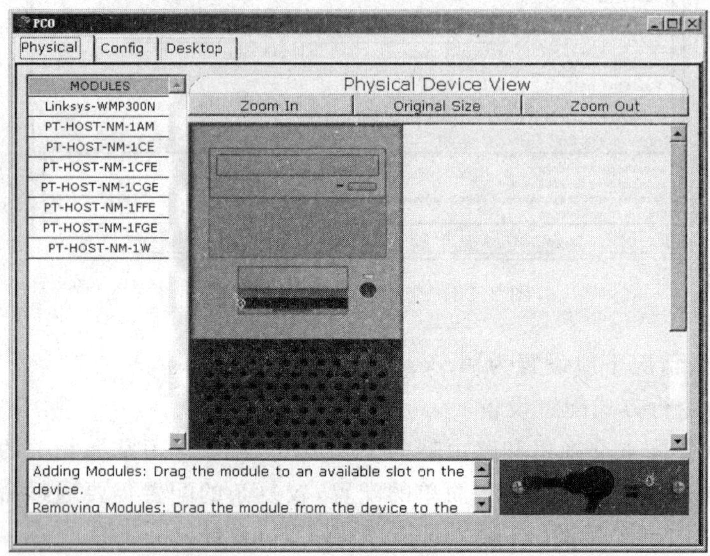

图2.29 用户主机配置界面

单击Config选项卡,可切换到对主机显示名、网关地址、DNS服务器地址和网卡IP地址的配置界面,如图2.30所示。

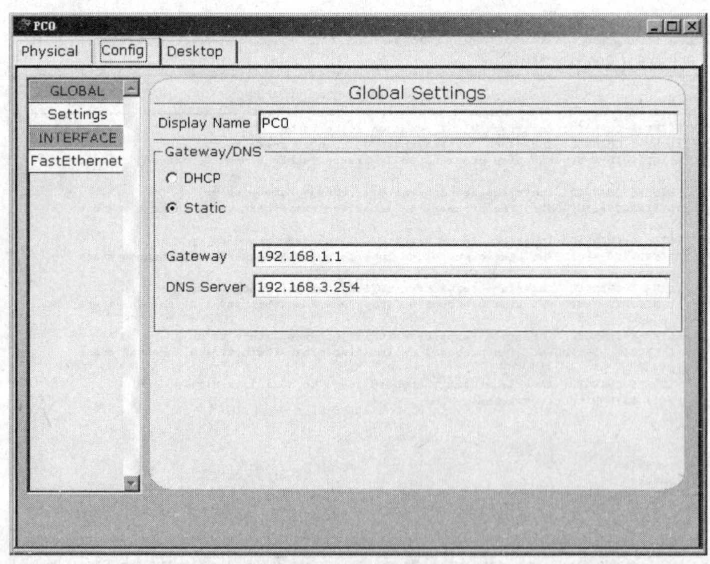

图2.30 用户主机全局设置

单击 INTERFACE 选项下面的 FastEthernet 选项，可进入对网卡 IP 地址的设置，其配置界面如图 2.31 所示。

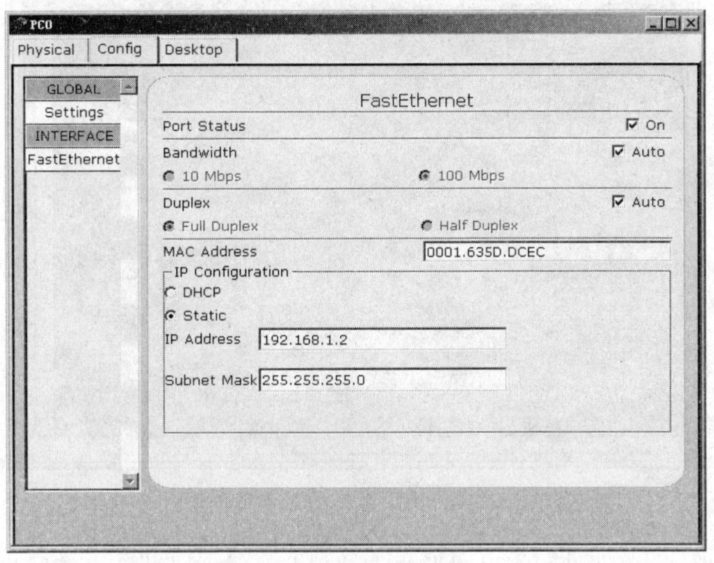

图 2.31　配置用户主机网络接口

单击 Desktop 选项卡，可切换到用户主机的图形化桌面，其界面如图 2.32 所示。

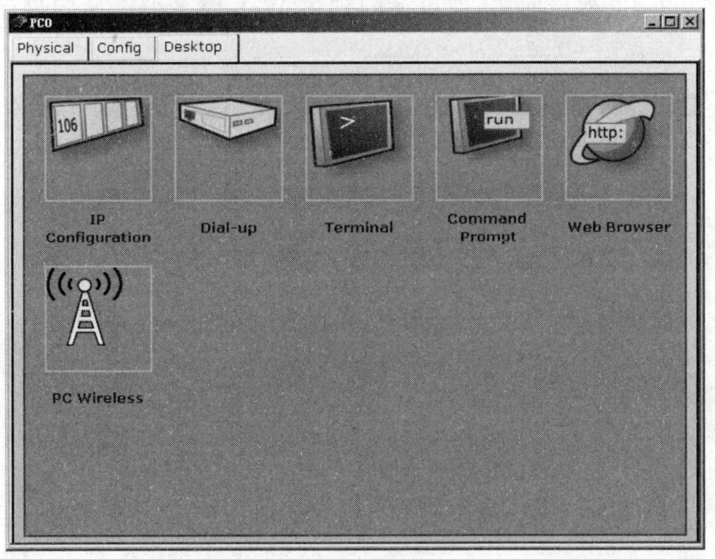

图 2.32　用户主机的图形化桌面

在该图形化桌面环境中，单击 IP Configuration 图标，将以模拟窗口的形式显示当前主机的 IP 配置信息。单击 Dial-up 图标可实现拨号连接。单击 Terminal 图标可打开虚拟超级终端，单击 Command Prompt 图标可提供 MS-DOS 命令行环境，在该环境中可执行 arp、ipconfig、netstat、ping、telnet 和 tracert 等网络调试和诊断命令，如图 2.33 所示。

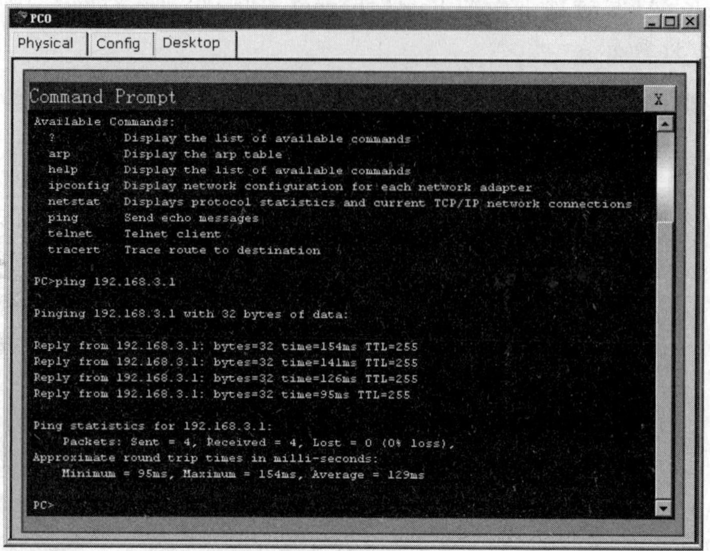

图 2.33　用户主机的命令行环境

单击 Web Browser 图标，将以图形化方式模拟一个浏览器，来访问虚拟实验环境中的 Web 服务器，以检查网络配置和 Web 服务器能否正常访问。例如，若要访问该虚拟实现环境中 IP 地址为 192.168.3.2 的 Web 服务器，则在该模拟浏览器的地址栏中输入“http://192.168.3.2”，然后回车，即可访问到该 Web 服务器。访问界面和运行效果如图 2.34 所示。

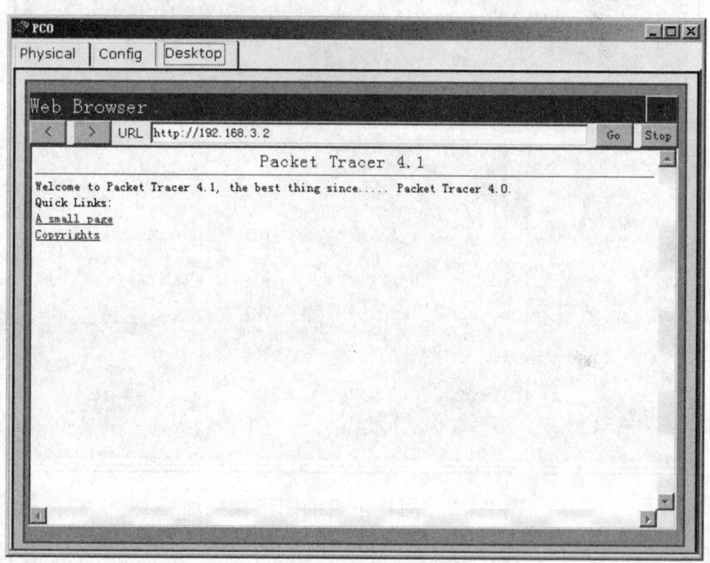

图 2.34　利用浏览器访问 Web 服务器

单击 PC Wireless 图标可配置和管理无线网络。用户主机需要配置无线网络接入设备。

(2) 配置服务器

在虚拟实验环境中,还提供了对 HTTP、DHCP、TFTP 和 DNS 服务器的模拟。

在虚拟实现环境拓扑图中添加服务器,然后单击服务器图标,即可进入对服务器的配置界面。单击 Config 选项卡,其界面如图 2.35 所示。

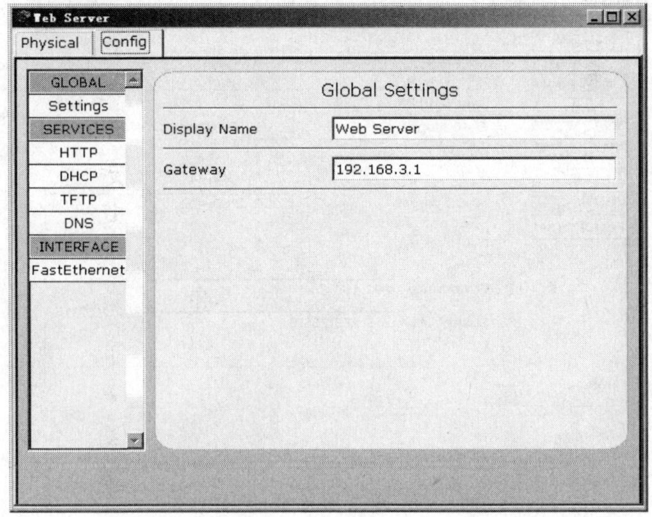

图 2.35　服务器全局设置

单击 SERVICES 选项可展开或折叠主机所支持的服务。单击 HTTP 选项可进入对 HTTP 服务的配置界面,如图 2.36 所示。

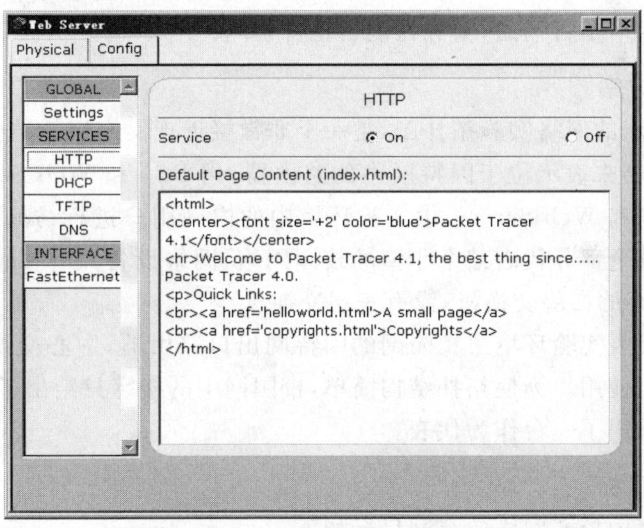

图 2.36　配置 HTTP 服务

在图 2.36 所示的界面中,可通过修改 HTML 代码,来指定 Web 服务器首页所显示的内容。

同一台主机允许同时运行多种服务,对于不需要的服务,建议将相关的服务状态设置为 Off,即停止该服务。

单击 INTERFACE 选项下面的 FastEthernet 选项,可实现对服务器主机 IP 地址的配置,如图 2.37 所示。

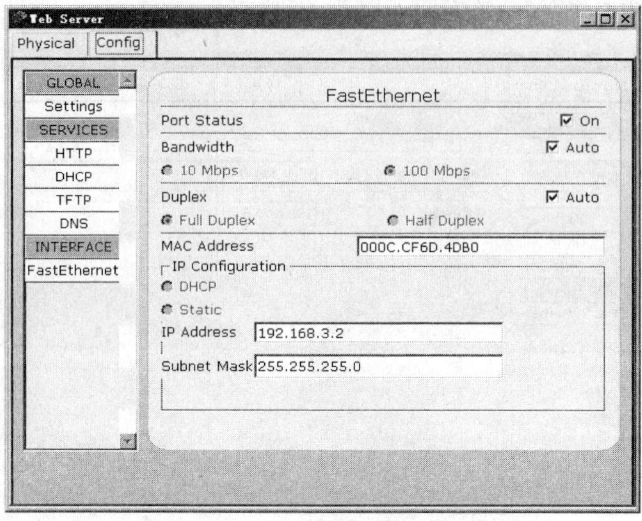

图 2.37 配置服务器的 IP 地址

2.5.4 网络实验方案与组网要求

在模拟器虚拟实验环境中,对交换机和路由器配置好后,可添加用户主机和服务器,并设置相应 IP 地址和开启相关服务。然后在用户主机上就可通过 ping、tracert 等调试诊断命令来检测网络是否畅通,服务器能否正常访问。

1. 网络实验方案

如图 2.21 所示的网络实验拓扑图,是一个非常接近现实应用的结构。在该实验环境中,利用 ISP 路由器来表示位于因特网中的路由器,用 PC4 和 Web Server2 分别代表位于因特网中的用户和 Web Server,供实验环境中的内网用户进行访问测试,以检查网络配置是否正确。其余部分代表某个小型的校园网络,网络设备只有 Cisco 2811 路由器和 Cisco 2960 和 2950 的二层交换机,没有三层交换机。

边界路由器代表实验环境中校园网的因特网出口路由器,中心交换机作为该校园网络的核心层交换机使用。为使拓扑结构简单,校园网中的楼宇只给出了综合楼和实训楼,接入层交换机也只用了一台作为代表。

2. 网络组建目标

虚拟实验环境中校园网络的组网目标如下:

- 校园网络能实现互联互通。
- 内网用户能访问因特网(通过访问 Web Server2 来进行验证)。
- 校园网的 Web Server 使用内网地址,要求内网用户和因特网中的用户都能访问该单位的 Web Server。

- 整个校园网络划分为三个网段，实训楼和综合楼各划分为一个网段，服务器群使用一个网段。

3. 组网解决方案

(1) VLAN 划分与 VLAN 间通信解决方案

在中心交换机上创建 3 个 VLAN，分别为 VLAN10、VLAN20 和 VLAN30。

VLAN10 用于实训楼，网段 IP 地址为 192.168.1.0/24，网关地址为 192.168.1.1。

VLAN20 用于综合楼，网段 IP 地址为 192.168.2.0/24，网关地址为 192.168.2.1。

VLAN30 用于服务器群，网段 IP 地址为 192.168.3.0/24，网关地址为 192.168.3.1。

由于是二层交换机，无路由功能，无法实现 VLAN 间通信，但可利用外部的路由器来实现 VLAN 间的通信。具体解决方法是：利用路由器的内网口(与内网交换机相连的端口)，通过划分出的 3 个子接口来作为各 VLAN 的子接口，在子接口上设置 IP 地址，该地址就成为该 VLAN 的网关地址，这样就可解决在没有三层交换机的情况下 VLAN 间的通信问题。此时，路由器和中心交换机之间的级联链路应采用 Trunk 方式。

注意：各接入层交换机所接入到的中心交换机的端口，必须属于相应的 VLAN。

(2) 访问因特网的解决方案

要使内网用户能访问因特网，就必须在边界路由器上配置网络地址转换(NAT)。为了使位于因特网中的用户能访问位于校园内网中的 Web Server，应具体在路由器上配置静态端口地址转换，将路由器外网接口地址的 TCP 80 端口，静态映射为内网服务器地址的 TCP 80 端口。

到目前为止，读者还未接触和学习交换机和路由器的配置命令，若要急于实现本网络实验，可通过模拟器的图形化配置方式来进行配置。所需的配置项中，只有网络地址转换功能无法实现。在没有配置网络地址转换的情况下，要使校园内网用户和因特网能相互访问，可以在 ISP 路由器上通过图形化配置界面配置添加一条到 192.168.0.0/16 网络的路由，让路由的下一跳指向校园网的边界路由器；在校园网的边界路由器上添加默认路由，下一跳指向 ISP 路由器即可，这样网络实验和网络的组建目标就能全部完成了。

(3) IP 地址规划

为便于读者在虚拟实验环境中进行该网络实验，对互联的接口和接口地址、用户主机和服务器的 IP 地址进行了规划，并标注在网络拓扑结构图中，如图 2.38 所示。

实验过程中，可在 DNS Server 服务器中配置 DNS 域名解析，将该校园网的域名(www.myschool.com)解析为 192.168.3.2，然后在用户主机中设置 DNS 服务器的地址为 192.168.3.254，并利用浏览器输入域名地址进行访问和检验。

4. 查看 Routing Table、ARP Table、NAT Table 和 MAC Table

网络配置完毕并正常运行后，在该模拟环境中，还可查看路由器的路由表(Routing Table)、ARP 表(ARP Table)和 NAT 转换表。对于二层交换机，可查看 ARP 表和 MAC 地址表(MAC Table)。

在模拟器主界面右侧的工具栏中，单击 🔍 (Inspect)工具按钮，然后在要查看的设备

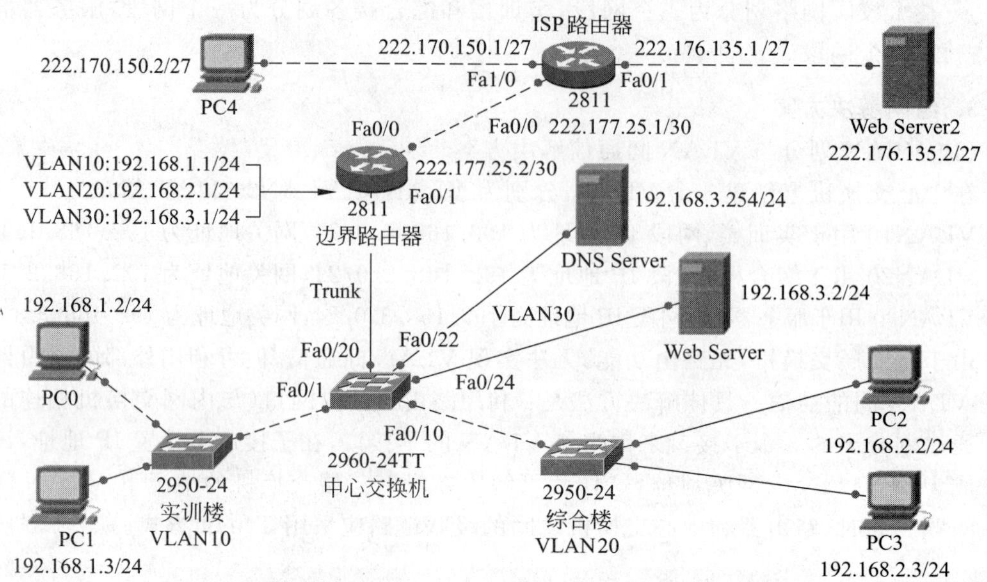

图 2.38 网络实验拓扑结构与 IP 地址规划

选项上单击,此时会弹出上弹菜单,在该菜单中就会显示 Routing Table、ARP Table、NAT Table 和 MAC Table 选项,从中选择要查看的内容项即可。

在查看之前,分别在 PC0、PC1 和 PC3 主机中利用浏览器访问因特网中的 Web Server2 服务器(222.176.135.2),然后查看边界路由器的 NAT Table,其显示内容如图 2.39 所示。

NAT Table for 边界路由器

Protocol	Inside Global	Inside Local	Outside Local	Outside Global
tcp	222.177.25.2:1024	192.168.1.3:1025	222.176.135.2:80	222.176.135.2:80
tcp	222.177.25.2:1025	192.168.2.3:1025	222.176.135.2:80	222.176.135.2:80
tcp	222.177.25.2:1026	192.168.1.2:1025	222.176.135.2:80	222.176.135.2:80

图 2.39 内网用户访问外网时的 NAT 转换表

接下来在位于因特网中的 PC4 主机中访问位于校园网中的 Web Server(192.168.3.2),为此在 PC4 主机的浏览器地址栏中输入“http://222.177.25.2”,然后按回车键,此时应能访问到并能正确显示出服务器的网页内容。

再次查看边界路由器的 NAT 转换表,静态地址转换条目如图 2.40 中的虚线框所示。路由器对访问请求进行了地址转换,这样因特网中的用户才能访问到校园网内使用私网地址的服务器,否则是无法访问到的。

NAT Table for 边界路由器

Protocol	Inside Global	Inside Local	Outside Local	Outside Global
tcp	222.177.25.2:1024	192.168.1.3:1025	222.176.135.2:80	222.176.135.2:80
tcp	222.177.25.2:1025	192.168.2.3:1025	222.176.135.2:80	222.176.135.2:80
tcp	222.177.25.2:1026	192.168.1.2:1025	222.176.135.2:80	222.176.135.2:80
tcp	222.177.25.2:80	192.168.3.2:80	---	---

图 2.40 外网用户访问内网服务器时的 NAT 转换条目

路由器的路由表如图 2.41 所示，ARP 表如图 2.42 所示。中心交换机的 MAC 地址表如图 2.43 所示。

Routing Table for 边界路由器

Type	Network	Port	Next Hop IP	Metric
C	192.168.1.0/24	FastEthernet0/1.1	---	0/0
C	192.168.2.0/24	FastEthernet0/1.2	---	0/0
C	192.168.3.0/24	FastEthernet0/1.3	---	0/0
C	222.177.25.0/30	FastEthernet0/0	---	0/0
S	0.0.0.0/0	---	222.177.25.1	1/0

图 2.41　路由器的路由表

ARP Table for 边界路由器

IP Address	Hardware Addre	Interface
192.168.1.2	0001.635D.DCEC	FastEthernet0/1.1
192.168.1.3	000B.BEA9.2693	FastEthernet0/1.1
192.168.2.3	0060.70E2.1BD4	FastEthernet0/1.2
192.168.3.2	000C.CF6D.4DB0	FastEthernet0/1.3
222.177.25.1	0004.9AAB.1201	FastEthernet0/0
222.177.25.2	0060.5CCC.5801	FastEthernet0/0

图 2.42　路由器的 ARP 表

MAC Table for 中心交换机

VLAN	Mac Address	Port
1	0060.5CCC.5802	FastEthernet0/20
10	0004.9AA2.2A01	FastEthernet0/1
10	0060.5CCC.5802	FastEthernet0/20
20	0001.4362.AE01	FastEthernet0/10
20	0060.5CCC.5802	FastEthernet0/20
30	0060.5CCC.5802	FastEthernet0/20

图 2.43　中心交换机的 MAC 地址表

5. 路由器的配置文件

路由器的 NAT 配置将在后续章节详细介绍，为便于读者能完成该模拟实验，下面给出校园网边界路由器的配置文件，NAT 配置所必需的命令以粗体字显示，供读者参考。

配置文件中的内容，除了前面部分的描述信息外，其余部分均是配置命令。在配置路由器或交换机时，也就是通过输入并执行这些命令来实现的。“!”为注释符，可在视觉上提供分隔功能。

```
Router> enable
Router# show run
Building configuration...
Current configuration : 955 bytes
!
version 12.3
no service password-encryption
!
hostname Router
!
interface FastEthernet0/0
ip address 222.177.25.2 255.255.255.252
ip nat outside
duplex auto
speed auto
!
interface FastEthernet0/1
no ip address
duplex auto
speed auto
!
```

```
interface FastEthernet0/1.1
description to-student
encapsulation dot1Q 10
ip address 192.168.1.1 255.255.255.0
ip nat inside
!
interface FastEthernet0/1.2
description to-teacher
encapsulation dot1Q 20
ip address 192.168.2.1 255.255.255.0
ip nat inside
!
interface FastEthernet0/1.3
description to-Server
encapsulation dot1Q 30
ip address 192.168.3.1 255.255.255.0
ip nat inside
!
interface Vlan1
no ip address
shutdown
!
ip nat inside source list 1 interface FastEthernet0/0 overload
ip nat inside source static tcp 192.168.3.2 80 222.177.25.2 80
ip classless
ip route 0.0.0.0 0.0.0.0 222.177.25.1
!
access-list 1 permit 192.168.0.0 0.0.7.255
!
line con 0
line vty 0 4
login
!
end
```

进行命令行配置时，在 Router>状态下要先执行 enable 命令进入特权模式，出现 Router #状态提示符后，在该模式下可通过执行 show run 命令查看配置文件的内容。若要进行配置，则要进入配置模式，可在特权模式下执行 configure terminal 命令来实现，此时状态提示符会变为 Router(Config)#，在该状态下就可通过输入相关配置命令来进行配置了。配置完毕，执行 end 命令或 exit 命令，退回到特权模式，然后执行 write 命令保存配置。

在对接口进行配置时，一定要先选择该接口，然后再对接口进行配置。

习题 2

1. 以下网络设备中，属于带宽共享式的是(　　)。
   A. 集线器　　B. 二层交换机　　C. 三层交换机　　D. 路由器

2. 以下关于冲突域和广播域的说法中，错误的是(　　)。
   A. 集线器的所有端口连接组成的整个网络，属于同一个冲突域和广播域
   B. 交换机的不同端口属于不同的广播域
   C. 交换机的不同端口属于不同的冲突域，因为网桥可以隔离冲突域
   D. 利用路由器可以隔离广播域
3. 以下关于交换机工作原理的描述，正确的是(　　)。
   A. 交换机根据数据帧中的目标 MAC 地址进行转发，当目标 MAC 地址在 MAC 地址表中找不到时，该数据帧将被丢弃
   B. 交换机的 MAC 地址表是由管理员配置添加的，交换机无法自动学习
   C. 交换机采用广播的方式对数据帧进行转发
   D. 交换机根据数据帧中的目标 MAC 地址进行转发，若目标 MAC 地址在 MAC 地址表中找不到，则采用广播方式转发
4. 以下关于 VLAN 的描述，正确的是(　　)。
   A. 利用 VLAN 可隔离广播域
   B. 一个 VLAN 就是一个独立的网段，VLAN 间无法相互通信
   C. 只有三层交换机才能划分 VLAN
   D. 二层交换机也可划分 VLAN，但无法实现 VLAN 间的通信
5. 要隔离或缩小广播域，可采用以下(　　)设备或技术来实现。
   A. 在交换机中划分 VLAN　　B. 使用路由器进行隔离
   C. 使用交换机进行组网　　D. 使用集线器进行组网
6. 下面关于二层交换机和三层交换机的描述，不正确的是(　　)。
   A. 二层交换机只能工作在数据链路层，无法对数据包进行路由选择
   B. 三层交换机只能工作在第三层，即网络层，具有路由功能，能对数据包进行路由转发
   C. 三层交换机可以工作在第二层，也可以工作在第三层
   D. 三层交换机要启用 IP 路由协议，并配置路由器后，才能正确实现路由选择功能
7. 以下关于三层交换机和路由器的描述，正确的是(　　)。
   A. 三层交换机可简单地视为是由一个二层交换机加一个路由模块构成
   B. 三层交换机一般不具备 NAT 功能，但路由器通常都具有 NAT 功能
   C. 三层交换机的端口数量较多，而路由器端口数量则较少
   D. 三层交换机的端口可划分子接口，而路由器的端口不能划分子接口
8. 以下设备中，属于三层交换机的是(　　)。
   A. Quidway S3526E　　B. Cisco 3550
   C. Cisco 3500XL　　D. Cisco 2960
9. 以下设备中，属于路由器的是(　　)。
   A. Cisco 2811　　B. Cisco 2600　　C. NE40　　D. Quidway S8505
10. 以下设备中，可用做大型网络核心层交换机的是(　　)。

A. Cisco 3750　B. Quidway S8505　C. NE40　D. Cisco 6509

11. 以下设备中,可用做大型网络核心路由器的是(　　)。

A. NE40-4　B. Cisco 6509

C. Quidway S8505　D. Cisco 10000 系列

12. 现有一小学(主机数量约250台)需要组建校园网络,网络组建资金非常有限,以下方案中,性价比较高的是(　　)。

A. 购买一台 Cisco 2811 路由器和 11 台 24 端口的 100Mb/s 二层交换机

B. 购买一台 Cisco 2811 路由器、1 台 Cisco Catalyst 3560-24TS 和 10 台 WS-C2960-24TT-L 交换机

C. 购买一台华为 AR 18-22-24 交换路由器和 10 台 24 端口的 100Mb/s 二层交换机

D. 购买一台 H3C ER3100 路由器和 11 台 24 端口 100Mb/s 二层交换机

13. 目前解决网络安全的主要设备有(　　)。

A. 防火墙　B. 计费网关　C. 入侵检测系统　D. Radius

14. 以下选项中,能提供防火墙功能并能作为防火墙设备使用的有(　　)。

A. Windows＋ISA Server 2006

B. 三层交换机＋ACL 规则

C. Linux＋netfilter(Network packet filtering)

D. Windows＋瑞星防火墙软件

15. 防火墙的 DMZ 接口只有一个,但要连接的服务器(使用公网地址)却有多个,以下对解决方案的描述中,正确的有(　　)。

A. 防火墙的 DMZ 接口接一台二层交换机,然后将服务器全部接在该二层交换机上

B. 如果服务器群使用了两个网段的公网地址,则防火墙的 DMZ 接口应连接一台三层交换机,并在三层交换机上划分两个 VLAN,并设置 VLAN 接口地址。不同网段的服务器连接在不同的 VLAN 端口上,服务器的网关地址设置为该 VLAN 的接口地址

C. 防火墙的 DMZ 接口使用二层交换机分接时,DMZ 接口的 IP 地址必须设置为公网地址

D. 防火墙的 DMZ 接口使用三层交换机分接时,DMZ 接口的 IP 地址可使用内网地址

16. 汇聚层交换机与核心层交换机的级联链路超过 100m 小于 500m 长度时,此时物理传输介质应采用(　　)。

A. 多模光纤　B. 单模光纤　C. 五类双绞线　D. 六类双绞线

17. 汇聚层交换机与核心层交换机采用多模光纤级联时,汇聚层交换机应选择配有(　　)接口的三层交换机,并要在该接口中插入(　　)模块。

A. 光纤　B. 多模光纤　C. 单模光纤　D. 光纤收发器

18. 某单位申请了光纤专线接入互联网,现在光缆已拉到了该单位的中心机房,现要

将光纤接入到路由器的 RJ-45 电口上，以下连接或操作顺序正确的是(　　)。

设备名称或操作的代号如下：

①光纤熔接　②尾纤　③双绞线跳线　④光纤跳线　⑤光纤收发器　⑥法兰盘　⑦路由器以太电口

A. ①→②→④→⑤→③→⑦　　B. ①→②→⑤→③→⑦

C. ①→②→⑥→④→⑤→③→⑦　　D. ①→⑥→②→④→⑤→③→⑦

19. 内网用户不能直接访问互联网，其原因是(　　)。

A. 有防火墙阻隔

B. 局域网的边界路由器上未配置路由

C. 互联网中的路由器会对含有内网地址的数据包进行丢弃处理，无法路由

D. 可能是因为 A 和 B 的原因

20. 以下设备中，要正常工作，通常应添加配置路由的有(　　)。

A. 防火墙　　B. 三层交换机　　C. 路由器　　D. 二层交换机

21. 在(　　)情况下，只需添加配置一条默认路由即可。

A. 数据包进入该三层设备后，只有一条出口

B. 数据包进入该三层设备后，有多条出口

C. 该设备是二层设备

D. 该设备是三层设备

22. 在配置三层设备的路由时，以下关于默认路由的配置原则和说法正确的是(　　)。

A. 当有多条出口时，网络数少的出口采用静态路由手工指定；网络数多的出口配置成默认路由

B. 同一个三层设备允许配置多条默认路由

C. 同一个三层设备允许添加配置多条静态路由，但默认路由只能有一条

D. 默认路由的优先级最高

23. 以下关于路由的描述，正确的是(　　)。

A. 路由的下一跳地址应是到达目标网络的互联链路的对端设备的互联接口地址

B. 路由是根据目标网络地址来进行配置，而不是目标主机

C. 在一个三层设备上的两个接口，即使接口地址不在同一个网段，也不需要添加配置路由

D. 两个三层设备互联后，互联的接口地址只要设置在同一个网段，则就可在一个设备中，通过 Telnet 方式，登录连接到另一个设备中，不需要添加配置路由

24. 下面关于网络工程需求分析的论述中，正确的是(　　)。

A. 任何网络都不可能是一个能够满足各项功能需求的万能网

B. 必须采用最先进的网络设备，获得最高的网络性能

C. 网络需求分析独立于应用系统的需求分析

D. 网络需求分析时可以先不考虑系统的扩展性

25. 以下关于网络设备选型原则中,错误的是(　　)。

A. 选择网络设备,应尽可能地选择同一厂家的产品

B. 为了保证网络性能,尽可能地选择最高性能的产品

C. 核心设备的选取要考虑系统日后的扩展性

D. 网络设备选择要充分考虑其可靠性

实训 2.1　在模拟器中设计网络拓扑

[**实训目的**]　熟悉和掌握交换机/路由器模拟器的操作使用方法,掌握网络实验拓扑图的设计方法。

[**实训设备与软件**]　安装 Windows 系统的计算机、Cisco Packet Tracert 4.1 软件。

[**实训步骤**]

1. 安装 Cisco Packet Tracert 4.1 软件。

2. 熟悉和掌握 Cisco Packet Tracert 4.1 模拟器的操作使用方法。

(1) 启动 Cisco Packet Tracert 4.1 模拟器软件,在软件的主菜单栏中,单击 Help→Tutorials 菜单项,打开模拟器软件自带的 Flash 教程。

(2) 单击其中第 2 个教程的 View 链接,打开相应的 Flash 演示教程,学习掌握模拟器工作界面中各部分的功能与基本操作使用方法。

(3) 单击其中第 3 个教程的 View 链接,打开相应的 Flash 演示教程,学习掌握模拟器中如何对网络设备、用户主机和服务器进行配置。

3. 按图 2.21 设计网络实验拓扑结构。

在操作过程中,注意掌握设备的选择、添加和删除方法,设备间互联传输介质的选择、添加与删除方法。

4. 网络实验拓扑结构设计好后,单击顶部工具栏中的保存按钮,将网络拓扑结构保存为 mynet01.pkt 文件。

5. 退出 Cisco Packet Tracert 4.1 软件,在顶部工具栏中选择打开,打开 mynet01.pkt 文件,观察刚才设计的网络拓扑结构是否重现了。

实训 2.2　用模拟器进行网络实验

[**实训目的**]　掌握在模拟器环境中对交换机、路由器、用户主机和服务器的配置和网络故障的诊断检测方法。

[**实训设备与软件**]　安装 Windows 系统的计算机、Cisco Packet Tracert 4.1 软件。

[**实训步骤**]

1. 启动 Cisco Packet Tracert 4.1 软件,然后打开网络拓扑结构文件 mynet01.pkt。

2. 单击边界路由器,打开对边界路由器的配置窗口。将路由器的电源关闭,切换窗口到 Cisco Packet Tracert 的主界面,观察此时网络拓扑结构图中,与边界路由器相连的

链路状态的变化。

重新打开边界路由器的电源，然后在路由器的配置窗口中快速单击 CLI 选项卡，切换到命令行接口界面，观察路由器的启动过程。

启动画面出现“Press RETURN to get started!”提示后，按回车键，此时将出现以下命令行状态提示符：

```
Router>
```

在该提示符状态下，依次执行以下命令，查看路由器的配置文件的内容。

```
Router>enable
Router#show run
```

按空格键查看下一屏的内容。

3. 按图 2.38 所示的 VLAN 和 IP 地址的规划，在模拟器中，利用图形化配置方式，依次进行以下配置操作。

(1) 在中心交换机上，创建 VLAN10、VLAN20 和 VLAN30 三个 VLAN。

(2) 将中心交换机的 Fa0/1 至 Fa0/9 端口划分到 VLAN10；Fa0/10 至 Fa0/19 端口划分到 VLAN 20；Fa0/20 配置为 Trunk 口；Fa0/21 至 Fa0/24 号端口划分到 VLAN30。

配置好后，在 Global Settings 配置界面单击 Save 按钮，保存配置结果。

(3) 配置用户主机 IP 地址、网关地址和 DNS 服务器地址。

① 配置实训楼用户主机　在拓扑结构图中单击 PC0 主机，配置用户主机的 IP 地址。

在用户主机配置窗口中，单击 Config 选项卡，配置网关地址为 192.168.1.1，DNS 服务器的地址为 192.168.3.254。

配置网卡(FastEthernet)的 IP 地址为 192.168.1.2，子网掩码为 255.255.255.0。

用同样的方法配置 PC1 主机的 IP 地址为 192.168.1.3，子网掩码为 255.255.255.0。

② 配置综合楼用户主机　在拓扑结构图中单击 PC2 主机，配置用户主机的 IP 地址为 192.168.2.2。网关地址配置为 192.168.2.1，DNS 服务器的地址为 192.168.3.254。

PC3 主机的 IP 地址配置为 192.168.2.3，子网掩码为 255.255.255.0，网关地址为 192.168.2.1，DNS 服务器的地址为 192.168.3.254。

③ 配置服务器的 IP 地址　配置 DNS 服务器的网关地址为 192.168.3.1，IP 地址为 192.168.3.254，子网掩码为 255.255.255.0。

配置 DNS 服务器的 DNS 服务，添加域名解析，将 www.myschool.com 域名解析为 192.168.3.2。将该主机的其他服务设置为 Off 状态。

配置 Web Server 服务器的网关地址为 192.168.3.1，IP 地址为 192.168.3.2，子网掩码为 255.255.255.0。

配置 Web Server 服务器的 HTTP 服务为 On 状态，其他服务设置为 Off 状态。

(4) 网络通畅性检测。

① 网段内互访测试　单击 PC0 网络图标，打开配置窗口，单击 Desktop 选项卡，然后单击选择 Command prompt 图标，进入该主机的 MS-DOS 方式，执行 ipconfig /all 命令，

查看当前主机的IP配置信息。

使用ping命令ping本地主机自身,看能否ping通;接下来ping处于同一网段的PC1主机的IP地址,看能否ping通(注:正常情况下,这两项都应能ping通)。

ping自己网段的网关地址,看能否ping通(注:肯定ping不通,因网关地址还未配)。

② 网段间互访测试　ping处于另一网段中的PC2主机或者ping Web服务器的IP地址,看能否ping通(注:不能ping通)。

(5) 配置边界路由器。

① 配置路由器的接口地址:

- 配置FastEthernet0/0接口地址为222.177.25.2,子网掩码为255.255.255.252。
- 配置FastEthernet0/1接口。

根据该网络应用的需要,应在该接口上划分出3个子接口(逻辑接口),分别当做3个VLAN的接口使用,并设置子接口的地址为3个VLAN各自的网关地址。该项配置不能采用图形化配置方式来实现,于是切换到CLI配置界面,并在“Router(config-if)#”状态提示符下,依次输入并执行以下配置命令。

```
interface FastEthernet0/1
no shutdown
interface FastEthernet0/1.1
description to-student
encapsulation dot1Q 10
ip address 192.168.1.1 255.255.255.0
interface FastEthernet0/1.2
description to-teacher
encapsulation dot1Q 20
ip address 192.168.2.1 255.255.255.0
interface FastEthernet0/1.3
description to-Server
encapsulation dot1Q 30
ip address 192.168.3.1 255.255.255.0
```

提示:Cisco IOS命令支持简写,命令关键字允许只输入前面几个字母,如interface FastEthernet0/1命令,可简写表达为int fa0/1。

另外,命令支持按Tab键进行自动补全。例如,输入enc之后按Tab键,系统会自动补全命令为encapsulation。

② 配置路由　单击Config选项卡,切换回图形化配置方式。配置一条默认路由,下一跳指向对端设备(ISP路由器)的接口地址,即222.177.25.1。

设置方法:在Network输入框中输入0.0.0.0,在Mask输入框中输入0.0.0.0,在Next Hop输入框中输入222.177.25.1,然后单击Add按钮即可。

③ 保存配置　在Global Settings配置界面单击Save按钮,保存配置。

(6) 测试网段间的互访。

① 检测到网关是否通畅　在PC0主机的MS-DOS方式,ping网关地址(192.168.1.

1)，检查是否 ping 通，若能 ping 通，则前面第(5)步中对 Fa0/1 接口的子接口配置成功。

接下来再 ping 第 2 段和第 3 段的网关地址，检查能否 ping 通，若能 ping 通，则 3 个网段中的主机就可相互访问了。此时可再 ping 一下 Web Server 服务器的 IP 地址，若能 ping 通，则局域网络的内网就配置成功。

② 利用浏览器访问 Web 服务器　在 PC0 主机打开浏览器，在地址栏输入 Web 服务器的 IP 地址(http://192.168.3.2)，然后回车，若能访问，则成功。然后再输入域名地址(http://www.myschool.com)，看能否访问，以检测域名解析是否成功。

(7) 配置测试用的因特网络。

配置 ISP 路由器的 FastEthernet0/0 接口地址的 IP 地址为 222.177.25.1，子网掩码为 255.255.255.252。

配置 ISP 路由器的 FastEthernet0/1 接口地址的 IP 地址为 222.176.135.1，子网掩码为 255.255.255.224。

配置 ISP 路由器的 FastEthernet1/0 接口地址的 IP 地址为 222.170.150.1，子网掩码为 255.255.255.224。

配置 PC4 主机的 IP 地址为 222.170.150.2，子网掩码为 255.255.255.224，网关地址为 222.170.150.1。

配置 Web Server2 的 IP 地址为 222.176.135.2，子网掩码为 255.255.255.224，网关地址为 222.176.135.1。

打开 HTTP 服务，并修改网页的显示内容，以与内网 Web 服务器的显示内容有所区别。其他服务设置为 Off 状态。

(8) 在内网中访问因特网中的 Web Server2。

在 PC0 主机的 MS-DOS 状态，执行"ping 222.176.135.2"命令，检查能否 ping 通。最后的结果是无法 ping 通，这是因为访问请求到达因特网的 222.176.135.2 服务器后，服务器的响应包到达 ISP 路由器后，由于没有路由指示，响应包无法到达校园网络的边界路由器，从而导致内网无法访问因特网中的主机。

作为实验，在 ISP 路由器中添加一条到达 192.168.0.0/16 网络的回头路由，此时内网就能访问因特网中的主机了。

路由添加方法：在 Network 输入框中输入 192.168.0.0，在 Mask 输入框中输入 255.255.0.0，在 Next Hop 输入框中输入 222.177.25.2，然后单击 Add 按钮即可。

在现实世界中，ISP(Internet 服务提供商)的路由器是不会添加这样的路由的，因此在现实世界中不能采用这样的解决方案，而必须采取在边界路由器上通过配置网络地址转换(NAT)来实现对因特网的访问，此时的路由器相当于代理服务器的角色。

(9) 在边界路由器配置网络地址转换。

进入边界路由器的 CLI 配置模式，在 Router# 状态，依次输入执行以下命令，实现 NAT 功能的配置。

```
config t
int fa0/0
ip nat outside
```

```
int fa0/1.1
ip nat inside
int fa0/1.2
ip nat inside
int fa0/1.3
ip nat inside
end
access-list 1 permit 192.168.0.0 0.0.7.255
ip nat inside source list 1 interface FastEthernet0/0 overload
ip nat inside source static tcp 192.168.3.2 80 222.177.25.2 80
exit
write
```

注：执行最后一条 write 命令后，按回车键确认，保存配置结果。

(10) 测试内网对因特网的访问和因特网用户对校园网 Web 服务器的访问。

① 在 PC0 主机的浏览器中，输入 http://222.176.135.2 地址并回车，查看能否访问，若能访问，则路由器的 NAT 功能配置成功。

② 在因特网中的 PC4 主机的浏览器中，输入 http://222.177.25.2 地址并回车，查看能否访问，若能访问，则静态地址映射配置成功。

到此为止，一个真实的校园网络就组建成功了。虽然没有使用三层交换机，但路由器和二层交换机的组合也可起到三层交换机的功能，因而实现了网段间的相互通信，只是配置上略微复杂一些，需要配置子接口和 Trunk 链路。若使用三层交换机，则配置会更为简单。

(11) 查看路由器的 NAT Table、Routing Table 和 ARP Table；查看中心交换机的 MAC Table 和 ARP Table。

第3章

交换机配置基础

本章以 Cisco 和华为或华三的交换机为例，介绍对交换机进行配置所必须掌握的基础知识，并重点介绍交换机端口的一些常用配置。最后还简单介绍了三层交换机的路由配置与应用。

3.1 交换机 IOS 简介

3.1.1 Cisco IOS 与命令特点

1. Cisco IOS 简介

Cisco 交换机和路由器所使用的网络操作系统是 IOS（Internetwork Operating System，互联网际操作系统）或 COS（Catalyst Operating System），其中以 IOS 使用最广泛，目前绝大多数的交换机和路由器均使用的是 IOS 操作系统。

IOS 操作系统存储在交换机或路由器的 Flash 存储器中。IOS 操作系统文件扩展名通常为. bin，是经过压缩的二进制文件，文件命名中通常包含设备型号和 IOS 版本号等信息，如 Cisco 2621 路由器的 IOS 文件为 c2600-is4-mz. 123-18. bin。在交换机或路由器开机加电时，其会自动解压到内存中运行。

通过更新 IOS 操作系统文件，可以实现对交换机或路由器操作系统的升级，以修补操作系统漏洞或增强其功能。例如，Cisco 2621 路由器升级到 c2600-is4-mz. 123-18. bin IOS 操作系统后，路由器的端口将新增对 Trunk 功能的支持。

有关 IOS 的升级方法将在后续章节介绍，对 IOS 的操作一定要小心谨慎，升级前一定要先备份，再升级，同时要避免误操作删除 IOS 操作系统。若发生了误删除，千万别关机或重启系统，此时应采用 IOS 升级的方法将操作系统重新写入 FLASH。另外，也可先查看一下系统是否提供了 undelete 命令，若有，则可利用该命令来恢复刚删除的 IOS。

交换机和路由器相当于特殊的计算机，由 CPU、存储器、接口和操作系统等部分组成。

交换机或路由器的存储器主要有 ROM（Read-Only Memory，只读存储器）、FLASH（闪存）、NVROM（非易失性随机存储器）和 DRAM（动态随机存储器）。

ROM用于存储引导(启动)程序,它是交换机或路由器开机加电后运行的第一个程序,负责引导和加载IOS操作系统到内存中运行。

FLASH用于存储IOS操作系统文件,容量通常为8MB、16MB、32MB、64MB或更高。

NVROM用于存储交换机或路由器的启动配置文件。交换机或路由器在启动过程中,从该存储器中读入启动配置文件,并按配置文件中的指令对设备进行初始化和配置。

保存在NVROM中的配置文件通常称为Startup Config,当前生效的正在内存中运行的配置文件称为Running Config。对交换机或路由器进行配置修改后,其配置修改结果将保存在Running Config配置文件中,但掉电后会丢失。因此,在确定配置正确无误后,应将配置内容复制到Startup Config配置文件中保存。

DRAM用做交换机或路由器的内存,通常为32MB、64MB或更高。

2. Cisco IOS操作系统的特点

Cisco IOS操作系统具有以下特点:

- 支持通过命令行(Command-Line Interface,CLI)或Web界面,来对交换机或路由器进行配置和管理。通常采用命令行方式进行配置。
- 支持通过控制口(Console)进行本地配置,或通过Telnet会话来进行远程登录配置。
- 通过模式来区分配置权限,Cisco IOS提供了6种配置模式。

在用户模式,仅能运行少数的命令,允许查看当前配置信息,但不能对交换机进行配置。特权模式能运行较多的命令,对交换机或路由器的配置修改需要进入全局配置模式。

- IOS命令不区分大小写。
- IOS支持命令简写,简写的程度以能区分出不同的命令为准。例如,enable可简写表达为en,FastEthernet0/1通常简写表达为Fa0/1。
- 支持命令补全。当命令记忆不全或为了提高输入速度,可在输入命令的前几个字母后按Tab键让系统自动补全命令。
- 可随时使用"?"来获得命令行帮助。在命令的输入过程中,若要查询命令的下一个选项,可输入"?"获得帮助,系统会自动显示下一个可能的选项。

3.1.2 华为VRP与命令特点

华为交换机和路由器的操作系统称为VRP(Versatile Routing Platform,通用路由平台),该操作系统虽然名称不相同,但与Cisco IOS有很多共性。H3C(华三)交换机或路由器的操作系统称为Comware。

1. 华为VRP简介

华为早期产品的配置指令与Cisco IOS相同,之后由于版权问题,华为对VRP的配置命令进行了修改。目前,华为VRP的配置命令与Cisco IOS的配置命令有了较大的差异,但对交换机和路由器的配置方法和配置策略基本没变,只是命令的表达形式上有所不同。例如,Cisco IOS中,查看当前配置使用show running-config命令,而华为使用display current-configuration;保存配置,Cisco IOS使用write,而华为使用save;要执行命令的相反功能，Cisco使用no(如no shutdown)，而华为使用undo(如undo shutdown)；设置主机名，Cisco使用hostname命令，而华为使用sysname命令。

华为VRP支持英文和中文语言环境，而Cisco IOS仅支持英文。华为交换机或路由器可通过执行language-mode命令来指定语言环境，通常默认为英文。执行language-mode chinese命令可切换到中文环境，在该环境中配置命令不变，仍为英文字符，但提示信息和对命令的注释改用中文表达。执行language-mode english命令可切换回英文环境。

华为不同时期、不同型号的产品系列，其配置命令和配置方法略有不同，从整个产品系列而言，标准不够统一，这方面不如Cisco产品。

2. 华为VRP操作系统的特点

华为VRP操作系统的命令特点与Cisco IOS的基本相同，不再重复介绍。

3.2　交换机的配置途径

对交换机或路由器的配置，有两种主要的途径，一种是通过交换机或路由器的配置口(Console)进行本地登录配置，另一种是通过Telnet进行远程登录配置。首次配置必须通过Console口进行。

3.2.1　通过Console端口配置

1. Console口简介

交换机和路由器一般都提供有一个名为Console的控制台端口(也称配置口)，该端口采用RJ-45接口，是一个符合EIA/TIA RS-232异步串行规范的配置口。通过该控制端口，可实现对交换机的本地配置。

2. 配置前的准备工作

在对交换机或路由器进行配置之前，应准备好配置线缆和超级终端程序。

交换机和路由器都随机配送了一根配置电缆，它是一根8芯屏蔽电缆。其一端压接RJ-45插头，该端插入到交换机或路由器的Console口中；另一端可能同时带有一个DB-9和DB-25(孔)的串行接口插头，用于连接计算机的COM1或COM2串行口。华为交换机配送的就是这种配置线。Cisco的配置线两端均是RJ-45水晶接头，但配送有RJ-45到DB-9、RJ-45到DB-25的转接头，如图3.1所示。

图3.1　配置线缆

Windows操作系统自带有超级终端，对于Windows 2000，该程序位于“开始菜单”→“程序”→“附件”→“通讯”群组下面，若没有，可利用控制面板中的“添加/删除程序”来安装。单击“通讯”群组下面的“超级终端”，即可启动超级终端。

3. 通过 Console 口登录交换机

将配置线缆的 RJ-45 接头插入交换机的 Console 接口中，另一端的 DB-9 插接到计算机的 COM1 串口，然后启动超级终端程序，并按以下步骤进行配置，即可登录连接到交换机。在超级终端窗口中，就可通过命令行来配置交换机或路由器了。

超级终端启动后，将显示图 3.2 所示的对话框，在输入框中为本次连接设置一个名称，可任意输入，如输入 Cisco 后单击“确定”按钮。接下来弹出的对话框要求选择连接所使用的端口，在“连接时使用”下拉框中选择 COM1 选项，然后单击“确定”按钮。此时将弹出可对 COM1 端口进行设置的对话框，直接单击“还原为默认值”按钮，采用端口的默认设置值，如图 3.3 所示。

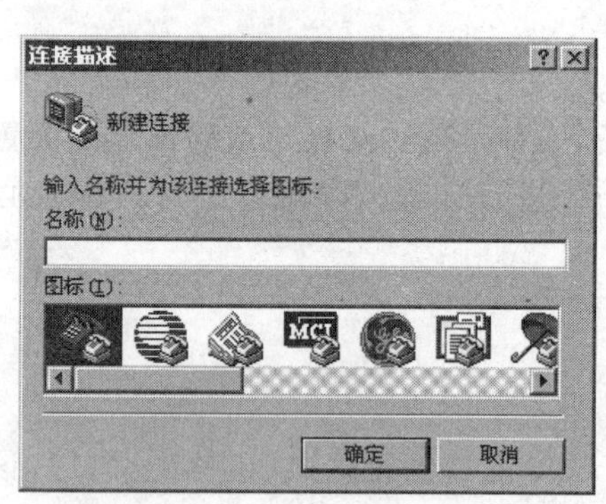

图 3.2 指定连接名称

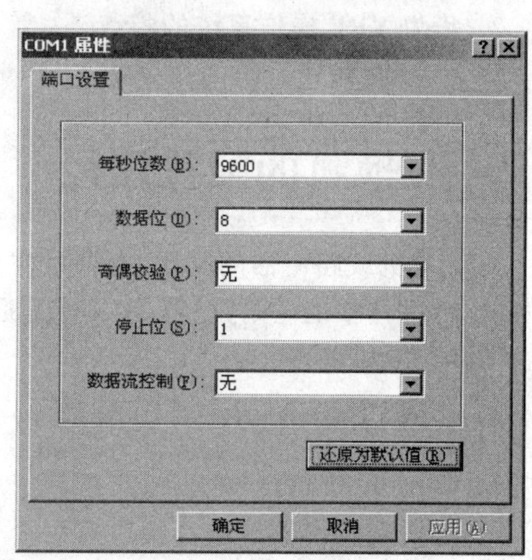

图 3.3 设置 COM1 端口

交换机 Console 口和计算机 COM1 串口的默认通信速率为 9600b/s，因此在配置超级终端时应设置为 9600b/s。对于通信速率的设置，超级终端、计算机 COM1 串口和 Console 口这三者必须保持一致，否则在超级终端中将出现乱码。

对 COM1 串口的设置完毕后，单击“确定”按钮，即完成了对超级终端的配置。此时在超级终端的窗口中按回车键，就应出现交换机的命令行提示符(switch＞)。如果重启交换机，整个交换机 IOS 操作系统的自解压和启动过程在超级终端中均可看到。登录连接成功后的超级终端窗口界面如图 3.4 所示。

3.2.2 利用 Telnet 虚拟终端配置

在首次通过 Console 口完成对交换机的配置，并进行了以下两方面的配置之后，交换机才允许 Telnet 远程登录。

- 对于二层交换机，配置了管理 IP 地址；对于三层交换机，至少有一个接口设置了 IP 地址。
- 配置了 vty(虚拟终端)的登录密码。

通过 Telnet 远程登录连接到交换机，若要进入特权配置模式，则还必须设置进入特权模式的密码，否则无法进入特权模式，只能进入最低级别的用户模式。

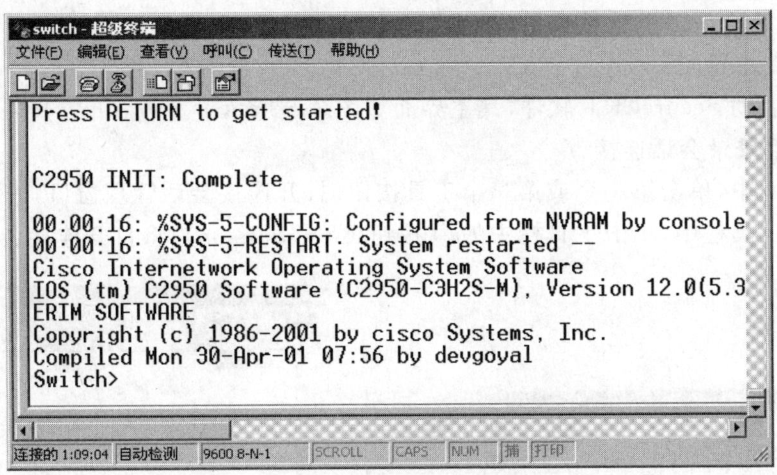

图 3.4　登录连接成功后的超级终端

对交换机或路由器进行 Telnet 登录配置有两种方式，一种是采用基于字符界面的 Telnet 命令来登录，另一种是采用基于图形界面的专业工具软件(如 SecureCRT)来进行 Telnet 登录。图形界面的 Telnet 登录对配置命令的浏览、复制、粘贴等操作更方便，同时也便于对要登录的设备进行集中管理和推荐使用。

1. 使用 Telnet 命令登录

Windows 系统提供有 Telnet 命令，利用该命令可方便地登录连接到交换机或路由器。

假如要登录连接到 IP 地址为 172.16.1.37 的 Cisco 4006 交换机，则在 MS-DOS 的命令行中输入并执行“telnet 172.16.1.37”命令。若连接成功，会提示输入登录密码，密码校验成功后，就会出现交换机的命令提示符，如图 3.5 所示。

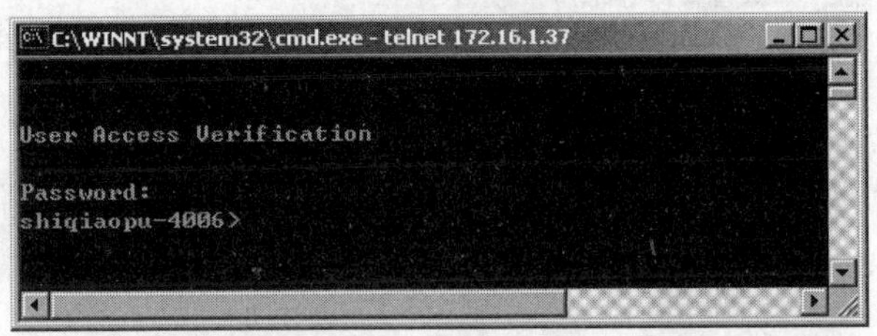

图 3.5　利用 Telnet 登录 Cisco 交换机

在 PC 机中利用 Telnet 登录连接到交换机后，在交换机中也可利用 Telnet 命令登录连接到另一台交换机或路由器，以实现对其他交换机或路由器的配置。

对于 Windows 2003 Server 操作系统，利用 Telnet 登录时，在该字符窗口环境中若要对配置命令进行拖选，应先在窗口环境中单击鼠标右键，在弹出的菜单中选择“标记”，之后就可对要复制的内容进行拖选。拖选好后，在窗口的标题栏单击鼠标右键，在弹出菜单的“编辑”菜单项下面就有“复制”、“粘贴”等子菜单项。

对于 Windows 2000 操作系统，在该字符窗口环境中可直接进行拖选。

2. 利用SecureCRT软件登录

(1) 软件主界面

安装并启动SecureCRT软件,其主界面如图3.6所示。

(2) 配置登录会话连接

在主界面中,单击第一个或第三个工具按钮,打开连接会话管理窗口,如图3.7所示。在该窗口的工具栏中,单击工具栏中的按钮(New Session),将打开连接会话向导。

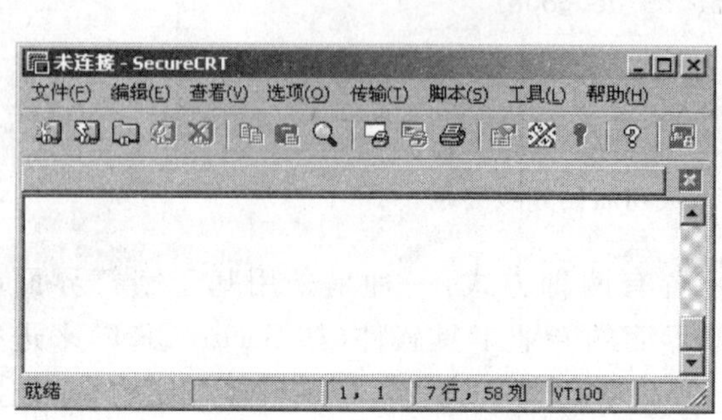

图3.6 SecureCRT主界面

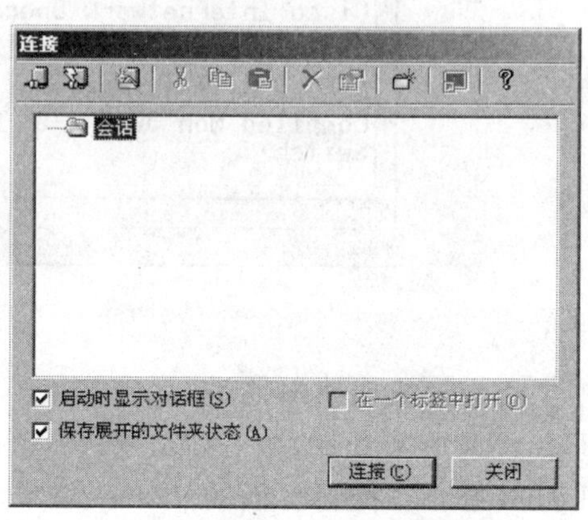

图3.7 连接会话管理窗口

在弹出的"新建会话向导"窗口的协议选择下拉框中,选择Telnet协议,如图3.8所示。单击"下一步"按钮,此时将弹出图3.9所示的对话框,在对话框中设置要登录设备的IP地址。继续单击"下一步"按钮,在接下来的对话框中,对此会话连接设置一个会话名称,以便于标识,如设置会话名称为"B区核心交换机"。最后单击"完成"按钮,即完成了对会话连接的创建。

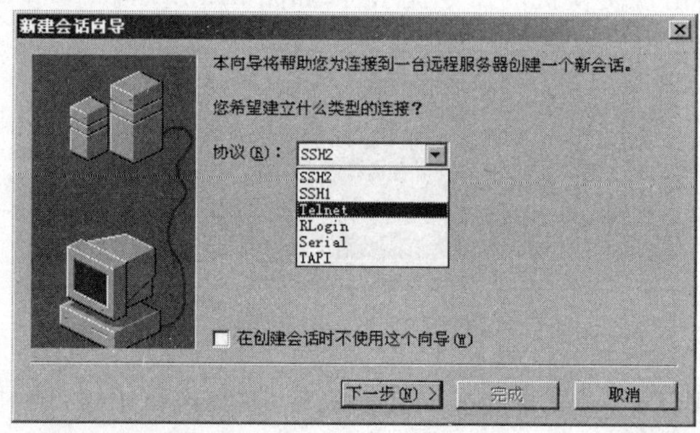

图3.8 选择所使用的协议

会话连接创建成功后,该会话连接将显示在会话管理窗口中,如图3.10所示。

(3) 登录连接

在会话管理器中选择要连接的会话,单击会话管理窗口工具栏中的第一个按钮(Connect),即可开始登录连接,如图3.11所示。

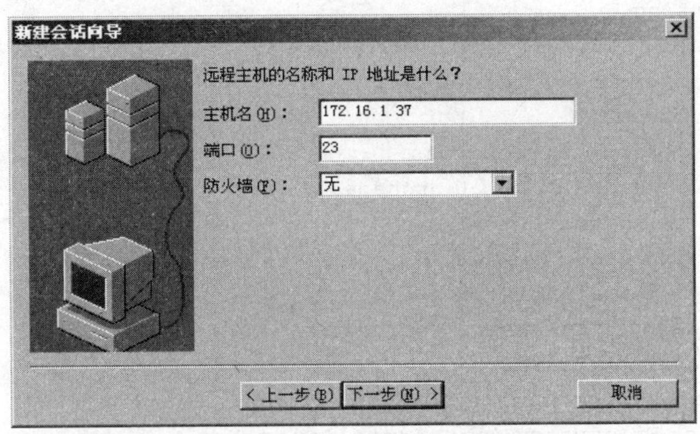

图 3.9　设置要登录设备的 IP 地址

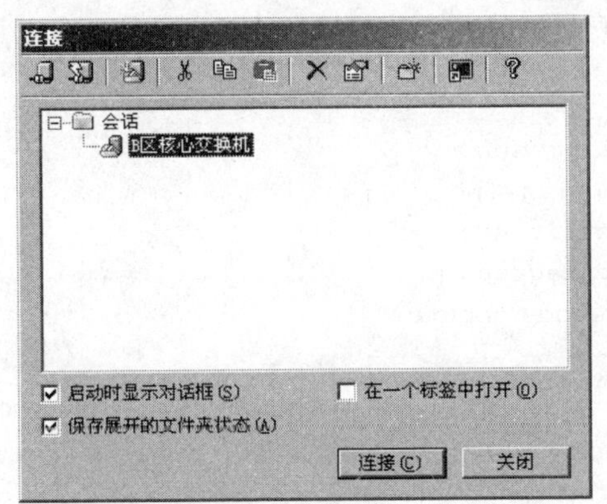

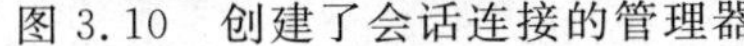

图 3.10　创建了会话连接的管理器

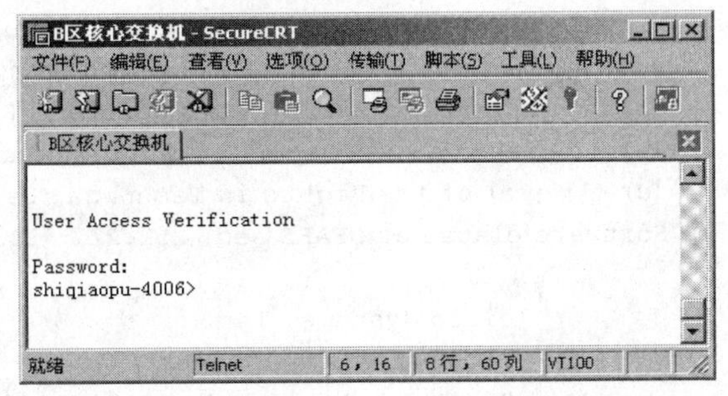

图 3.11　利用 SecureCRT 登录连接交换机

登录连接成功后，在该图形界面中利用滚动条可很方便地浏览内容，而且可直接对配置命令进行拖选、复制和粘贴操作，比字符界面环境操作更方便。

3.3　交换机的加电启动

交换机加电后，即开始了启动过程。首先运行 ROM 中的自检程序，对系统进行自检，自检通过后加载 FLASH 中的 IOS 文件并解压到内存中运行；然后在 NVRAM 中寻找交换机的启动配置文件，加载到内存中，并按配置指令对交换机进行配置。

下面以 Cisco 2960-24TT 二层交换机的启动过程为例，给出其启动过程的输出信息。当出现"Press RETURN to get started!"提示信息时，按回车键，即可出现 Cisco IOS 操作系统的命令行提示符"Switch>"，至此，交换机启动成功。

以下启动过程，可在 Packet Tracer 4.1 模拟器中，添加一台 Cisco 2960 交换机，然后快速切换到 CLI 配置界面即可观察到。

```
C2960 Boot Loader (C2960-HBOOT-M) Version 12.2(25r)FX, RELEASE SOFTWARE (fc4)
Cisco WS-C2960-24TT (RC32300) processor (revision C0) with 21039K bytes of memory.
```

```
2960-24TT starting...
Base ethernet MAC Address: 00E0.F999.6DD8
Xmodem file system is available.
Initializing Flash...
flashfs[0]: 1 files, 0 directories
flashfs[0]: 0 orphaned files, 0 orphaned directories
flashfs[0]: Total bytes: 32514048
flashfs[0]: Bytes used: 4414921
flashfs[0]: Bytes available: 28099127
flashfs[0]: flashfs fsck took 1 seconds.
...done Initializing Flash.
Boot Sector Filesystem (bs:) installed, fsid: 3
Parameter Block Filesystem (pb:) installed, fsid: 4

Loading "flash:/c2960-lanbase-mz.122-25.FX.bin"...
#################################################################[OK]
          Restricted Rights Legend

Use, duplication, or disclosure by the Government is
subject to restrictions as set forth in subparagraph
(c) of the Commercial Computer Software-Restricted
Rights clause at FAR sec. 52.227-19 and subparagraph
(c) (1) (ii) of the Rights in Technical Data and Computer
Software clause at DFARS sec. 252.227-7013.

          cisco Systems, Inc.
          170 West Tasman Drive
          San Jose, California 95134-1706

Cisco IOS Software, C2960 Software (C2960-LANBASE-M), Version 12.2(25)FX, RELEASE
SOFTWARE (fc1)
Copyright (c) 1986-2005 by Cisco Systems, Inc.
Compiled Wed 12-Oct-05 22:05 by pt_team
Image text-base: 0x80008098, data-base: 0x814129C4

Cisco WS - C2960 - 24TT (RC32300) processor (revision C0) with 21039K bytes of
memory.

24 FastEthernet/IEEE 802.3 interface(s)
2 Gigabit Ethernet/IEEE 802.3 interface(s)

64K bytes of flash-simulated non-volatile configuration memory.
Base ethernet MAC Address          : 00E0.F999.6DD8
Motherboard assembly number        : 73-9832-06
Power supply part number           : 341-0097-02
Motherboard serial number          : FOC103248MJ
Power supply serial number         : DCA102133JA
Model revision number              : B0
Motherboard revision number        : C0
```

```
Model number                      : WS-C2960-24TT
System serial number              : FOC1033Z1EY
Top Assembly Part Number          : 800-26671-02
Top Assembly Revision Number      : B0
Version ID                        : V02
CLEI Code Number                  : COM3K00BRA
Hardware Board Revision Number    : 0x01

Switch   Ports    Model          SW Version     SW Image
------   -----    -----          ----------     ----------
*   1     26     WS-C2960-24TT   12.2           C2960-LANBASE-M

Cisco IOS Software, C2960 Software (C2960-LANBASE-M), Version 12.2(25)FX, RELEASE
SOFTWARE (fc1)
Copyright (c) 1986-2005 by Cisco Systems, Inc.
Compiled Wed 12-Oct-05 22:05 by pt_team

Press RETURN to get started!

Switch>
```

3.4　命令配置模式

Cisco 交换机或路由器通过不同的配置模式来区分命令的执行权限(级别)。在不同的模式下,允许执行的命令不相同。华为交换机或路由器与 Cisco 基本相同,它是通过命令级别(视图)来进行区分的。

3.4.1　Cisco IOS 命令模式

1. Cisco IOS 命令模式简介

Cisco IOS 提供了 6 种命令执行模式,分别是用户 EXEC 模式、特权(privileged) EXEC 模式、全局配置模式、接口配置模式、线路(line)配置模式和 vlan 数据库配置。

在不同模式下,允许执行的命令不相同,可通过输入"?"来查询该模式下允许执行的命令。凡是对交换机或路由器进行配置修改的命令,必须在全局配置模式下执行。

Cisco IOS 的命令模式、各模式下的状态提示符和模式间的切换如图 3.12 所示。

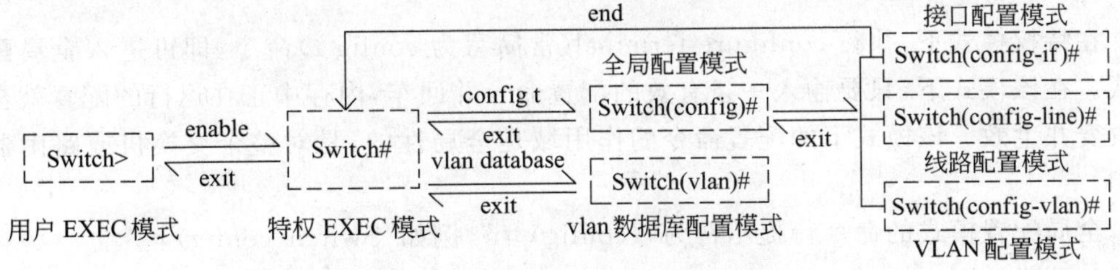

图 3.12　Cisco IOS 命令模式及切换方法

2. Cisco IOS 命令模式与切换方法

(1) 用户 EXEC 模式

该模式的权限最低,只能执行一组有限的命令,这些命令主要是查看系统信息的命令(show)、网络诊断调试命令(如 ping、traceroute 等)、终端登录(Telnet)以及进入特权模式的命令(enable)等。

当用户通过交换机的控制口或 Telnet 会话登录连接到交换机时,所处的模式就是用户 EXEC 模式,此时的命令行提示符为">",例如"Switch>"。

命令行提示符左边显示的是交换机或路由器的主机名。交换机默认的主机名是 Switch,路由器默认的主机名为 Router。

(2) 特权 EXEC 模式

在用户 EXEC 模式下,执行 enable 命令,将进入到特权 EXEC 模式。进入该模式后,就能执行 IOS 提供的所有命令。对于配置修改,可在该模式下通过执行 Config t 命令进入全局配置模式来操作,不再校验密码,因此执行权限很高。

特权 EXEC 模式以后简称为特权模式,其状态提示符为"#",如"Switch#"。

出于安全考虑,由用户模式进入特权模式,通常设置有密码,只有密码输入正确后才能进入特权模式。密码输入时不回显。

```
Switch>enable
Password:
Switch#
```

设置进入特权模式的密码,其配置命令需要在全局配置模式下执行,配置命令用法为:

```
enable secret|password 密码
```

命令中的 secret 和 password 任选其一。采用 secret 时,密码采用加密方式存储在配置文件中;采用 password 时,密码采用明文存储在配置文件中。

离开特权模式,返回用户模式,可执行 exit 或 disable 命令。

在该模式下有一些常用命令需要牢记。例如,重启动交换机,执行 reload 命令;保存配置可执行 write 命令;查看当前配置文件的内容,执行 show run;检测网路是否通畅的命令 ping、路由追踪的命令 traceroute、终端登录命令 Telnet 等。

(3) 全局配置模式

在特权模式下,执行 configure terminal(常简写为 config t)命令,即可进入全局配置模式。在该模式下,只要输入一条有效的配置命令并回车,内存中正在运行的配置就会立即改变并生效。该模式下的配置命令的作用域是全局性的,是对整个交换机或路由器起作用。

全局配置模式的命令行提示符为"(config)#",例如"Switch(config)#"。

```
Switch#config terminal
Enter configuration commands,one per line. End with CNTL/Z.
Switch(config)#
```

在全局配置模式，可进入接口配置、线路配置等子模式。从子模式返回全局配置模式，执行exit命令；从全局配置模式返回特权模式，执行exit命令；若要退出任何配置模式，应直接返回到特权模式，执行end命令或按Ctrl＋Z组合键。

(4) 接口配置模式

在全局配置模式下，当对接口进行配置时，通过执行选择接口的命令interface，就可进入接口配置模式。在该模式下，可对选定的接口（端口）进行配置，并且只能执行配置接口的命令。接口配置模式的命令行提示符为“Switch(config-if)＃”。

例如，若要配置交换机的0号模块上的第3个快速以太网(FastEthernet)端口的通信速率为100Mb/s，全双工方式，则配置方法为：

```
Switch(config)#interface FastEthernet 0/1
Switch(config-if)#speed 100
Switch(config-if)#duplex full
Switch(config-if)#end
Switch#write
```

(5) 线路配置模式

在全局配置模式下，执行line vty或line console命令，将进入线路(line)配置模式。该模式主要用于对虚拟终端(vty)和控制口(console)进行配置，主要用于配置通过Telnet或控制口登录时的登录密码。

线路配置模式的命令行提示符为“(config-line)＃”，例如“Switch(config-line)＃”。

交换机有一个控制端口(console)，其编号为0，若要设置通过该端口登录交换机时所需要输入的密码，则配置方法为：

```
Switch#config t
Enter configuration commands,one per line. End with CNTL/Z.
Switch(config)#line console 0
Switch(config-line)#?
exit          exit from line configuration mode
login         Enable password checking
password      Set a password
```

从帮助信息可知，设置控制台登录密码的命令是password，若要激活（启用）密码检查，即让所设置的密码生效，还应执行login命令。退出线路配置模式，执行exit命令。

下面设置通过控制口登录时的密码为purelove，则配置命令为：

```
Switch(config-line)#password purelove
Switch(config-line)#login
Switch(config-line)#end
```

交换机或路由器通常支持多个虚拟终端，一般为16个(0～15)，以允许多个用户同时登录连接到交换机或路由器进行配置管理等操作。出于安全考虑，必须在设置密码后虚拟终端才允许登录。如果对0～4号虚拟终端线路配置了登录密码，则交换机就允许同时有5个Telnet登录连接。配置虚拟终端登录密码的命令为：

```
Switch(config)#line vty 0 4
Switch(config-line)#password purelove
Switch(config-line)#login
Switch(config-line)#end
Switch#write
```

若要设置不允许 Telnet 登录,则可通过取消虚拟终端密码或取消密码检查来实现,实现命令为 no password 或 no login。

在 Cisco IOS 命令中,若要实现某条命令的相反功能,只需在该条命令前面加 no,并执行前缀有 no 的命令即可。

为了防止空闲连接长时间存在,通常还应给通过 Console 口登录的连接或通过 vty 线路进行 Telnet 登录的连接,设置空闲超时的时间,超时后就自动断开连接。默认空闲超时时间为 10 分钟。

设置空闲超时时间的配置命令为:

```
exec-timeout 分钟数 秒数
```

例如,若要配置 vty 的 0～4 号线路和 Console 口的空闲超时时间为 3min,则配置命令为:

```
Switch#config t
Switch(config)#line vty 0 4
Switch(config-line)#exec-timeout 3 0
Switch(config-line)#line console 0
Switch(config-line)#exec-timeout 3 0
Switch(config-line)#end
Switch# write
```

(6) vlan 数据库配置模式

在特权模式下执行 vlan database 命令,即可进入 vlan 数据库配置模式,其命令行提示符为"(vlan)#",例如"Switch(vlan)#"。

该模式用于 VLAN 的创建、修改或删除等配置操作。退出 vlan 配置模式,返回到特权模式,执行 exit 命令。

例如,若要创建 vlan 号为 10 的 vlan,则创建命令为:

```
Switch#vlan database
Switch(vlan)#vlan 10
VLAN 10 added:
    Name: VLAN0010
Switch(vlan)#exit
Switch#show vlan
```

show vlan 命令用于查看当前的 VLAN 列表。

创建 vlan 除了可在 vlan 数据库配置模式下创建外,也可在 vlan 配置模式下创建。在全局配置模式下,直接执行 vlan 创建命令,此时就会进入 vlan 配置模式,目前 Cisco 推荐在 VLAN 配置模式下创建 VLAN。

例如，若要创建 vlan 号为 20 和 30 的 vlan，另一种创建方法为：

```
Switch#config t
Switch(config)#vlan 20
Switch(config-vlan)#vlan 30
Switch(config-vlan)#end
Switch#show vlan
```

3.4.2　华为 VRP 的命令级别

1. 命令级别简介

华为 VRP 的命令执行级别（视图）分为 0～3 级，0 级为访问级（VISIT）、1 级为监控级（MONITOR）、2 级为系统级/配置级（SYSTEM）、3 级为管理级（MANAGE）。

- 访问级　相当于 Cisco IOS 的用户 EXEC 模式。该级别下允许执行的命令非常有限，不允许对配置进行修改和保存，主要包括显示系统信息的命令（display）、语言环境设置命令（language-mode）、网络诊断调试命令（ping、tracert）、虚拟终端登录命令（Telnet）、进入管理级的命令（super）以及退出当前命令视图的命令（quit）。
- 监控级　用于系统维护、业务故障诊断等，该级别也不允许对配置进行修改和保存。
- 配置级　相当于 Cisco IOS 的全局配置模式。该级别也称为系统视图（system view）。
- 管理级　相当于 Cisco IOS 的特权模式。

2. 命令级别间的切换

（1）访问级

利用 Console 口或通过 Telnet 登录连接到交换机或路由器后，所处的级别就是最低的访问级。命令行提示符采用尖括号将主机名括起来。例如，若交换机的主机名为 Switch，则此时的命令行提示符为“<Switch>”。

（2）管理级

在访问级执行 super 命令，可进入管理级。管理级的命令状态提示符与访问级相同。super 命令相当于 Cisco 的 enable 命令。

```
<Switch>super
Now user privilege is 3 level, and just commands which level is
equal to or less than this level can be used.
Privilege note: 0-VISIT, 1-MONITOR, 2-SYSTEM, 3-MANAGE
```

在华为 VRP 中，执行 super 命令后所进入的级别是可定制的，通常进入第 3 级别，即管理级。

设置进入管理级的密码和所进入的命令级别的命令用法为：

```
super password level 命令级别(1~3) cipher|simple 密码
```

cipher 和 simple 二者任选一,cipher 表示对密码进行加密存储,在配置文件中看到的是加密后的密文;而 simple 采用明文存储,在查看配置文件内容时可看到密码,因此通常采用 cipher 进行加密存储。

例如,若要设置进入管理级的密码为 lockme,进入的级别为管理级,并要对密码进行加密存储,则实现的命令为:

```
super password level 3 cipher lockme
```

该命令必须在配置级别下执行。执行后,使用 display cur 命令查看配置文件时,会发现密码部分已加密表示。在配置文件中该命令显示为:

```
super password level 3 cipher 5L(9'`*VI6V=;VV[N^IX$Q!!
```

若要取消该项设置,则实现命令为:

```
undo super password level 3
```

由管理级退回访问级,可使用 quit 命令来实现,该命令相当于 Cisco IOS 中的 exit 命令。

若要重启交换机,可在该级别执行 reboot 命令来实现,Cisco 交换机采用 reload 命令。

(3) 配置级

在管理级执行 system-view 命令(可简写为 sys),可进入到配置级(SYSTEM),即系统视图。对交换机或路由器进行配置修改,应在配置级下执行相关的命令。

进入配置级后,其命令行提示符变为用中括号将主机名括起来,例如“[Switch]”。

```
<Switch>system-view
Enter system view , return user view with Ctrl+Z
[Switch]
```

在配置级执行 quit 命令或按 Ctrl+Z 组合键,可退回到管理级。

例如,若要配置 Telnet 登录的密码为 letmein,密码采用加密存储,则配置方法为:

```
<Switch> system-view
[Switch]user-interface vty 0 4
[Switch-ui-vty0-4]authentication-mode password
[Switch-ui-vty0-4]set authentication password cipher letmein
```

authentication-mode 命令用于设置登录用户的认证方式,authentication-mode password 表示采用本地口令进行认证,具体的认证(登录)密码由 set authentication password 命令进行设置。该命令用于设置本地认证的口令,其用法为:

```
set authentication password cipher|simple password
```

若要取消本地认证的口令,可执行 undo set authentication password 命令。

通过 Telnet 进行远程登录时,默认情况下需要口令认证。若没有配置认证口令,登录时终端屏幕将显示“Login password has not been set !”,并断开与交换机的连接。

默认情况下，用户通过 Console 口登录时不进行密码验证。若要设置通过 Console 口登录时的密码为 quidway，并采用明文密码存储，则配置方法为：

```
[Switch]user-interface con 0
[Switch-ui-con0]authentication-mode password
[Switch-ui-con0]set authentication password simple quidway
[Switch-ui-con0]quit
[Switch]quit
<Switch>save
```

3.5 交换机的基本配置

3.5.1 查看交换机信息

对于 Cisco 交换机，查看相关信息使用 show 命令，该命令可查看很多方面的信息，可通过执行"show ?"命令来获得可查看信息的详细列表。对于华为交换机，查看信息使用 display 命令，用法与 Cisco 基本相同，只是命令关键字表达形式不同。下面主要介绍最常用的几个查看命令。

1. 查看 IOS 版本信息

Cisco 使用 show version；华为使用 display version 命令。

2. 查看系统时钟

Cisco 使用 show clock 命令；华为使用 display clock 命令。

3. 查看配置文件

- 查看当前正在运行的配置文件，Cisco 使用 show running-config，常简写为 show run；华为使用 display current-configuration，常简写为 display cur。
- 查看启动配置文件，Cisco 使用 show startup-config，常简写为 show start；华为使用 display saved-configuration，常简写为 display save。

4. 查看 ARP 地址表

Cisco 使用 show arp 命令；华为使用 display arp 命令。利用该命令通过查看 IP 地址与 MAC 地址的对应关系，可找出当前网段内 ARP 病毒的攻击源，其方法是：

在汇聚层交换机，通过查看 ARP 地址表，若有 IP 地址不相同但对应的 MAC 地址相同的列表项，则说明网段内有 ARP 病毒攻击，该 MAC 地址就是 ARP 病毒源主机的 MAC 地址。根据 MAC 地址找到病毒源后，立即拔除带毒主机的网线并作清毒处理。

5. 查看 MAC 地址表

Cisco 使用 show mac-address-table 命令，要查看具有某一个 MAC 地址的主机所连接的端口，可使用 show mac-address-table address *mac-address* 命令来实现；华为使用 display mac-address。

例如，若发现感染病毒的计算机的 MAC 地址为 00-0F-EA-01-B9-4E，现要查找该主机所连接的交换机的端口号，则查找命令为：

```
Switch# show mac-address-table address 000F.EA01.B94E
```

6. 查看 IP 路由信息

仅对三层交换机或路由器有效。Cisco 使用 show ip route;华为使用 display ip routing-table。

7. 查看交换机 CPU 负荷与内存使用情况

查看 CPU 负荷情况。Cisco 使用 show processes cpu 命令;华为使用 display cpu 命令。

查看内存使用情况。Cisco 使用 show processes memory 命令;华为使用 display memory 命令。

8. 查看 VLAN 配置情况

Cisco 使用 show vlan 命令;华为使用 display vlan all 命令。

9. 查看端口状态

对于 Cisco 交换机,查看某一端口的工作状态,可使用 show interface 命令来实现,其用法为:

```
show interface interface-type interface-number
```

interface-type 代表端口的类型,通常有 Ethernet(以太网端口,通信速率为 10Mb/s)、FastEthernet(快速以太网端口,100Mb/s)、GigabitEthernet(吉比特以太网端口,1000Mb/s)和 TenGigabitEthernet(万兆以太网端口),这些端口类型可简约表达为 e、fa、gi 和 tengi。

interface-number 代表端口编号,通常由两部分(槽位编号/端口编号)或三部分(Unit ID/槽位编号/端口编号)构成。对于固定配置的低端交换机,通常由两部分构成。对于模块化的中高端交换机,通常由三部分构成。

例如,若要查看 Cisco Catalyst 2950-24 交换机 0 号槽位上的第 24 号端口的状态信息,其查看命令为:

```
Switch# show interface FastEthernet 0/24
```

该命令通常简约表达为:

```
show int fa0/24
FastEthernet0/24 is up, line protocol is up
...
```

Cisco 交换机的端口状态同时显示了物理线路的状态和数据链路协议的状态,正常情况下,二者都应处于 up 状态。若端口未连接,则显示的提示信息为:

```
FastEthernet0/24 is down, line protocol is down (notconnect)
```

若端口被 shutdown,则端口状态显示为:

```
FastEthernet0/24 is down, line protocol is down (disabled)
```

若要查看1号单元上的0号槽位中的第12号快速以太网端口的工作状态，则查看命令为：

```
Switch#show int fa1/0/12
```

对于华为交换机，查看端口工作状态的命令格式相同，只是命令关键字换成了display。另外，华为的以太网端口和快速以太网端口的类型没作区分，统一表达为Ethernet。

例如，若要查看华为S3528P交换机的第12号端口的工作状态，则查看命令为：

```
<Switch>display int e0/12
Ethernet0/12 current state : UP
…
```

端口正常工作时，其状态应为UP。

3.5.2 设置主机名

交换机或路由器都有一个主机名，Cisco交换机或路由器使用hostname命令设置主机名。例如，若要将交换机的主机名设置为student1，则配置命令为：

```
Switch#config t
Switch(config)#hostname student1
student1(config)#
```

对于华为的交换机或路由器，使用sysname命令设置主机名。例如：

```
<Switch>system-view
[Switch]sysname S3528P
[S3528P]
```

3.5.3 配置交换机管理地址

为便于远程管理和维护交换机，交换机通常应设置一个管理IP地址，以支持Telnet登录管理。

三层交换机可利用已有的接口地址来登录，不需要单独设置管理地址，可使用交换机上的任意一个接口地址来登录。对于二层交换机，只有VLAN1接口可设置IP地址，因此，二层交换机的管理地址通常设置在VLAN1的接口上。管理地址必须设置为该二层交换机所在的网段。

1. Cisco交换机管理地址的配置方法

假设有一台Cisco二层交换机属于192.168.1.0/24网段，网关地址为192.168.1.1，现要设置该交换机的管理地址为192.168.1.254，则设置方法为：

```
Switch#config t
Switch(config)#interface vlan 1
Switch(config-if)#ip address 192.168.1.254 255.255.255.0
Switch(config-if)#no shutdown
Switch(config-if)#exit
```

若要取消管理IP地址,可执行no ip address命令。

管理地址配置后,在同一网段的其他主机就可利用Telnet 192.168.1.254来登录该交换机了。若要跨网段登录连接该交换机,还必须给交换机配置指定默认网关地址,使交换机(作为一个主机)能与其他主机进行通信。

配置指定交换机的默认网关地址使用ip default-gateway命令。例如,若要配置交换机的默认网关地址为192.168.1.1,则配置命令为:

```
Switch(config)#ip default-gateway 192.168.1.1
Switch(config)#exit
Switch#write
```

2. 华为交换机管理地址的配置方法

华为交换机管理地址的配置方法与Cisco基本相同,只是命令格式略有不同。

若要配置Quidway E026-FE交换机的管理地址为192.168.2.254,则配置方法为:

```
[E026]interface Vlan-interface1
[E026]ip address 192.168.2.254 255.255.255.0
```

配置管理地址后,接下来还应配置默认路由,否则无法跨网段登录连接交换机。

```
[E026]ip route-static 0.0.0.0 0.0.0.0 192.168.2.1
[E026]quit
<E026>save
```

以上配置方法是针对整个二层交换机同属于一个网段的情况,这种情况下,所有端口默认属于VLAN1,故管理地址可设置在VLAN1接口上。但如果一个二层交换机有一部分端口属于一个网段,如VLAN10,另一部分端口属于另一个网段,如VLAN20,没有一个端口属于VLAN1,此时管理地址就不能再配置在VLAN1接口上了,可先删除VLAN1的接口,然后再创建VLAN10或VLAN20的接口,在该接口上再配置管理地址。其配置方法为:

```
[E026]undo interface Vlan-interface1
[E026]interface Vlan-interface 10
[E026]ip address 192.168.2.254 255.255.255.0
```

3.5.4 配置DNS服务器

为了使交换机作为主机角色访问其他主机时能进行域名解析,需要给交换机配置指定DNS服务器。

1. 启用与禁用DNS域名解析

启用DNS域名解析,配置命令:

```
ip domain-lookup
```

禁用DNS域名解析,配置命令:

```
no ip domain-lookup
```

默认情况下，交换机启用了 DNS 域名解析，但没有指定解析时使用的 DNS 服务器的地址。启用 DNS 域名解析后，在对交换机进行配置时，对于输入错误的配置命令，交换机会试着进行域名解析，这将影响配置，特别是在启用了 DNS 域名解析，又没有指定 DNS 服务器的情况下，交换机会花较长时间搜索 DNS 服务器。因此，在实际应用中，通常禁用 DNS 域名解析。

2. 指定 DNS 服务器地址

配置命令：

```
ip name-server serveraddress1 [serveraddress2...serveraddress6]
```

交换机最多可指定 6 个 DNS 服务器的地址，各地址间用空格分隔，排在最前面的为首选 DNS 服务器。

例如，若要配置指定交换机域名解析时的 DNS 服务器地址为 61.128.128.68 和 61.128.192.68，则配置命令为：

```
Switch(config)#ip name-server 61.128.128.68 61.128.192.68
```

3.5.5　配置 HTTP 服务

1. Cisco 交换机的 HTTP 服务配置

Cisco 交换机或路由器除了通过命令行(CLI)方式进行配置外，还可利用交换机或路由器提供的 HTTP 服务(默认为 TCP 80 端口)，通过 Web 页面来进行配置和管理。

通过 Web 页面登录并配置交换机或路由器的方法是：在浏览器中通过 http://协议访问交换机的管理地址或某个接口地址，此时将弹出用户认证对话框，用户名可不指定，然后在密码输入框中输入进入特权模式的密码，之后就可进入交换机的管理页面，如图 3.13 所示。

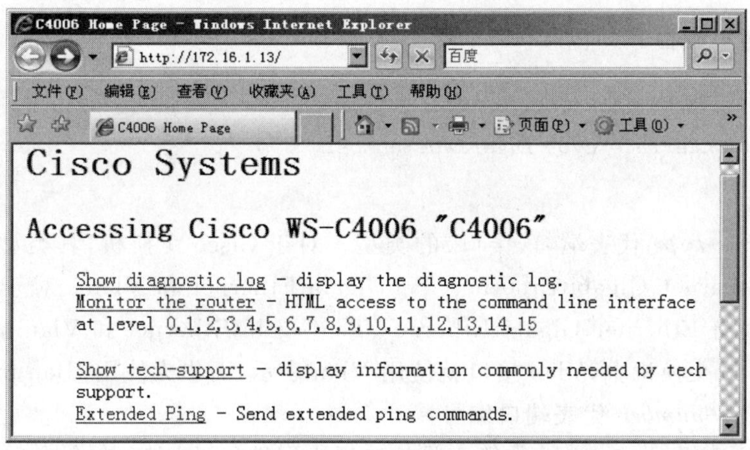

图 3.13　利用 Web 页面登录配置交换机

交换机默认启用了 HTTP 服务，出于安全考虑，通常应禁用该服务，相关配置命令为：

启用 HTTP 服务,配置命令:

```
ip http server
```

禁用 HTTP 服务,配置命令:

```
no ip http server
```

对于局域网的边界路由器,若对外网口(与因特网相连)的 80 端口作了端口地址静态映射,如将路由器外网接口地址的 TCP 80 端口映射到内网中的某一台 Web 服务器,此时路由器不能开启 HTTP 服务,否则用户访问外网口地址的 80 端口时,将显示路由器的 Web 配置登录对话框。

2. 华为交换机的 HTTP 服务配置

华为交换机或路由器默认情况下 HTTP 服务也是处于启动状态。为防止恶意用户的攻击,提高交换机或路由器的安全性,通常应禁用 HTTP 服务。华为的配置命令为:

```
ip http shutdown           关闭 HTTP 服务
undo ip http shutdown      启动 HTTP 服务
```

该配置命令仅部分型号的交换机支持。

3.6 交换机的端口配置

3.6.1 选择端口

在对端口进行配置之前,必须先选择要配置的端口,Cisco 交换机和华为交换机选择端口的命令相同,均为 interface。

1. 选择单个端口

命令用法:

```
interface interface-type interface-number
```

参数说明:

- *interface-type* 代表端口(接口)的类型。对于 Cisco 交换机,其类型有 Ethernet、FastEthernet、GigabitEthernet、TenGigabitEthernet 和 Vlan。对于华为交换机,其类型有 Ethernet、GigabitEthernet、TenGigabitEthernet 和 Vlan-interface。
  在 Cisco 交换机中,Vlan 接口就使用 Vlan 表示,而华为使用 Vlan-interface 表示。
- *interface-number* 代表端口编号。

例如,若要选择 Cisco 2960 的第 1 号快速以太网端口,则实现命令为:

```
Switch#config t
Switch(config)#interface FastEthernet 0/1
Switch(config-if)#
```

2. 选择多个端口

在对端口进行配置时，有时需要对多个端口进行相同的配置操作，此时就需要同时选择多个连续的端口，以简化配置操作。例如，在对端口进行 VLAN 划分时，常常需要将多个端口分配到同一个 VLAN，此时如果采用逐个选择端口，逐一进行分配指定的方法，就显得比较烦琐。同时选择多个端口，对其进行相同的配置操作，就比较快捷。

Cisco IOS 使用 range 关键字，来指定一个端口范围，从而实现选择多个连续的端口。其命令用法为：

```
interface range interface-type slot/startport - endport
```

startport 代表要选择的起始端口号，*endport* 代表末尾的端口号，用于代表起始端口范围的连字符"-"的两端应留一个空格，否则命令将无法识别。

例如，若要选择 Cisco 2960 交换机的第 1～12 号端口，则配置命令为：

```
Switch(config)#interface range fa0/1 - 12
Switch(config-if-range)#
```

华为交换机不能直接选择多个端口。在进行 VLAN 端口划分指派时，能通过另外的方法，实现将连续的多个端口划分到某一个 VLAN。

3.6.2 端口的基本配置

对端口的配置命令，均在接口配置模式下运行。

1. 为端口指定一个描述性文字

对端口指定一个描述性的说明文字，说明端口的用途，可起到备忘的作用。

配置命令：

```
description port-description
```

该命令对于 Cisco 和华为均适用。如果描述文字中包含有空格，则要用引号将描述文字引起来。

例如，若交换机的 Fa0/1 用做 trunk 链路端口，给该端口添加一个说明文字，则配置命令为：

```
Switch(config)#interface fa0/1
Switch(config)#description "----trunk port----"
```

2. 设置端口通信速度

配置命令：

```
speed 10|100|1000|auto
```

该命令 Cisco 和华为均适用。默认情况下，交换机的端口通信速率设置为 auto(自动协商)，此时链路的两个端点将相互交流各自的通信能力，从而选择一个双方都支持的最大速度和单工或双工通信模式。若链路一端的端口禁用了自动协商，则另一端就只能通过电气信号来探测链路的速率，此时无法确定单工或双工通信模式，将使用默认的通信模式。

若将交换机设置为具体的通信速率,应注意保证通信双方速率要相同。

例如,若要将 Cisco Catalyst 3750 交换机的第 10 号千兆端口降速为 100Mb/s,则配置方法为:

```
C3750(config)#interface FastEthernet1/0/10
C3750(config-if)#speed 100
```

3. 设置端口的单双工模式

配置命令:

```
duplex full|half|auto
```

该命令 Cisco 和华为均适用。full 代表全双工(full-duplex),half 代表半双工(half-duplex),auto 代表自动协商单双工模式。

在配置交换机时,应注意端口的单双工模式的匹配,如果链路的一端设置的是全双工,而另一端是半双工,会造成高出错率,丢包现象会很严重。通常可设置为自动协商或设置为相同的单双工模式。

例如,若要将 Cisco Catalyst 3750 交换机的第 10 号端口设置为全双工通信模式,则配置命令为:

```
C3750(config)#int fa1/0/10
C3750(config-if)duplex full
```

4. 配置 MTU

MTU(Maximum Transmission Unit,最大传输单元)是指网络允许传输的最大 IP 数据包的大小,单位为字节。超过该值,IP 数据包就必须分片传输。

在以太网中,MTU 的最大值为 1500 字节,最小值为 46 字节。网络中允许设置的 MTU 值与所使用的网络设备有关。

使用 PPPoE 拨号连接时,由于 PPPoE 帧的帧头要占用 6 字节,另外还有 2 字节的协议类型标识,因此,此时的 MTU 应为 1492 字节。对于 VPN,MTU 最佳值为 1430,Modem 拨号时为 576。

例如,若要配置第 10 号端口的 MTU 值为 1492,则配置命令为:

```
Switch(config)#interface fa0/10
Switch(config-if)#mtu 1492
```

对于华为交换机,也使用相同的命令进行配置。

5. 配置端口的流量控制

Cisco 的低端交换机没有提供流量控制功能,华为和华三的产品提供有流量控制功能,下面主要针对华为和华三产品介绍。

默认情况下流量控制功能处于关闭状态。当本端交换机和对端交换机都开启了流量控制功能后,如果本端交换机发生拥塞:

- 本端交换机将向对端交换机发送消息，通知对端交换机暂时停止发送报文或减慢发送报文的速度。
- 对端交换机在接收到该消息后，将暂停发送报文或减慢发送报文的速度，从而避免报文丢失现象的发生，保证了网络业务的正常运行。

开启端口的流量控制在接口配置模式下，执行 flow-control 命令即可，关闭流量控制执行 undo flow-control 命令。

例如，若要开启交换机的 E0/1 端口的流量控制功能，则配置命令为：

```
[Quidway]int e0/1
[Quidway-Ethernet0/1]flow-control
```

6. 端口协商

启用链路自动协商，配置命令：

```
negotiation auto
```

禁用链路自动协商，配置命令：

```
no negotiation auto
```

当 Cisco 交换机与华为交换机进行级联时，可关闭端口的自动协商功能，否则端口有可能无法激活(up)。例如，一台 Cisco 3550 交换机，通过光纤与对端的华为 S3526E 连接时，需要分别在 Cisco 3550 和华为 S3526E 的接口上禁用端口的自动协商功能，对于 Cisco 3550 交换机，其配置命令为：

```
C3550#config t
C3550(config)#interface g0/1
C3550(config-if)#no negotiation auto
```

当配置了端口的速率和双工或半双式模式后，端口协商功能自动关闭。

华为交换机或路由器也支持该命令，禁用自动协商时，使用 undo negotiation auto 命令。

7. 端口优化

当将用户主机或网络设备连接到已启动的交换机端口上时，在能正常通信之前，交换机端口会进行一个初始化过程，在该过程中，交换机会进行生成树协议初始化、以太通道配置测试和 Trunk 链路测试，需要约 30s 或更多一点的时间。

在启用了冗余链路的组网结构中，需要启用生成树协议(Spanning Tree Protocol，STP)，通过阻塞冗余端口的方法来构造一个无环路的网络拓扑结构。生成树协议标准编号为 IEEE 802.1d。

对于位于接入层的二层交换机，由于连接的是最终用户，不需要运行生成树协议，这可为初始化过程节约 15s。阻止端口运行生成树协议的配置命令为：

```
spanning-tree portfast
```

交换机的端口有 Access 和 Trunk 两种模式，默认为 Access。通过显式配置指定为

Access 模式,可在端口初始化时不进行 Trunk 测试,其配置命令为:

```
switchport mode access
```

对于没有进行端口聚合的端口,可显式配置 no channel-group 命令,以便在初始化时不进行以太通道的协商和测试。

因此,对二层交换端口进行优化,减少端口初始化过程的配置命令为:

```
spanning-tree portfast
switchport mode access
no channel-group
```

例如,若要将 Cisco 2950 交换机的第 1~23 号端口进行优化配置,以减少初始化等待时间,则配置命令为:

```
C2950 (config)#interface range fa0/1 - 23
C2950 (config-if-range)#switchport mode access
C2950 (config-if-range)#spanning-tree portfast
C2950 (config-if-range)#no channel-group
```

8. 启用与禁用端口

对于没有进行网络连接的端口,其状态始终是 shutdown。对于正在工作的端口,可根据管理的需要,进行启用或禁用。

例如,若发现连接在某一端口的计算机,因感染病毒,正大量向外发包,此时就可禁用该端口,以断开主机与网络的连接。

例如,若要禁用第 22 号端口,则配置命令为:

```
Switch(config)#int f0/22
Switch(config-if)#shutdown
Switch(config-if)#
00: 56: 38: % LINK-5-CHANGED: Interface FastEthernet0/22, changed state to
administra-tively down
00:56:39: %LINEPROTO-5-UPDOWN: Line protocol on Interface FastEthernet0/22, changed
state to down
```

若要重新启用该端口,则配置命令为:

```
Switch(config-if)#no shutdown
```

对于华为交换机或路由器,使用 shutdown 与 undo shutdown 命令。

[**例 3.1**] Cisco Catalyst 2950-24 交换机的 2 号端口用于连接一台 Web 服务器,要求配置该端口速率为 100Mb/s,全双工通信模式,并对端口进行优化。

```
Switch>enable
Switch#config t
Switch(config)#int fa0/2
Switch(config-if)#speed 100
Switch(config-if)#duplex full
Switch(config-if)#spanning-tree portfast
```

```
Switch(config-if)#switchport mode access
Switch(config-if)#no channel-group
Switch(config-if)#no shutdown
Switch(config-if)#end
Switch#write
Switch#exit
Switch>
```

3.6.3　端口隔离与风暴控制

1. 交换机端口控制简介

目前，网络蠕虫病毒大量利用了 ARP 协议的缺陷进行传播和攻击，对网络安全和正常运行带来了极大的危害。一个网段只要有一两台主机感染 ARP 病毒，便会造成整个网段网络通信的瘫痪。因此，对网络中的异常流量和异常的单播、组播和广播包，必须进行抑制，否则这些大量的异常数据包将严重消耗网络的带宽和网络设备的 CPU 资源，影响网络的正常运行。

三层交换设备和路由器，可通过配置 ACL(Access Control List，访问控制规则)来过滤和阻止异常数据包的传播，但在接入层的二层交换机的各端口间仍能自由通信，仍会出现一台主机感染病毒，全网段受影响的情况。为了将病毒造成的影响控制在最小的范围，可通过在二层接入层交换机上配置端口隔离(端口保护)、广播风暴抑制、地址绑定和端口安全等措施来实现。

Cisco 交换机具有基于端口的流量控制功能，能够实现风暴控制、端口保护和端口安全。风暴控制能够缓解单播(unicast)、广播(broadcast)或组播(multicast，多播)导致的网络变慢，通过对不同种类流量设定一个阈值，交换机在端口流量达到设定阈值时启动流量控制功能，将风暴帧丢弃，直到流量下降到设置的阈值为止。甚至还可在风暴超过阈值时将端口 shutdown 或向管理站点发送 SNMP trap(陷阱)通知。

华为交换机也提供有流量控制、广播风暴抑制比、端口隔离等端口控制功能。流量控制功能用于交换机与交换机之间在发生拥塞时，通知对方暂时停止发送数据包，以避免数据包丢失。广播风暴抑制可以限制广播流量的大小，对超过设定值的广播流量进行丢弃处理。

不过，交换机的流量控制功能只能对经过端口的各类流量进行简单的速率限制，将广播、组播流量限制在一定的范围内，而无法区分哪些是正常流量、哪些是异常流量。

Cisco 的端口保护类似于华为的端口隔离，仅在网段内有效。设置了端口保护功能的端口之间不能相互通信，只能与网关通信，但保护口与非保护口之间是可以相互通信的。另外，保护口与其他网段中的主机可以通过网关进行相互通信。利用端口隔离或端口保护技术，可有效防止病毒在网段内的传播和攻击。

2. Cisco 交换机的配置方法

(1) 配置端口保护

配置命令：

```
switchport protected
```

首先选择要保护的端口,然后执行该命令即可。例如,若要配置 Cisco 2950 的第 2～24 口进行端口保护,则配置方法为:

```
C2950(config)#int fa0/2 - 24
C2950(config-if-range)#switchport protected
C2950(config-if-range)#end
C2950#show interfaces switchport
```

查看配置结果,可执行 show interfaces switchport 命令来实现。

(2) 配置风暴控制

默认情况下,风暴控制功能是关闭的,并且风暴控制仅支持在物理端口下使用,不支持在以太通道下使用。

配置风暴控制:

```
storm-control storm-type level flow-level
storm-control action action-type
```

查看风暴控制的配置情况:

```
show storm-control {interface} storm-type
```

取消风暴控制:

```
no storm-control multicast level
```

参数说明:

- *storm-type* 代表要控制的风暴类型,其取值为 broadcast、multicast 或 unicast,分别代表广播风暴、组播风暴和单播风暴。
- *flow-level* 代表要控制的流量的阈值,该阈值代表风暴流量可使用端口带宽的百分比,取值范围为 0～100。100%表示允许使用端口的所有带宽,即不进行风暴控制;0%代表不允许该类型的风暴流量通过。当超过设定的阈值时,交换机将丢弃相应类型的风暴帧。
- storm-control action 命令用于设置当风暴流量超过设定的阈值时的动作,该项配置不是必须的。
- *action-type* 的取值为 trap 或 shutdown,分别代表向管理站点发送 SNMP trap(陷阱)通知或者禁用该端口。
- *interface* 代表要查看的接口,为可选项。默认则查看所有接口的风暴控制配置情况。

例如,若要将 Cisco 2950 交换机的所有端口的广播风暴控制在 50%,则配置方法为:

```
C2950(config)#int range fa0/1 - 24
C2950(config-if-range)#storm-control broadcast level 50
C2950(config-if-range)#end
C2950#
```

若要查看所有接口的广播风暴控制的配置情况,可使用 show storm-control

broadcast 命令。例如：

```
C2950#show storm-control broadcast
```

若要查看所有接口的组播或单播的配置情况，实现命令分别为 show storm-control multicast 和 show storm-control unicast。

若要查看 Fa0/1 口广播风暴控制的配置情况，则实现命令为：

```
show storm-control fa0/1 broadcast
```

若要配置 Fa0/1 端口广播风暴超过阈值后，向管理站点发送 SNMP 的 trap(陷阱)通知，则配置命令为：

```
C2950(config)#int fa0/1
C2950(config-if)#storm-control action trap
```

3. 华为交换机的配置方法

(1) 配置端口隔离

端口隔离是二层隔离，隔离是双向的，对端口自身的隔离操作无效。默认情况下，端口隔离池为空，交换机允许该端口与所有端口进行二层转发。设置端口隔离后，该端口与某个(组)端口间不能进行二层转发。

对于端口隔离，华为(Quidway)与华三(H3C)的配置方法各不相同，下面分别介绍。

① 华为的配置方法

华为交换机的端口隔离使用 am(Access management)功能来实现，其配置方法是：

- 在全局配置模式下执行 am enable 命令，启用端口隔离功能。
- 依次针对要参与隔离的每一个端口，在接口配置模式下，执行 am isolate *interface-list* 命令，设置该端口与哪些端口进行隔离。*interface-list* 为端口隔离的端口列表，可以是编号连续的端口范围和特定端口的组合。

例如，若要配置华为交换机的第 2 号端口对第 3～10 口和第 15 口进行端口隔离，则配置方法为：

```
[Quidway]am enable
[Quidway]int e0/2
[Quidway-Ethernet0/2]am isolate Ethernet 0/3 to Ethernet 0/10 Ethernet0/15
[Quidway-Ethernet0/2]
```

配置端口隔离时，上行链路的级联口不要参与。

若交换机的上行级联口为第 1 口，现要配置第 2 口对第 3～24 口进行端口隔离，则配置命令为：

```
[Quidway-Ethernet0/2]am isolate Ethernet 0/3 to Ethernet 0/24
```

若要取消对端口的二层隔离，可执行 undo am isolate 命令。例如：

```
[Quidway-Ethernet0/2]undo am isolate
```

若要查看指定端口或所有端口的端口隔离配置情况,实现命令为:

```
display am [interface-list]
```

例如,若要查看 E0/2 的配置情况,则实现命令为:

```
<Quidway>display am e0/2
```

若要查看所有接口的配置情况,则实现命令为:

```
display am
```

② 华三的配置方法

将要参与隔离的端口加入到隔离组中,即可实现端口的隔离。

将当前以太网端口加入到隔离组中,使用 port isolate 命令;将当前的以太网端口从隔离组中删除使用 undo port isolate 命令;查看已经加入到隔离组中的以太网端口信息使用 display isolate port 命令。

例如,若要将 H3C 的 S3100 交换机的 Ethernet1/0/2、Ethernet1/0/3 和 Ethernet1/0/4 端口配置成端口隔离,则配置命令为:

```
[S3100]int e1/0/2
[S3100-Ethernet1/0/2]port isolate
[S3100-Ethernet1/0/2]quit
[S3100]int e1/0/3
[S3100-Ethernet1/0/3]port isolate
[S3100-Ethernet1/0/3]quit
[S3100]int e1/0/4
[S3100-Ethernet1/0/4]port isolate
[S3100-Ethernet1/0/4]quit
[S3100]quit
<S3100>display isolate port
Isolated port(s) on UNIT 1:
Ethernet1/0/2, Ethernet1/0/3, Ethernet1/0/4
```

(2) 配置风暴控制

默认情况下,交换机不对广播流量、未知组播和未知单播流量进行抑制,但可以配置指定端口上允许接收的广播流量和未知组播流量的大小。当广播流量和未知组播流量超过用户设置的阈值后,交换机将对超出流量限制的数据帧进行丢弃,从而使广播和未知组播流量所占的流量比例降低到合理的范围,保证网络业务的正常运行。

① 配置广播风暴抑制

配置命令:

```
broadcast-suppression ratio|bps max-bps
```

该命令用于限制端口上允许通过的广播流量的大小。华为和华三交换机均适用。

参数说明:

- *ratio* 指定端口允许通过的最大广播流量占该端口带宽的百分比,取值范围为

1～100，步长为 1，默认值为 100，即端口上允许通过的广播流量为 100%，不对广播流量进行抑制。百分比越小，则允许通过的广播流量也越小。

使用该参数项时，该命令可在系统视图下运行，也可在端口视图下运行。在系统视图(system-view)下运行时对所有端口均生效；在端口视图下运行时，仅对该端口有效。

例如，若要配置 E0/1 端口允许通过 20%的广播流量，则配置方法为：

```
[Quidway]int e0/1
[Quidway-Ethernet0/1]broadcast-suppression 20
```

若要配置交换机的所有端口均只允许 20%的广播流量通过，则配置方法为：

```
[Quidway]broadcast-suppression 20
```

执行 undo broadcast-suppression 命令可取消对广播流量的抑制，即恢复端口上允许通过的广播流量为默认值 100。

- *max-bps* 该参数代表以太网端口每秒允许接收的最大广播包的流量，单位为 kb/s，步长为 64。使用该参数时，该命令只能在端口视图下配置。

对于 Ethernet 端口，该参数项的取值范围为 64～99968；对于 GigabitEthernet 端口，取值范围为 64～1000000。

例如，若要配置端口 Ethernet1/0/2 每秒允许接收的最大广播流量为 128kb/s，则配置方法为：

```
[Quidway]interface Ethernet 1/0/2
[Quidway-Ethernet1/0/2]broadcast-suppression bps 128
```

② 配置组播风暴抑制

配置命令：

```
multicast-suppression bps max-bps
```

该命令用于配置端口允许接收的未知组播流量的大小，由 *max-bps* 参数指定，单位为 kb/s，步长为 64。配置完成后，交换机将同时对未知组播和未知单播流量进行抑制。

配置端口 Ethernet1/0/2 每秒允许接收的未知组播流量的最大值为 128kb/s。

例如，若要配置交换机的 E1/0/2 端口允许接收的未知组播流量的最大值为 128kb/s，则配置命令为：

```
[Quidway]interface Ethernet 1/0/2
[Quidway-Ethernet1/0/2]multicast-suppression bps 128
```

若要取消对组播流量的抑制，恢复为默认值，则可执行 undo multicast-suppression 命令来实现。

3.6.4 端口安全

1. 端口安全简介

端口安全(Port Security)是一种对网络接入进行控制的安全机制，是对已有的 802.1x(二层协议)认证和 MAC 地址认证的扩充。

端口安全的主要功能就是通过定义各种安全模式，让设备学习到合法的源 MAC 地址，防止非授权设备访问连接网络。对于非安全 MAC 地址的数据帧或 802.1x 认证失败的数据帧，将被视为非法数据帧。

当发现非法数据帧后，交换机将触发相应动作，并按照预先配置的行为方式自动进行处理，以减少用户的维护工作量，从而极大地提高了系统的安全性和可管理性。

2. 配置 Cisco 交换机端口安全

(1) Cisco 的端口安全特性

Cisco 交换机的端口安全是对未经许可的 MAC 地址进行端口级的访问限制，防止非授权用户接入和访问网络，提供对网络的安全性保护。端口安全属于二层特性，通过端口地址的绑定来防止非授权访问和 MAC 地址欺骗攻击。

启用了端口安全策略的端口通常称为安全端口(Security Port)。利用端口安全，可实现以下功能：

- 可配置一个端口只允许一台或几台指定的网络设备或主机，通过该端口接入网络。
- 端口安全根据 MAC 地址确定允许连接该端口的网络设备或主机。
- 安全 MAC 地址(数量有限，不同型号的设备允许的最大值不相同)可以手工配置指定，也可以让交换机自动学习到。
- 当一个未知(未授权)MAC 地址的主机或设备连接访问该端口时，交换机会丢弃该主机或设备的帧，以禁止访问网络，或者配置让其自动禁用该端口。

在交换机端口处于动态协商、交换机端口为 Trunk 口、SPAN(Switched Port Analyzer，交换式端口分析器，即镜像端口)端口或者被动态划分给某一个 VLAN 时，该端口不能启用端口安全功能。

(2) 端口安全的配置步骤与配置命令

① 配置接口模式为 access

交换机端口处于默认模式(动态协商)时，不能启用端口安全，要明确配置指定端口为 access 端口。配置命令为：

```
switchport mode access
```

② 对端口启用端口安全功能

配置命令：

```
switchport port-security
```

③ 配置指定端口授权访问的最大 MAC 地址数

配置命令：

```
switchport port-security maximum value
```

value 代表所设置的允许访问的最大 MAC 地址数。不同型号的交换机，该项值的取值范围不相同，可通过执行“switchport port-security maximum ?”命令来查询。例如，若要查询 Cisco 4500 交换机所允许的最大值，则实现命令为：

```
C4500(config)#int fa3/5
C4500(config-if)#switchport port-security maximum?
<1-3072>Maximum addresses
```

通过输出信息可知该款交换机的端口最大允许指定 3072 个 MAC 地址。

对于 Cisco 2950 和 Cisco 2960 交换机，允许的最大值为 132 个。

例如，若要配置指定 Cisco 2960 交换机的 Fa0/1 端口允许访问的最大 MAC 地址数为 1，则配置命令为：

```
switchport port-security maximum 1
```

④ 配置指定授权访问的主机的 MAC 地址

授权访问主机的 MAC 地址的配置指定方法有三种方式，分别是：

• 手工静态配置指定

配置命令：

```
switchport port-security mac-address mac_address
```

mac_address 代表允许连接该端口的主机或网络设备的 MAC 地址。MAC 地址采用点分十六进制格式表示，其格式为：H. H. H。

例如，若要配置允许 MAC 地址为 00-0F-EA-01-B9-4E 的主机连接交换机的 Fa0/1 端口，则配置安全 MAC 地址的命令为：switchport port-security mac-address 000F. EA01. B94E。

该命令一次添加指定一个 MAC 地址，若有多个需要指定，则重复使用该命令添加。

• 让交换机动态学习

默认情况下，交换机会自动学习插入到端口的主机或网络设备的 MAC 地址。自动学习的 MAC 地址在重启交换机后会丢失。若让端口自动学习，则不需要配置该项。

• 配置动态黏性(sticky)地址

动态黏性地址方式支持动态学习或手工静态指定，其配置命令为：

配置命令：

```
switchport port-security mac-address sticky {mac_address}
```

mac_address 为可选项。若指定该参数项，则用于静态指定允许的MAC 地址。

例如，若端口允许的最大 MAC 地址数为 5，需要手工静态指定 2 个 MAC 地址，其余 3 个自动学习，则配置方法为：

```
switchport port-security maximum 5
switchport port-security mac-address sticky
switchport port-security mac-address sticky 000F.EA01.B94E
switchport port-security mac-address sticky 000F.EA01.3CD0
```

配置成动态黏性地址后，打开端口上连接的主机，交换机将自动学习 MAC 地址，并将 MAC 地址以配置命令的形式添加到配置文件中，只要保存配置文件，下次就不用再次学习了。因此，也可不用执行 switchport port-security mac-address sticky 000F. EA01.

B94E 这样的命令。

⑤ 配置端口安全违规后的行为

当未授权的网络设备或主机连接到安全端口时，就会发生安全违规，此时安全端口可采取三种安全措施中的一种来保护端口。

配置命令：

```
switchport port-security violation protect|restrict|shutdown
```

参数说明：

- protect 为保护模式。丢弃违规主机的数据包，不发出警告。若 MAC 地址采用动态学习，当安全 MAC 地址数量达到端口所允许的最大 MAC 地址数时，对于下一个新来主机的数据帧直接丢弃，以拒绝非授权主机对端口的连接访问。对于静态指定方式，交换机端口直接丢弃未授权 MAC 地址主机的数据帧。
- restrict 为限制模式。丢弃违规主机的数据包，向网络管理主机发出一个 SNMP trap 通知。
- shutdown 为端口禁用模式。交换机将禁用(shutdown)该端口并让端口处于 err-disable 状态，并发出一个 SNMP trap 通知。若配置指定了 err-disable 计时器，可在计时器时间到达后，将端口恢复为正常状态。

可在全局配置模式下，启用和配置 err-disable 计时器，时间单位为秒(sec)，配置命令为：

```
errdisable recovery cause security-violation
errdisable recovery interval timer-interval
```

timer-interval 的取值范围为 30～86400。

对于 Cisco 2950、2960 等低端交换机，仅支持 shutdown 模式，不支持 err-disable 计时器。

(3) 配置示例

[**例 3.2**] Cisco 3750 交换机的 Fa1/0/3 端口连接校园网的出口路由器，与之相连的接口的 MAC 地址为 0180.c200.000d。要求对交换机进行配置，不允许其他主机或设备使用这个端口。

分析：通过配置 Fa1/0/3 这个接口的端口安全来实现。

```
C3750#config t
C3750(config)#int fa1/0/3
C3750(config-if)#switchport mode access
C3750(config-if)#switchport port-security
C3750(config-if)#switchport port-security maximum 1
C3750(config-if)#switchport port-security mac-address 0180.c200.000d
C3750(config-if)#switchport port-security violation restrict
C3750(config-if)#no shutdown
C3750(config-if)#end
```

```
C3750#write
```

[例 3.3]　现要求配置 Cisco 2950 交换机的 Fa0/5 端口只允许连接 MAC 地址为 0006.5bf7.9bb8 或 000a.c45d.7816 的主机，连接其他主机时将端口禁用。

配置方法：

```
C2950(config)#int fa0/5
C2950(config-if)#switchport mode access
C2950(config-if)#switchport port-security
C2950(config-if)#switchport port-security maximum 2
C2950(config-if)#switchport port-security mac-address 0006.5bf7.9bb8
C2950(config-if)#switchport port-security mac-address 000a.c45d.7816
C2950(config-if)#switchport port-security violation shutdown
C2950(config-if)#no shutdown
```

[例 3.4]　现要求对 Cisco 2950 交换机的第 1～24 号端进行端口安全配置，安全地址采用动态黏性地址，对非授权主机的数据帧直接丢弃，并发出 trap 通知。

配置方法：

```
C2950(config)#int fa0/1 - 24
C2950(config-if-range)#switchport mode access
C2950(config-if-range)#switchport port-security
C2950(config-if-range)#switchport port-security maximum 1
C2950(config-if-range)#switchport port-security mac-address sticky
C2950(config-if-range)#switchport port-security violation restrict
C2950(config-if-range)#no shutdown
C2950(config-if-range)#end
C2950#write
```

(4) 查看端口安全配置

show port-security address　查看安全地址的配置信息，如安全地址与绑定的端口情况。

show port-security interface *interface-id*　查看指定接口的端口安全配置情况。

例如，若要查看 Fa0/1 的端口安全配置情况，实现命令为：

```
C2950#show port-security interface fa0/1
```

3. 华为与华三交换机的端口安全配置

(1) 端口安全特性

华为与华三交换机的端口安全特性主要包括以下三方面：

- NTK(Need To Know)　该特性通过检测从端口发出的数据帧的目的 MAC 地址，保证数据帧只能被发送到已经通过认证的安全设备上，从而防止非法设备窃听网络数据。
- Intrusion Protection(入侵保护)　该特性通过检测端口接收到的数据帧的源 MAC 地址或 802.1x 认证的用户名、密码，发现非法数据帧或非法事件，并采取相应的动作，包括暂时断开端口连接、永久断开端口连接或是过滤此 MAC 地址的数据帧,保证了端口通信的安全性。

- Device Tracking　该特性在端口有特定的数据包(由非法入侵,用户不正常上下线等原因引起)传送时,设备将会发送 Trap 信息,便于网络管理员对这些特殊的行为进行监控。

(2) 端口安全的配置步骤与配置命令

① 启用端口安全机制

配置命令:

```
port-security enable
```

默认情况下,端口安全机制并未启用激活。该命令在系统视图下运行,属必须的配置项。

② 配置端口允许接入的最大 Security MAC 地址数

配置命令:

```
port-security max-mac-count count-value
```

count-value 代表该端口允许的最大安全 MAC 地址数。在端口视图下配置,为可选配置项,默认情况下最大安全 MAC 地址数不受限制。

③ 配置端口的安全模式

配置命令:

```
port-security port-mode mode
```

参数 *mode* 代表采用的端口安全模式,端口安全模式较多,如表 3.1 所示,为必须的配置项。

当端口安全模式设置为 autolearn(自动学习)时,该端口不能再配置 802.1x 特性、端口汇聚、端口镜像、Voice VLAN 等功能特性。

④ 添加安全 MAC 地址

在同一个 VLAN 内,一个安全 MAC 地址只能被添加到一个端口上,利用该特点,可以实现同一 VLAN 内 MAC 地址与端口的绑定。

安全 MAC 可以由启用 Port-Security 功能的端口自动学习,也可以由命令手动配置。

在添加安全 MAC 地址之前,需要先配置端口的安全模式为 autolearn。配置端口的安全模式为 autolearn 之后,端口的 MAC 地址学习方式将会发生以下变化。

- 端口原有的动态 MAC 被删除。
- 当端口的安全 MAC 没有达到配置的最大数目时,端口新学到的 MAC 地址会被添加为安全 MAC 地址。
- 当端口的安全 MAC 到达配置的最大数目时,端口将不会继续学习 MAC 地址,端口状态将从 autolearn 状态转变为 secure 状态。

安全 MAC 地址会以命令的形式写入配置文件中,端口 Up 或 Down 时不会丢失。保存配置文件后,即使交换机重启,安全 MAC 地址也可恢复。

表 3.1　端口的安全模式

安全模式类型	描　述	特性说明
autolearn	该模式下，端口学习到的 MAC 地址会转变为安全 MAC 地址。当端口下的安全 MAC 地址数超过 port-security max-mac-count 命令配置的数目后，端口模式会自动转变为 secure 模式。之后，该端口不会再添加新的安全 MAC，只有源 MAC 为安全 MAC 的报文，才能通过该端口	交换机发现非法报文后，将触发 NTK 特性和 Intrusion Protection 特性
secure	禁止端口学习 MAC 地址，只有源 MAC 为端口上已经配置的静态 MAC 的报文，才能通过该端口	
userlogin	对接入用户采用基于端口的 802.1x 认证	NTK 和 Intrusion Protection 特性不会被触发
userlogin-secure	接入用户必须先通过 802.1x 认证，认证成功后端口开启，但也只允许认证成功的用户报文通过。该模式下，端口最多只允许接入一个经过 802.1x 认证的用户。当端口从正常模式进入此安全模式时，端口下原有的动态 MAC 地址表项和已认证的 MAC 地址表项将被自动删除	交换机发现非法报文后，将触发 NTK 特性和 Intrusion Protection 特性
userlogin-withoui	与 userlogin-secure 类似，端口最多只允许一个 802.1x 认证用户，但同时，端口还允许一个 oui 地址的报文通过；当用户从端口的正常模式进入此模式时，端口下原有的动态 MAC 地址表项和已认证的 MAC 地址表项将被自动删除	
mac-authentication	基于 MAC 地址对接入用户进行认证	
userlogin-secure-or-mac	表示 mac-authentication 和 userlogin-secure 模式下的认证可以同时进行，如果都认证通过，userlogin-secure 的优先级高于 mac-authentication 模式	
mac-else-userlogin-secure	表示先进行 mac-authentication 认证，如果成功则表明认证通过，如果失败则再进行 userlogin-secure 认证	
userlogin-secure-ext	与 userlogin-secure 类似，但端口下的 802.1x 认证用户可以有多个	
userlogin-secure-or-mac-ext	与 userlogin-secure-or-mac 类似，但端口下的 802.1x 认证用户可以有多个	
mac-else-userlogin-secure-ext	与 mac-else-userlogin-secure 类似，但端口下的 802.1x 认证用户可以有多个	

配置命令：

```
mac-address security mac-address [interface interface-type interface-number] vlan
vlan-id
```

该项配置为可选项，用于将安全 MAC 地址与指定的端口绑定。该命令可在系统视图下执行，也可在端口视图下运行。若在系统视图下运行，则命令中必须包括 interface *interface-type interface-number* 参数项，用于指定该安全 MAC 地址绑定到哪一个端口。若在端口视图下执行，则不需要该参数项。

例如,若PC1主机与交换机的E1/0/1连接,其MAC地址为00-16-E6-83-9D-A1,要将该地址作为安全MAC地址添加到VLAN1中,则配置方法为:

```
<H3C>system-view
[H3C]port-security enable
#进入端口视图
[H3C]interface Ethernet1/0/1
[H3C-Ethernet1/0/1]port-security max-mac-count 20
[H3C-Ethernet1/0/1]port-security port-mode autolearn
[H3C-Ethernet1/0/1]mac-address security 0016-E683-9DA1 vlan 1
```

注意:Cisco交换机或路由器的MAC地址采用点分十六进制格式(H.H.H)表示,而华为和华三的交换机和路由器的MAC地址采用中划线分隔十六进制格式(H-H-H)表示。

⑤ 配置NTK特性的报文传送模式

配置命令:

```
port-security ntk-mode ntkonly|ntk-withbroadcasts|ntk-withmulticasts
```

该命令用于配置端口Need To Know特性。默认情况下,没有配置端口的NTK特性,所有报文都可成功发送,为必须配置项。

参数说明:

- ntkonly表示只有目的MAC地址是已认证的MAC地址的单播报文才能被成功发送。
- ntk-withbroadcasts表示广播报文和目的MAC地址是已认证的MAC地址的单播报文能够被成功发送。
- ntk-withmulticasts表示组播报文、广播报文以及目的MAC地址是已认证的MAC地址的单播报文能够被成功发送。

例如,若要配置Ethernet1/0/1端口的NTK特性的报文传送模式为ntk-withbroadcasts,则配置命令为:

```
[H3C-Ethernet1/0/1]port-security ntk-mode ntk-withmulticasts
```

⑥ 配置入侵保护特性被触发后所采取的动作

配置命令:

```
port-security intrusion-mode blockmac|disableport|disableport-temporarily
```

参数说明:

- blockmac表示丢弃源MAC地址的非法数据帧。
- disableport表示永久断开端口的连接(shutdown)。
- disableport-temporarily表示暂时断开端口连接,经过预先设置的时间之后再启用端口。

采用disableport-temporarily动作时,暂时断开端口连接的时间通过port-security

timer disableport 命令设置，其用法为：

```
port-security timer disableport timer
```

该项配置为可选，在系统视图下配置，默认值为 20s。

若要配置端口被 shutdown 后，经过 50s 再自动开启，则计时器的设置命令为：

```
port-security timer disableport 50
```

若要配置端口 Ethernet1/0/1 的 Intrusion Protection 特性被触发后，采取的安全模式为 disableport，则配置命令为：

```
[H3C]port-security enable
[H3C]interface Ethernet1/0/1
[H3C-Ethernet1/0/1]port-security intrusion-mode disableport
```

⑦ 配置发送 Trap 信息

配置命令：

```
port-security trap trap-type
```

该项配置为可选项，在系统视图下运行。默认情况下，Trap 信息的发送开关处于关闭状态，该命令用于配置发送哪类 Trap 通知。

trap-type 代表要发送的 Trap 消息的类型，其取值与含义如下所示：

- addresslearned　　MAC 地址学习
- intrusion　　发现入侵报文
- dot1xlogfailure　　802.1x 认证失败
- dot1xlogoff　　802.1x 认证用户下线
- dot1xlogon　　802.1x 认证成功上线
- ralmlogfailure　　MAC 地址认证失败
- ralmlogoff　　MAC 地址认证用户下线
- ralmlogon　　MAC 地址认证成功上线

注：RALM(RADIUS Authenticated Login using MAC-address)是指基于 MAC 地址的 RADIUS 认证。

例如，若要打开发现入侵报文的 Trap 通知信息的发送开关，则配置方法为：

```
[H3C]port-security trap intrusion
```

(3) 查看端口安全配置

通过查看端口安全的配置和输出信息，可确认当前配置，有助于故障的监控和诊断。

① 显示端口安全配置的相关信息

查看命令：

```
display port-security [interface interface-list]
```

如果不指定 *interface-list* 参数，则显示全局和所有端口的配置信息；如果指定了 *interface-list* 参数，则显示指定端口的配置信息。

② 显示安全 MAC 地址的相关信息

查看命令：

```
display mac-address security [interface interface-type interface-number] [vlan vlan-id] [count]
```

interface-type 代表端口类型；*interface-number* 代表端口编号；*vlan-id* 代表 VLAN 的 ID，取值范围为 1～4094；*count* 代表显示安全 MAC 地址的数量。

该命令所显示的信息包括端口学到的 MAC 地址、端口所属的 VLAN ID、MAC 地址的当前状态、端口编号、MAC 地址的老化时间。

例如，若要显示端口 Ethernet1/0/1 的安全 MAC 地址的相关信息，则实现命令为：

```
<H3C>display mac-address security interface Ethernet1/0/1
```

3.6.5 端口绑定

端口安全实现了 MAC 地址与端口的绑定。若要实现将合法用户的 IP 地址、MAC 地址和端口三者绑定，可通过端口绑定来实现。对同一个 MAC 地址，系统只允许进行一次绑定操作。

通过端口绑定特性，网络管理员可以将合法用户的 MAC 地址和 IP 地址绑定到指定的端口上。进行绑定操作后，只有指定 MAC 地址和 IP 地址的用户发出的报文才能通过该端口转发，提高了系统的安全性，增强了对网络安全的监控。

1. Cisco 的配置方法

Cisco 的低端或较早型号的交换机可能不支持。同一款产品，是否支持与它所运行的 IOS 操作系统的版本有关，Cisco 路由器一般均支持。

端口绑定配置命令：

```
arp ip-address mac-address arpa interface-type interface-number
```

例如，若交换机 FastEthernet 1/0/3 接口的安全 MAC 地址为 0180.c200.000d，安全 IP 为 172.16.1.2，要求将该 IP 地址、MAC 地址和 Fa1/0/3 端口进行绑定，则配置命令为：

```
Switch(config)#arp 172.16.1.2 0180.c200.000d arpa FastEthernet 1/0/3
```

在用户的 PC 主机中，若要实现 IP 地址与 MAC 地址的绑定，可采用以下命令来实现：

```
C:\> arp -s ip-address mac-address
```

2. 华为与华三的配置方法

在华为和华三的交换机中，采用 am user-bind 命令来实现端口的绑定，该命令可在系统视图下运行，也可在端口视图下运行，其用法分别如下。

系统视图下运行：

am user-bind mac-addr *mac-address* ip-addr *ip-address* *interface interface-type interface-number*

端口视图下运行：

am user-bind mac-addr *mac-address* ip-addr *ip-address*

例如，若 PC1 主机连接在交换机的 Ethernet1/0/1 端口，其 MAC 地址为 0180-c200-000d，IP 地址为 172.16.1.2，现要将该主机的 MAC 地址、IP 地址与交换机的 E1/0/1 端口绑定，则配置方法为：

```
[H3C]int e1/0/1
[H3C-Ethernet1/0/1]am user-bind mac-addr 0180-c200-000d ip-addr 172.16.1.2
```

若要在系统视图下配置，则配置命令为：

```
[H3C]am user-bind mac-addr 0180-c200-000d ip-addr 172.16.1.2 interface Ethernet 1/0/1
```

若要显示端口绑定的配置信息，可执行 display am user-bind 命令来实现。例如：

```
[H3C]quit
<H3C>display am user-bind
```

3.6.6 端口镜像

1. 端口镜像简介

端口镜像(Port Mirroring)就是将某个或多个 VLAN 或者一个或多个源端口的网络流量镜像（复制）到目的端口，然后在目的端口上连接安装有网络捕包分析软件（如 sniffer)的电脑或监控设备，从而实现对网络中传输的数据包进行监控分析，有助于性能管理和排错。

Cisco 将端口镜像称为 SPAN(Switched Port Analyzer，交换端口分析器)，一组端口镜像称为一个 SPAN 会话。一个 SPAN 会话由源端口或源 VLAN 和目的端口组成。SPAN 目的端口是监视设备所连接的端口，用来镜像和捕获网络流量。源端口或源 VLAN 中的所有端口是被复制和监控的网络流量对象。源 VLAN 中的所有端口将成为源端口，网络流量被复制到用于分析的目标端口。

SPAN 分为本地 SPAN 和远程 SPAN。对于本地 SPAN，源端口、源 VLAN 和用来监控的目的端口必须处于同一台物理交换机上。对于远程 SPAN，支持跨越交换机的远程监控。

SPAN 会话支持对三种类型的网络流量进行监控，即流入的网络流量、流出的网络流量、流入和流出的双向网络流量。

另外，端口镜像还可分为基于端口的镜像和基于流的镜像。基于端口的镜像可支持对某个端口进入或者发出的报文流分别镜像，对于低端交换机，不支持进出流的分别镜像，只能对流入和流出的网络流量同时镜像。基于流的镜像是根据用户配置的过滤规则，把某类报文镜像到指定的目标端口。由于有灵活的过滤功能支持，使得流镜像功能非常强大。本节仅介绍配置较简单的基本端口的镜像。

端口镜像的配置命令,不同厂商的设备,同一厂商的不同系列的产品,其配置命令各不相同。同一款产品因运行的IOS版本的不同,也会出现低版本IOS不支持端口镜像的情况。

2. Cisco交换机的配置方法

(1) Cisco 2900XL/3500XL系列交换机的配置方法

配置命令:

```
port monitor [src-interface|vlan src-vlan]
```

该命令在镜像的目的端口的接口配置模式下运行,主要适用于以前老型号交换机。源端口和目的端口必须在同一个物理交换机上,且应在同一个VLAN内。

例如,若要将Cisco 3500XL-24交换机的第12号端口和第13号端口的流量,镜像到属于同一VLAN的第14号端口,则配置方法为:

① 选择用做镜像的目的端口

选择端口后,在接口配置模式下,配置指定要监视的源端口。

在本例中,镜像的目的端口应为第14号端口,它将监听第12和13号端口的所有流入和流出的数据包。

```
C3500#config t
C3500(config)#interface fa 0/14
C3500(config-if)#
```

② 使用port monitor命令指定要镜像或要被监听的端口

```
C3500(config-if)#port monitor fa 0/12
C3500(config-if)#port monitor fa 0/13
C3500(config-if)#end
```

③ 查看端口镜像配置信息

```
C3500#show port monitor
Monitor Port          Port Being Monitored
--------------        --------------------
FastEthernet0/14      FastEthernet0/12
FastEthernet0/14      FastEthernet0/13
```

④ 取消端口镜像

在目的端口的接口配置模式,执行no port monitor命令来实现。例如:

```
C3500#config t
C3500(config)#interface fa0/14
C3500(config-if)#no port monitor
```

(2) Cisco 2950/3550/3750/4500/6000/6500系列交换机端口镜像配置方法

Cisco 4500和6500系列中,只有采用IOS操作系统的交换机,以下配置方法才适用,对于采用COS操作系统的交换机,端口镜像采用set span命令进行配置。

该系列交换机端口镜像的配置步骤与命令为:

① 选择 SPAN 会话的源端口

配置命令用法 1：

```
monitor session session-id source interface interface-type interface-number [rx|
tx|both]
```

该用法配置基于源端口的端口镜像，即配置被监听的端口。

配置命令用法 2：

```
monitor session session-id source vlan vlanid [rx|tx|both]
```

该用法配置基于源 VLAN 的端口镜像。源 VLAN 可以是一个或多个，对于连续的 VLAN，可以使用"-"来指定 VLAN 范围，注意"-"的左右必须留一个空格。VLAN 号的取值范围为 1～4094。

配置命令用法 3：

```
monitor session session-id source remote vlan vlanid
```

该用法配置基于源 VLAN 的远程端口镜像。源 VLAN 只能是一个。VLAN 号的范围为 2～1001 和 1006～4094。

session-id 代表会话的 id 号，取值范围为 1～66。

要监视的流量可用 rx、tx 或 both 来指定，为可选项。rx 代表源端口接收到的流量，tx 代表从源端口流出的流量，both(默认值)代表同时监视流入和流出的流量。

例如，若要将 Cisco 3550 的第 12 号端口镜像到第 13 号端口，则配置会话的源端口的命令为：

```
C3550(config)#monitor session 1 source interface fa 0/12
```

若要监控 VLAN 2 和 VLAN 3 的进出网络流量，则端口镜像的源 VLAN 的配置命令为：

```
Switch(config)#monitor session 2 source vlan 2 - 3
```

② 选择 SPAN 会话的目的端口

配置命令：

```
monitor session session-id destination interface interface-type interface
-number
```

该命令配置指定目的端口，即监听口，该端口用于连接网络分析设备。

对于上面的配置要求，配置 SPAN 会话的目的端口的命令为：

```
C3550(config)#monitor session 1 destination interface fa 0/13
```

③ 查看端口镜像配置情况

查看端口镜像使用 show monitor [session *session-id*]命令。若不指定 SPAN 会话号，show monitor 用于查看交换机上的所有端口镜像组的配置情况。

例如，若要查看 SPAN 会话号为 1 的端口镜像的配置情况，则查看命令为：

```
C3550#show monitor session 1
Source Ports:
RX Only: None
TX Only: None
Both: fa0/12
Destination Ports: fa/13
```

④ 取消端口镜像

配置命令：

```
no monitor session session-id|all|local|remote
```

session-id 代表要删除的SPAN会话；all代表删除所有的SPAN会话；local代表删除所有本地SPAN；remote代表删除所有的远程SPAN。

例如，若要删除SPAN会话号为1的端口镜像，则配置命令为：

```
C3550(config)#no monitor session 1
```

若要删除所有的端口镜像，则可执行no monitor session all命令。

3. 华为与华三交换机的配置方法

(1) 早期低端产品的配置方法

华为与华三的产品系列非常多，对于早期的二层交换机(如华为的S2008/S2016/S2026/S2403H/S3026等)一般采用以下配置方法。

配置步骤与配置命令为：

① 配置镜像目的端口

配置命令：

```
monitor-port interface-type interface-number
```

例如，若要将交换机的第1口的进出流量镜像到第24口，则配置镜像端口的方法为：

```
[Quidway]monitor-port e0/24
```

② 配置被镜像端口

配置命令：

```
port mirror interface-list
```

参数 *interface-list* 代表被镜像的端口列表。允许将多个端口的进出流量同时镜像到镜像端口。对于连续的端口，可用to来连接表达。例如，若被镜像的端口为第1～3口，则命令可表达为port mirror e0/1 to e0/3。

对于上面问题，配置被镜像端口的命令为：

```
[Quidway]port mirror e0/1
```

另外，这两步的配置操作，也可合并在一起，采用以下命令格式来表达。

```
port mirror e0/1 observing-port e0/24
```

(2) 华为与华三目前主流产品的配置方法

华为与华三目前主流产品的配置方法与早期产品有了一些变化，配置指定镜像源端口(被镜像端口)的命令变为了 mirroring-port 命令，并且支持对流入和流出的流量进行分别镜像。

在配置被镜像(监控)端口之前必须先配置指定镜像目的端口(监控端口)。

① 配置镜像目的端口

配置命令：

```
monitor-port interface-type interface-number [inbound|outbound|both]
```

该命令用于配置镜像目的端口，取消监控端口的配置可执行 undo monitor-port 命令。

参数 inbound|outbound|both 为可选项，用于指定所监控的报文方向。inbound 表示本镜像端口仅对被镜像端口接收的报文进行监控，outbound 表示本镜像端口仅对被镜像端口发送的报文进行监控，both 表示本镜像端口同时对被镜像端口接收和发送的报文进行监控。

例如，若要将 e0/1～e0/3 端口的流入流量镜像到 e0/24 端口，则配置镜像目的端口的命令为：

```
[Quidway]monitor-port ethernet 0/24 inbound
```

② 配置被镜像端口

配置命令：

```
mirroring-port interface-list [inbound|outbound|both]
```

交换机支持多对一的端口镜像，即将多个端口的流量复制到镜像端口上进行监控。在取消镜像目的端口之前，必须先取消所有被镜像端口的配置。

取消被镜像端口的配置，执行带 undo 关键字的相同命令即可。

要配置交换机的 e0/1～e0/3 为被镜像端口，其配置命令为：

```
[Quidway]mirroring-port e0/1 to e0/3
```

③ 查看端口镜像配置情况

显示端口镜像的配置情况，可执行 display mirror 命令来实现。

3.6.7 端口汇聚

1. 端口汇聚简介

端口汇聚通常也称为端口聚合，它是将多个以太网端口汇聚在一起形成一个逻辑上的汇聚组，该汇聚组内的多条物理链路被整体视为一条逻辑链路，从而增加设备间级联的带宽，提高数据的吞吐率。另外，同一汇聚组的各个成员端口之间彼此动态备份，提高了连接可靠性。

例如，利用 2 个千兆口通过汇聚，可获得一个具有 2000M 带宽的逻辑链路，如果利用 4 个千兆口汇聚，则可获得一个具有 4000M 带宽的逻辑链路。

Cisco 将端口汇聚后形成的逻辑链路称为以太通道(EtherChannel),华为和华三称为汇聚组。

2. 汇聚协议与汇聚方式

对于 Cisco 交换机,端口汇聚的方式分为手工汇聚和动态 PAgP 汇聚两种。

PAgP(Port Aggregation Protocol,端口聚合协议)是思科交换机特有的聚集协议,利用该协议,可实现动态端口汇聚。Cisco 交换机的端口汇聚还分为二层的端口汇聚和三层的端口汇聚,从而形成二层的以太通道和三层的以太通道。

华为和华三交换机采用国际标准的 LACP(Link Aggregate Control Protocol,链路聚合控制协议)协议来实现静态或动态 LACP 汇聚。LACP 协议的编号为 IEEE 802.3ad,它是一种实现链路动态汇聚与解汇聚的协议。

LACP 协议通过 LACPDU(Link Aggregate Control Protocol Data Unit,链路汇聚控制协议数据单元)与对端交换信息,向对端通告自己的系统优先级、系统 MAC、端口优先级、端口号和操作 Key。对端接收到这些信息后,将这些信息与其他端口所保存的信息比较,以选择能够汇聚的端口,从而双方可以对端口加入或退出某个动态汇聚组达成一致。

华为和华三交换机,按照汇聚方式的不同,端口汇聚分为手工汇聚、静态 LACP 汇聚和动态 LACP 汇聚三种。

- 手工汇聚　由用户手工配置,不允许系统自动添加或删除汇聚组中的端口。汇聚组中必须至少包含一个端口。当汇聚组只有一个端口时,只能通过删除汇聚组的方式将该端口从汇聚组中删除。

手工汇聚端口的 LACP 协议为关闭状态,禁止用户激活手工汇聚端口的 LACP 协议。

- 静态 LACP 汇聚　由用户手工配置,不允许系统自动添加或删除汇聚组中的端口。汇聚组中必须至少包含一个端口。当汇聚组只有一个端口时,只能通过删除汇聚组的方式将该端口从汇聚组中删除。

静态汇聚端口的 LACP 协议为启用(enable)状态,当一个静态汇聚组被删除时,其成员端口将形成一个或多个动态 LACP 汇聚,并保持 LACP 协议的启用状态。禁止用户关闭静态汇聚端口的 LACP 协议。

- 动态 LACP 汇聚　由系统自动创建或删除的汇聚,动态汇聚组内端口的添加和删除是协议自动完成的。只有速率和双工属性相同、连接到同一个设备、有相同基本配置的端口才能被动态汇聚在一起。

即使只有一个端口也可以创建动态汇聚,此时为单端口汇聚。动态汇聚中,端口的 LACP 协议处于启用(enable)状态。

在汇聚组中,端口可能处于两种状态:Selected 或 Unselected。汇聚后,处于 Selected 状态且端口号最小的端口为汇聚组的主端口,其他处于 Selected 状态的端口为汇聚组的成员端口。只有处于 Selected 状态的端口才能转发业务报文,处于 up 状态的 Unselected 端口不能转发业务报文,但仍能收发 LACP 协议报文。

3. 对汇聚端口的要求

参与汇聚的端口的基本配置必须保持一致,基本配置主要包括 STP、QoS、VLAN、端口属性等方面。

- STP 配置包括端口的 STP 启用/关闭、与端口相连的链路属性(如点对点或非点对点)、STP 优先级、STP 开销、STP 标准报文格式、报文发送速率限制、是否环路保护、是否根保护、是否为边缘端口等。
- QoS 配置包括流量限速、优先级标记、默认的 802.1p 优先级、带宽保证、拥塞避免、流重定向、流量统计等。
- VLAN 配置包括端口上允许通过的 VLAN、端口默认 VLAN ID 等。
- 端口属性配置包括对于手工和静态汇聚组,要求端口的链路类型(Trunk、Hybrid、Access 类型)一致;对于动态汇聚组,要求端口的速率、双工模式、链路类型一致。

另外,对于配置了以下特性的端口,也不能加入到汇聚组中。

端口安全、端口镜像、MAC 地址与 IP 地址绑定、MAC 地址与端口绑定、配置了最大 MAC 地址数限制、MAC 地址认证或 802.1x 认证的端口。

4. Cisco 交换机的配置方法

对于接入层和汇聚层间的级联链路,为提高链路的带宽,可通过二层端口汇聚来实现。对于汇聚的端口,有千兆口则采用千兆口,没有千兆口,就可采用多个百兆口通过汇聚来实现高带宽的级联链路。

(1) 配置二层的端口汇聚

配置命令:

```
channel-group number mode on|auto [non-silient]|desirable [non-silient]
```

number 代表要创建的以太通道号,可任意指定一个数字值。

on 表示使用 EtherChannel,但不发送 PAgP 分组;auto 表示交换机被动形成一个 EtherChannel,不发送 PAgP 分组,为默认值;desirable 表示交换机主动形成一个 EtherChannel,并发送 PAgP 分组。non-silient 表示在激活 EtherChannel 之前先进行 PAgP 协商。

对于 Cisco Catalyst 2900 或 3500XL 交换机,不支持 PAgP 协议,建立端口汇聚时,应使用 on 方式,不发送 PAgP 分组。

在配置了基于二层的端口汇聚后,通常还可选配指定汇聚端口的负载均衡算法,其配置命令为:

```
port-channel load-balance method
```

该命令在全局配置模式下运行,其中 *method* 的可选值及含义为:

- src-ip 源 IP 地址
- dst-ip 目的 IP 地址
- src-dst-ip 源和目的 IP 地址
- src-mac 源 MAC 地址

- dst-mac　　　目的 MAC 地址
- src-dst-mac　源和目的 MAC 地址
- src-port　　 源端口号
- dst-port　　 目的端口号
- src-dst-port　源和目的端口号

例如,若要根据源和目的 IP 地址来控制分配汇聚端口成员的流量,实现负载均衡控制,则配置命令为:

```
port-channel load-balance src-dst-ip
```

[**例 3.5**]　现有一台接入层交换机为 Cisco 2950,汇聚层交换机为 Cisco 3550,现要利用各自的 Fa0/23 和 Fa0/24 号端口进行端口汇聚,以提供 200Mb/s 的级联链路。并要求根据源和目的 IP 地址进行负载均衡控制。

配置方法:分别在 Cisco 2950 和 Cisco 3550 交换机上配置端口汇聚。

对 Cisco 2950 交换机的配置:

```
C2950>enable
C2950#config t
C2950(config)#int fa0/23
C2950(config-if)#channel-group 1 mode on
C2950(config-if)#int fa0/24
C2950(config-if)#channel-group 1 mode on
C2950(config-if)#exit
C2950(config)#port-channel load-balance src-dst-ip
C2950(config)#exit
C2950#write
```

对 Cisco 3550 交换机的配置:

```
C3550>enable
C3550#config t
C3550(config)#int fa0/23
C3550(config-if)#channel-group 1 mode on
C3550(config)#int fa0/24
C3550(config-if)#channel-group 1 mode on
C3550(config-if)#exit
C3550(config)#port-channel load-balance src-dst-ip
C3550(config)#exit
C3550#write
```

在连接级联的交叉线时要注意,最好 23 口连接对端的 23 口,24 口连接对端的 24 口,不要 23 口连接对端的 24 口,24 口又连接对端的 23 口,这种交叉连线方式,可能会出现掉包。

(2) 配置三层的端口汇聚

对于汇聚层与核心层间的级联链路,通常采用路由方式,需要设置互联接口的 IP 地址,并配置路由,此时端口汇聚就必须采用三层的端口汇聚来实现,其配置步骤与配置命令为：

① 创建以太通道的接口

配置命令：

```
interface port-channel number
```

该命令在全局配置模式下运行，用于创建汇聚链路的通道接口。*number* 代表通道号。

② 配置以太通道接口的 IP 地址

配置命令：

```
ip address ip-address netmask
```

该命令在接口配置模式下运行。*ip-address* 代表要设置的 IP 地址，*netmask* 代表子网掩码。

③ 将参与汇聚的物理三层接口分配给以太通道组

配置命令：

```
interface interface-type interface-number
no switchport
no ip address
channel-group number mode auto|desirable|on
no shutdown
```

该组命令在以太通道接口的接口配置模式下运行，用于将 interface 命令选中的接口添加到通道组中。后面的 no switchport 命令设置接口为三层接口；no ip address 命令取消该接口下面可能有的 IP 地址；channel-group 命令中的 mode 指定通道如何同链路对端进行通信。no shutdown 命令启用该参与汇聚的成员端口。

[**例 3.6**] 现要求将汇聚层的 G1/1 和 G2/1 千兆口与核心层交换机的 G2/1/1 和 G2/1/2 接口进行三层端口汇聚。汇聚后在汇聚层交换机上的通道接口地址设置为 172.16.2.1/30，核心层交换机上的通道接口地址设置为 172.16.2.2/30。

配置汇聚层交换机 SwitchA：

```
SwitchA#config t
SwitchA(config)#interface port-channel 1
SwitchA(config-if)#ip address 172.16.2.1 255.255.255.252
SwitchA(config-if)#interface G1/1
SwitchA(config-if)#no switchport
SwitchA(config-if)#no ip address
SwitchA(config-if)#channel-group 1 mode on
SwitchA(config-if)#no shutdown
SwitchA(config-if)#interface G2/1
SwitchA(config-if)#no switchport
SwitchA(config-if)#no ip address
SwitchA(config-if)#channel-group 1 mode on
SwitchA(config-if)#no shutdown
```

```
SwitchA(config-if)#end
SwitchA# write
```

配置核心层交换机 SwitchB：

```
SwitchB#config t
SwitchB(config)# interface port-channel 1
SwitchB(config-if)#ip address 172.16.2.2 255.255.255.252
SwitchB(config-if)#interface G2/1/1
SwitchB(config-if)#no switchport
SwitchB(config-if)#no ip address
SwitchB(config-if)#channel-group 1 mode on
SwitchB(config-if)#no shutdown
SwitchB(config-if)#interface G2/1/2
SwitchB(config-if)#no switchport
SwitchB(config-if)#no ip address
SwitchB(config-if)#channel-group 1 mode on
SwitchB(config-if)#no shutdown
SwitchB(config-if)#end
SwitchB#write
```

④ 查看通道配置

查看命令：

```
show etherchannel number port-channel
show interface interface-type interface-number etherchannel
```

show etherchannel 命令用于查看指定的以太通道的配置信息。show interface 命令用于查看指定通道成员接口的通道配置参数。

5. 华为与华三交换机的配置方法

(1) 配置手工汇聚

下面介绍手工汇聚组的创建步骤与配置命令。

① 创建汇聚组

配置命令：

```
link-aggregation group agg-id mode manual
```

agg-id 代表要创建的汇聚组的 id 号。manual 代表汇聚组的类型为手工汇聚组。为必须配置项。

② 设置汇聚组描述符

配置命令：

```
link-aggregation group agg-id description agg-name
```

agg-name 为给该汇聚组添加的描述说明信息。为可选配置项。

③ 选择要添加到汇聚组的成员接口

配置命令：

```
interface interface-type interface-number
```

④ 将当前接口添加到汇聚组

配置命令：

```
port link-aggregation group agg-id
```

为必须的配置项。

用户可以删除任何一个已经形成的手工汇聚组，此时该汇聚组的端口将全部离开该汇聚组。

[例 3.7]　SwitchA 交换机使用 3 个端口（Ethernet1/0/1～Ethernet1/0/3）与 SwitchB 交换机的 3 个端口（Ethernet1/0/1～Ethernet1/0/3）以端口汇聚方式进行级联，如图 3.14 所示。要求按手工汇聚方式进行配置。

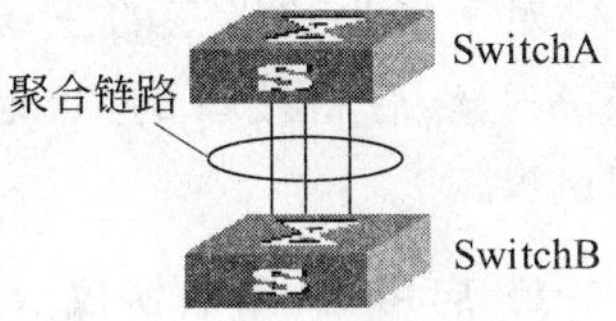

图 3.14　端口汇聚

SwitchB 与 SwitchA 交换机配置相同，SwitchA 交换机的配置方法为：

```
<SwitchA>system-view
[SwitchA]link-aggregation group 1 mode manual
[SwitchA]interface Ethernet1/0/1
[SwitchA-Ethernet1/0/1]port link-aggregation group 1
[SwitchA-Ethernet1/0/1]interface Ethernet1/0/2
[SwitchA-Ethernet1/0/2]port link-aggregation group 1
[SwitchA-Ethernet1/0/2]interface Ethernet1/0/3
[SwitchA-Ethernet1/0/3]port link-aggregation group 1
[SwitchA-Ethernet1/0/3]quit
[SwitchA]quit
<SwitchA>save
```

(2) 配置静态 LACP 汇聚

静态 LACP 汇聚的配置步骤和配置方法与手工汇聚相同。只是在创建汇聚组时，汇聚组的模式设置为 static，即采用以下命令创建汇聚组，其余命令均相同。

```
link-aggregation group 1 mode static
```

(3) 配置动态 LACP 汇聚

动态 LACP 汇聚配置更简单，只需逐一在汇聚成员接口的端口视图下，使用 lacp enable 命令启用激活 LACP 协议即可。

对于例 3.7 的级联方式，若配置成动态 LACP 汇聚，则配置方法为：

```
<SwitchA>system-view
[SwitchA]interface Ethernet1/0/1
[SwitchA-Ethernet1/0/1]lacp enable
[SwitchA-Ethernet1/0/1]interface Ethernet1/0/2
```

```
[SwitchA-Ethernet1/0/2]lacp enable
[SwitchA-Ethernet1/0/2]interface Ethernet1/0/3
[SwitchA-Ethernet1/0/3]lacp enable
[SwitchA-Ethernet1/0/3]quit
[SwitchA]quit
<SwitchA>save
```

3.6.8 配置三层端口

在交换机中,只有三层交换机的端口才能工作在第三层,第三层端口可以设置指定IP地址,从而实现三层设备间以路由方式实现互联。

Cisco的三层交换机可以设置为三层端口,然后直接在该接口上设置IP地址,而华为和华三的三层交换机的端口不能直接设置为三层端口,IP地址只能设置在VLAN接口上,因此,本节的内容仅适用于Cisco交换机。

对于华为和华三的三层交换机,要设置互联接口的IP地址,其方法是:新建一个VLAN,然后将接口的IP地址设置在VLAN接口上,最后将用于互联的接口划归到该VLAN。

1. 启用IP路由协议

配置命令:

```
ip routing
```

该命令在三层交换机中启用IP路由功能。部分三层交换机默认情况下,可能没有启用IP路由功能,如Cisco 3560、3750等。

若要禁用IP路由功能,则执行no ip routing命令。

2. 启用三层端口

配置命令:

```
no switchport
```

该命令将端口设置为三层端口。若要重新设置为默认的二层端口,则执行switchport命令。

3. 设置三层端口的IP地址

配置命令:

```
ip address ip-address netmask
```

例如,若要设置Cisco 3750交换机的FastEthernet1/0/1接口地址为172.16.2.1/30,则配置方法为:

```
C3750#config t
C3750(config)#ip routing
C3750(config)#int fa1/0/1
C3750(config-if)#description to-internet
C3750(config-if)#no switchport
```

```
C3750(config-if)#ip address 172.16.2.1 255.255.255.252
```

4. 启用端口

配置命令：

```
no shutdown
```

端口若是处于 shutdown 状态，则应执行 no shutdown 命令将其启用。

5. 查看接口状态

配置命令：

```
show interface interface-type interface-number
```

例如，若要查看 Fa1/0/1 接口的状态，则实现命令为：

```
C3750#show int fa1/0/1
FastEthernet1/0/1 is up, line protocol is up (connected)
Hardware is Fast Ethernet, address is 0014.6ad3.88c1 (bia 0014.6ad3.88c1)
Description: to-internet
Internet address is 172.16.2.1/30
MTU 1500 bytes, BW 100000 Kbit, DLY 100 usec,
    reliability 255/255, txload 20/255, rxload 1/255
Encapsulation ARPA, loopback not set
Keepalive set (10 sec)
Full-duplex, 100Mb/s, media type is 10/100BaseTX
input flow-control is off, output flow-control is unsupported
...
```

3.7　三层交换机的路由配置

3.7.1　路由的基本概念

1. 路由与路由表

路由简单地说，就是到达目的网络或设备的路径。在路由器或三层交换机（统称为三层设备）中维护着一张路由表，在该路由表中，记录着到达目标网络的下一跳地址，以及应该通过哪一个接口出去等重要信息。当 IP 数据包到达三层设备后，三层设备就从 IP 数据包中获得该数据包要到达的目的网络的地址，然后在路由表中查找到达该网络的下一跳的地址。如果在路由表中有匹配项，则将该 IP 数据包转发到下一跳地址所指示的三层设备，以后就由下一个三层设备负责转发，从而最终到达目的主机所在的网络。

2. 静态路由与动态路由

由管理员通过配置命令手工添加的路由，属于静态路由，它以配置命令形式存在于配置文件中。路由器启动时，加载到内存中从而构建起路由表。

动态路由是路由器通过路由协议和路由算法，动态学习到的路由。对于局域网，通常采用静态路由。

3. 默认路由与优先级

在进行路由匹配查找时，默认路由的优先级是最低的。只有在没有找到路由匹配项时,才按默认路由的指示进行转发。在同一个三层设备中,默认路由只能有一条。

如果三层设备只有一个出口,则只配置一个默认路由即可。如果三层设备有多个出口,则要手工配置静态路由和默认路由。通常采取将网络数目最多的一个出口配置成默认路由,即配置成默认的出口。对能到达的网络数目较少的出口,配置成静态路由,以减少手工添加配置静态路由的工作量。

通常所说的默认网关,实际上就是默认路由。在PC上设置默认网关,就相当于添加了一条默认路由。设置了默认网关后,该台PC才能与其他网段的主机进行相互通信,否则只能与本网段的其他主机进行相互通信。

对于PC而言,其网关地址就是该台PC所属VLAN的VLAN接口地址,该接口地址通常配置在汇聚层的三层交换机上。

3.7.2 路由的配置方法

三层设备自己的接口,在设置IP地址并启用接口后,设备会自动添加路由到路由表中,不需要用户添加配置路由。因此,三层设备自己的各接口间是可以相互通达的。

本节主要介绍静态路由的添加配置方法。

1. Cisco交换机与路由器的路由配置方法

(1) 配置静态路由

配置命令:

```
ip route network netmask nexthop
```

命令功能:定义一条到指定网络的静态路由,并将该路由加入到路由表中。

*network*为目的网络的网络地址,*netmask*代表该网络的子网掩码,二者共同确定了目的网络。*nexthop*为到达该目的网络的下一跳地址。通常是与该三层设备互联的,能到达目的网络的下一个三层设备的互联接口地址。

例如,如果到达10.8.0.0/13网络的下一跳地址为172.16.1.6,则路由的添加命令为:

```
ip route 10.8.0.0 255.248.0.0 172.16.1.6
```

(2) 配置默认路由

配置命令:

```
ip route 0.0.0.0 0.0.0.0 nexthop
```

该命令用于添加默认路由。

例如,若校园网用户到互联网的网关地址为218.201.62.17/30,则在校园网的出口(边界)路由器上,其默认路由配置命令为:

```
ip route 0.0.0.0 0.0.0.0 218.201.62.17
```

(3) 删除路由

若要删除默认路由或删除静态路由,使用带no的命令重新执行一次即可。例如,若要删除刚才添加的那一条静态路由,则实现命令为:

```
no ip route 10.8.0.0 255.248.0.0 172.16.1.6
```

当用户通过 Telnet 方式登录到远程的路由器或三层交换机进行路由管理操作时，一定要注意不要删除自己的主机所在的网络到该三层设备间的路由。

例如，校区 A 和校区 C 之间的互联链路要作调整，要拆除原来的链路，启用另一条新的链路。用户在校区 A 通过 Telnet 登录到校区 C 的边界路由器上，要对互联路由进行调整修改。此时就不能先删除原来的路由，否则就无法连接访问 C 校区了。正确的做法是先添加新链路的路由，然后再删除旧链路的路由。

[**例 3.8**] 现有某校园网络连接了当地的教育城域网络和因特网，如图 3.15 所示。校园网络划分了 8 个网段，每个网段使用一个 C 的地址，整个校园网络的内网地址为 192.168.0.0/21。教育城域网使用的网络地址为 10.8.0.0/13，即 8 个 B 的地址；访问因特网的网关地址为 218.201.62.17/30。试对 RouterA、RouterB 和 Cisco 3560 的互联接口和路由进行配置，以保证网络的正常运行。

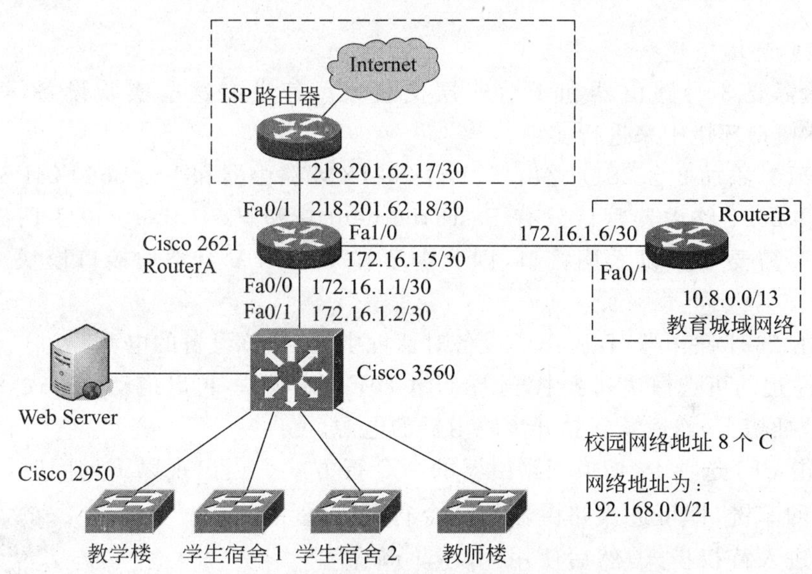

图 3.15 某校园网络的拓扑结构

(1) 分析

从用户主机出发，以 IP 数据包的角度，来发现沿途应在哪些地方添加路由，才能保证访问请求包能出去，响应数据包能顺利回来。

用户主机所发出的访问请求包首先到达自己网段的网关地址，因此首先到达 Cisco 3550 三层交换机。在该交换机上，就必须配置路由，否则交换机就不知道该如何转发 IP 数据包。由于出口只有一个，因此只需添加配置一条默认路由即可，默认路由的下一跳地址应为与之互联的对端设备的接口地址，即 Cisco 2621(RouterA)的 Fa0/0 接口，地址为 172.16.1.1。

数据包通过 Fa0/0 进入到达 RouterA 之后，在路由器上，也必须配置路由，否则路由器不知道该如何转发数据包。由于路由器有两条出口，因此就必须根据各出口能到达的目的网络来添加配置路由。为减少路由的添加工作量,到因特网的访问配置成默认路由,到教育城域网的路由按网络逐条配置指定。

通过以上配置后,访问请求包就能顺利出去了。由于连接是双向的,有去有回,因此,接下来必须分析考虑响应包回来时的路径走向,并添加相应的回头路由,这样响应包才能到达发出访问请求主机,完成连接的建立。

对于访问因特网的请求,响应包能成功回到 RouterA 路由器,这是因为 ISP 服务商的路由器有相应的路由。响应包到达 RouterA 路由器后,路由器会对响应包进行目的地址的替换,将目的地址替换为原发出访问请求的内网主机的 IP 地址,然后进行路由选择和转发。此时就必须配置到达内部网络(192.168.0.0/21)的路由,其下一跳应跳回到 Cisco 3560 交换机的 Fa0/1 接口,下一跳地址为 172.16.1.2。这一条路由是为响应包回来指路的,故称为回头路由。

同样道理,在 RouterB 路由器上,也必须添加一条回 192.168.0.0/21 网络的回头路由。

(2) 实验环境搭建

该实验需要 3 台路由器和 1 台三层交换机。若没有这些实验设备,可在 Packet Tracer 5.0 模拟环境中来进行实现。

打开 PT5,添加 2 台 2811 路由器、1 台 2621XM 路由器和 1 台 3560-24PS 交换机。

2811 和 2621 路由器默认只有 FastEthernet0/0 和 FastEthernet0/1 两个以太网接口,RouterA 需要 3 个以太网接口,因此需要在 RouterA 上添加接口模块。添加方法如下:

① 单击 2621 路由器,在弹出的设备对话框中,关掉该设备的电源。

② 在左边的可选模块列表中,选择 NM-1FE-TX 模块,再以拖动的方式,添加到该路由器的空位插槽上,然后重新打开该路由器的电源。

③ 单击 CLI 选项卡,切换到路由器的命令行方式。当出现以下询问时,回答 no,并回车,再按回车键,即可进入路由器的命令行,执行 en 命令进入特权模式,然后使用 show run 命令查看路由器的接口,就会发现新增加了 FastEthernet1/0 接口。

```
Continue with configuration dialog? [yes/no]:
```

④ 依次设置路由器和三层交换机的互联接口状态为 no shutdown 状态。

⑤ 按图 3.15 所示,添加路由器与路由器互联、路由器与交换机互联所需的交叉线。设计好的实验拓扑图如图 3.16 所示。

(3) 实现步骤与方法

① 配置 Cisco 3560 交换机的接口地址与路由

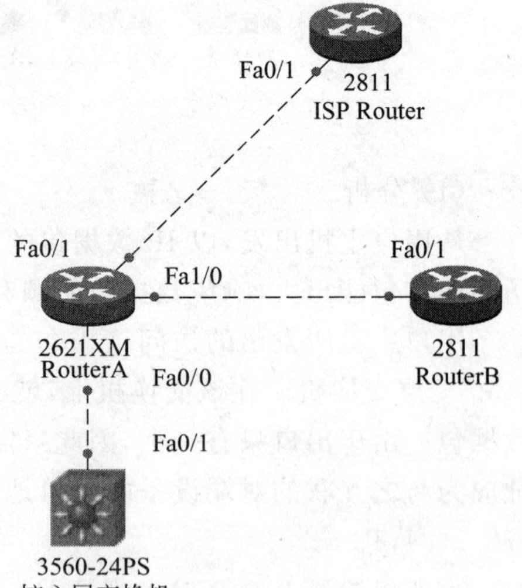

图 3.16 实验拓扑图

```
C3560#config t
!启用 IP 路由协议
C3560(config)#ip routing
C3560(config)#int fa0/1
C3560(config-if)#no switchport
C3560(config-if)#ip address 172.16.1.2 255.255.255.252
C3560(config-if)#no shutdown
C3560(config-if)#exit
C3560(config)#ip route 0.0.0.0 0.0.0.0 172.16.1.1
C3560(config)#exit
C3560#write
C3560#exit
```

② 配置 RouterA(Cisco 2621)路由器的路由

```
RouterA#config t
RouterA(config)#int fa0/0
RouterA(config-if)#ip address 172.16.1.1 255.255.255.252
RouterA(config-if)#no shutdown
RouterA(config-if)#int fa0/1
RouterA(config-if)#ip address 218.201.62.18 255.255.255.252
RouterA(config-if)#no shutdown
RouterA(config-if)#int fa1/0
RouterA(config-if)#ip address 172.16.1.5 255.255.255.252
RouterA(config-if)#no shutdown
RouterA(config-if)#exit
RouterA(config)#ip route 0.0.0.0 0.0.0.0 218.201.62.17
RouterA(config)#ip route 10.8.0.0 255.248.0.0 172.16.1.6
RouterA(config)#ip route 192.168.0.0 255.255.248.0 172.16.1.2
RouterA(config)#exit
RouterA#write
RouterA#exit
```

③ 配置 RouterB 路由器的路由

此处仅给出了与该校的校园网络互联部分的路由。RouterB 本身位于教育城域网内,RouterB 路由器的路由配置由教育城域网的网络管理人员添加配置。

```
RouterB#config t
RouterB(config)#int fa0/1
RouterB(config-if)#ip address 172.16.1.6 255.255.255.252
RouterB(config-if)#no shutdown
RouterB(config-if)#exit
RouterB(config)#ip route 192.168.0.0 255.255.248.0 172.16.1.5
RouterB(config)#exit
RouterB#write
```

(4) 网络配置检验

本网络实验拓扑仅完成了网络主干部分,用户的接入交换机和用户主机部分并未完成,因此,还不能进行全面的测试,待后面学习了 VLAN 的划分后,再对这部分内容进行完善。

目前可在各路由器或三层交换机上，利用 ping 命令来检测到对端设备的接口地址是否通，若能 ping 通，则配置正确。

在三层交换机上是无法 ping 通 172.16.1.6 这个接口地址的，因为没有到这个互联网段的路由，在实际应用中，也不需要添加这条路由。

2. 华为与华三的交换机与路由器的路由配置方法

路由配置方法与 Cisco 相同，只是配置添加路由的命令格式有所不同，华为与华三添加路由的命令为：

```
ip route-static network netmask nexthop
```

删除路由使用 undo ip route-static *network netmask nexthop* 命令。

习题 3

1. 交换机或路由器的网络操作系统存储在(　　)存储器中。
   A. ROM　　B. NVROM　　C. FLASH　　D. DRAM
2. 交换机或路由器的配置文件保存在(　　)存储器中。
   A. ROM　　B. NVROM　　C. FLASH　　D. DRAM
3. 以下关于 IOS 的描述中，不正确的是(　　)。
   A. IOS 命令不区分大小写，并支持命令简写
   B. IOS 是 Cisco 交换机或路由器使用的操作系统
   C. IOS 操作系统支持命令补全
   D. 华为交换机或路由器也使用 IOS 作为操作系统
4. 华为交换机或路由器使用的网络操作系统是(　　)。
   A. IOS　　B. VRRP　　C. VRP　　D. HSRP
5. 以下命令中，不是 Cisco 交换机或路由器支持的命令的是(　　)。
   A. sysname　　B. hostname　　C. write　　D. show run
6. 若要查看交换机的当前配置，以下命令中，正确的是(　　)。
   A. switch＞show run　　B. ＜switch＞show run
   C. ＜switch＞disp cur　　D. switch＃disp cur
7. 若要设置交换机的主机名为 student1，以下配置命令中，正确的是(　　)。
   A. ＜switch＞sysname student1　　B. switch＃sysname student1
   C. switch(config)＃hostname student1　　D. switch＃hostname student1
8. 新购买回来的交换机进行首次配置时，应采用的配置方式是(　　)。
   A. 通过以太网口，利用超级终端进行配置
   B. 通过 Console 口，利用超级终端进行配置
   C. 通过以太网口，通过 Telnet 登录进行配置
   D. 通过 Console 口，利用 Web 配置页面进行配置

9. Console口默认的通信波特率为( )。
A. 4800b/s B. 9600b/s C. 115200b/s D. 2400b/s
10. 交换机或路由器要能进行Telnet登录,以下配置项中,不需要的是( )。
A. 配置VTY虚拟终端的登录密码
B. 配置进入特权模式的密码
C. 配置交换机的管理IP地址或保证交换机或路由器有接口地址
D. 配置主机名
11. 以下软件中,可用于登录交换机或路由器进行配置管理的是( )。
A. SecureCRT B. CuteFTP C. FTP D. TFTP
12. Telnet使用端口号是( )。
A. TCP 22 B. TCP 23 C. UDP 22 D. UDP 23
13. 要进入VLAN数据库配置模式,以下命令中,正确的是( )。
A. switch#vlan database
B. switch(config)#vlan database
C. switch>vlan database
D. switch(config-if)#vlan database
14. 在以太局域网中,对网段的划分通常是通过( )来实现的。
A. 划分VLAN
B. 直接使用不同网段的地址
C. 使用路由器
D. 使用三层交换机
15. 在以太网的访问中,在( )情况下,数据包不会发往网关地址。
A. 同一个网段内的通信
B. 访问另一个网段的主机
C. 访问因特网
D. 访问目标网络地址与自己所在网络不同的主机
16. 对于华为交换机,要由<switch>命令级别进入[switch]命令级别,应执行的命令是( )。
A. enable B. sys C. su D. config t
17. 对于华为交换机,要查找定位当前网段内的ARP病毒攻击源,可通过使用( )命令来实现。
A. disp cur B. show cur C. show arp D. disp arp
18. 要查看当前交换机的CPU负荷情况,对于华为交换机,可使用( )命令。
A. show process cpu
B. show cpu
C. disp cpu
D. disp memory
19. 要将交换机的快速以太网口0/1设置为100Mb/s速率,对于华为交换机,以下配置命令中,正确的是( )。
A. switch#int fa0/1
switch#speed 100
B. switch(config)#int fa0/1
switch(config-if)#speed 100
C. [switch]int fa0/1
[switch-FastEthernet0/1]speed 100
D. [switch]int e0/1
[switch-Ethernet0/1]speed 100
20. 要使Cisco 2950能利用Telnet登录进行远程管理,以下配置方法,正确的是( )。

A. C2950#int vlan 1
C2950#ip address 192.168.1.254 255.255.255.0

B. C2950(config)#int vlan 1
C2950(config-if)#ip address 192.168.1.254 255.255.255.0
C2950(config-if)#no shutdown
C2950(config-if)#ip default-gateway 192.168.1.1

C. C2950(config)#int vlan 1
C2950(config-if)#ip address 192.168.1.254 255.255.255.0
C2950(config-if)#no shutdown
C2950(config-if)#exit
C2950(config)#ip default-gateway 192.168.1.1

D. C2950(config)#int vlan-interface1
C2950(config-vlan)#ip address 192.168.1.254 255.255.255.0
C2950(config-vlan)#no shutdown
C2950(config-vlan)#exit
C2950(config)#ip default-gateway 192.168.1.1

21. 要禁用交换机的Web服务,对于Cisco交换机,其实现的命令为(　　)。

A. no ip domain-lookup　　B. no ip http server
C. undo ip http shutdown　　D. no ip http shutdown

22. 对于Cisco交换机,凡是对端口进行的配置操作,应在(　　)模式下进行。

A. 接口配置　　B. 全局配置　　C. 特权　　D. VLAN配置

23. 对于Cisco交换机,若要同时选中2～5号端口进行相同的配置操作,以下选择端口的命令中,正确的是(　　)。

A. switch#int fa0/2-fa0/5　　B. switch(config)#int fa0/2-fa0/5
C. switch#int range fa0/2-5　　D. switch(config)#int range fa0/2-5

24. 若要禁止交换机端口运行生成树协议,以下配置命令中,正确的是(　　)。

A. switch(config-if)#no spanning-tree
B. switch(config-if)#spanning-tree portfase
C. switch(config)#spanning-tree portfase
D. switch(config)#spanning-tree portfase

25. 华为交换机的端口隔离技术,相当于Cisco交换机的(　　)技术。

A. 端口绑定　　B. 端口保护
C. 端口安全　　D. 广播风暴抑制

26. Cisco交换机配置端口隔离的命令是(　　)。

A. switchport protected
B. port isolate
C. am isolate Ethernet 0/3 to Ethernet 0/24
D. switchport isolate

27. 要对网络接入进行安全控制,可通过配置交换机端口的(　　)特性来实现。

A. 端口隔离　　　　　　　　　　B. 端口保护
C. 端口安全　　　　　　　　　　D. 广播风暴抑制

28. 对于 Cisco 3550/3750 系列交换机，配置端口镜像应使用(　　)命令。
A. port monitor　　　　　　　　B. monitor session
C. port mirror　　　　　　　　D. monitor-port

29. 要将 Cisco 三层交换机的端口配置为三层端口，应在对应的接口配置执行(　　)命令。
A. switchport　B. no switchport　C. undo switchport　D. ip routing

30. 若要在华为三层交换机的端口上配置 IP 地址，以下对配置方法的描述，正确的是(　　)。
A. 在接口上执行 undo switchport 命令，然后利用 ip address 命令配置 IP 地址
B. 在接口上执行 undo shutdown 命令，然后利用 ip address 命令配置 IP 地址
C. 利用 vlan *vlan-id* 命令创建一个 VLAN，然后设置 VLAN 接口的 IP 地址，最后将接口划入该 VLAN 即可
D. 直接使用 ip address 命令进行配置

31. 对于 Cisco 三层交换机，要启用激活 IP 路由协议，以下命令中，正确的是(　　)。
A. switch#ip routing　　　　　　B. switch(config)#ip route
C. switch(config)#ip routing　　D. switch(config-if)#ip route

实训 3.1　交换机的基本配置

[实训目的]　掌握交换机的配置途径与配置方法；掌握交换机常用的基本配置。

[实训设备]　Cisco 2960 交换机 1 台。

[实训内容]　本实训内容可在 Cisco Packet Tracer 4.1/5.0 模拟环境中完成。

1. 配置超级终端连接，设置交换机的管理地址、VTY 线路登录密码和进入特权模式的密码。
2. 查看和保存交换机的配置文件。
3. 配置交换机的主机名、禁用 DNS 服务和 HTTP 服务。
4. 配置交换机端口的单双工、端口速率、端口优化、端口的启用与禁用。

[实训步骤]

1. 利用配置线缆，将计算机的 COM1 口与交换机的 Console 口连接。
2. 在 Windows 系统中启动“超级终端”，并配置超级终端，实现对交换机的登录连接。
3. 在 Switch>命令行，执行 enable 命令，进入特权模式，然后执行 show run 命令，查看当前配置文件的内容。
4. 配置交换机的管理地址为 192.168.1.254，子网掩码为 255.255.255.0；配置 VTY 0～4 号线路的登录密码为 letmein；配置进入特权模式的密码为 nopassword。
5. 将用户计算机的网线接在交换机的以太网端口，并设置用户主机的 IP 地址为

192.168.1.2,然后在用户计算机的命令行下,执行 ping 192.168.1.254 命令,检查能否 ping 通,正常情况下应能 ping 通。

6. 在用户计算机的命令行中执行 Telnet 192.168.1.254 命令,远程登录连接到交换机。

7. 远程登录连接到交换机后,配置交换机的主机名为 S2960,然后禁用 DNS 服务和 HTTP 服务。

8. 查看配置文件的内容变化情况,然后执行 write 命令保存配置。

9. 重启交换机,在超级终端窗口中,观察交换机的启动过程,然后再查看配置文件,注意观察前面配置的内容是否已保存下来了。

10. 对交换机的第 1~5 口进行配置,配置通信方式为全双工、100Mb/s 速率,并进行端口优化。

11. 若另一台计算机接在交换机的第 2 口,在第 2 号端口执行 shutdown 命令,然后观察该台计算机的网络连接情况。最后对第 2 号端口执行 no shutdown 命令,恢复端口的激活状态。

实训 3.2 配置三层交换机间的互联

[**实训目的**] 掌握三层交换机的三层端口的启用方法;掌握 3 层交换机间的互联和路由配置方法。

[**实训设备**] Cisco 3560 三层交换机 2 台,计算机 2 台。

[**实训内容**]

1. 三层端口的启用和 IP 地址的配置方法。

2. 三层设备间的路由配置方法。

[**实训网络拓扑**] 实训的网络拓扑如图 3.17 所示。在 Cisco Packet Tracer 5.0 软件中,搭建该网络实训环境。

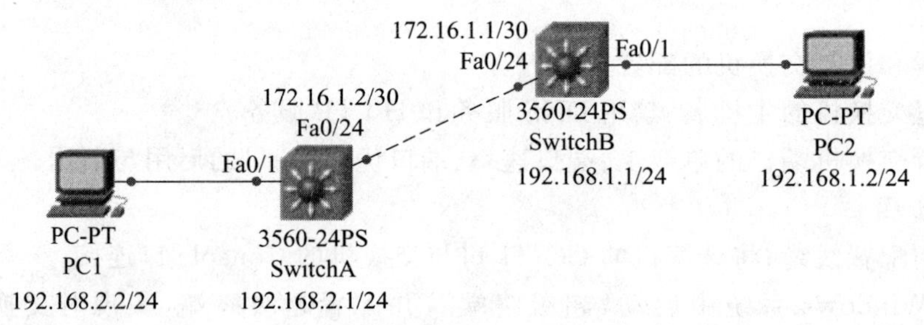

图 3.17 实训网络拓扑结构

[**实训步骤**]

1. 按图 3.17 所示,构建网络实训环境。

2. 配置 PC1 的 IP 地址为 192.168.2.2,子网掩码为 255.255.255.0,网关地址为 192.168.2.1;配置 PC2 的 IP 地址为 192.168.1.2,子网掩码为 255.255.255.0,网关地

址为 192.168.1.1。

3. 配置 SwitchA 交换机

(1) 进入 SwitchA 的命令行，配置交换机的主机名为 SwitchA，并配置 Fa0/24 接口的 IP 地址为 172.16.1.2，子网掩码为 255.255.255.252。

(2) 在交换机中创建 VLAN20，并配置 VLAN20 子接口地址为 192.168.2.1，子网掩码为 255.255.255.0，并将 Fa0/1～Fa0/23 号端口划分到 VLAN20，实现命令如下：

```
SwitchA(config)#vlan 20
SwitchA(config-vlan)#exit
SwitchA(config)#int range fa0/1 - 23
SwitchA(config-range-if)#switchport access vlan 20
SwitchA(config-range-if)#int vlan 20
SwitchA(config-if)#ip address 192.168.2.1 255.255.255.0
SwitchA(config-if)#no shutdown
SwitchA(config-if)#end
SwitchA#write
```

(3) 配置到 192.168.1.0/24 网段的路由，下一跳指向 172.16.1.1 地址。

4. 配置 SwitchB 交换机

(1) 进入 SwitchB 的命令行，配置交换机的主机名为 SwitchB，并配置 Fa0/24 接口的 IP 地址为 172.16.1.1，子网掩码为 255.255.255.252。

(2) 在交换机中创建 VLAN10，并配置 VLAN10 子接口地址为 192.168.1.1，子网掩码为 255.255.255.0，并将 Fa0/1～Fa0/23 号端口划分到 VLAN10。

(3) 配置到 192.168.2.0/24 网段的路由，下一跳指向 172.16.1.2 地址。

5. 检验配置

在 PC1 的命令行，执行 ping 192.168.1.2 命令，若能 ping 通，则配置成功，2 个三层交换机间实现了互联互通。

为检验路由的功能，可取消路由，再进行 ping 测试，此时应该无法 ping 通。

第 4 章

校园网汇聚层与核心层间的互联

本章根据前面第 2 章对要组建的校园网络的规划和三层设备互联接口地址的规划，配置完成校园网中，汇聚层设备与核心层设备间的互联互通。

4.1 配置汇聚层交换机接口地址与路由

汇聚层交换机与核心层交换机间的互联链路，采用路由方式工作，因此需要配置互联接口地址和路由，才能实现设备间的互联互通。

1. 配置综合楼汇聚层交换机

交换机为华为 3528P，根据前面的统一规划，互联接口为 G1/1，接口地址为 172.16.1.1/30，对端接口地址为 172.16.1.2/30。

华为和华三的三层交换机端口，不能像 Cisco 三层交换机端口那样，可以在启用为三层端口后，直接设置接口的 IP 地址。对于华为和华三的三层交换机，要设置互联接口的 IP 地址，应采用以下步骤和方法来实现：

(1) 创建一个 VLAN。

(2) 选中该 VLAN 的虚拟接口，然后在该虚拟接口上设置互联接口的 IP 地址。

(3) 将互联接口划分到该 VLAN。

配置步骤与命令：

```
<Switch>super
<Switch>system-view
#配置交换机的主机名为 zonghelou
[Switch]sysname zonghelou
#配置 Telnet 登录密码
[zonghelou]user-interface vty 0 4
[zonghelou-ui-vty0-4]authentication-mode password
[zonghelou-ui-vty0-4]set authentication password cipher letmein
[zonghelou-ui-vty0-4]quit
#配置 Console 口登录密码
[zonghelou]user-interface con 0
[zonghelou-ui-console0]set authentication password simple cisco
```

```
[zonghelou-ui-console0]quit
#配置进入管理级别的密码为 nopassword
[zonghelou]super password level 3 cipher nopassword
#创建 VLAN 10
[zonghelou]vlan 10
[zonghelou-vlan10]quit
#选择 VLAN 10 的虚拟接口
[zonghelou]interface Vlan-interface 10
#配置接口地址。接口地址配置为互联接口地址
[zonghelou-Vlan-interface10]ip address 172.16.1.1 255.255.255.252
[zonghelou-Vlan-interface10]quit
#选择互联用的端口
[zonghelou]interface GigabitEthernet1/1
#配置端口用途的描述
[zonghelou-GigabitEthernet1/1]description linktoS8505
#将该端口划分到 VLAN 10 中
[zonghelou-GigabitEthernet1/1]port access vlan 10
[zonghelou-GigabitEthernet1/1]quit
#配置默认路由
[zonghelou]ip route-static 0.0.0.0 0.0.0.0 172.16.1.2
[zonghelou]quit
#保存配置
<zonghelou>save
<zonghelou>quit
```

2. 配置教学楼汇聚层交换机

交换机为 Cisco 3550，互联接口为 G0/1，接口地址为 172.16.1.5/30，对端接口地址为 172.16.1.6/30。

配置步骤与命令：

```
Switch#config t
Switch(config)#hostname jiaoxuelou
!配置 Telnet 登录密码
jiaoxuelou(config)#line vty 0 4
jiaoxuelou(config-line)#password letmein
jiaoxuelou(config-line)#login
jiaoxuelou(config-line)#exec-timeout 3 0
!配置 Console 登录密码
jiaoxuelou(config-line)#line console 0
jiaoxuelou(config-line)#exec-timeout 3 0
jiaoxuelou(config-line)#password letmein
jiaoxuelou(config-line)#login
jiaoxuelou(config-line)#exit
!配置进入特权模式的密码
jiaoxuelou(config)#enable secret nopassword
!选择要配置的互联接口
jiaoxuelou(config)#int g0/1
jiaoxuelou(config-if)#description linktoS8505
```

```
!启用三层接口
jiaoxuelou(config-if)#no switchport
!配置互联接口 IP 地址
jiaoxuelou(config-if)#ip address 172.16.1.5 255.255.255.252
jiaoxuelou(config-if)#exit
!配置默认路由
jiaoxuelou(config)#ip route 0.0.0.0 0.0.0.0 172.16.1.6
jiaoxuelou(config)#exit
!保存配置并退出
jiaoxuelou#write
jiaoxuelou#exit
```

3. 配置实训楼汇聚层交换机

交换机为华为3528P,配置方法与综合楼相同,只是互联接口的IP地址和默认路由的下一跳地址不相同,其余配置项均相同。为避免重复,以下的配置命令中,对Telnet和Console口登录密码配置,以及进入管理级(系统视图)的密码配置命令就不再列出。

互联接口G1/1,接口地址172.16.1.9/30,对端接口地址172.16.1.10/30。

配置命令和步骤为:

```
<Switch>system-view
#配置交换机的主机名为 shixunlou
[Switch]sysname shixunlou
#创建 VLAN 10
[shixunlou]vlan 10
[shixunlou-vlan10]quit
#配置虚拟接口的互联地址
[shixunlou]interface Vlan-interface 10
[shixunlou-Vlan-interface10]ip address 172.16.1.9 255.255.255.252
[shixunlou-Vlan-interface10]quit
#选择互联用的端口,将端口划分到 VLAN10
[shixunlou]interface GigabitEthernet1/1
[shixunlou-GigabitEthernet1/1]description linktoS8505
[shixunlou-GigabitEthernet1/1]port access vlan 10
[shixunlou-GigabitEthernet1/1]quit
#配置默认路由
[shixunlou]ip route-static 0.0.0.0 0.0.0.0 172.16.1.10
[shixunlou]quit
#保存配置并退出
<shixunlou>save
<shixunlou>quit
```

4. 配置图书馆、教工宿舍与学生宿舍楼汇聚层交换机配置

这7幢楼的汇聚层交换机也为华为3528P,配置方法完全相同,仅互联接口地址和路由的下一跳地址不相同。具体配置命令就不再重复列出。

4.2 配置核心层交换机接口地址与回头路由

核心层交换机 S8505 与各幢楼的汇聚层交换机互联，需要配置相应的互联接口地址、出口路由和回头路由。回头路由的配置，需要知道各汇聚层交换机使用了哪些网段。校园网各幢楼的网段地址规划参见表 2.7。

配置步骤与配置命令为：

```
<S8505>system-view
#依次创建用于设置互联接口地址所需的 VLAN
[S8505]vlan 20
[S8505-vlan20]description tozonghelou
[S8505-vlan20]vlan 21
[S8505-vlan21]description tojiaoxuelou
[S8505-vlan21]vlan 22
[S8505-vlan22]description toshixunlou
[S8505-vlan22]vlan 23
[S8505-vlan23]description totushuguan
[S8505-vlan23]vlan 24
[S8505-vlan24]description toCompusA_teacher
[S8505-vlan24]vlan 25
[S8505-vlan25]description toStudent1
[S8505-vlan25]vlan 26
[S8505-vlan26]description toStudent2
[S8505-vlan26]vlan 27
[S8505-vlan27]description toStudent3
[S8505-vlan27]vlan 28
[S8505-vlan28]description toStudent4
[S8505-vlan29]vlan 29
[S8505-vlan29]description toStudent5
[S8505-vlan29]vlan 30
[S8505-vlan30]description toNE40
[S8505-vlan30]quit
#依次配置 VLAN 接口地址，这些地址将用作互联接口地址
[S8505]interface Vlan-interface20
[S8505-Vlan-interface20]ip address 172.16.1.2 255.255.255.252
[S8505-Vlan-interface20]interface Vlan-interface21
[S8505-Vlan-interface21]ip address 172.16.1.6 255.255.255.252
[S8505-Vlan-interface21]interface Vlan-interface22
[S8505-Vlan-interface22]ip address 172.16.1.10 255.255.255.252
[S8505-Vlan-interface22]interface Vlan-interface23
[S8505-Vlan-interface23]ip address 172.16.1.14 255.255.255.252
[S8505-Vlan-interface23]interface Vlan-interface24
[S8505-Vlan-interface24]ip address 172.16.1.18 255.255.255.252
[S8505-Vlan-interface24]interface Vlan-interface25
[S8505-Vlan-interface25]ip address 172.16.1.22 255.255.255.252
[S8505-Vlan-interface25]interface Vlan-interface26
[S8505-Vlan-interface26]ip address 172.16.1.26 255.255.255.252
```

```
[S8505-Vlan-interface26]interface Vlan-interface27
[S8505-Vlan-interface27]ip address 172.16.1.30 255.255.255.252
[S8505-Vlan-interface27]interface Vlan-interface28
[S8505-Vlan-interface28]ip address 172.16.1.34 255.255.255.252
[S8505-Vlan-interface28]interface Vlan-interface29
[S8505-Vlan-interface29]ip address 172.16.1.38 255.255.255.252
[S8505-Vlan-interface29]interface Vlan-interface30
[S8505-Vlan-interface30]ip address 172.16.1.50 255.255.255.252
#依次将互联接口划分到所属的 VLAN
[S8505-Vlan-interface29]quit
[S8505]interface GigabitEthernet2/1/1
[S8505-GigabitEthernet2/1/1]port access vlan 20
[S8505-GigabitEthernet2/1/1]interface GigabitEthernet3/1/1
[S8505-GigabitEthernet3/1/1] port access vlan 21
[S8505-GigabitEthernet3/1/1]interface GigabitEthernet3/1/2
[S8505-GigabitEthernet3/1/2] port access vlan 22
[S8505-GigabitEthernet2/1/2]interface GigabitEthernet3/1/3
[S8505-GigabitEthernet3/1/3] port access vlan 23
[S8505-GigabitEthernet2/1/3]interface GigabitEthernet3/1/4
[S8505-GigabitEthernet3/1/4] port access vlan 24
[S8505-GigabitEthernet2/1/4]interface GigabitEthernet3/1/5
[S8505-GigabitEthernet3/1/5] port access vlan 25
[S8505-GigabitEthernet2/1/5]interface GigabitEthernet3/1/6
[S8505-GigabitEthernet3/1/6] port access vlan 26
[S8505-GigabitEthernet2/1/6]interface GigabitEthernet3/1/7
[S8505-GigabitEthernet3/1/7] port access vlan 27
[S8505-GigabitEthernet2/1/7]interface GigabitEthernet3/1/8
[S8505-GigabitEthernet3/1/8] port access vlan 28
[S8505-GigabitEthernet2/1/8]interface GigabitEthernet3/1/9
[S8505-GigabitEthernet3/1/9]port access vlan 29
#配置与 NE40 互联的接口
[S8505-GigabitEthernet3/1/9]interface GigabitEthernet2/1/3
[S8505-GigabitEthernet2/1/3]port access vlan 30
[S8505-GigabitEthernet2/1/3]quit
#配置到 NE40 的出口路由
[S8505]ip route-static 0.0.0.0 0.0.0.0 172.16.1.49
#接下来配置到各幢楼汇聚层的回头路由
#到综合楼的回头路由
[S8505]ip route-static 192.168.16.0 255.255.254.0 172.16.1.1
#到教学楼的回头路由
[S8505]ip route-static 192.168.18.0 255.255.254.0 172.16.1.5
#到实训楼的回头路由
[S8505]ip route-static 192.168.20.0 255.255.248.0 172.16.1.9
#到图书馆的回头路由
[S8505]ip route-static 192.168.28.0 255.255.248.0 172.16.1.13
#到 A 区教工宿舍楼的回头路由
[S8505]ip route-static 192.168.36.0 255.255.254.0 172.16.1.17
#到 1 号学生宿舍楼的回头路由
[S8505]ip route-static 192.168.38.0 255.255.254.0 172.16.1.21
```

```
#到 2 号学生宿舍楼的回头路由
[S8505]ip route-static 192.168.40.0 255.255.254.0 172.16.1.25
#到 3 号学生宿舍楼的回头路由
[S8505]ip route-static 192.168.42.0 255.255.254.0 172.16.1.29
#到 4 号学生宿舍楼的回头路由
[S8505]ip route-static 192.168.44.0 255.255.254.0 172.16.1.33
#到 5 号学生宿舍楼的回头路由
[S8505]ip route-static 192.168.46.0 255.255.254.0 172.16.1.37
#保存配置并退出
[S8505]quit
<S8505>save
<S8505>quit
```

4.3 配置 AB 校区间核心层交换机间的互联

A 校区和 B 校区通过各自的核心层交换机实现互联，B 区核心层交换机为 Cisco 4500，互联接口为 G1/1，接口地址为 172.16.1.41/30，A 区使用华为 S8505 交换机的 G3/1/10 接口与之互联，接口地址为 172.16.1.42/30。

1. A 校区华为 S8505 核心层交换机的配置

配置内容：配置接口地址和路由。

```
<S8505>system-view
#配置互联接口地址
[S8505]vlan 31
[S8505-vlan31]description toCompusB_Cisco4500
[S8505-vlan31]quit
[S8505]interface Vlan-interface31
[S8505-Vlan-interface31]ip address 172.16.1.42 255.255.255.252
[S8505-Vlan-interface31]quit
[S8505]interface GigabitEthernet3/1/10
[S8505-GigabitEthernet3/1/10]port access vlan 31
[S8505-GigabitEthernet3/1/10]quit
#配置到 B 校区的路由
[S8505]ip route-static 192.168.0.0 255.255.240.0 172.16.1.41
#保存配置并退出
[S8505]quit
<S8505>save
<S8505>quit
```

2. B 校区 Cisco 4500 核心层交换机的配置

配置内容：配置互联接口地址和路由。

```
Switch#config t
Switch(config)#hostname C4500
!配置互联接口的 IP 地址
C4500(config)#interface GigabitEthernet1/1
C4500(config-if)#description toCompusA_S8505
```

```
C4500(config-if)#no switchport
C4500(config-if)#ip address 172.16.1.41 255.255.255.252
C4500(config-if)#exit
!配置默认路由到 S8505 核心层交换机
C4500(config)#ip route 0.0.0.0 0.0.0.0 172.16.1.42
!接下来还应配置 Cisco 4500 核心层交换机到 B 校区各汇聚层交换机的路由,此部分配置略。
!保存配置并退出
C4500(config)#exit
C4500#write
C4500#exit
```

通过以上配置后,A 校区和 B 校区就可实现互联互通。

4.4 配置 AC 校区间的 MPLS VPN 互联

校区 A 和校区 C 由于相距较远,采用 MPLS VPN 链路实现内网的互联。

连接方式:校区 A 通过光纤链路接入 ISP 服务商(如市电信公司),校区 C 通过另一条光纤链路接入当地的 ISP 服务商(如区县电信分公司)。

配置内容:校区 A 与市电信公司之间,需要配置互联接口地址和路由;校区 C 与当地电信分公司之间,需要配置另一条互联链路的接口地址和路由。当地电信分公司与市电信公司之间的 MPLS 链路,由网络运营商负责配置。

1. A 区华为 S8505 的配置

互联接口为 G2/1/2,接口地址为 172.16.1.46/30,对端的网络服务商的接口地址为 172.16.1.45/30。

```
<S8505>system-view
#配置接口地址
[S8505]vlan 32
[S8505-vlan32]description MPLS
[S8505-vlan32]quit
[S8505]interface Vlan-interface32
[S8505-Vlan-interface32]ip address 172.16.1.46 255.255.255.252
[S8505-Vlan-interface32]quit
[S8505]interface GigabitEthernet2/1/2
[S8505-GigabitEthernet2/1/2]port access vlan 32
[S8505-GigabitEthernet2/1/2]quit
#配置访问 C 校区内网的路由
[S8505]ip route-static 192.168.64.0 255.255.192.0 172.16.1.45
[S8505]ip route-static 192.168.128.0 255.255.128.0 172.16.1.45
#配置访问 C 校区服务器群的路由。即通过 MPLS 链路访问 C 校区的服务器
[S8505]ip route-static 222.177.150.128 255.255.255.224 172.16.1.45
#保存配置并退出
[S8505]quit
<S8505>save
<S8505>quit
```

2. C 区华为 S8505 的配置

互联接口为 G2/1/3，接口地址为 172.16.5.2/20；对端的网络服务商的接口地址为 172.16.5.1/30。

```
<CompusC_S8505>system-view
[CompusC_S8505]vlan 100
[CompusC_S8505-vlan100]description MPLS
[CompusC_S8505-vlan100]quit
[CompusC_S8505]interface Vlan-interface100
[CompusC_S8505-Vlan-interface100]ip address 172.16.5.2 255.255.255.252
[CompusC_S8505-Vlan-interface100]quit
[CompusC_S8505]interface GigabitEthernet2/1/3
[CompusC_S8505-GigabitEthernet2/1/3]port access vlan 100
[CompusC_S8505-GigabitEthernet2/1/3]quit
#配置到 A 校区内网的路由
[CompusC_S8505]ip route-static 192.168.0.0 255.255.192.0 172.16.5.1
#配置访问 A 校区服务器群的路由
[CompusC_S8505]ip route-static 61.186.202.32 255.255.255.224 172.16.5.1
[CompusC_S8505]ip route-static 219.221.55.0 255.255.255.0 172.16.5.1
#保存配置并退出
[CompusC_S8505]quit
<CompusC_S8505>save
<CompusC_S8505>quit
```

通过以上配置和 MPLS 链路，即可实现 A 校区与 C 校区内网的互联互通。

4.5 配置防火墙与其他设备的互联

防火墙采用一台 Cisco 3750 交换机来担任，用于对 DMZ 区中的服务器群进行保护。防火墙同时与核心层交换机、边界路由器和提供服务器接入的 DMZ 交换机互联。本节配置完成防火墙与其他设备的互联和路由配置。

1. 互联接口与地址规划

(1) 防火墙与核心层交换机间的互联

根据前面第 2 章的网络规划，核心层交换机使用 G2/1/4 接口与防火墙的 Fa1/0/2 接口(LAN 口)实现互联，核心层交换机 G2/1/4 的接口地址为 172.16.2.2/30，防火墙的 Fa1/0/2 接口地址为 172.16.2.1/30。

(2) 防火墙与边界路由器间的互联

防火墙的 Fa1/0/1(WAN 口)与边界路由器 NE40 的 E1/1/6 接口互联，防火墙的 Fa1/0/1 接口地址为 172.16.2.5/30，NE40 的 E1/1/6 接口地址为 172.16.2.6/30。

(3) 防火墙与 DMZ 交换机间的互联

防火墙的 Fa1/0/3(DMZ 口)与 DMZ 交换机的 Fa1/0/24 接口互联，防火墙的 Fa1/0/3接口地址为 172.16.2.9/30，DMZ 交换机的 Fa1/0/24 接口地址为 172.16.2.10/30。

2. DMZ 交换机的网段地址

根据前面第2章对A区公网地址的规划,除互联网段地址外,DMZ交换机上的网段地址有2个,需要依据这2个网段地址,进行相关的路由配置,设备间才能实现正常的互联互通。

DMZ交换机拥有的2个网段地址分别是61.186.202.48/28和219.221.55.64/26。

3. 配置核心层交换机 S8505

配置内容:配置与防火墙的互联接口地址和到DMZ区的路由。

```
<S8505>system-view
#配置接口地址
[S8505]vlan 33
[S8505-vlan33]description to-Firewall
[S8505-vlan33]quit
[S8505]interface Vlan-interface33
[S8505-Vlan-interface33]ip address 172.16.2.2 255.255.255.252
[S8505-Vlan-interface33]quit
[S8505]interface GigabitEthernet2/1/4
[S8505-GigabitEthernet2/1/4]port access vlan 33
[S8505-GigabitEthernet2/1/4]quit
#配置内网用户访问DMZ区中的服务器群的路由,让其将数据包转发到防火墙
[S8505]ip route-static 61.186.202.48 255.255.255.240 172.16.2.1
[S8505]ip route-static 219.221.55.64 255.255.255.192 172.16.2.1
#保存配置并退出
[S8505]quit
<S8505>save
<S8505>quit
```

4. 配置防火墙

配置内容:配置互联接口地址和到互联设备的路由。

```
Switch#config t
Switch(config)#hostname firewall
!启用IP路由,该项配置很重要,默认未启用
firewall(config)#ip routing
!配置与核心层交换机互联的LAN口
firewall(config)#interface fa1/0/2
firewall(config-if)#description to-LAN
firewall(config-if)#no switchport
firewall(config-if)#ip address 172.16.2.1 255.255.255.252
!配置与边界路由器互联的WAN口
firewall(config)#interface fa1/0/1
firewall(config-if)#description to-WAN
firewall(config-if)#no switchport
firewall(config-if)#ip address 172.16.2.5 255.255.255.252
!配置与DMZ交换机互联的DMZ接口
firewall(config)#interface fa1/0/3
firewall(config-if)#description to-DMZ
```

```
firewall(config-if)#no switchport
firewall(config-if)#ip address 172.16.2.9 255.255.255.252
firewall(config-if)#exit
!配置默认路由指向访问因特网的边界路由器
firewall(config)#ip route 0.0.0.0 0.0.0.0 172.16.2.6
!配置到内网的回头路由
firewall(config)#ip route 192.168.0.0 255.255.0.0 172.16.2.2
!配置到 DMZ 区交换机的路由
firewall(config)#ip route 61.186.202.48 255.255.255.240 172.16.2.10
firewall(config)#ip route 219.221.55.64 255.255.255.192 172.16.2.10
!保存配置并退出
firewall(config)#exit
firewall#write
firewall#exit
```

5. 配置边界路由器

配置内容：配置与防火墙的互联接口和实现互联的路由。

```
<NE40>system-view
#配置用于互联的接口地址
[NE40]interface e1/1/6
[NE40-Ethernet1/1/6]description to-firewall
[NE40-Ethernet1/1/6]ip address 172.16.2.6 255.255.255.252
[NE40-Ethernet1/1/6]undo shutdown
[NE40-Ethernet1/1/6]quit
#配置到 DMZ 区的路由
[NE40]ip route-static 61.186.202.48 255.255.255.240 172.16.2.5
[NE40]ip route-static 219.221.55.64 255.255.255.192 172.16.2.5
#保存配置并退出
[NE40]quit
<NE40>save
<NE40>quit
```

6. 配置 DMZ 交换机

配置内容：配置互联接口地址和默认路由。

```
switch#config t
switch(config)#hostname DMZ
!启用 IP 路由,该项配置很重要,默认未启用
DMZ(config)#ip routing
!配置互联接口
DMZ(config)#interface fa1/0/24
DMZ(config-if)#description to-firewall
DMZ(config-if)#no switchport
DMZ(config-if)#ip address 172.16.2.10 255.255.255.252
DMZ(config-if)#exit
!配置默认路由到防火墙
DMZ(config)#ip route 0.0.0.0 0.0.0.0 172.16.2.9
DMZ(config)#exit
```

```
!保存配置并退出
DMZ#write
DMZ#exit
```

通过本章的配置后,整个校园网络的主干网络就可实现互联互通了,在下一章完成对汇聚层交换机的 VLAN 划分后,整个校园内网就可正常运行了。防火墙 ACL 包过滤规则的配置将在第 7 章完成。

实训 4.1　三层设备的互联

[**实训目的**]　掌握三层设备间互联的实现方法。

[**实训设备**]　Cisco 2811 路由器 1 台,Cisco 3560 三层交换机 3 台。

若没有路由器和交换机硬件设备,可在 Packet Tracer 5.0 模拟器中进行实训。

[**实训内容与网络拓扑**]

1. 网络拓扑

网络拓扑结构、互联接口和接口地址如图 4.1 所示,按图所示构建好网络实训环境。

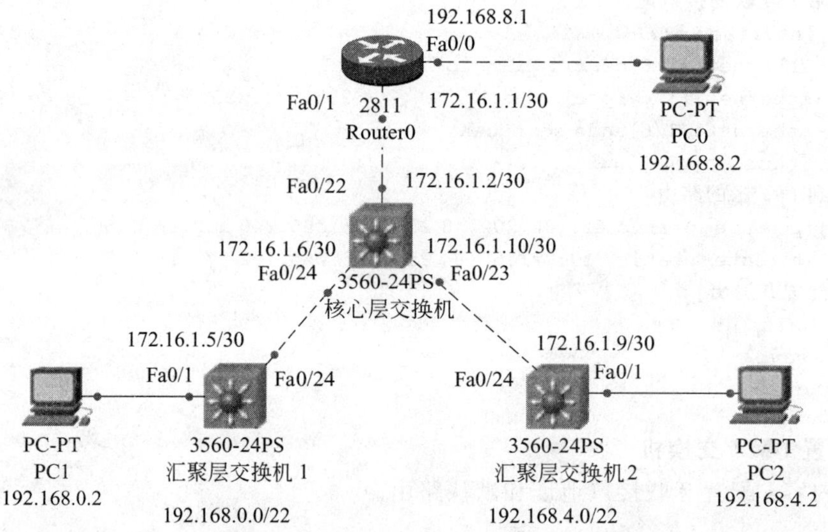

图 4.1　网络拓扑与互联接口地址

2. 实训内容与要求

汇聚层交换机 1 所连接的网络有 4 个网段,网络地址为 192.168.0.0/22;汇聚层交换机 2 连接的网络有 4 个网段,网络地址为 192.168.4.0/22。

要求配置交换机和路由器的互联接口地址和路由,实现设备间的互联互通。

[**实训步骤**]

1. 依次配置路由器和各交换机互联接口的 IP 地址。

2. 配置汇聚层交换机 1 的默认路由,下一跳指向 172.16.1.6,实现的配置命令为:

```
ip route 0.0.0.0 0.0.0.0 172.16.1.6
```

配置汇聚层交换机 2 的默认路由，下一跳指向 172.16.1.10，实现的配置命令为：

```
ip route 0.0.0.0 0.0.0.0 172.16.1.10
```

3. 配置核心层交换机的默认路由，下一跳指向 172.16.1.1；配置到 192.168.0.0/22 网络的回头路由，下一跳指向 172.16.1.5；配置到 192.168.4.0/22 网络的回头路由，下一跳指向 172.16.1.9，实现的配置命令如下：

```
ip route 0.0.0.0 0.0.0.0 172.16.1.1
ip route 192.168.0.0 255.255.252.0 172.16.1.5
ip route 192.168.4.0 255.255.252.0 172.16.1.9
```

4. 配置路由器到 192.168.0.0/21 网络的回头路由，下一跳指向 172.16.1.2，实现的配置命令为：

```
ip route 192.168.0.0 255.255.248.0 172.16.1.2
```

5. 网络测试

为了测试网络配置是否正确，网络能否正常运行，需要增加配置测试用的用户主机，用户主机的网段和 IP 地址配置如下。

(1) PC1 主机连接在汇聚层交换机 1 的 Fa0/1 口，属于 192.168.0.0/24 网段，网关地址为 192.168.0.1，为此需在汇聚层交换机 1 上增加以下配置：

```
Switch#config t
Switch(config)#vlan 10
Switch(config-vlan)#exit
Switch(config)#int fa0/1
Switch(config-if)#switchport access vlan 10
Switch(config-if)#int vlan10
Switch(config-if)#ip address 192.168.0.1 255.255.255.0
Switch(config-if)#end
Switch#write
```

然后设置 PC1 主机的 IP 地址为 192.168.0.2，网关地址设置为 192.168.0.1。

(2) PC2 主机连接在汇聚层交换机 2 的 Fa0/1 口，属于 192.168.4.0/24 网段，网关地址为 192.168.4.1，为此需在汇聚层交换机 2 上增加以下配置：

```
Switch#config t
Switch(config)#vlan 10
Switch(config-vlan)#exit
Switch(config)#int fa0/1
Switch(config-if)#switchport access vlan 10
Switch(config-if)#int vlan10
Switch(config-if)#ip address 192.168.4.1 255.255.255.0
Switch(config-if)#end
Switch#write
```

然后设置 PC2 主机的 IP 地址为 192.168.4.2，网关地址设置为 192.168.4.1。

(3) 在路由器上配置 Fa0/0 接口的 IP 地址为 192.168.8.1，子网掩码为 255.255.255.0，

然后配置PC0主机的IP地址为192.168.8.2,网关地址为192.168.8.1。

(4) 在PC1主机的命令行中分别ping 192.168.4.2和192.168.8.2主机,若能ping通,则配置成功,网络运行正常。

另外,也可在交换机或路由器中,利用traceroute命令来追踪数据包的传输路径,检查数据包的路径是否正确。

例如,在汇聚层交换机1中,利用traceroute命令检查到192.168.4.2主机的路径,命令及输出结果如下:

```
Switch#traceroute 192.168.4.2
Type escape sequence to abort.
Tracing the route to 192.168.4.2
1     172.16.1.6     41 msec     36 msec     42 msec
2     172.16.1.9     71 msec     78 msec     68 msec
3     192.168.4.2    118 msec    104 msec    122 msec
```

若在用户主机PC1中追踪到PC0主机的路径,则实现命令及输出结果如下:

```
PC>tracert 192.168.8.2
Tracing route to 192.168.8.2 over a maximum of 30 hops:
1     52 ms     36 ms     52 ms     192.168.0.1
2     66 ms     96 ms     71 ms     172.16.1.6
3     128 ms    104 ms    113 ms    172.16.1.1
4     193 ms    137 ms    155 ms    192.168.8.2
Trace complete.
```

第5章 配置虚拟局域网

本章以应用案例方式,介绍了虚拟局域网(VLAN)的划分与配置方法。采用与Cisco交换机对照的方式,介绍了华为交换机VLAN的配置方法。最后对规划建设的校园网络,完成了对汇聚层交换机的VLAN划分和配置。

5.1 虚拟局域网简介

虚拟局域网(Virtual Local Area Network,VLAN)是将局域网从逻辑上划分为多个子网段,实现虚拟工作组的一种交换技术。

对于使用集线器或交换机所构成的局域网,整个物理网络属于同一个网段,属于同一个广播域,任何一个广播帧都会被广播到整个局域网中的每一台主机。由于广播信息是普遍存在的,大量的广播帧将占用大量的网络带宽,导致网络速度和通信效率的下降,并额外增加了网络设备和主机为处理广播信息所产生的负荷。

目前,蠕虫病毒相当泛滥,如果不对局域网进行有效的广播域隔离,一旦病毒发起泛洪广播攻击,将会很快占用完网络的带宽,导致网络的阻塞和瘫痪。如目前网络中普遍存在的ARP病毒攻击,一个网段如果有一台或两台主机感染ARP病毒,则整个网段的通信就会产生严重的阻塞,甚至瘫痪,根本无法正常通信。因此,对于较大规模的局域网,应将整个网络划分为多个子网段,以隔离和减小广播域,从而缩小病毒攻击所影响的范围。

路由器具有隔离广播域的功能,不会转发广播帧,可用路由器来实现对网络的分段和广播域的隔离,但路由器具有造价高、网络接口数量少的不足,而交换机的接口数量较多,为了实现利用交换机来进行网段的划分和广播域的隔离,诞生了VLAN交换技术。

为了实现网段的划分,可在交换机上创建和划分VLAN来实现。一个VLAN就是一个网段,VLAN内部的主机可以相互通信,一个VLAN产生的广播帧,只在该VLAN范围内传播,不会广播到其他VLAN,从而实现了广播域的分割和隔离。

若要实现VLAN间的相互通信,就必须为相互通信的VLAN配置各自的VLAN接口地址,有了VLAN接口地址,VLAN间就可以相互通信了。一个VLAN对应的VLAN接口的地址,就是该VLAN的网关地址。

二层交换机可以划分VLAN,但无法实现VLAN间的通信。三层交换机具备路由功能,在实际应用中,通常在三层交换机中来划分 VLAN,以支持 VLAN 间的相互通信。

在局域网中,通过划分 VLAN 可起到如下作用。

- 分割和隔离广播域,缩小广播域的范围,减小病毒攻击所影响的范围。
- 便于对网络进行管理和控制。VLAN 是对端口的逻辑分组,不受任何物理连接的限制,同一 VLAN 中的用户,可以连接在不同的交换机,并且可以位于不同的物理位置,如分布在不同的楼宇或楼层,这样就方便了管理和控制,提高了组网和管理的灵活性。
- 增加网络的安全性。默认情况下,VLAN 间是相互隔离的,不能相互通信,对于保密性要求较高的部门,如财务处,可将其划分到一个单独的 VLAN 中,并且不设置该 VLAN 的接口地址。这样,其他 VLAN 中的用户,就不能访问到该 VLAN 中的主机,从而起到了隔离作用,提高了安全性。

另外,也可通过访问控制列表(ACL)来控制 VLAN 间的相互访问。

5.2 VLAN 的分类

VLAN 从总体上可分为接入 VLAN 和 Voice VLAN 两大类。接入 VLAN 用于网络数据通信服务,Voice VLAN 用于语音通信服务,如 IP Phone。本教材主要针对接入 VLAN 进行介绍。

接入 VLAN,根据 VLAN 端口的分配方式,分为静态 VLAN 和动态 VLAN。

1. 静态 VLAN

静态 VLAN 就是明确指定各端口所属 VLAN 的划分方法,通常也称为基于端口的 VLAN。其特点是将交换机按端口进行分组,每一组定义为一个 VLAN,属于同一个 VLAN 的端口,可来自一台交换机,也可来自多台交换机,即可以跨越多台交换机创建 VLAN。基于端口的 VLAN 划分如图 5.1 所示。

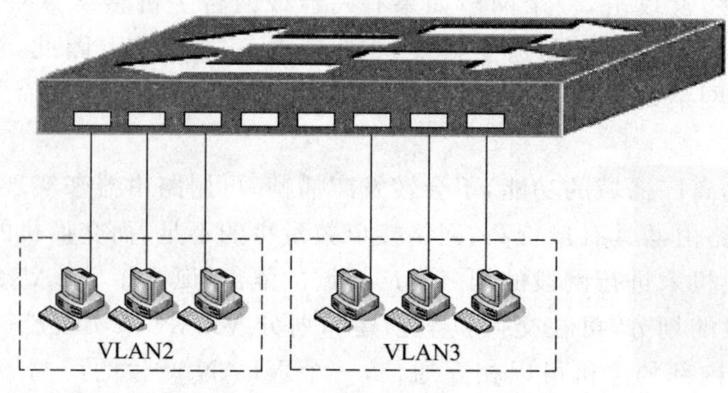

图 5.1 基于端口的 VLAN 划分

静态指定各端口所属的 VLAN,需要手工进行配置指定,工作量较大,通常适合于网络拓扑结构不是经常变化的情况。静态 VLAN 是目前最常用的一种 VLAN 端口划分方式,本教材也是针对该种划分方法,介绍 VLAN 的配置。

2. 动态 VLAN

动态 VLAN 是根据每个端口所连的计算机，动态设置端口所属 VLAN 的划分方法。

动态 VLAN 根据划分 VLAN 的依据，可分为基于 MAC 地址的 VLAN 划分、基于 IP 地址的 VLAN 划分和基于用户的 VLAN 划分。

基于 MAC 地址的 VLAN，就是根据端口所连计算机网卡的 MAC 地址，来决定该端口所属的 VLAN。在这种方式下，端口所属的 VLAN，不是事先固定的，而是由所连计算机的 MAC 地址来决定的。例如，若 MAC 地址为 00-0C-6E-E1-1B-36 的计算机被设置为属于 VLAN2，则该台计算机无论接到交换机的哪个端口，其所连端口就会被自动划归为 VLAN2。

基于 IP 地址的 VLAN，是根据端口所连计算机的 IP 地址，来决定端口所属的 VLAN。

基于用户的 VLAN，是根据端口所连计算机的当前登录用户名，来决定该端口所属的 LAN。

5.3 Trunk 链路与封装协议

1. Trunk 链路

图 5.1 是一个 VLAN 的所属端口位于同一台交换机的情况。在实际应用中，通常会遇到一个 VLAN 的所属端口，分布在两个或多个交换机上的情况。例如，在按部门划分 VLAN 时，同一个部门的员工，可能会分布在不同的楼宇或不同的楼层中，其接入交换机不相同，此时的 VLAN 就将跨越多台交换机，如图 5.2 所示。

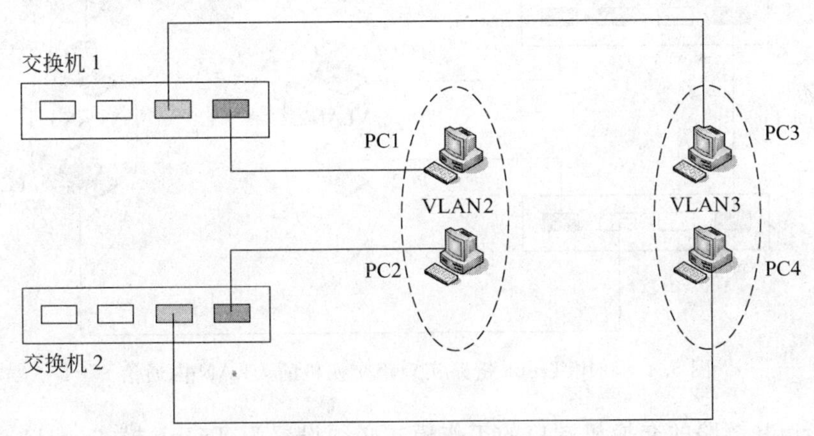

图 5.2　跨多台交换机的 VLAN

同一个 VLAN 内的主机，彼此间应可以相互通信，当 VLAN 成员分布在两台交换机的端口上时，如何才能实现彼此间的相互通信呢？

一种解决办法是：在交换机上各拿出一个端口，实现这两台交换机间的级联，用于提供该 VLAN 内的主机跨交换机实现相互通信。有多少个 VLAN，就对应地需要占用多少个端口，如图 5.3 所示。

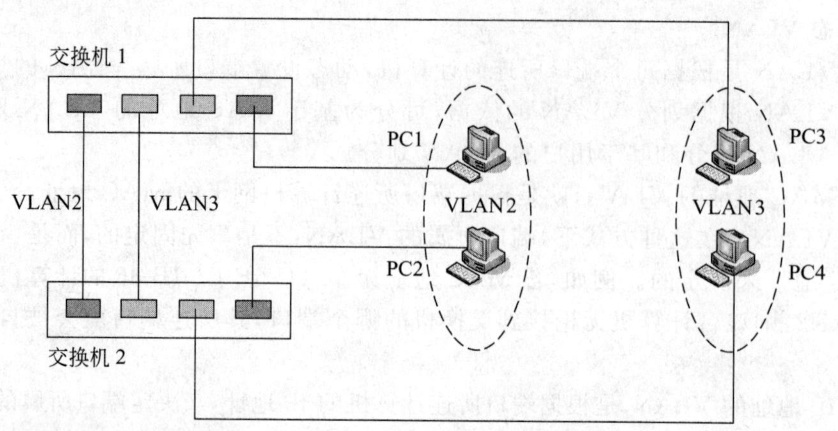

图 5.3 同一个 VLAN 内的主机在交换机间的相互通信

这种方法虽然解决了 VLAN 内主机间的跨交换机相互通信，但每增加一个 VLAN，就需要在交换机间添加一条级联链路，而且还要额外占用交换机端口。

为避免这种低效率的连接方式和对交换机端口的大量占用，可将这些用于级联的链路汇聚到一条链路上，让该条链路允许各个 VLAN 的通信流量经过，这样就可很好地解决对端口的大量占用情况。这条用于实现各 VLAN 在交换机间通信的链路，就称为 Trunk Link，此时的级联方式如图 5.4 所示。Trunk Link 也称为中继链路。

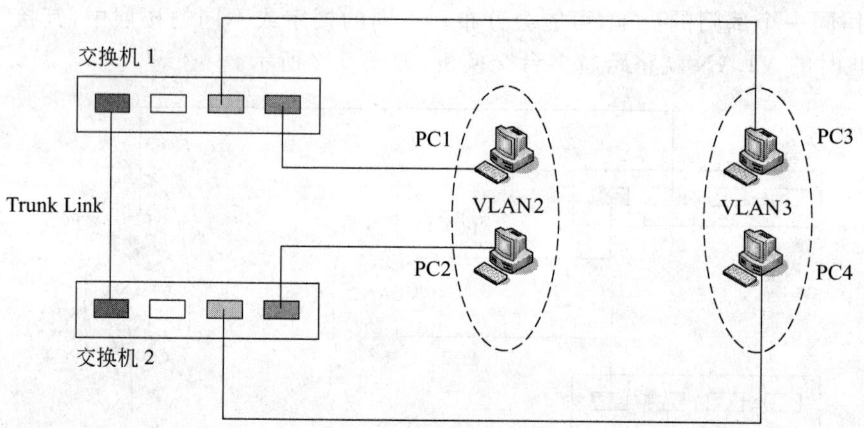

图 5.4 利用 Trunk 链路实现跨交换机的 VLAN 内通信

用做 Trunk 链路的交换机端口的工作模式必须设置为 Trunk 模式，端口速率必须在 100Mb/s 或以上。

因此，当一个 VLAN 的端口分布在两个或多个交换机上时，交换机之间的级联链路必须采用 Trunk 链路。链路要成为 Trunk 链路，链路两端的交换机端口的工作模式必须设置为 Trunk 模式。

2. Trunk 链路封装协议

由于 Trunk 链路承载了多个 VLAN 的通信流量，为了标识各数据帧属于哪一个

VLAN,需要对流经 Trunk 链路的数据帧进行打标(tag)封装,以附加上 VLAN 信息,这样交换机就可通过 VLAN 标识,将数据帧转发到对应的 VLAN 中。

在图 5.4 中,当 VLAN2 中的 PC1 要与 PC2 通信时,PC1 发出的数据帧进入交换机 1,到达 Trunk 端口时,交换机 1 会自动对该数据帧进行打标,附加上该数据帧所属的 VLAN 信息,然后通过 Trunk 链路到达交换机 2 的 Trunk 端口。当数据帧离开 Trunk 端口时。交换机 2 会自动从数据帧中取出打标信息,以获得该数据帧所属的 VLAN,同时从数据帧中去掉打标信息,还原出原始的数据帧,然后将数据帧转发给 VLAN2 中的 PC2 主机。

Trunk 链路封装协议有 IEEE 802.1Q 和 ISL。IEEE 802.1Q 属于国际标准协议,适用于各个厂商生产的交换机,该协议通常简称为 dot1q。ISL 是 Cisco 专属协议。

(1) IEEE 802.1Q 封装协议

IEEE 802.1Q 所附加的 VLAN 识别信息,位于数据帧中发送源 MAC 地址和类别域(Type Field)之间,所添加的内容为 2 字节的 TPID 和 2 字节的 TCI,共计 4 个字节,其对数帧的封装过程如图 5.5 所示。

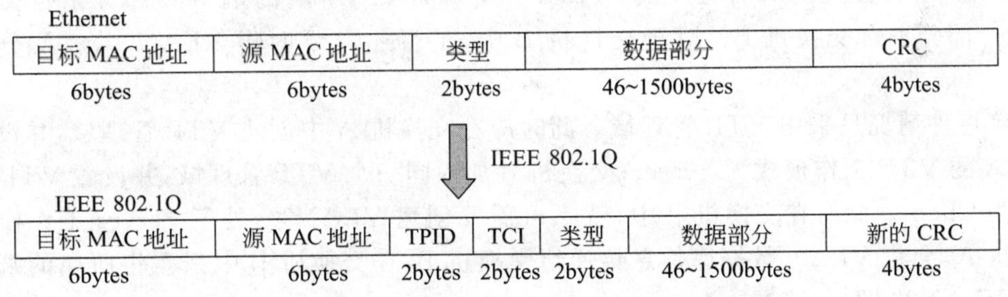

图 5.5　IEEE 802.1Q 协议对数据帧进行打标封装

TPID(Tag Protocol Identifier)的值固定为 0x8100,交换机据此来确定数据帧内附加了基于 IEEE 802.1Q 协议的 VLAN 信息。

TCI(Tag Control Information)字段由 Priority(3 位)、cfi(1 位)和 VLAN ID(12 位)三部分构成。数据帧所属的 VLAN ID 由 12 位的二进制数编码表示,最多可标记和识别 4096 个 VLAN。

(2) ISL 封装协议

ISL(Inter Switch Link)是 Cisco 专属的封装协议,仅支持 Cisco 的交换机或路由器。

ISL 对数据帧进行打标封装时,采取在数据帧的头部附加 26 字节的 ISL 包头(ISL Header),并且在数据帧的尾部带上对包括 ISL 包头在内的整个数据帧进行计算后得到的 4 字节的 CRC 值,即 ISL 协议保留数据帧原来的 CRC,然后再附加上一个新的 CRC,即封装时总共增加了 30 个字节的信息。

当数据帧离开 Trunk 链路时,ISL 只需简单地去除 ISL 包头和新 CRC 就可以了,由于数据帧原来的 CRC 被完整保留,因此无须重新计算。大多数 Cisco 设备都支持 ISL 和 IEEE 802.1Q 协议。

ISL 与 IEEE 802.1Q 协议互不兼容,ISL 是 Cisco 独有的协议,只能用于 Cisco 网络设备之间的互联。如果局域网使用的全部是Cisco系列交换机，则可采用ISL协议来打标，也可采用IEEE 802.1Q协议来打标；如果局域网使用了多个厂商的交换机，则应使用标准的IEEE 802.1Q协议来对数据帧进行打标封装。

5.4 VTP管理域

1. 何时需要创建VTP管理域

创建VTP管理域并不是创建和配置VLAN的必须工作。只有当所创建的VLAN和VLAN所属的端口分布在两台或两台以上的交换机时，才有可能需要创建VTP管理域。如果所创建的VLAN和VLAN所属的端口位于同一台交换机之上，则不需要创建VTP管理域。

当所创建的VLAN和VLAN所属的端口分布在两台或两台以上的交换机时，对VLAN的管理方式有两种。一种是采用创建VTP管理域来自动管理，另一种方式是不创建VTP管理域，采用手工管理。

例如，若在交换机A中创建了VLAN20，VLAN20所属的端口一部分来自交换机A，另一部分来自交换机B。对于交换机B中，是否还需要创建VLAN20，就要分两种情况。

第一种情况是采用VTP管理域。此时应在交换机A中创建VTP管理域，并设置交换机A的VTP工作模式为Server；交换机B加入同一个VTP管理域，并设置VTP工作模式为Client。此时在交换机B中，就不再需要创建VLAN20，处于Server工作模式的交换机A，会将VLAN数据库信息传递给交换机B，在交换机B中只需将所属的端口划分到VLAN20即可。

第二种情况是由管理员手工创建、配置和管理VLAN信息，此时不需要创建和配置VTP管理域。在这种情况下，虽然在交换机A中已创建了VLAN20，但交换机B并不知道，因此在交换机B中必须先手工创建VLAN20，然后再将所属的端口划分给VLAN20。

2. VTP简介

VTP(VLAN Trunking Protocol)是一个在建立了Trunk链路的交换机之间，同步和传递VLAN配置信息的协议，以在同一个VTP管理域中维持VLAN配置的一致性。

VTP对于运行ISL或IEEE 802.1Q封装协议的Trunk链路都适用。利用VTP还能实现从Trunk链路中裁剪掉不需要的VLAN流量，实现有选择性地让某些VLAN流量通过Trunk链路。

VTP有Server、Client和Transparent(透明)三种工作模式，这些工作模式决定了是否允许指定的交换机管理VLAN、VTP如何传送和同步VLAN配置。

(1) Server模式

Server模式是交换机默认的工作模式，运行在该模式的交换机，允许创建、修改和删除本地VLAN数据库中的VLAN，并允许设置一些对整个VTP域的配置参数。

在对VLAN进行创建、修改或删除之后，VLAN数据库的变化将传递到VTP域内所有处于 Server 或 Client 模式的其他交换机，以实现对 VLAN 信息的同步。另外，Server 模式的交换机也可接收同一个 VTP 域内其他交换机发送来的同步信息。

(2) Client 模式

处于该模式下的交换机不能创建、修改和删除 VLAN，也不能在 NVRAM 中存储 VLAN 配置，如果掉电，将丢失所有的 VLAN 信息。该模式下的交换机，主要通过 VTP 域内其他交换机的 VLAN 配置信息来同步和更新自己的 VLAN 配置。另外，它也会向 VTP 域公布自己的 VLAN 数据库配置信息，并可将 VLAN 配置信息转发给其他交换机。

(3) Transparent 模式

Transparent 模式也可以创建、修改和删除本地 VLAN 数据库中的 VLAN，但与 Server 模式不同的是，对 VLAN 配置的变化不会传播给其他交换机，即对 VLAN 的配置改变，仅对处于透明模式的交换机自身有效。处于该模式的交换机，也将忽略其他交换机所传递来的任何 VTP 信息，但可将这些信息原封不动地转发给其他交换机。因此，工作于 Transparent 模式的交换机不需要事先创建 VTP 管理域。

3. 创建 VTP 管理域

要在交换机上激活启用 VTP，应先创建 VTP 管理域，然后设置 VTP 的工作模式，最后还要配置和启用 Trunk 链路。

VTP 信息只通过 Trunk 链路传送，如果交换机之间没有一条 Trunk 链路，则交换机之间无法完成 VLAN 配置信息的交换更新。

(1) 创建 VTP 管理域

配置命令：

```
vtp domain domain_name
```

该命令在 VLAN 配置模式下运行，用于创建一个 VTP 管理域。只有属于同一个 VTP 域的交换机彼此间才能交换 VLAN 信息。一个交换机只能同时属于某一个 VTP 域。

domain_name 代表要创建的 vtp 管理域。注意该域名称是区分大小写的，VTP 域名不会隔断广播域，仅用于同步 VLAN 配置信息。

例如，若要在 Cisco Catalyst 3550 交换机中创建一个名为 cqddvtpdomain 的管理域，则配置命令为：

```
S3550>enable
S3550#vlan database
S3550(vlan)#vtp domain cqddvtpdomain
VTP domain cqddvtpdomain modified.
S3550(vlan)#
```

(2) 设置 VTP 模式

配置命令：

```
vtp server|client|transparent
```

该命令在 VLAN 数据库配置模式下运行,用于设置 VTP 的工作模式。

例如,若要将 Cisco Catalyst 3550 交换机设置为 Server 模式,则配置命令为:

```
S3550(vlan)#vtp server
S3550(vlan)#exit
APPLY completed.
Exiting...
S3550#write
S3550#
```

(3) 查看 VTP 信息

若要查看 VTP 的状态信息,可使用命令:show vtp status。

```
S3550#show vtp status
VTP Version                            :2
configuration Revison                  :2
Maximum VLANs supported locally        :64
Number of existing VLANs               :5

VTP Operating Mode                     :Server
VTP Domain Name                        :cqddvtpdomain
VTP Pruning Mode                       :Disabled
VTP V2 Mode                            :Disabled
VTP Traps Generation                   :Disabled
MD5 digest                             :0xEE 0xB3 0xDC 0x9F 0xE2 0xE0 0x25 0xDF
Configuration last modified by 0.0.0.0 at 10-24-2004 02:15:57
Local updater ID is 0.0.0.0 (no valid interface found)
```

使用 show vtp counters 命令可显示有关 VTP 的统计信息。VTP 支持版本 1 和版本 2 模式,设置启用 VTP 版本 2,可在 VLAN 配置模式,执行 vtp v2-mode 配置命令来实现。

对于 VTP v1 版,透明模式的交换机在转发 VTP 通告时,会先检查 VTP 版本和 VTP 域名是否与本机相同,相同则转发,不同则不转发;VTP v2 版本则不检查版本号和 VTP 域名就转发。另外,VTP v2 支持令牌环交换和令牌环 VLAN。

5.5 VLAN 的创建与配置

在进行 VLAN 配置时,首先应根据应用需求,规划设计好网络拓扑结构,并进行 VLAN 的规划和 IP 地址分配规划,最后再开始动手创建和配置 VLAN。

VLAN 的创建比较简单,大体步骤分为三步,即创建 VLAN、划分 VLAN 所属的端口、配置 VLAN 的子接口。配置 VLAN 子接口的目的是实现 VLAN 间的相互通信,仅三层交换机或路由器才支持。若没有三层交换机,也可采用二层交换机和路由器来实现。

本节以案例方式,介绍 VLAN 的创建和配置方法。

5.5.1　配置案例

［**例 5.1**］　在前面第 3 章的例 3.8，介绍了一个实用的校园网组网案例。前面的示例，已完成了核心层交换机（Cisco 3560）和路由器的互联接口地址的配置和路由配置。本示例在此基础上，完成 VLAN 的创建和 VLAN 间的相互通信，具体要求如下：

- 所有教师用机属于 VLAN10 网段，网段地址为 192.168.1.0/24，网关地址为 192.168.1.1。
- 所有学生用机属于 VLAN20 网段，网段地址为 192.168.2.0/24，网关地址为 192.168.2.1。
- 校园网服务器属于 VLAN30，网段地址为 192.168.3.0/24，网关地址为 192.168.3.1。

打开例 3.8 的网络拓扑文件（exam3.8.pkt），然后按图 5.6 所示，完善实验拓扑。

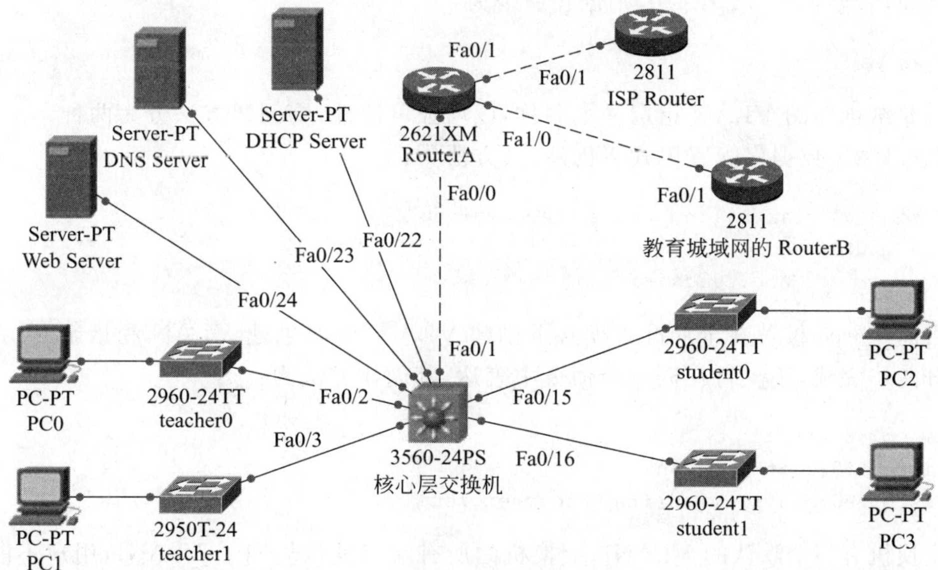

图 5.6　VLAN 创建与划分网络拓扑

在以上拓扑结构图上，接入层交换机默认采用第 24 口与 Cisco 3560 交换机级联。接入层交换机由于数量较多，每个网段画出 2 台作为示例。对 VLAN 和端口划分的规划如表 5.1 所示。

表 5.1　VLAN 及 VLAN 端口规划

VLAN ID	所属网段	VLAN 所属端口	VLAN 用途
VLAN10	192.168.1.0/24	Cisco 3560 的 2～14 口	教师使用
VLAN20	192.168.2.0/24	Cisco 3560 的 15～20 口	学生使用
VLAN30	192.168.3.0/24	Cisco 3560 的 21～24 口	服务器群使用

5.5.2 创建 VLAN

根据应用的需要,VLAN 的创建可在二层交换机上创建,也可在三层交换机上创建。在本应用示例中,采取在 Cisco 3560 交换机上创建,便于实现 VLAN 间的相互通信。

接入层交换机的上联端口属于哪一个 VLAN,则该交换机的所有端口就属于该 VLAN。因此,接入层交换机通常就不再需要划分 VLAN,而直接使用。

1. VLAN 创建命令

命令及用法:

```
vlan vlan-id name vlan-name
```

该命令在 VLAN 数据库配置模式运行。*vlan-id* 代表要创建的 VLAN 的 id 号,*vlan-name* 代表该VLAN 的名称,为可选项。

例如,若要创建 VLAN10,则创建命令为:

```
vlan 10
```

若要给创建的 VLAN 指定一个名称,以增强可读性,则创建方法分为两种。

在 VLAN 数据库配置模式下创建,其方法为:

```
Cisco3560(vlan)#vlan 10 name teachergroup
    VLAN 10 added:
            Name:teachergroup
```

目前,Cisco 推荐在全局配置模式下创建 VLAN,此时创建 VLAN 和指定 VLAN 名称应分两步完成,不支持在同一个命令中表达,其创建方法为:

```
Cisco3560#config t
Cisco3560(config)#vlan 10
Cisco3560(config-vlan)#name teachergroup
```

交换机有一个默认的 VLAN1,交换机的所有端口默认均属于 VLAN1,用户不能删除该 VLAN,因此用户所创建的 VLAN 应从 2 开始。另外,交换机保留使用了 vlan 1002～vlan 1005 这 4 个 VLAN。

最多可创建的 VLAN 数受交换机硬件条件限制,不同型号的交换机,允许创建的 VLAN 数有所不同。Cisco 2924 和 2950 交换机,支持 64 个 VLAN;Cisco 2950-24 EMI 支持 250 个 VLAN;3500 系列交换机同时只支持 250 个 VLAN,且只能支持在 64 个 VLAN 上运行 STP(生成树协议),STP 一次工作在最多 64 个 VLAN 上,如果超过 64 个 VLAN,需要先将其他 VLAN 的 STP 禁止;3550 支持 1005 个 VLAN,含保留的 5 个 VLAN。

查看交换机的 VLAN 配置信息,可在特权 EXEC 模式下,执行 show vlan 命令,采用 show vlan *vlan-id* 命令用法,来显示指定 VLAN 的信息。

若要删除已创建的 VLAN,使用命令:

```
no vlan vlan-id
```

2. 配置实例

对于本案例的 VLAN 创建,其创建步骤与命令为:

```
switch#config t
switch(config)#hostname s3560
s3560(config)#vlan 10
s3560(config-vlan)#name teachergroup
s3560(config-vlan)#vlan 20
s3560(config-vlan)#name studentgroup
s3560(config-vlan)#vlan 30
s3560(config-vlan)#name servergroup
s3560(config-vlan)#end
!查看 VLAN 配置情况
s3560#show vlan
```

执行 show vlan 命令后,显示的 VLAN 配置情况如图 5.7 所示。

```
VLAN Name                             Status    Ports
---- -------------------------------- --------- -------------------------------
1    default                          active    Fa0/1, Fa0/2, Fa0/3, Fa0/4
                                                Fa0/5, Fa0/6, Fa0/7, Fa0/8
                                                Fa0/9, Fa0/10, Fa0/11, Fa0/12
                                                Fa0/13, Fa0/14, Fa0/15, Fa0/16
                                                Fa0/17, Fa0/18, Fa0/19, Fa0/20
                                                Fa0/21, Fa0/22, Fa0/23, Fa0/24
                                                Gig0/1, Gig0/2
10   teachergroup                     active
20   studentgroup                     active
30   servergroup                      active
1002 fddi-default                     active
1003 token-ring-default               active
1004 fddinet-default                  active
1005 trnet-default                    active

VLAN Type  SAID       MTU   Parent RingNo BridgeNo Stp  BrdgMode Trans1 Trans2
---- ----- ---------- ----- ------ ------ -------- ---- -------- ------ ------
1    enet  100001     1500  -      -      -        -    -        0      0
10   enet  100010     1500  -      -      -        -    -        0      0
20   enet  100020     1500  -      -      -        -    -        0      0
30   enet  100030     1500  -      -      -        -    -        0      0
1002 enet  101002     1500  -      -      -        -    -        0      0
1003 enet  101003     1500  -      -      -        -    -        0      0
1004 enet  101004     1500  -      -      -        -    -        0      0
1005 enet  101005     1500  -      -      -        -    -        0      0
```

图 5.7　查看 VLAN 配置信息

5.5.3　划分 VLAN 端口

1. VLAN 端口的划分

划分 VLAN 端口就是将交换机的端口划分指派到各自所属的 VLAN。划分指派方法分为两步,第一步是选择要划分的端口,对于连续的端口可使用 range 关键字,同时选择多个端口;第二步是在接口配置模式下,通过以下命令,将当前所选中的端口划分到指定的 VLAN 中。

```
switchport access vlan vlan-id
```

其中,*vlan-id* 为 VLAN 的 id 号,表示将端口划入哪一个 VLAN。

如果一个 VLAN 所属的端口分布在多台交换机上,则要分别在这些交换机上进行端口划分,并配置这些交换机间的级联链路为 Trunk 链路。

2. 配置实例

对于本案例的 VLAN 划分,实现命令为:

```
s3560#config t
s3560(config)#int range fa0/2-14
s3560(config-if-range)#switchport access vlan 10
s3560(config-if-range)#int range fa0/15-20
s3560(config-if-range)#switchport access vlan 20
s3560(config-if-range)#int range fa0/21-24
s3560(config-if-range)#switchport access vlan 30
s3560(config-if-range)#end
s3560#show vlan
```

执行最后的 show vlan 命令后,显示的 VLAN 配置情况如图 5.8 所示。

```
s3560#show vlan

VLAN Name                             Status    Ports
---- -------------------------------- --------- -------------------------------
1    default                          active    Fa0/1, Gig0/1, Gig0/2
10   teachergroup                     active    Fa0/2, Fa0/3, Fa0/4, Fa0/5
                                                Fa0/6, Fa0/7, Fa0/8, Fa0/9
                                                Fa0/10, Fa0/11, Fa0/12, Fa0/13
                                                Fa0/14
20   studentgroup                     active    Fa0/15, Fa0/16, Fa0/17, Fa0/18
                                                Fa0/19, Fa0/20
30   servergroup                      active    Fa0/21, Fa0/22, Fa0/23, Fa0/24
1002 fddi-default                     active
1003 token-ring-default               active
1004 fddinet-default                  active
1005 trnet-default                    active

VLAN Type  SAID       MTU   Parent RingNo BridgeNo Stp  BrdgMode Trans1 Trans2
---- ----- ---------- ----- ------ ------ -------- ---- -------- ------ ------
1    enet  100001     1500  -      -      -        -    -        0      0
10   enet  100010     1500  -      -      -        -    -        0      0
20   enet  100020     1500  -      -      -        -    -        0      0
30   enet  100030     1500  -      -      -        -    -        0      0
1002 enet  101002     1500  -      -      -        -    -        0      0
1003 enet  101003     1500  -      -      -        -    -        0      0
1004 enet  101004     1500  -      -      -        -    -        0      0
1005 enet  101005     1500  -      -      -        -    -        0      0
```

图 5.8　划分 VLAN 端口后的 VLAN 配置信息

进行 VLAN 端口划分后,属于同一个 VLAN 的主机间可以相互通信,但无法与其他 VLAN 中的主机进行通信。在图 5.6 所示的拓扑图中,PC0 和 PC1 同属于 VLAN 10,设置 PC0 和 PC1 主机的 IP 地址为同一网段的地址后,PC0 和 PC1 就可相互通信了;PC2 和 PC3 属于 VLAN20,目前还无法与位于 VLAN10 中的 PC0 和 PC1 主机相互通信。

5.5.4　配置 VLAN 子接口

1. VLAN 子接口简介

要实现 VLAN 间的相互通信,就必须配置 VLAN 对应的子接口的 IP 地址。对于在三层交换机上创建的 VLAN,每一个 VLAN 对应有一个虚拟的 VLAN 子接口,通过给该子接口配置 IP 地址,就可实现 VLAN 间的相互通信。

配置子接口的 IP 地址后,三层交换机会自动添加相应的路由,它们是直达的,因为这些子接口都在同一台三层交换机上。

2. VLAN 子接口的配置项

对 VLAN 子接口的配置，通常有两项，一是配置指定接口的 IP 地址，该 IP 地址就成为该网段的网关地址；二是为该网段配置指定 DHCP 服务器的地址，以使该网段的主机能实现自动获得 IP 地址，该项为可选配置。

网段中的主机要实现自动获得 IP 地址，还必须在指定的 DHCP 服务器上为该网段配置作用域，配置指定可分配的 IP 地址池、IP 地址租用期、默认路由、域名服务器地址等信息。

3. VLAN 子接口的配置命令

```
interface vlan vlan-id
ip address adress netmask
ip helper-address dhcp-server
no shutdown
```

其中，interface vlan 在全局配置模式下运行，用于选择要配置的 VLAN 子接口；ip address 用于为该子接口配置 IP 地址；ip helper-address 用于为该网段的主机配置指定 DHCP 服务器的 IP 地址。

4. 配置实例

对于本案例，只需配置指定 VLAN 子接口的 IP 地址，其配置命令为：

```
s3560#config t
s3560(config)#int vlan 10
s3560(config-if)#ip address 192.168.1.1 255.255.255.0
s3560(config-if)#int vlan 20
s3560(config-if)#ip address 192.168.2.1 255.255.255.0
s3560(config-if)#int vlan 30
s3560(config-if)#ip address 192.168.3.1 255.255.255.0
s3560(config-if)#end
s3560#write
s3560#show run
```

配置完毕后，可使用 ping 命令去 ping 这些接口地址(网关地址)，以检查 VLAN 子接口工作是否正常。

5. 验证配置

通过前面的 VLAN 划分和 VLAN 子接口的配置，目前该校园网就能实现三个网段间的相互通信了。

分别设置 PC0～PC3 主机、Web Server、DNS Server 和 DHCP 服务器的 IP 地址、子网掩码和网关地址，然后在某一台 PC 的命令行进行 ping 测试，若都能 ping 通，则配置成功。

6. 配置 VLAN 用户自动获得 IP 地址

ip helper-address 配置命令在 Packet Tracer 4.1/5.0 中不支持，因此在模拟实验环境中，无法进行相关的实验。对于真实设备，ip helper-address 命令是支持的。若 DHCP

服务器的地址为192.168.3.4,并要配置VLAN20的用户主机为自动获得IP地址方式,则配置方法为:

```
s3560(config)#int vlan 20
s3560(config-if)#ip address 192.168.2.1 255.255.255.0
s3560(config-if)#ip helper-address 192.168.3.4
```

5.6 配置Trunk链路

当一条链路需要有多个VLAN流量通过时,该条链路就必须配置成Trunk链路。本节介绍Trunk链路的配置方法与应用实例。

5.6.1 配置案例

[**例5.2**] 如图5.9所示,接入层交换机Cisco 2960的端口分属于VLAN10和VLAN20,Fa0/1～Fa0/9属于VLAN10,Fa0/10～Fa0/23属于VLAN20,Fa0/24用于上联汇聚层交换机的Fa0/24口,试配置接入层交换机和汇聚层交换机,实现VLAN10和VLAN20主机间的相互通信。

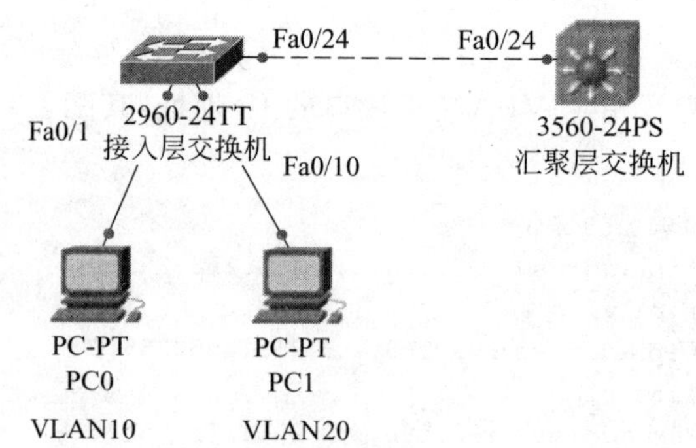

图5.9 接入层交换机与汇聚层交换机的Trunk级联

在例5.1案例中,一个接入层交换机的所有端口均属于同一个VLAN。这种情况下,接入层交换机只需向上级联到汇聚层或核心层交换机即可,接入层交换机不需作任何配置。

当接入层交换机的端口分属于两个或多个VLAN时,接入层交换机与汇聚层交换机之间的级联链路就必须采用Trunk链路。

5.6.2 Trunk链路的配置方法

要配置实现Trunk链路,只需将级联链路两端的交换机端口配置成Trunk工作模式,并配置指定Trunk链路的封装协议即可。

Trunk功能属于二层特性,在配置之前,注意检查和设置交换机端口为二层端口。三层交换机的端口默认为二层端口,如果要设置为三层端口,可执行no switchport命令,若要重新设置为二层端口,则执行switchport命令。

1. 交换机端口的工作模式

交换机端口的工作模式分为 access(访问连接端口)和 trunk 两种,默认为 access。可使用以下命令来进行设置。

```
switchport mode access|trunk
```

switchport mode trunk 设置当前端口为 trunk 工作模式,对于 Trunk 链路,其端口必须设置为 Trunk 工作模式。在该工作模式下,交换机端口可识别经 ISL 或 IEEE 802.1Q 协议封装的数据帧。switch mode access 则设置为 access 工作模式,即访问连接端口。

2. 配置 Trunk 封装协议

对于 Cisco 交换机,一般都同时支持 ISL 和 IEEE 802.1Q 协议,其他厂商的设备则仅支持 IEEE 802.1Q 封装协议。

配置封装协议的命令为:

```
switchport trunk encapsulation isl|dot1q
```

其中,dot1q 代表 IEEE 802.1Q 协议。

Trunk 链路两端的交换机端口都要配置成 Trunk 口,并且封装协议必须相同。

若要查看 Trunk 的配置情况,可执行 show interface trunk 命令来实现。

3. 配置 Trunk 链路允许通过的 VLAN

默认情况下,Trunk 链路允许所有 VLAN 的流量通过,在某些应用场合中(如交换机有两条或多条 Trunk 链路和多个 VLAN 存在时),有时需要限制允许通过 Trunk 链路的 VLAN。

(1) 绝对指定方式

配置命令:

```
switchport trunk allowed vlan vlanlist
```

执行该命令之前,应先选择要配置的 Trunk 口。该命令用于设置允许通过该 Trunk 口的 VLAN。

若要设置允许所有的 VLAN 通过 trunk 链路,则配置命令为:

```
switchport trunk allowed vlan all
```

示例:假设交换机的 Fa0/1 和 Fa0/2 均为 Trunk 口,该台交换机有 VLAN1、VLAN10、VLAN20 和 VLAN30、VLAN40 和 VLAN50 共 6 个 VLAN,现要配置 VLAN1、VLAN30、VLAN40 和 VLAN50 允许通过 Fa0/1 口的 Trunk 链路,则配置方法为:

```
switch#config t
switch(config)#int fa0/1
switch(config-if)#switchport mode trunk
switch(config-if)#switchport trunk encapsulation dot1q
switch(config-if)#switchport trunk allowed vlan 1,30,40,50
```

(2) 相对指定方式

用户创建的VLAN号范围为2～1001,1002～1005和VLAN1为系统保留使用。可在默认允许通过的VLAN的基础上,指定不允许通过(删除)或增加允许通过的VLAN。

指定不允许通过的VLAN,配置命令:

```
switchport trunk allowed vlan remove vlanlist
```

其中,*vlanlist*代表要删除的VLAN号列表,各VLAN之间用逗号进行分隔。

例如,假设Cisco 3550的Fa0/1是Trunk口,要设置不允许VLAN3和VLAN4通过该Trunk链路,其他VLAN均可以通过,则配置命令为:

```
C3550(config)#interface fa 0/1
C3550(config-if)#switchport trunk allowed vlan remove 3,4
```

增加允许通过的VLAN,配置命令:

```
switchport trunk allowed vlan add vlanlist
```

若要增加允许VLAN2和VLAN5通过该Trunk链路,则配置命令为:

```
C3550(config-if)#switchport trunk allowed vlan add 2,5
```

5.6.3 案例的配置实现

1. 配置接入层交换机

配置内容:创建和划分VLAN10和VLAN20,配置Fa0/24为Trunk口。

注意:Cisco 2950、2960默认仅支持IEEE 802.1Q封装协议,因此不用再配置指定。Cisco 3560支持ISL和IEEE 802.1Q封装协议,但在Packet Tracer环境中,也仅支持IEEE 802.1Q封装协议,因此也不用配置封装协议。

配置步骤与命令:

```
Switch>en
Switch#config t
Switch(config)#hostname s2960
s2960(config)#vlan 10
s2960(config-vlan)vlan 20
s2960(config-vlan)#exit
s2960(config)#int range fa0/1-9
s2960(config-if-range)#switchport access vlan 10
s2960(config-if-range)#int range fa0/10-23
s2960(config-if-range)#switchport access vlan 20
s2960(config-if-range)#int fa0/24
s2960(config-if)#switchport mode trunk
s2960(config-if)#end
s2960#write
```

2. 配置汇聚层交换机

配置内容:创建VLAN10和VLAN20,配置Fa0/24为Trunk,并配置VLAN子接口地址。

配置步骤与命令：

```
Switch>en
Switch#config t
Switch(config)#hostname s3560
!创建 VLAN
s3560(config)#vlan 10
s3560(config-vlan)#vlan 20
s3560(config-vlan)#exit
!配置 trunk 口
s3560(config)#int fa0/24
s3560(config-if)#switchport mode trunk
!配置 VLAN 子接口 IP 地址
s3560(config-if)#int vlan 10
s3560(config-if)#ip address 192.168.1.1 255.255.255.0
s3560(config-if)#int vlan 20
s3560(config-if)#ip address 192.168.2.1 255.255.255.0
s3560(config-if)#end
s3560#write
s3560#show interface trunk
```

show interface trunk 命令用于查看 Trunk 的配置情况，其显示结果如图 5.10 所示。

```
s3560#show interfaces trunk
Port        Mode         Encapsulation  Status        Native vlan
Fa0/24      on           802.1q         trunking      1

Port        Vlans allowed on trunk
Fa0/24      1-1005

Port        Vlans allowed and active in management domain
Fa0/24      1,10,20,1002,1003,1004,1005

Port        Vlans in spanning tree forwarding state and not pruned
Fa0/24      1,10,20,1002,1003,1004,1005
```

图 5.10 查看 Trunk 的配置情况

3. 检验配置

设置 PC0 主机的 IP 地址为 192.168.1.2，子网掩码为 255.255.255.0，网关地址为 192.168.1.1；设置 PC1 主机的 IP 地址为 192.168.2.2，子网掩码为 255.255.255.0，网关地址为 192.168.2.1。

进入 PC0 的命令行，ping 192.168.2.2，若能 ping 通，则配置正确，运行正常。

5.7 单臂路由器的配置与应用

本节在介绍单臂路由器的拓扑结构和 VLAN 间主机相互通信过程的基础上，重点介绍在只有二层交换机和路由器的情况下，如何实现 VLAN 间的相互通信。

5.7.1 应用案例

［例 5.3］ 现有某学校要对原校园网络在不增加新设备的情况下进行优化改造。该

校园网络原有设备为Cisco 2950二层交换机和一台Cisco 2621路由器,没有三层交换机,整个校园网络只有一个网段。新的改造方案是整个校园网络划分为三个网段,教师机属于一个网段(VLAN10),学生机属于一个网段(VLAN20),服务器属于一个网段(VLAN30),要求各网段间能相互通信。

VLAN10的网段地址为192.168.1.0/24,网关地址为192.168.1.1。

VLAN20的网段地址为192.168.2.0/24,网关地址为192.168.2.1。

VLAN30的网段地址为192.168.3.0/24,网关地址为192.168.3.1。

VLAN10所属的端口为Fa14~Fa0/23,VLAN20所属的端口为Fa0/5~Fa0/13,VLAN30所属的端口为Fa0/1~Fa0/4。新的网络改造方案网络拓扑结构如图5.11所示。

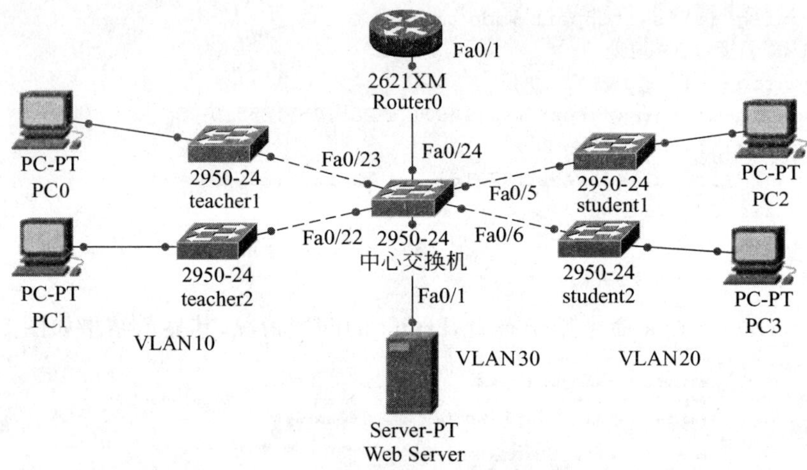

图5.11 网络改造拓扑图

5.7.2 单臂路由器的实现方法

1. 网络拓扑结构分析

在图5.11所示的网络应用拓扑结构中,由于没有三层交换机,VLAN的划分只能在二层交换机上来实现。要实现VLAN间的相互通信,必须为VLAN指定路由。虽然没有三层交换机,但有路由器,可借助外部路由器的路由功能来实现,其实现拓扑结构如图5.12所示。

路由器与二层交换机间的级联链路,由于要通过多个VLAN的流量,必须采用Trunk链路。在这种情况下,VLAN间的通信均通过路由器的Trunk口来实现,VLAN间通信的交换流量,流入和流出均是通过路由器的Trunk口来实现的,因此该种结构实际上是单臂路由器的一个典型应用。

2. 实现方法

VLAN间要实现相互通信,每一个VLAN必须有一个对应的虚拟子接口,以便能配置该VLAN的网关地址。二层交换机不支持网络层协议,因此无法提供VLAN子接口。

由于有多个VLAN要实现相互通信,因此需要有多个VLAN虚拟子接口。而交换机与路由器相连的,只有一个物理接口,路由器的这一个物理接口,如何才能实现提供多

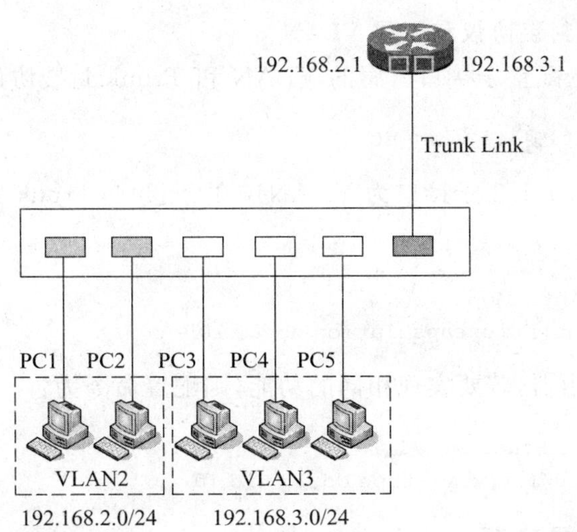

图 5.12 二层交换机借助外部路由器实现 VLAN 间通信

个 VLAN 虚拟子接口的功能呢？

方法就是在路由器的这一个物理接口上，通过划分子接口来实现。每一个子接口用做一个 VLAN 的虚拟子接口，需要多少 VLAN 子接口，就在该物理接口上创建多少个子接口即可。因此，对于路由器的端口，在支持子接口划分的同时，还必须支持 Trunk 功能。

在路由器上创建并配置 VLAN 子接口的 IP 地址后，就可实现 VLAN 间的相互通信了。此时 VLAN 间主机的通信过程为：

源主机→交换机→交换机的 Trunk 口(打标)→路由器 Trunk 口(移除标记)→路由器上对应的 VLAN 子接口→路由→目标主机所属的 VLAN 子接口→路由器 Trunk 口(打标)→交换机的 Trunk 口(移除标记)→目的主机

在 VLAN 较多，VLAN 间的通信流量较大的情况下，该种实现方案的 Trunk 链路的流量压力较大。另一方面，路由器一般是基于软件处理方式来实现路由，存在一定的延迟，难以达到线速交换。对于 VLAN 间的所有通信流量，都要经过路由器的路由，随着 VLAN 流量的增加，路由器将成为通信的瓶颈。

交换机使用 ASIC(Application Specified Integrated Circuit)专用硬件芯片来处理数据帧的交换，可实现线速(Wired Speed)交换。三层交换机是带有路由功能的交换机，其路由模块与交换模块共同使用 ASIC 硬件芯片，可实现高速度的路由。交换机的路由模块与交换模块是在交换机内部直连实现的，可提供相当高的带宽，因此，使用三层交换机来实现 VLAN 间的相互通信比使用外置的路由器效果好，而且配置也更方便。

3. 创建子接口

Cisco 三层交换机和路由器支持创建子接口，即可以在一个物理接口上，根据应用的需要，创建出多个逻辑子接口。其创建方法是使用接口选择命令，选择该子接口即可。

如果物理接口为 Fa0/1，若要创建 2 个子接口，则子接口的编号就可分别为 Fa0/1.1 和 Fa0/1.2，其余依次类推。

4. 配置子接口的封装协议和所属 VLAN

在 Cisco 路由器上配置子接口所属的 VLAN 和 Trunk 封装协议的命令为：

```
encapsulation dot1Q|isl vlan-id
```

例如，若要配置 Fa0/1.1 子接口为 VLAN10 的子接口，Trunk 封装协议为 dot1Q，则配置命令为：

```
Router(config)#int fa0/1.1
Router(config-subif)#encapsulation dot1Q 10
```

对于华为低端路由器，若要实现相同的功能，则配置命令为：

```
[Router]interface Ethernet0/1.1
[Router-Ethernet0/1.1]vlan-type dot1q vid 10
```

5.7.3 案例的配置实现

1. 配置 Cisco 2950 中心交换机

配置内容：创建 VLAN10、VLAN20 和 VLAN30，并划分 VLAN 端口，最后配置 Fa0/24 为 Trunk 口。

配置步骤与命令：

```
Switch#config t
Switch(config)#hostname center
center(config)#vlan 10
center(config-vlan)#vlan 20
center(config-vlan)#vlan 30
center(config-vlan)#int range fa0/1-4
center(config-if-range)#switchport access vlan 30
center(config-if-range)#int range fa0/5-13
center(config-if-range)#switchport access vlan 20
center(config-if-range)#int range fa0/14-23
center(config-if-range)#switchport access vlan 10
center(config-if-range)#int fa0/24
center(config-if)#switchport mode trunk
center(config-if)#end
center#write
```

2. 配置 Cisco 2621 路由器

配置内容：创建子接口，并配置子接口的 IP 地址。

配置步骤与命令：

```
Router#config t
Router(config)#int fa0/1.1
Router(config-subif)#description vlan_teacher
Router(config-subif)#encapsulation dot1Q 10
Router(config-subif)#ip address 192.168.1.1 255.255.255.0
Router(config-subif)#int fa0/1.2
```

```
Router(config-subif)#description vlan_student
Router(config-subif)#encapsulation dot1Q 20
Router(config-subif)#ip address 192.168.2.1 255.255.255.0
Router(config-subif)#int fa0/1.3
Router(config-subif)#description vlan_server
Router(config-subif)#encapsulation dot1Q 30
Router(config-subif)#ip address 192.168.3.1 255.255.255.0
Router(config-subif)#end
Router#write
```

3. 检验配置

配置 PC0 和 PC1 主机的 IP 地址分别为 192.168.1.2 和 192.168.1.3，子网掩码为 255.255.255.0，网关地址为 192.168.1.1；配置 PC2 和 PC3 主机的 IP 地址分别为 192.168.2.2和 192.168.2.3，子网掩码为 255.255.255.0，网关地址为 192.168.2.1；配置 Web Server 主机的 IP 地址为 192.168.3.3，子网掩码为 255.255.255.0，网关地址为 192.168.3.1。

然后在任意一台主机的命令行中 ping 对方的 IP 地址，若都能 ping 通，则配置成功。

5.8 华为交换机 VLAN 的创建与配置

华为交换机的 VLAN 创建与配置方法与 Cisco 交换机基本相同，只是具体命令的表达方式上有差异。本节主要针对这些差异，介绍华为交换机 VLAN 的创建与配置方法。

1. 创建 VLAN

配置命令：

```
vlan vlan-id
```

华为创建 VLAN 的方法与 Cisco 相同，都使用 vlan 命令来实现，但华为交换机不支持用 name 命令来为 VLAN 命名一个标识名。在华为交换机中，可使用 description 命令来为 VLAN 添加一个描述说明文字。

例如，若要创建一个用于学生组的 VLAN20，则创建方法为：

```
<Quidway>super
<Quidway>system-view
[Quidway]vlan 20
[Quidway-vlan20]description studentgroup
```

若要删除 VLAN，使用命令：

```
undo vlan vlan-id
```

2. 划分 VLAN 端口

Cisco 交换机一次可选择一个端口或者连续的多个端口，然后使用 switchport access vlan *vlan-id* 命令划分端口所属的 VLAN。

华为交换机无法选择连续的多个端口范围，因此对 VLAN 端口的划分与 Cisco 有较大的差别。

(1) 一次划分一个端口

配置方法：首先选中要划分的端口，然后使用以下命令指定端口所属的 VLAN。

```
port access vlan vlan-id
```

例如，若要将 E0/1 划分到 VLAN20，则配置命令为：

```
[Quidway]int e0/1
[Quidway-Ethernet0/1]port access vlan 20
```

(2) 一次划分连续的多个端口

配置方法：首先选择端口要指派到的目标 vlan，然后指定属于该 vlan 的端口范围。

配置命令：

```
vlan vlan-id
port start-port to end-port
```

例如，若要将交换机的 E0/2～E0/23 划分到 VLAN20，则配置命令为：

```
[Quidway]vlan 20
[Quidway-vlan20]port e0/2 to e0/23
```

3. 配置 VLAN 子接口

配置方法与 Cisco 基本相同，只是选择子接口的命令和指定 DHCP 服务器地址的命令不相同。IP 地址的配置命令相同。

配置命令：

```
interface Vlan-interface vlan-id
ip address ip-address netmask
ip relay address dhcp-server-ip-address
dhcp select relay
```

其中，interface Vlan-interface *vlan-id* 命令用于选择要配置的 VLAN 子接口，Cisco 使用 interface vlan *vlan-id* 命令。

配置指定 DHCP 服务器的 IP 地址是可选项，华为交换机使用 ip relay address 和 dhcp select relay 两条命令来实现。

例如，若要配置 VLAN20 子接口的 IP 地址为 192.168.2.1，配置指定 DHCP 服务器的 IP 地址为 192.168.3.4，则配置命令为：

```
[Quidway]interface Vlan-interface20
[Quidway-Vlan-interface20]ip address 192.168.2.1 255.255.255.0
[Quidway-Vlan-interface20]ip relay address 192.168.3.4
[Quidway-Vlan-interface20]dhcp select relay
```

4. 配置 Trunk 链路

华为交换机只支持 dot1Q，是默认的封装协议，不用再配置指定，因此没有配置封装协议的相关命令。

配置端口为 Trunk 工作模式,华为使用 port link-type trunk 命令来实现;若要取消 Trunk,恢复为默认的 Access 工作模式,则执行 undo port link-type 命令。

若要配置指定 Trunk 链路允许通过的 VLAN,配置命令为:

```
port trunk permit vlan vlan-list
```

若要配置指定允许所有 VLAN 通过,配置命令:

```
trunk permit vlan all
```

例如,若要配置指定 E0/24 口为 Trunk 口,允许所有 VLAN 流量通过,则配置命令为:

```
[Quidway]interface e0/24
[Quidway-Ethernet0/24]port link-type trunk
[Quidway-Ethernet0/24]port trunk permit vlan all
```

5.9　校园网 VLAN 划分与配置

在 2.4.3 小节规划设计了某高校的大型校园网络,在第 4 章完成了核心层交换机与各楼宇的汇聚层交换机间的接口互联和路由配置,本节将进一步完成各楼宇汇聚层交换机的 VLAN 划分,从而完成对校园网网段的划分、网段地址和网关地址的确定。汇聚层交换机的 VLAN 划分完成后,整个校园网络的内网就可互联互通,正常运行了。

5.9.1　汇聚层交换机 VLAN 划分策略

每一栋楼至少有一台汇聚层交换机,与接入层交换机共同放在本栋楼的楼宇配线间中。汇聚层交换机为三层交换机,向上以路由方式级联到核心层交换机。

根据本栋楼所要划分的网段的多少,在汇聚层交换机上创建和划分相应数目的 VLAN。

汇聚层交换机的每一个端口,向下级联接入层交换机,多余的端口也可用做连接用户主机或保留备用。接入层交换机向上与汇聚层交换机直接级联,不需任何配置。

如果一栋楼有多个网段,有时会出现某一个网段的接入层交换机的端口数量有剩余,而另一个网段的接入层交换机端口又差一部分(不足一个完整的交换机端口数量)。此时就可进行端口调配,即拿一个接入层交换机,一部分端口属于一个网段,另一部分端口属于另一个网段,以对各网段所需的接入端口进行调配。此种情况下,该接入层交换机就有多个 VLAN 存在,此时接入层交换机与汇聚层交换机间的级联就必须采用 Trunk 链路。

按本划分策略,各栋楼的 VLAN 仅局限于该栋楼的汇聚层交换机,因此各汇聚层交换机的 VLAN 号可以重复。

该大型校园网络的网段地址规划参见表 2.7。每栋楼汇聚层交换机的 VLAN 配置方法基本相同,不同之处在于 VLAN 的数目和 VLAN 的接口地址。因此,本节就不逐一讲解其配置,只针对 Cisco 和华为的汇聚层交换机,各选取一个代表进行讲解。

5.9.2 配置教学楼VLAN

1. 配置策略

根据网段地址规划(表2.7),教学楼划分为两个网段,每个网段使用一个C的地址,网段地址为192.168.18.0/24～192.168.19.0/24。

每个网段的网关地址,采用本网段的第一个可用IP地址。对于汇聚层交换机,以后可利用任意一个VLAN接口地址,通过Telnet来远程登录管理。

教学楼汇聚层交换机为Cisco 3550,有24个快速以太网端口,要划分2个网段,采取均分的划分策略。在实际应用中,可根据需要进行端口划分。

2. 创建与配置VLAN

```
jiaoxuelou#config t
!创建 VLAN
jiaoxuelou(config)#vlan 10
jiaoxuelou(config-vlan)#name vlan-jiaoxuelou-1
jiaoxuelou(config-vlan)#vlan 20
jiaoxuelou(config-vlan)#name vlan-jiaoxuelou-2
jiaoxuelou(config-vlan)#exit
!划分 VLAN 端口
jiaoxuelou(config)#int range fa0/1-12
jiaoxuelou(config-if-range)#switchport access vlan 10
jiaoxuelou(config-if-range)#int range fa0/13-24
jiaoxuelou(config-if-range)#switchport access vlan 20
!配置 VLAN 子接口
jiaoxuelou(config-if-range)#int vlan 10
jiaoxuelou(config-if)#ip address 192.168.18.1 255.255.255.0
jiaoxuelou(config-if)#no shutdown
jiaoxuelou(config-if)#int vlan 20
jiaoxuelou(config-if)#ip address 192.168.19.1 255.255.255.0
jiaoxuelou(config-if)#no shutdown
!保存配置并退出
jiaoxuelou(config-if)#exit
jiaoxuelou#write
jiaoxuelou#exit
```

5.9.3 配置综合楼VLAN

1. 配置内容

综合楼汇聚层交换机为华为3528P,需要划分2个网段,网段地址为192.168.16.0/24～192.168.17.0/24。

配置策略与前面相同。

2. 创建与配置VLAN

```
<zonghelou>super
<zonghelou>system-view
```

```
#创建 VLAN
[zonghelou]vlan 30
[zonghelou-vlan30]description vlan-zonghelou-1
[zonghelou-vlan30]vlan 40
[zonghelou-vlan40]description vlan-zonghelou-2
[zonghelou-vlan40]quit
#划分 VLAN 端口
[zonghelou]vlan 30
[zonghelou-vlan30]port e0/1 to e0/12
[zonghelou-vlan30]vlan 40
[zonghelou-vlan40]port e0/13 to e0/24
[zonghelou-vlan40]quit
#配置 VLAN 接口
[zonghelou]interface Vlan-interface 30
[zonghelou-Vlan-interface30]ip address 192.168.16.1 255.255.255.0
[zonghelou-Vlan-interface30]undo shutdown
[zonghelou-Vlan-interface30]interface Vlan-interface 40
[zonghelou-Vlan-interface40]ip address 192.168.17.1 255.255.255.0
[zonghelou-Vlan-interface40]quit
[zonghelou-Vlan-interface40]quit
#保存配置并退出
<zonghelou-Vlan-interface40>save
<zonghelou-Vlan-interface40>quit
```

5.9.4　配置 DMZ 区 VLAN

用于服务器接入的 DMZ 交换机采用 Cisco 3750，它与防火墙的互联在第 4 章已配置完成。本节介绍 DMZ 交换机的 VLAN 划分。

1. DMZ 区网段地址

DMZ 区交换机用于服务器的接入，服务器均使用公网地址，有多少个网段地址，就需要在 DMZ 交换机上划分多少个 VLAN。每个 VLAN 的端口数量，由使用该网段地址的服务器的数量决定。

根据第 2.4.3 小节对 A 区公网地址的使用规划，A 区提供给服务器使用的公网地址段共有 2 个网段，分别是：

ChinaNet 公网地址段：61.186.202.48/28，网关地址：61.186.202.49。

Cernet（教育网）地址：219.221.55.64/26，网关地址：219.221.55.65。

因此需要在 DMZ 交换机上划分 2 个 VLAN。

2. 创建与配置 DMZ 区 VLAN

```
DMZ#config t
!创建 VLAN
DMZ(config)#vlan 10
DMZ(config-vlan)#name ChinaNet-Server
DMZ(config-vlan)#vlan 20
DMZ(config-vlan)#name Cernet-Server
DMZ(config-vlan)#exit
```

```
!划分 VLAN 端口
DMZ(config)#int range fa0/1-13
DMZ(config-if-range)#switchport access vlan 10
DMZ(config)#int range fa0/14-23
DMZ(config-if-range)#switchport access vlan 20
!配置 VLAN 子接口
!配置 ChinaNet 子网段的网关地址,共 16 个 IP 地址
DMZ(config-if-range)#int vlan 10
DMZ(config-if)#ip address 61.186.202.49 255.255.255.240
DMZ(config-if)#no shutdown
!配置 Cernet 子网的网关地址,共 64 个 IP 地址
DMZ(config-if-range)#int vlan 20
DMZ(config-if)#ip address 219.221.55.65 255.255.255.192
DMZ(config-if)#no shutdown
DMZ(config-if)#exit
!保存配置并退出
DMZ(config)#write
DMZ(config)#exit
DMZ#exit
```

到目前为止,校园网络A区的VLAN划分就完成了,A区的校园内网就可正常运行了。在第6章完成对边界路由器的NAT配置之后,校园网用户就可访问因特网了。在第7章完成对防火墙的ACL包过滤规则的配置后,整个A区校园网络的建设也就完成了。

习题5

1. 以下对VLAN的描述,不正确的是(　　)。
   A. 利用VLAN,可有效隔离广播域
   B. 要实现VLAN间的相互通信,必须使用外部的路由器为其指定路由
   C. 可将交换机的端口静态地或动态地指派给某一个VLAN
   D. VLAN中的成员可相互通信,只有访问其他VLAN中的主机时,才需要通过网关访问
2. 以下关于VLAN创建的描述,不正确的是(　　)。
   A. 对于Cisco交换机,可在VLAN数据库配置模式下创建,也可在VLAN配置模式下创建
   B. 华为交换机创建VLAN,必须在系统视图状态下创建
   C. 可以不用创建VTP管理域而直接创建和管理VLAN
   D. 在创建VLAN时,Cisco和华为交换机均可使用name关键字给要创建的VLAN命名一个名称,以增强可读性
3. 以下对VTP的描述,不正确的是(　　)。
   A. VTP有三种工作模式,只有Server模式,才允许创建和删除VLAN
   B. Server和Transparent模式均可以创建或删除VLAN,但Transparent模式不会将VLAN配置的变化通告给其他交换机

C. 利用 VTP 可以同步同一 VTP 域中的 VLAN 配置

D. 可以在同一个 VTP 域中，工作模式为 Server 的任何一台交换机上创建 VLAN

4. 以下关于 VLAN 的创建和 VLAN 间通信的描述，正确的是(　　)。

A. 只能在三层交换机上创建 VLAN

B. 二层交换机不支持 VLAN 的创建

C. 在二层交换机上所创建的 VLAN，无法实现 VLAN 间的相互通信

D. 在二层交换机上创建的 VLAN，与三层交换机一样，也能实现 VLAN 间的相互通信

5. 交换机的(　　)技术可以隔离和减小广播域。

A. ISL　　B. IEEE 802.1Q　　C. VLAN　　D. STP

6. 若 Trunk 链路的一端是华为交换机，另一端是 Cisco 交换机，则在 Cisco 交换机中，Trunk 链路的封装协议必须采用(　　)。

A. ISL　　B. dot1Q　　C. ISL 或 dot1Q　　D. STP

7. 在 Cisco 交换机中，以下命令中，(　　)命令用于将端口指派到 VLAN。

A. port access *vlan vlan-id*　　B. switchport access vlan *vlan-id*

C. port access *vlan-id*　　D. switchport access *vlan-id*

8. 以下关于 Trunk Link 的描述，不正确的是(　　)。

A. 若一个 VLAN 的端口成员分布在两台交换机上，则这两台交换机之间的级联链路必须采用 Trunk 链路

B. 若一台接入层交换机的全部端口均属于同一个 VLAN，则该交换机与汇聚层交换机级联时，不需要使用 Trunk 链路，直接级联即可

C. 同一台交换机中，仅允许存在一条 Trunk 链路

D. 同一台交换机，根据应用需要，可以存在一条或多条 Trunk 链路

9. 以下关于 Cisco 和华为交换机在创建 VLAN 方面的差异描述，不正确的是(　　)。

A. 一般 Cisco 交换机均支持 ISL 和 dot1Q 封装协议，而华为交换机仅支持 dot1Q 封装协议

B. Cisco 交换机允许一次操作，将多个连续端口指派到所属的 VLAN 中，而华为交换机无法实现，只能一次指派一个端口到所属的 VLAN 中

C. Cisco 和华为交换机均使用 vlan 命令来创建 VLAN

D. Cisco 和华为交换机指派端口到所属 VLAN 的命令，整体格式和用法相同，只是命令关键字略有差异

10. 以下关于网段 IP 地址的描述，不正确的是(　　)。

A. 一个局域网需要划分多少个网段，就需要创建多少个 VLAN

B. 一个网段所使用的 IP 地址，由其 VLAN 接口的地址所在的网段决定

C. 一个网段内的主机，是否允许动态获得 IP 地址，要看对应的 VLAN 接口配置中，是否指定了 DHCP 服务器的地址

D. 在 VLAN 接口配置时，只要为该 VLAN 指定了 DHCP 服务器的地址，则网段内的主机就一定可以动态获得 IP 地址

实训5.1 Cisco交换机VLAN配置

[**实训目的**] 掌握在Cisco交换机中创建和配置VLAN的方法。

[**实训设备**] Cisco Catalyst 3560三层交换机1台,Cisco Catalyst 2960或2950交换机2台。

若没有硬件设备,可在Packet Tracer 5.0模拟器中进行实训。

[**实训内容与网络拓扑**]

1. 实训网络拓扑

实训网络拓扑如图5.13所示。

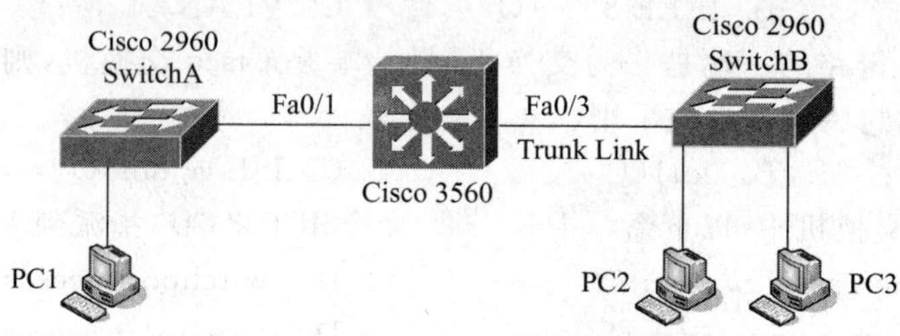

图5.13 VLAN划分实训拓扑

2. 实训内容

按图5.13构建实训环境,实训内容与要求如下:

(1) Cisco 3560的Fa0/1和Fa0/2划分到VLAN10,网段地址为192.168.1.0/24,网关地址配置为192.168.1.1,子网掩码为255.255.255.0。

将Cisco 3560交换机的Fa0/4和Fa0/5划分到VLAN20,VLAN20网段地址为192.168.2.0/24,网关地址为192.168.2.1。

(2) Fa0/3配置为Trunk口,与SwitchB的Fa0/24口级联。

(3) SwitchB交换机的Fa0/1~Fa0/10口划分到VLAN10,Fa0/11~Fa0/23口划分到VLAN20。PC2接入VLAN10,PC3接入VLAN20。

(4) 配置Cisco 3560和SwitchB,完成VLAN创建、端口VLAN划分和VLAN间的相互通信。

[**实训步骤**]

1. 在Cisco 3560交换机上创建VLAN10和VLAN20。

2. 配置Cisco 3560的Fa0/3为Trunk口。

3. 将Cisco 3560交换机的Fa0/1和Fa0/2划分到VLAN10,Fa0/4和Fa0/5划分到VLAN20。

4. 配置VLAN10和VLAN20的子接口地址。

5. 在SwitchB交换机中配置Fa0/24为Trunk口,然后将Fa0/1~Fa0/10划分到VLAN10,将Fa0/11~Fa0/23划分到VLAN20。

6. 配置PC1和PC2的IP地址为192.168.1.0/24网段的地址,并设置网关地址为192.168.1.1;配置PC3的IP地址为192.168.2.0/24网段的地址,并设置网关地址为

192.168.2.1。然后在 PC1 的命令行分别 ping PC2 和 PC3 的 IP 地址，看能否 ping 通，若能 ping 通，则 VLAN 配置成功。

实训 5.2　华为交换机 VLAN 配置

［实训目的］　掌握华为交换机的 VLAN 创建与配置方法。

［实训设备］　华为 3528P 三层交换机 1 台，华为二层交换机 2 台。

若没有硬件设备，可在 HW-RouteRim 3.0 模拟器中进行实训。

［实训内容与网络拓扑］　实训的网络拓扑和要求与实训 5.1 相同。

［实训步骤］　参照实训 5.1 的步骤进行。

实训 5.3　利用单臂路由器实现 VLAN 间通信

［实训目的］　掌握利用路由器和二层交换机实现 VLAN 间通信的配置方法。

［实训设备］　Cisco 2811 或 Cisco 2621 路由器 1 台，Cisco 2960 或 2950 交换机 1 台。

若没有硬件设备，可在 Packet Tracer 5.0 模拟器中进行实训。

［实训内容与网络拓扑］

1. 实训网络拓扑

实训的网络拓扑结构如图 5.14 所示。

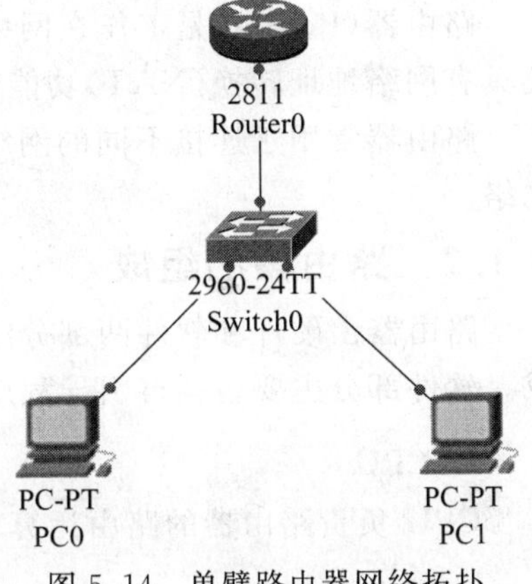

图 5.14　单臂路由器网络拓扑

2. 实训内容

按图 5.14 构建实训环境，实训内容与要求如下：

(1) 路由器的 Fa0/1 与 Cisco 2960 的 Fa0/1 相连；PC0 接在 Cisco 2960 的 Fa0/2 口，PC1 接在 Cisco 2960 的 Fa0/12 口。

(2) 在 Cisco 2960 交换机上，创建 VLAN10 和 VLAN20，将 Fa0/2～Fa0/11 划分到 VLAN10，Fa0/12～Fa0/24 划分到 VLAN20。

VLAN10 的网段地址为 192.168.1.0/24，网关地址为 192.168.1.1。

VLAN20 的网段地址为 192.168.2.0/24，网关地址为 192.168.2.1。

(3) 配置 Cisco 2821 路由器和 Cisco 2960 交换机，实现 VLAN 间的相互通信。

［实训步骤］

1. 在 Cisco 2960 交换机上创建 VLAN10 和 VLAN20。

2. 将 Fa0/2～Fa0/12 划分到 VLAN10，将 Fa0/13～Fa0/24 划分到 VLAN20。

3. 将 Fa0/1 配置为 Trunk 口。

4. 在路由器上创建 Fa0/1.1 和 Fa0/1.2 子接口，配置 Trunk 封装协议为 dot1Q，并配置子接口的 IP 地址为对应 VLAN 的网关地址。

5. 配置 PC0 和 PC1 的 IP 地址和网关地址，然后进行 ping 测试，若能 ping 通，则配置成功。

第 6 章

路由器配置基础

对路由器的接口配置和静态路由的配置方法与交换机相同,这里就不重复介绍。本章重点介绍 Cisco 和华为路由器的网络地址转换(NAT)功能的配置方法,并详细介绍华为高端路由器 NE40 的 NAT 配置与应用。

6.1 路由器概述

6.1.1 路由器简介

路由器(Router)是工作在网络层的网络设备,其主要功能是路由选择。另外,路由器还具有网络地址转换(NAT)功能。

路由器常用于连接不同的网络或网段,以实现网络的互联互通,从而构成一个更大的网络。

6.1.2 路由器的组成

路由器由硬件和软件两部分组成。硬件部分主要由 CPU、存储器和各种网络接口组成。软件部分主要包括自引导程序、IOS 操作系统、启动配置文件和路由器管理程序等。

1. CPU

CPU 负责路由器的路由运算和数据包的转发等工作。

2. 存储器

路由器同时采用了以下几种不同类型的存储器。

(1) 只读内存(ROM)

用于存储自检程序和引导程序。引导程序用于启动路由器并载入 IOS 操作系统。

(2) 闪存(Flash Memory)

用于存储 IOS 操作系统,相当于计算机的硬盘。

(3) 非易失性随机存储器(NVRAM)

用于存储启动配置文件。升级 IOS,不会丢失以前的配置内容。

(4) 随机存取存储器(RAM)

在运行期间,用于暂时存放 IOS 操作系统,运行过程中产生的中间数据等,相当于计算机的内存,关机掉电后,其内容将丢失。

3. 管理接口

管理接口有控制台口(Console)和辅助接口(AUX),都是 EIA/TIA RS-232 异步串行接口,都用于对路由器进行配置管理和故障排除,不能用于连接网络。

控制台口用于本地配置路由器,辅助接口连接调制解调器,通过电话网络来远程登录配置路由器。

4. 网络接口

路由器由于可连接不同类型的网络,因此网络接口非常丰富。路由器的网络接口总体上可分为局域网接口和广域网接口两大类。

局域网接口常用的是以太网接口。广域网接口主要有同/异步串口、异步串口、ISDN、BRI(Basic Rate Interface,基本速率接口)、xDSL 接口等。

路由器的接口,根据需要,可通过添配接口模块来增加接口。对于低端模块化的路由器,其模块主要有 NM 网络模块(包括 NME 模块)和 WIC 广域网接口卡(包括 HWIC 高速广域网接口卡)这两类模块。WIC 模块可插在具有 WIC 插槽的路由器中。

Cisco 模块的命名规则是"模块类型-接口数量接口类型",如 NM-4A/S 模块,A/S 代表接口类型为异步/同步串口,串口数量为 4 个。WIC-2T 模块中的 T 代表接口类型为高速串口,串口数量为 2 个。

5. 自举程序

自举程序固化在路由器的 ROM 存储器中,加电后完成自检和初始化工作,并负责引导和加载 Flash 中的操作系统到内存中。

Cisco 的自举程序称为 BootStrap,华为和华三称为 BootRom。

6. 路由器操作系统

Cisco 路由器和交换机一样,使用 IOS(Internetworking Operating System)作为其操作系统。华为使用 VRP。

7. 配置文件

配置文件分为启动配置文件(startup-config)和正在运行的配置文件(running-config)两种。running-config 位于内存中,掉电就会丢失;startup-config 保存在 NVRAM 中,启动时从 NVRAM 加载到内存中运行,成为 running-config。

保存配置,实际上就是将 running-config 配置文件的内容写入到 startup-config 配置文件中,实现命令为 copy running-config startup-config。write 命令实现的功能与之相同,故在保存配置时,常用 write 命令来实现。

8. 实用管理程序

Cisco 路由器通常还提供了一些图形化的配置和管理程序,如可嵌入到路由器的 SDM(Cisco Router and Security Device Manager,思科路由器及安全配置工具)。

SDM 是一种直观的、基于 Web 的设备管理程序,可用于管理以 IOS 软件为基础的路由器。

6.2 路由协议简介

6.2.1 可被路由协议与路由协议

1. 可被路由协议

可被路由协议(Routed Protocol)属于网络层协议,是用于定义数据包内各字段的格式和用途的网络层封装协议。常见的可被路由协议有:

- IP(Internet Protocol,网际协议)
- Novell 公司的 IPX(Internetwork Protocol eXchange,网间分组交换协议)
- Apple 公司的 AppleTalk 协议

2. 路由协议

路由协议(Routing Protocol)也称为路由选择协议,属于应用层协议,它与可被路由协议协同工作,用于执行路由选择和数据包的转发功能。路由协议使路由器之间可以传送路由更新并进行路由表的维护。常用的 TCP/IP 协议栈的路由协议有:

- RIP(Routing Information Protocol,路由信息协议)
- IGRP(Interior Gateway Routing Protocol,内部网关路由协议)
- EIGRP(Enhanced Interior Gateway Routing Protocol,增强型内部网关路由协议)
- OSPF(Open Shortest Path First,开放式最短路径优先)
- BGP(Border Gateway Protocol,边界网关协议)

6.2.2 静态路由与动态路由

路由器要实现数据包的转发,就必须拥有路由信息。路由器可通过以下三种方式来获得路由信息。

1. 直连路由

对于直接相连的网络,路由器会自动添加到该网络的路由。

2. 静态路由

由管理员手工添加配置到路由器中的路由。静态路由不会跟随网络拓扑结构的变化而变化,适用于结构比较简单、网络拓扑不是经常变动的网络,如局域网。

3. 动态路由

动态路由又称自适应路由,通过各路由器之间相互连接的网络,利用路由协议动态地相互交换路由信息,从而实现自动更新和维护路由表。当到目标网络有多条路径时,若其中一条路径失效,动态路由会自动切换到另一条路径。因特网常采用动态路由。

在动态路由中,对路由协议的分类标准有两种:一种是按路由选择算法,可分为距离矢量路由协议和链路状态路由协议;另一种是按路由协议运作时与自治域系统的关系来划分,可分为内部网关协议(Interior Gateway Protocol,IGP)和外部网关协议(Exterior Gateway Protocol,EGP)。

(1) 距离矢量路由协议

采用贝尔曼-福特(Bellman-Ford)路由选择算法来计算最佳路径。在距离矢量路由算法中,每个路由器维护一张路由表,它以子网中的每个路由器为索引,列出当前已知路由器到每个目标路由器的最佳距离以及所使用的线路。通过邻近设备之间相互交换信息,路由器不断地更新它们内部的路由表。

距离矢量算法周期性地发送其路由表给邻近的路由器。通过接收邻近路由器的路由表来更新本地路由表,从而获得所有已知的路由信息。

距离矢量算法的优点是实现简单、算法开销较小,缺点是算法的收敛较慢,可能传播错误的路由信息,从而造成路由环路。常见的距离矢量路由协议有 RIP 协议、IGRP 协议和 BGP 协议。

RIP 是一个分布式的基于距离矢量的路由选择协议。RIP 协议要求网络中的每一个路由器,都要维护从它自己到其他每一个目的网络的距离记录。在 RIP 协议中,距离称为跳数(hop count),RIP 对距离的定义是:从一路由器到直接连接的网络的距离定义为 1。从一路由器到非直接连接的网络的距离定义为所经过的路由器数加 1。即每经过一个路由器,跳数就加 1。

RIP 认为一个好的路由就是它通过的路由器的数目少,即距离要短。RIP 允许一条路径最多只能包含 15 个路由器,因此能使用的最大距离为 15,距离为 16 时就不可达了。RIP 只适用于小型互联网。

(2) 链路状态协议

其设计目标是克服距离矢量路由协议的不足,它通过链路状态协议扩散链路状态信息,并根据收集到的链路状态信息计算出最优的网络拓扑。

链路状态路由协议对网络拓扑的变化能很快作出反应,当网络拓扑发生变化时,将发送路由更新消息,平时以较长的时间间隔周期性地发送路由更新消息。

链路状态协议的优点是可以很好地避免路由环路问题,收敛速度较快,缺点是开销较大,在生成链路状态数据库和 SPF 树时,会占用较多的 CPU 和内存资源。常用的链路状态协议有 OSPF 和 IS-IS(Intermediate System to Intermediate System,中间系统到中间系统)路由协议。

(3) 内部网关协议和外部网关协议

内部网关协议是指在一个自治系统(Autonomous System,AS)内部使用的路由选择协议。常见的主要有 RIP/RIPv2、OSPF、IGRP、EIGRP、IS-IS 路由协议。

若源站和目的站处于不同的自治系统中(这两个自治系统使用不同的内部网关协议),当数据包传到一个自治系统的边界时,就需要使用一种协议将路由选择信息传递到另一个自治系统中,这种协议就是外部网关协议。常用的主要是 BGP-4。

本教材主要介绍局域网组网知识,局域网通常使用静态路由,因此对路由协议仅作简单介绍,动态路由的配置就不再作介绍。

6.3 网络地址转换

6.3.1 NAT概述

1. NAT的概念

为了节约IP地址,因特网IP地址分配与管理机构(ICANN)将IP地址划分了一部分出来,规定作为私网地址使用,不同的局域网可重复使用这些私网地址,因特网中的路由器将丢弃源地址或目的地址为私网地址的数据包,以实现局域网间的相互隔离。但这样一来,局域网用户就无法直接访问因特网,位于因特网中的用户也无法访问局域网。

为了解决局域网用户访问因特网的问题,从而诞生了网络地址转换(Network Address Translation,NAT)技术,它是一种将一个IP地址转换为另一个IP地址的技术。

局域网用户访问因特网失败的原因是数据包的源地址为私网地址,若在访问请求包离开边界路由器之前,对数据包中的源地址进行替换修改,将其修改为某一个合法的公网地址,这样数据包就能在因特网中被正常路由和转发了,访问就会获得成功。这种对数据包中的源地址或目的地址进行替换修改的操作,就称为网络地址转换。通过网络地址转换操作,局域网用户能透明地访问因特网,而且通过配置指定,因特网中的主机还能访问局域网中的特定主机。

通过网络地址转换,可实现内外网的隔离,提高内部网络的安全性。

2. NAT的相关术语

在NAT操作中,以下几个术语必须正确理解。

(1) 内部网络(Inside):指内部的局域网络,它与边界路由器上被定义为inside的网络接口相连。

(2) 外部网络(Outside):指除了内部网络之外的所有网络,通常指因特网,它与边界路由器上被定义为outside的网络接口相连。

(3) 内部本地地址(Inside Local Address):指内部局域网中主机所使用的IP地址。这些地址通常为私网地址。

(4) 内部全局地址(Inside Global Address):指内部局域网中的部分主机所使用的公网IP地址。如放在局域网中的服务器,服务器所使用的合法公网IP地址。

(5) 外部本地地址(Outside Local Address):外部网络中的主机所使用的IP地址,这些IP地址不一定是公网地址。

(6) 外部全局地址(Outside Global Address):外部网络中的主机所使用的IP地址,这些IP地址是全局可路由的合法公网IP地址。

(7) 地址池(Address Pool):指可用来供NAT转换使用的多个合法公网IP地址。

6.3.2 NAT的工作原理

网络地址转换在边界路由器上完成,下面以局域网中的主机(192.168.1.2)访问因特网中的Web服务器(212.87.194.56)为例,介绍网络地址的转换过程,如图6.1所示。

局域网中的主机首先发起对因特网中的Web服务器的访问请求包。该请求包的源

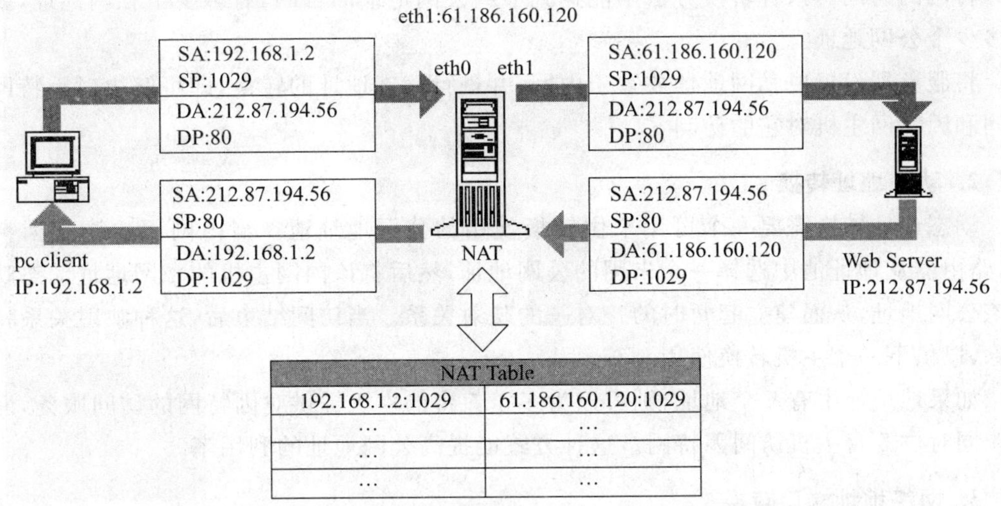

图 6.1　网络地址转换过程

地址是它自己的 IP 地址，是一个私网地址，端口号大于或等于 1024，且是未使用的较小的端口号，如 1029。该请求包经局域网中的交换机的路由和转发后，到达边界路由器。

在边界路由器，路由器将请求包中的源地址替换为路由器外网接口的地址（公网地址）或地址池中的某一个公网地址，然后将数据包路由转发到因特网。源地址经过替换修改后，路由器会将替换修改的对应关系保存在 NAT 表中。

请求包经因特网中路由器的路由和转发，最终到达要访问的目标主机。目标主机生成响应数据包，该数据包的源地址为 Web 服务器的地址，源端口为 TCP 80，目的地址为它所收到的请求包的源地址，即路由器外网接口的地址或地址池中的某一个公网地址。

响应数据包经因特网中路由器的路由和转发后，到达该响应包的目的地，即边界路由器。路由器收到该响应包后，从 NAT 表中根据端口号（1029）查找转换对应关系，将响应包的目的地址替换修改为原发起访问请求的主机地址，即 192.168.1.2，然后将响应包路由转发到局域网，经局域网中交换机的路由转发后，最终到达原发起访问请求的主机。

经过以上转换过程，局域网中的主机就可实现对因特网的正常访问了。从该过程可见，访问请求包出去时，进行的是源地址替换修改；响应包回来时，进行的是目的地址的替换修改。在整个过程中，路由器扮演了一个代理服务器的角色，发起访问请求的主机并不知道这个转换过程和细节，就好像它是在直接和因特网中的主机进行访问，这种代理称为透明代理。

除了路由器可以实现网络地址转换功能外，防火墙通常也具备网络地址转换功能。

6.3.3　NAT 的分类

网络地址转换可分为三种类型，分别是静态地址转换、动态地址转换和网络地址端口转换（Network Address Port Translation，NAPT）。

1. 静态地址转换

静态地址转换就是将局域网内部主机的私网地址，一对一地映射到公网地址，以实现对因特网的访问。该种转换方法不能达到节约公网地址的目的,有多少个私网地址,就需要多少个公网地址。

将服务器设置成私网地址放置于内网,并进行静态地址的转换,即可解决对因特网的访问和因特网主机对它的访问。

2. 动态地址转换

动态地址转换需要一个可用来供转换使用的公网地址池。当内网用户访问因特网时,路由器从地址池中选择一个未用的公网地址,然后将该内网主机的私网地址动态映射到该公网地址,从而建立起暂时的一对一的映射关系。当访问结束后,这种映射关系将被解除,以供下一个主机转换使用。

如果地址池中有5个地址,则可以为多于5台的主机提供对因特网的访问服务,但也只能同时供5台主机访问因特网。这种方式能提高公网地址的利用率。

3. 网络地址端口转换

网络地址端口转换就是用一个公网地址的一个端口来对应一个私网地址,从而建立起公网地址端口与私网地址间的映射关系。

由于一个IP地址的TCP端口有64K(65536)个,这样利用一个公网地址,通过不同的端口号,理论上就可与64000多台使用私网地址的主机建立起映射关系,从而解决这些主机的上网问题。该种转换方式可大大节约公网IP地址,是目前解决局域网用户上网的最佳解决方案。前面介绍NAT工作原理时的网络地址转换过程,实际上就是网络地址端口转换。

一个公网IP地址,理论上可代理6万多台主机上网,但实际上,用户访问一个网站时,通常要建立很多个TCP连接,实际能代理的用户主机数要少得多,通常为4000台左右。另外,局域网内的病毒有时也会向外发起大量的访问连接请求。为了提高能代理的主机数目,可使用具有多个公网地址的地址池来进行网络地址端口转换,这样代理能力就能得到成倍的提高。

6.3.4 Cisco 路由器 NAT 配置

1. 配置地址端口转换

对地址端口转换的配置分两种情况:一是使用路由器外网接口的公网地址进行转换;二是定义一个公网地址池,使用地址池中的地址进行转换。两种情况的配置步骤和方法基本相同,第二种情况多一个定义地址池,具体配置命令及步骤如下。

(1) 配置内部全局地址池

配置命令:

```
ip nat pool pool-name start-ip end-ip{netmask netmask|prefix-length prefix-length}
```

pool-name 为要定义的地址池的名称,可任意命名。*start-ip* 和 *end-ip* 分别代表地址池中的开始地址和结束地址,地址必须连续。*netmask* 代表IP地址对应的子网掩码。*prefix-length* 代表子网掩码中二进制位为1的个数。netmask和prefix-length参数项

只能任选其一。

例如，若用 61.186.202.36/30 子网中的 2 个 IP 地址作为 NAT 的地址池，则地址池的定义命令为：

```
ip nat pool mypool 61.186.202.37 61.186.170.202.38 netmask 255.255.255.252
```

或

```
ip nat pool mypool 61.186.202.37 61.186.170.202.38 prefix-length 30
```

（2）配置接口类型

配置命令：

```
ip nat{inside|outside}
```

该命令用于定义接口是内部接口，还是外部接口。inside 定义接口为连接内网的内部接口，outside 定义接口为连接外网的外部接口。

例如，若路由器的 Fa0/0 连接内部局域网，Fa0/1 连接因特网，则对接口的定义命令为：

```
router(config)#int fa0/0
router(config-if)#ip nat inisde
router(config-if)#int fa0/1
router(config-if)#ip nat outside
```

对于接口，除了要定义是内部接口还是外部接口外，还要注意定义接口的 IP 地址。

（3）配置访问列表

配置访问列表的目的是指定允许进行 NAT 转换的内部地址的范围，其配置命令为：

```
access-list number permit network wildcard
```

number 代表访问列表的编号，取值范围为 1～99。*network* 代表网络地址。*wildcard* 为通配符掩码，它与子网掩码相反，高位用 0 代表网络地址，低位用 1 代表主机地址。

例如，若局域网用户使用的 IP 地址范围为 192.168.0.0/24 开始的 8 个 C 的地址，则访问列表的配置命令为：

```
router(config)#access-list 1 permit 192.168.0.0 0.0.7.255
```

若允许内网的所有用户访问因特网，也可采用以下命令来定义：

```
access-list 1 permit any
```

（4）配置内部源地址的转换

若采用地址池来进行网络地址转换，则配置命令为：

```
ip nat inside source list acl-number pool pool-name overload
```

overload 关键字用于指定 NAT 转换为地址端口转换。

例如,若采用前面定义的 mypool 地址池来进行网络地址转换,则配置命令为:

```
ip nat inside source list 1 pool mypool overload
```

若采用路由器的外网接口地址来进行网络地址转换,则配置命令为:

ip nat inside source list *acl-number* interface *interface-type interface-number* overload

若采用路由器的 Fa0/1 接口的公网地址进行网络地址转换,则配置命令为:

```
ip nat inside source list 1 interface FastEthernet 0/1 overload
```

[**例 6.1**] 某单位组建了一个局域网络,网络拓扑结构如图 6.2 所示。该单位申请到了 8 个公网 IP 地址,IP 地址段为 61.186.202.32/29,网关地址为 61.186.202.33/29。要求使用 61.186.202.35 和 61.186.202.36 这两个 IP 地址作为地址池,通过地址池进行网络地址转换访问因特网。

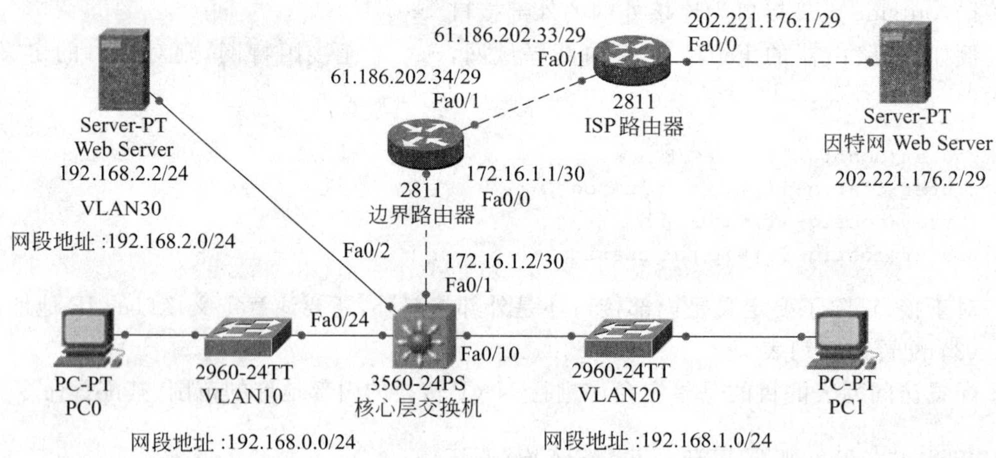

图 6.2 网络拓扑结构

分析:需要在边界路由器上配置 NAT 和路由,默认路由指向网关地址,到局域网的回头路由指向核心层交换机,即 172.16.1.2/30。核心层交换机的默认路由指向边界路由器,即 172.16.1.1/30。

配置步骤与配置命令为:

```
router#config t
!配置接口地址与接口类型
router(config)#int fa0/1
router(config-if)#ip address 61.186.202.34 255.255.255.248
router(config-if)#ip nat outside
router(config-if)#no shutdown
router(config-if)#int fa0/0
router(config-if)#ip address 172.16.1.1 255.255.255.252
router(config-if)#ip nat inside
router(config-if)#no shutdown
router(config-if)#exit
```

```
!定义地址池
router(config)#ip nat pool mypool 61.186.202.35 61.186.202.36 netmask 255.255.
255.248
!定义访问控制列表
router(config)#access-list 1 permit any
!配置内部源地址转换
router(config)#ip nat inside soure list 1 pool mypool overload
!配置路由
router(config)#ip route 0.0.0.0 0.0.0.0 61.186.202.33
router(config)#ip router 192.168.0.0 255.255.0.0 172.16.1.2
router(config)#exit
!保存配置
router#write
router#exit
```

若该单位申请到的 IP 地址只有 4 个，地址段为 61.186.202.32/30，则可用的 IP 地址只有 2 个，网关地址占用 1 个，路由器的外网接口地址占用 1 个，这样就没有多余的地址作为地址池使用了。此种情况下，可以直接使用路由器的外网接口地址来进行 NAT 转换，配置方案为：

```
router#config t
!配置接口地址与接口类型
router(config)#int fa0/1
router(config-if)#ip address 61.186.202.34 255.255.255.252
router(config-if)#ip nat outside
router(config-if)#no shutdown
router(config-if)#int fa0/0
router(config-if)#ip address 172.16.1.1 255.255.255.252
router(config-if)#ip nat inside
router(config-if)#no shutdown
router(config-if)#exit
!定义访问控制列表
router(config)#access-list 1 permit any
!配置内部源地址转换
router(config)#ip nat inside soure list 1 interface FastEthernet 0/1 overload
!配置路由
router(config)#ip route 0.0.0.0 0.0.0.0 61.186.202.33
router(config)#ip router 192.168.0.0 255.255.0.0 172.16.1.2
router(config)#exit
!保存配置
router#write
router#exit
```

2. 配置静态地址转换

配置命令：

ip nat inside source static tcp|udp *local-ip port global-ip port*

该命令用于实现将内网中的某一个私网地址或私网地址的某一个端口，与指定的公网地址或公网地址的某一个端口建立一对一的映射关系。

(1) 公网地址与私网地址建立一对一映射

此时命令用法为:

```
ip nat inside source static local-ip global-ip
```

例如,在图6.2中,内网中Web服务器的IP地址为192.168.2.2。为了让因特网中的用户能访问该Web服务器,要求将61.186.202.35这个IP地址映射到192.168.2.2这个地址,以建立一对一的映射关系,则实现命令为:

```
router(config)#ip nat inside source static 192.168.2.2 61.186.202.35
```

执行以上命令后,私网地址与公网地址的映射关系就建立起来了。若要删除这种映射关系,则实现命令为:

```
router(config)#no ip nat inside source static 192.168.2.2 61.186.202.35
```

(2) 公网地址的某个端口与私网地址的某个端口建立一对一的映射

若该单位只申请到4个公网IP地址,除去网关地址和NAT转换所使用的地址后,就没有剩余的公网IP地址了。此时若想实现因特网中的用户能访问内网中的Web服务器,该如何实现呢?

路由器的外网接口地址在用做NAT转换时,仅使用了大于或等于1024的端口,而Web服务器使用的TCP 80端口没有被使用,因此可将路由器外网接口地址的TCP 80端口映射到内网Web服务器的TCP 80端口。这样,因特网用户通过访问路由器外网接口地址,即可实现对内网Web服务器的访问。其实现命令为:

```
router(config)#ip nat inside source static tcp 192.168.2.2 80 61.186.202.34 80
```

若Web服务器上还开启了FTP服务,则还需要建立TCP 21和TCP 20的映射关系,实现命令为:

```
router(config)#ip nat inside source static tcp 192.168.2.2 21 61.186.202.34 21
router(config)#ip nat inside source static tcp 192.168.2.2 20 61.186.202.34 20
```

3. 动态地址转换

动态地址转换的配置方法与使用地址池的地址端口转换相同,只是在配置内部源地址转换时,命令中不使用overload关键字。

4. 验证NAT配置

show ip nat translations	显示NAT转换表
show ip nat statistics	显示NAT统计信息
clear ip nat translations *	清除NAT转换表
clear ip nat statistics	清除NAT统计信息

以上命令在特权模式运行。

5. NAT配置的删除

在对路由器进行NAT重新配置时,需要删除原有的NAT配置,其删除命令为:

```
router(config)#no ip nat inside source list 1 interface FastEthernet 0/1 overload
```

但在执行上述命令时，通常会显示“%Dynamic mapping in use, cannot remove”的错误信息，而无法删除。

错误信息表明动态地址映射正在使用，不能被删除。根据错误信息可知，应在没有用户访问因特网的情况下进行删除，可断开内网连接，以防止建立新的地址转换，然后先将NAT转换表清除后，才能删除掉。其操作步骤为：

```
router#clear ip nat translations *
router#clear ip nat statistics
router#config t
router(config)#no ip nat inside source list 1 interface FastEthernet 0/1 overload
```

6.3.5　华为 NE20 路由器 NAT 配置

华为路由器的 NAT 配置与 Cisco 路由器的 NAT 配置方法有很大区别，而且华为不同档次、不同型号的路由器的 NAT 配置方法也有所不同。

本节以配置相对简单的华为 NE20 路由器为例，介绍其 NAT 配置方法。

1. 配置地址端口转换

华为 NE20 不支持以外网口地址直接做 NAT 转换，必须使用地址池方式，其配置步骤和配置命令如下。

(1) 配置内、外网接口的 IP 地址

(2) 配置地址池

配置命令：

```
nat address-group group-name start-ip end-ip mask netmask
```

参数说明：

- *group-name* 代表地址组(池)的名称，可用数字编号表示，也可用字符串命名。
- *start-ip* 和 *end-ip* 分别代表地址池的开始和结束 IP 地址。
- *netmask* 代表地址池 IP 地址的子网掩码。该子网掩码建议与外网口 IP 地址的掩码相同，即华为建议外网接口的 IP 地址与 NAT 地址池中的 IP 地址最好处于同一个网段。若掩码不一致，NE20 会认为 NAT 地址与外网口地址不在同一网段，此时必须给地址池中的 IP 地址配置空路由，路由的下一跳指向空接口地址(null 0)。

另外，虽然地址池 IP 地址的子网掩码与外网接口 IP 地址的掩码相同，但 IP 地址本身属于不同的网段，此时也必须为地址池中的 IP 地址配置空路由，否则不能正常进行 NAT 反向转换。

例如，若外网接口地址为 61.186.202.34/30，地址池中的 IP 地址网段为 61.186.202.36/30，虽然子网掩码都是 255.255.255.252，但分属于两个不同的子网，此时就必须增加配置空路由。其配置命令为：

```
ip route-static 61.186.202.36 255.255.255.252 null 0
```

若要定义一个命名为 1 的地址池，地址池中的 IP 地址为 61.186.202.35/29 和

61.186.202.36/29,则定义方法为:

```
nat address-group 1 61.186.202.35 61.186.202.36 mask 255.255.255.248
```

若地址池只有 61.186.202.35/29 这一个 IP 地址,则定义方法为:

```
nat address-group 1 61.186.202.35 61.186.202.35 mask 255.255.255.248
```

(3) 配置访问控制列表,指定允许进行 NAT 转换的内网地址段

配置命令:

```
acl number acl-number
rule rule-id permit source network wildcard
```

参数说明:

- *acl-number* 为访问列表序号,取值范围 2000～2999 为标准访问控制列表。
- *rule-id* 为规则的 id 号,取值范围为 0～127,不允许重复。

例如,若要定义一个编号为 2000 的访问控制列表,允许 192.168.0.0/16 网络的主机进行 NAT 转换访问因特网,则定义命令为:

```
acl number 2000
rule 0 permit source 192.168.0.0 0.0.255.255
```

(4) 在外网口配置对匹配访问列表的主机进行 NAT 转换

配置命令:

```
nat outbound acl-number address-group address-group-number
```

例如,若要对匹配 2000 号访问列表的主机,按地址池 1 进行 NAT 转换,则实现命令为:

```
nat outbound 2000 address-group 1
```

(5) 配置路由

配置默认路由指向网关地址。若 NAT 地址池中的 IP 地址与外网接口的 IP 地址不在同一个网段,则要注意给地址池中的 IP 地址配置空路由。

2. 配置示例

[例 6.2] 某单位组建了一个局域网络,网络拓扑结构如图 6.3 所示,边界路由器采用华为 NE20,内网所使用的地址段为 192.168.0.0/16。该单位共申请到了 8 个公网 IP 地址,IP 地址段为 61.186.202.32/29,网关地址为 61.186.202.33/29。要求使用 61.186.202.35和 61.186.202.36 这两个 IP 地址作为 NAT 地址池,通过地址端口转换来实现对因特网的访问。

配置步骤与配置命令为:

```
[Quidway]sysname NE20
#配置内网接口 IP 地址
[NE20]int e1/0/2
```

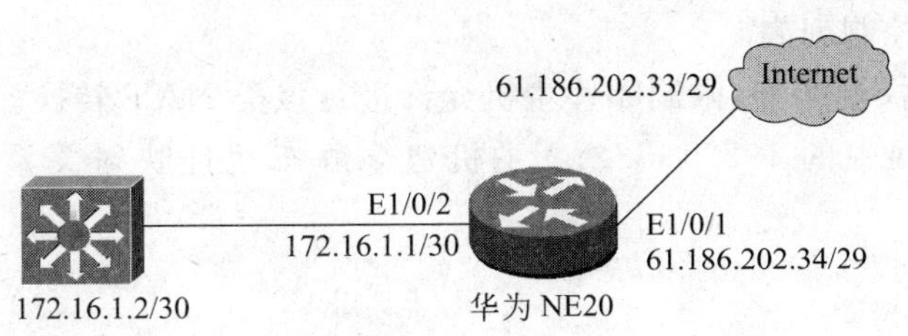

图 6.3 网络拓扑结构

```
[NE20-Ethernet1/0/2]ip address 172.16.1.1 255.255.255.252
#配置外网接口 IP 地址
[NE20-Ethernet1/0/2]int e1/0/1
[NE20-Ethernet1/0/1]ip address 61.186.202.34 255.255.255.248
[NE20-Ethernet1/0/1]quit
#配置 NAT 地址池
[NE20]nat address-group 1 61.186.202.35 61.186.202.36 mask 255.255.255.248
#配置访问控制列表
[NE20]acl number 2000
[NE20-acl-basic-2000]rule 0 permit source 192.168.0.0 0.0.255.255
[NE20-acl-basic-2000]quit
#在外网口配置对匹配 acl 2000 的内网主机进行 NAT 转换
[NE20]int e1/0/1
[NE20-Ethernet1/0/1]nat outbound 2000 address-group 1
[NE20-Ethernet1/0/1]quit
#配置默认路由
[NE20]ip route-static 0.0.0.0 0.0.0.0 61.186.202.33
#配置到内网的回头路由
[NE20]ip route-static 192.168.0.0 255.255.0.0 172.16.1.2
[NE20]quit
#保存配置
<NE20>save
<NE20>quit
```

3. 静态地址转换

华为对静态地址转换的配置，称为配置 NAT Server 或内部服务器 NAT 配置。华为 NE20 路由器的静态地址转换配置步骤与地址端口转换基本相同。

配置静态地址转换后，在因特网中，通过公网地址即可实现对内网主机的访问。这种访问，对于内网的主机而言，属于被动访问。

(1) 配置内、外网接口的 IP 地址

(2) 配置地址池

服务器的外部地址需要定义到地址池中，掩码采用 32 位。

例如，若要将 61.186.202.37 这个公网地址映射到内网中的 192.168.2.2 主机，则地址池的定义方法为：

```
nat address-group 2 61.186.202.37 61.186.202.37 mask 255.255.255.255
```

由于只有一个地址，因此起始地址和结束地址相同。

(3) 配置访问控制列表

通过定义访问控制列表,限制哪些主机允许进行该类 NAT 转换。

例如,若与内网中的 192.168.2.2 主机建立静态地址映射关系,则访问列表的定义为:

```
acl number 2001
rule 0 permit source 192.168.2.2 0.0.0.0
rule 1 deny
```

由于是一台主机,此时的子网掩码的反码应表达为 0.0.0.0。

(4) 在外网接口配置 NAT Server

若是将一个公网地址静态映射到一个私网地址,则配置命令为:

nat server global *global-ip* inside *local-ip acl-number* address-group *group-name*

示例:

```
nat server global 61.186.202.37 inside 192.168.2.2 2001 address-group 2
```

若是将一个公网地址的某个端口与私网地址的某个端口建立静态映射,则配置命令为:

nat server protocol tcp|udp global *global-ip port* inside *local-ip port acl-number* address-group *group-name*

例如,若要将 61.186.202.37 主机的 TCP 80 端口映射到 192.168.2.2 主机的 TCP 80 端口,则配置命令为:

```
nat server protocol tcp global 61.186.202.37 80 inside 192.168.2.2 80 2001 address-
group 2
```

(5) 配置空路由

由于地址池的掩码为 32 位,与外网口掩码不一致,因此需要配置到地址池主机的路由,下一跳指向 null 0。

示例:

```
ip route-static 61.186.202.37 255.255.255.255 null 0
```

[例 6.3] 在例 6.2 的基础上实现本例要求。在内网有一台 Web 服务器,IP 地址为 192.168.2.2/24,有一台邮件服务器,IP 地址为 192.168.2.3/24,要求将邮件服务器的外网地址映射为 61.186.202.37,将 61.186.202.36 地址的 TCP 80 端口映射到 192.168.2.2 的 TCP 80 端口。

配置步骤与配置命令为:

```
#定义地址池
[NE20]nat address-group 2 61.186.202.37 61.186.202.37 255.255.255.255
#配置访问控制列表
[NE20]acl number 2001
```

```
[NE20-acl-basic-2001]rule 0 permit source 192.168.2.3 0.0.0.0
[NE20-acl-basic-2001]rule 1 deny
[NE20-acl-basic-2001]quit
#在外网接口配置 NAT Server
[NE20]int e1/0/1
[NE20-Ethernet1/0/1]nat server global 61.186.202.37 192.168.2.3 2001 address-group 2
[NE20-Ethernet1/0/1]nat server protocol tcp global 61.186.202.36 80 inside 192.
168.2.2 80 2000 address-group 1
[NE20-Ethernet1/0/1]quit
#配置空路由
[NE20]ip route-static 61.186.202.37 255.255.255.255 null 0
#保存配置
[NE20]quit
<NE20>save
<NE20>quit
```

如果不是将 61.186.202.37 地址完全映射到 192.168.2.3 地址，而是要求将 61.186.202.37这个地址的 TCP 25、TCP 110、TCP 22 和 TCP 80 端口分别映射到 192.168.2.3地址的对应端口，则配置方法是将 nat server global 61.186.202.37 192.168.2.3 2001 address-group 2 这条配置命令，替换为以下配置命令：

```
nat server protocol tcp global 61.186.202.37 25 inside 192.168.2.3 25 2001 address-
group 2
nat server protocol tcp global 61.186.202.37 110 inside 192.168.2.3 110 2001 address-
group 2
nat server protocol tcp global 61.186.202.37 22 inside 192.168.2.3 22 2001 address-
group 2
nat server protocol tcp global 61.186.202.37 80 inside 192.168.2.3 80 2001 address-
group 2
```

6.3.6 华为 NE40 路由器 NAT 配置

华为 NE40 和 NE80 属于高端路由器，常用于大、中型网络，其 NAT 配置方法与 NE20 有较大的差异。

本节以只有一个因特网出口的应用为例，介绍其 NAT 配置方法，所采用的 NE40 路由器的 VRP 版本为“3.10，RELEASE 2317”。该配置方法对于 NE80 也适用。

下面以应用案例方式，介绍其配置步骤与配置方法。

1. 配置案例

［**例 6.4**］ 现有某单位组建了一校园网络，网络边界部分的拓扑结构如图 6.4 所示。边界路由器采用华为 NE40，并配置了一块 NAT 转换板，NAT 板插在第 2 号插槽上。校园内网使用的网段地址为 192.168.0.0/16，因特网的接口地址为 61.186.202.34/29，网关地址为 61.186.202.33，用于 NAT 转换的地址池网段为 61.186.202.36/30。要求对华为 NE40 路由器进行 NAT 和路由配置，以实现内网用户能访问因特网。

2. 配置注意事项

路由器与因特网的互联接口地址最好与 NAT 地址池属于不同网段，以简化配置。

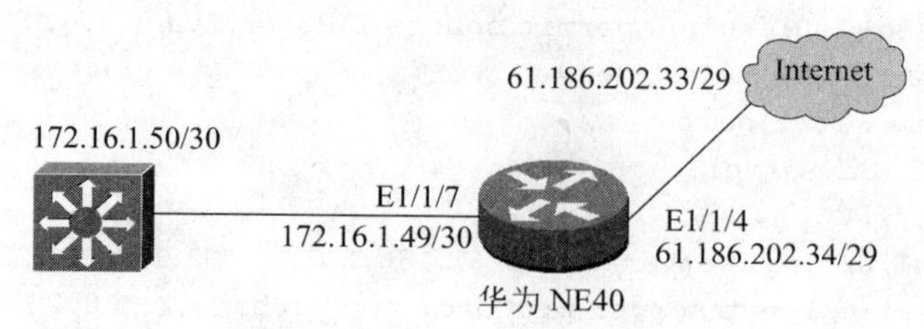

图6.4 校园网出口部分拓扑结构

若路由器的外网接口地址与地址池属于同一网段,则必须增加以下两项配置。

(1) nat enable address-group *address-group-name*

该命令在系统视图下执行,其功能是将指定地址池中的地址拆分成32位掩码的空接口(null 0)静态路由。

该命令在2317及以后版本才有,如果是之前的版本,需要手动加空接口路由。在配置空接口路由时,掩码和网段必须与地址池精确匹配。

(2) nat match-host *address-group-name*

该命令在外网接口配置,用于配置响应针对地址池的ARP请求。

3. 配置步骤与配置方法

在例6.4中,路由器外网口互联地址和NAT地址池属于不同网段,其配置步骤如下。

(1) 配置地址池

配置命令:

```
nat address-group group-name start-ip end-ip mask netmask slot slot-id[no-pat]
```

定义地址池的方法与NE20基本相同,对于配置有NAT板的NE40,增加了slot参数项,*slot-id*代表NAT板所在的插槽号。

no-pat为可选项。若不选该参数,地址池中的地址用于地址端口转换;若选择该参数,则地址池中的地址仅用于静态地址转换。

地址池的*start-ip*(开始地址)和*end-ip*(结束地址)可以包括地址池网段的网络地址和广播地址。在进行NAT转换时,该网络地址和广播地址可以用于NAT转换使用。

对于本例,地址池的配置命令为:

```
nat address-group 1 61.186.202.36 61.186.202.39 mask 255.255.255.252 slot 2
```

(2) 配置流分类规则

NE40路由器支持根据报文头部的链路层、网络层及传输层的信息描述一个流的特征,并根据这些信息对报文进行流分类(对报文进行过滤)。

若流分类规则依据的是报文头部的网络层和传输层信息,则使用rule-map intervlan命令配置,其命令格式为:

```
rule-map intervlan rule-name protocol src-addr wildcard|any dest-addr wildcard|any
```

对于 NAT 转换，配置流分类规则实际上就是定义允许进行 NAT 转换的内网地址段。

参数说明：

- *rule-name* 代表流分类规则的名称。
- *protocol* 代表协议的名称，如 TCP、UDP、ICMP 等，若全部协议均允许，则用 ip 表示。
- *src-addr* 代表源网络地址或源主机地址；*wildcard* 为其子网掩码的反码，二者共同描述源网络地址或源主机地址；any 代表任意主机，两个选项任选其一。
- *dest-addr* 和 *wildcard* 分别代表目的网络地址和对应的子网掩码的反码。

对于本例，若允许内网中的所有主机均可进行 NAT 转换访问因特网，则配置命令为：

```
rule-map intervlan r1 ip 192.168.0.0 0.0.255.255 any
```

若要删除流分类规则，使用命令：

```
undo rule-map[rule-name]
```

其中，undo rulc-map 将删除所有没有被应用的规则；undo rulc map [*rule name*]将删除名字为 *rule-name* 的规则，但不能删除正在接口上应用的规则。

(3) 配置服务级别采用 4，连接数没有限制

配置命令：

```
nat service-class 4 connections 0
```

(4) 配置 NAT 动作，指定 NAT 转换所使用的地址池，服务级别设置为 4

配置命令：

```
flow-action action-name nat address-group group-name service-class class-level
```

命令功能：flow-action 用于定义流的动作。选择 nat address-group *group-name* service-class *class-level* 参数项时，表示按照指定的服务级别和地址转换方式进行网络地址转换。

参数说明：

- *action-name* 代表要定义的流动作名，可任意命名，如 to-internet。
- *group-name* 代表地址池的名称。
- *class-level* 为服务级别，通常采用 4。

对于本例，NAT 转换使用地址池 1，若流动作命名为 to-internet，则配置命令为：

```
flow-action to-internet nat address-group 1 service-class 4
```

对于有双出口的 NAT 配置，该步的配置与单出口配置不同，其配置方法将在 6.4 节中详细介绍。

执行 undo flow-action 命令，将删除所有没有被应用的动作；undo flow-action *action-name* 删除名为 *action-name* 的动作，但不能删除正在被应用的动作。

(5) 配置 EACL,将流分类规则与 NAT 动作关联

EACL(Enhanced Access Control List)是一种增强的访问控制列表,用于关联报文流(rule-map)和流动作(flow-action)。相当于告诉路由器,对于哪类报文流,执行什么样的动作。

配置命令:

```
eacl eacl-name rule-name action-name
```

参数说明:

- *eacl-name* 代表 eacl 的名称。
- *rule-name* 为前面定义的流分类规则名。
- *action-name* 为前面定义的 NAT 动作名(流动作)。

该条命令的作用相当于是告诉路由器,对于符合 *rule-name* 流分类规则的主机,执行 *action-name* 定义的动作,即按指定的地址池和服务级别进行 NAT 转换。

对于本例,其配置命令为:

```
eacl out r1 to-internet
```

执行 undo eacl *eacl-name* 将删除指定(*eacl-name*)的 EACL 的定义;执行 undo eacl *eacl-name rule-name* 命令,仅删除 *eacl-name* 中的 *rule-name* 节点。删除正在应用的 EACL 中的某个节点后,会立即反应到对进入系统的数据流的动作中。

(6) 配置内网接口地址,并在该接口(入接口)上应用 EACL

定义 EACL 后,路由器不会根据 EACL 对收到的报文进行相应的动作,必须应用 EACL 到入接口。若应用到路由式接口,其配置命令为:

```
access-group router eacl eacl-name
```

对于本例,应用的配置命令为:

```
access-group router eacl out
```

在接口上应用 EACL 之后,如果再修改 EACL,如添加规则节点,则修改后的 EACL 自动在相应的接口起作用。

若要取消在接口上的 EACL 应用,可执行 undo access-group router eacl *eacl-name* 命令。

(7) 配置外网接口 IP 地址

(8) 配置路由

对于本例,需要配置的路由有以下三条:

- 配置到因特网的默认路由。
- 配置到内网的回头路由。
- 配置到地址池的空接口(null 0)静态路由,这种路由又称为黑洞路由。该步对于路由器外网接口地址与地址池地址属于不同网段的 NAT 配置是必须的。对于属于同一网段的情况,该条路由配置不需要,因为它在执行 nat enable

address-group 命令时，系统已自动添加。

到此为止，单出口的 NAT 配置就已完成。

4. 案例的配置实现

实现本案例要求的配置命令为：

```
[Quidway]sysname NE40
#配置地址池
[NE40]nat address-group 1 61.186.202.36 61.186.202.39 mask 255.255.255.252 slot 2
#配置流分类规则
[NE40]rule-map intervlan r1 ip 192.168.0.0 0.0.255.255 any
#配置服务级别采用 4,连接数没有限制
[NE40]nat service-class 4 connections 0
#配置 NAT 动作,指定 NAT 转换所使用的地址池,服务级别设置为 4
[NE40]flow-action to-internet nat address-group 1 service-class 4
#配置 EACL,将流分类规则与 NAT 动作关联
[NE40]eacl out r1 to-internet
#配置内网接口地址
[NE40]int e1/1/7
[NE40-Ethernet1/1/7]description to-S8505
[NE40-Ethernet1/1/7]negotiation auto
[NE40-Ethernet1/1/7]undo shutdown
[NE40-Ethernet1/1/7]ip address 172.16.1.49 255.255.255.252
#在内网接口应用 EACL
[NE40-Ethernet1/1/7]access-group router eacl out
#配置外网接口地址
[NE40-Ethernet1/1/7]int e1/1/4
[NE40-Ethernet1/1/4]description out-to-internet
[NE40-Ethernet1/1/4]negotiation auto
[NE40-Ethernet1/1/4]undo shutdown
[NE40-Ethernet1/1/4]ip address 61.186.202.34 255.255.255.252
[NE40-Ethernet1/1/4]quit
#配置到因特网的默认路由
[NE40]ip route-static 0.0.0.0 0.0.0.0 61.186.202.33
#配置到内网的回头路由
[NE40]ip route-static 192.168.0.0 255.255.0.0 172.16.1.50
#配置到地址池的空接口(null 0)静态路由
[NE40]ip route-static 61.186.202.36 255.255.255.252 NULL 0
#保存配置并退出
[NE40]quit
<NE40>save
<NE40>quit
```

本案例的网络结构、应用需求和地址规划与 2.4.3 小节提出的大型校园网络建设方案基本相符，只是少了一条因特网出口。

5. 相关信息查看命令

display nat address-group	显示 NAT 地址池
display nat-policy	显示 NAT 策略

display flow-acton　　显示 NAT 动作的配置

display nat session　　显示 NAT 会话

display nat statistics　　显示 NAT 统计信息

例如,若要查看 NAT 的统计信息,则执行后的输出结果如下所示:

```
<NE40>display nat statistics
Nat Board Slot:2
Total translation sessions:992
Total good translation: 226623062474 packets, 11343916529l007 bytes
TCP:98806463529 packets UDP:129580374870 packets ICMP:2531191371 packets OTHER:
0 packets
Total translation failure:2141789259 packets
```

6.4 配置校园网华为 NE40 出口路由器

本节完成 2.4.3 小节规划设计的某高校大型校园网络边界路由器的配置,使校园网络能实现对因特网的访问。

6.4.1 NE40 路由器的配置需求分析

1. 访问因特网的配置需求分析

根据 2.4.3 小节对该大型校园网络的规划设计,该校园网有两条到因特网的出口。当内网用户访问教育网资源时,通过教育网出口进行访问,若教育网线路不通,再通过电信线路进行访问;当内网用户访问非教育网资源时,通过电信线路(ChinaNet)进行访问,若电信线路不通,再通过教育网出口进行访问。电信线路与教育网线路互为备份。

因此,需要在 NE40 路由器上,配置双出口的地址端口转换(NAPT)。

2. NE40 的接口规划与网络拓扑

教育网的招生录取计算机必须使用教育网地址,不能进行 NAT 地址转换,因此需要在 NE40 路由器上使用一个接口来连接用于招生录取的计算机。根据 2.4.3 小节的统一规划,该网段地址为 219.221.55.16/28。

因此,NE40 需要使用的接口共有 5 个,其拓扑结构和接口使用规划如图 6.5 所示。

3. 路由配置分析

在两个因特网出口中,电信网络的资源最多,因此默认路由指向电信线路。对于教育网资源的访问,采用手工添加静态路由来实现。通常访问的教育网络并不是很多,这些网络可以聚合后进行静态路由配置。

4. NAT 板

为了提高 NAT 转换的速度,该台 NE40 路由器选配了 NAT 转换板,该 NAT 板插在 2 号插槽上,要求利用 NAT 板基于硬件的 NAT 转换,来实现内网对因特网的访问。

5. 静态地址转换配置

在校园网应用中,各系或部门可能会有自己的应用服务器,放置在各系或各部门,而

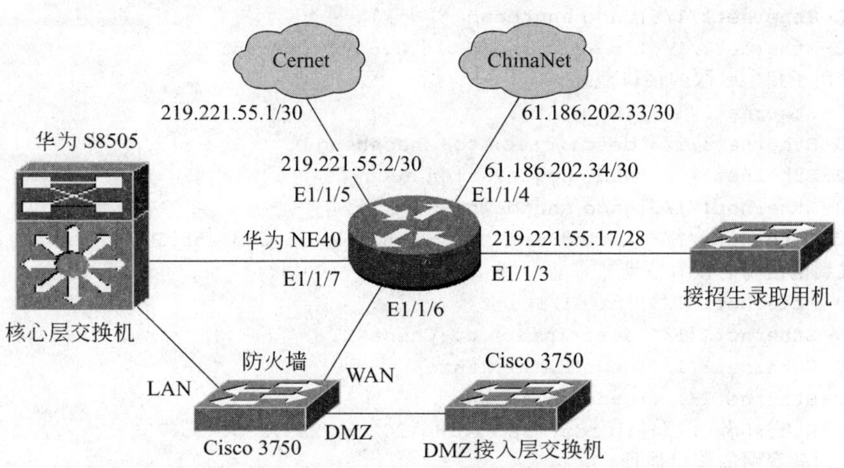

图 6.5 NE40 路由器接口规划与网络拓扑结构

不是在中心机房。这些服务器通常无法分配到合法公网地址，只有私网地址，但有的服务器需要向因特网开放，允许因特网用户访问，此时就必须通过静态地址转换来实现，因此还需要在 NE40 路由器上配置实现静态地址转换的功能。

6.4.2 配置 NE40 互联接口与路由

实现的配置命令为：

```
[Quidway]sysname NE40
#配置进入管理级的密码和所进入的命令级别
[NE40]super password level 3 cipher letmein
#配置 ACL 规则,用于设置允许登录路由器的主机地址
[NE40]acl number 2001
[NE40-acl-basic-2001]rule 1 permit source 192.168.168.15 0
[NE40-acl-basic-2001]rule 2 permit source 192.168.6.72 0
[NE40-acl-basic-2001]rule 3 permit source 192.168.252.0 0.0.0.255
[NE40-acl-basic-2001]quit
#配置 telnet 登录限制,并设置登录密码为 nopassword
[NE40]user-interface vty 0 4
[NE40-ui-vty0-4]acl 2001 inbound
[NE40-ui-vty0-4]user privilege level 3
[NE40-ui-vty0-4]set authentication password cipher nopassword
[NE40-ui-vty0-4]quit
#配置到核心层交换机的接口地址
[NE40]int e1/1/7
[NE40-Ethernet1/1/7]description to-S8505
[NE40-Ethernet1/1/7]negotiation auto
[NE40-Ethernet1/1/7]undo shutdown
[NE40-Ethernet1/1/7]ip address 172.16.1.49 255.255.255.252
#配置到防火墙的接口地址
[NE40-Ethernet1/1/7]int e1/1/6
[NE40-Ethernet1/1/6]description to-firewall
[NE40-Ethernet1/1/6]negotiation auto
```

```
[NE40-Ethernet1/1/6]undo shutdown
[NE40-Ethernet1/1/6]ip address 172.16.2.6 255.255.255.252
#配置用于招生录取的接口地址
[NE40-Ethernet1/1/7]int e1/1/3
[NE40-Ethernet1/1/3]description to-zhaosheng
[NE40-Ethernet1/1/3]undo negotiation auto
[NE40-Ethernet1/1/3]undo shutdown
[NE40-Ethernet1/1/3]ip address 219.221.55.17 255.255.255.240
#配置到电信网的接口地址
[NE40-Ethernet1/1/3]int e1/1/4
[NE40-Ethernet1/1/4]description to-ChinaNET
[NE40-Ethernet1/1/4]negotiation auto
[NE40-Ethernet1/1/4]undo shutdown
[NE40-Ethernet1/1/4]ip address 61.186.202.34 255.255.255.252
#配置到教育网的接口地址
[NE40-Ethernet1/1/4]int e1/1/5
[NE40-Ethernet1/1/5]description to-Cernet
[NE40-Ethernet1/1/5]negotiation auto
[NE40-Ethernet1/1/5]undo shutdown
[NE40-Ethernet1/1/5]ip address 61.186.202.34 255.255.255.252
[NE40-Ethernet1/1/5]quit
#配置默认路由
[NE40]ip route-static 0.0.0.0 0.0.0.0 61.186.202.33
#配置到教育网的静态路由
[NE40]ip route-static 162.105.0.0 255.255.0.0 219.221.55.1
[NE40]ip route-static 166.111.0.0 255.255.0.0 219.221.55.1
[NE40]ip route-static 202.4.128.0 255.255.224.0 219.221.55.1
[NE40]ip route-static 202.38.64.0 255.255.224.0 219.221.55.1
[NE40]ip route-static 202.38.192.0 255.255.192.0 219.221.55.1
[NE40]ip route-static 202.112.0.0 255.255.0.0 219.221.55.1
[NE40]ip route-static 202.115.0.0 255.255.0.0 219.221.55.1
[NE40]ip route-static 202.120.0.0 255.254.0.0 219.221.55.1
[NE40]ip route-static 202.192.0.0 255.240.0.0 219.221.55.1
[NE40]ip route-static 204.179.122.0 255.255.255.0 219.221.55.1
[NE40]ip route-static 210.32.0.0 255.240.0.0 219.221.55.1
[NE40]ip route-static 211.64.0.0 255.248.0.0 219.221.55.1
[NE40]ip route-static 211.80.0.0 255.248.0.0 219.221.55.1
[NE40]ip route-static 222.28.0.0 255.255.0.0 219.221.55.1
[NE40]ip route-static 219.221.49.0 255.255.255.0 219.221.55.1
#配置到内网的回头路由
[NE40]ip route-static 192.168.0.0 255.255.0.0 172.16.1.50
#保存配置并退出
[NE40]quit
<NE40>save
<NE40>quit
```

6.4.3 NE40 的双出口 NAT 配置

NE40 的双出口 NAT 配置与单出口 NAT 配置的注意事项相同，配置步骤和配置命令基本一致，只是要增加配置 NAT 策略，并利用 NAT 策略来指定 NAT 动作。

1. 配置步骤

(1) 配置 NAT 地址池

由于有两个因特网出口，用于 NAT 转换的地址池就有两个，因此需要定义两个地址池。根据前面的规划，地址池的定义为：

```
nat address-group telecom 61.186.202.36 61.186.202.39 mask 255.255.255.252 slot 2
nat address-group cernet 219.221.55.4 291.221.55.7 mask 255.255.255.252 slot 2
```

(2) 根据不同的地址池，分别配置 NAT 策略

配置命令：

```
nat-policy number policy-number ip gateway [nat address-group group-name]
```

参数说明：

- *policy-number* 代表要定义的 NAT 策略编号。
- *gateway* 代表出口的网关地址，即因特网出口的网关地址。
- *group-name* 代表地址池的名称。
- nat address-group *group-name* 为可选项。若不选择该参数项，表示将数据包直接转发出去，不进行 NAT 转换。例如，在局域网中的服务器，使用的是公网合法地址，它们访问因特网时可直接访问，不需要进行 NAT 转换。对于这些主机，在定义 NAT 策略时，就不要选择该参数项。

在本校园网组网案例中，DMZ 区中的服务器使用的是合法公网地址，不需要进行 NAT 转换。由于服务器有电信公网的，也有教育网的，需要定义两条 NAT 策略。

对于使用私网地址的内网用户，需要进行 NAT 转换访问因特网，出去的线路和地址池有两条，也需要定义两条 NAT 策略。因此，共需要定义 4 条 NAT 策略。

内网用户通过电信线路访问因特网的 NAT 策略定义为：

```
nat-policy number 1 ip 61.186.202.33 nat address-group telecom
```

内网用户通过教育网线路访问教育网的 NAT 策略定义为：

```
nat-policy number 2 ip 219.221.55.1 nat address-group cernet
```

DMZ 区使用电信公网地址的服务器通过电信线路访问因特网的 NAT 策略定义为：

```
nat-policy number 3 ip 61.186.202.33
```

DMZ 区服务器和招生用机等使用教育网地址，通过教育网线路访问教育网的 NAT 策略定义为：

```
nat-policy number 4 ip 219.221.55.1
```

(3) 配置定义流分类规则

根据不同的用户群访问不同的网络，定义流分类规则。对于本例，定义如下。

定义内网用户通过电信线路访问因特网的流分类规则：

```
rule-map intervlan rc163 ip 192.168.0.0 0.0.255.255 any
```

根据教育网的网络地址段,分别定义内网用户访问教育网时的流分类规则:

```
rule-map intervlan rc1 ip 192.168.0.0 0.0.255.255 162.105.0.0 0.0.255.255
rule-map intervlan rc2 ip 192.168.0.0 0.0.255.255 166.111.0.0 0.0.255.255
rule-map intervlan rc3 ip 192.168.0.0 0.0.255.255 202.4.128.0 0.0.31.255
rule-map intervlan rc4 ip 192.168.0.0 0.0.255.255 202.38.64.0 0.0.31.255
rule-map intervlan rc5 ip 192.168.0.0 0.0.255.255 202.38.192.0 0.0.63.255
rule-map intervlan rc6 ip 192.168.0.0 0.0.255.255 202.112.0.0 0.0.255.255
rule-map intervlan rc7 ip 192.168.0.0 0.0.255.255 202.115.0.0 0.0.255.255
rule-map intervlan rc8 ip 192.168.0.0 0.0.255.255 202.120.0.0 0.1.255.255
rule-map intervlan rc9 ip 192.168.0.0 0.0.255.255 202.192.0.0 0.15.255.255
rule-map intervlan rc10 ip 192.168.0.0 0.0.255.255 204.179.122.0 0.0.0.255
rule-map intervlan rc11 ip 192.168.0.0 0.0.255.255 210.32.0.0 0.15.255.255
rule-map intervlan rc12 ip 192.168.0.0 0.0.255.255 211.64.0.0 0.7.255.255
rule-map intervlan rc13 ip 192.168.0.0 0.0.255.255 211.80.0.0 0.7.255.255
rule-map intervlan rc14 ip 192.168.0.0 0.0.255.255 222.28.0.0 0.0.255.255
rule-map intervlan rc15 ip 192.168.0.0 0.0.255.255 219.221.49.0 0.0.0.255
```

定义DMZ区使用电信网地址的服务器,不进行NAT转换访问因特网的流分类规则:

```
rule-map intervlan gongwang1 ip 61.186.202.48 0.0.0.15 any
```

定义DMZ区使用教育网地址的服务器,不进行NAT转换访问因特网的流分类规则:

```
rule-map intervlan cnet1 ip 219.221.55.64 0.0.0.63 any
```

定义使用教育网地址的招生用机,不进行NAT转换访问因特网的流分类规则:

```
rule-map intervlan cnet2 ip 219.221.55.16 0.0.0.15 any
```

(4) 配置服务级别采用4,连接数没有限制

(5) 配置NAT策略动作

在该步要配置定义NAT的策略动作,策略动作的名称可任意命名,配置命令为:

```
flow-action action-name nat policy-number1 policy-number2 service-class 4
```

内网用户访问电信网络的资源时,优先走电信线路,如不通,再走教育网线路的NAT策略动作名定义为163-cnet,则配置命令为:

```
flow-action 163-cnet nat 1 2 service-class 4
```

内网用户访问教育网中的资源时,优先走教育网线路,如不通,再走电信线路出去的NAT策略动作名定义为cnet-163,则配置命令为:

```
flow-action cnet-163 nat 2 1 service-class 4
```

配置DMZ区使用电信网络地址的服务器,不进行NAT转换,使用电信线路直接访

问因特网,配置命令为:

```
flow-action chinanet-server nat 3 service-class 4
```

配置DMZ区使用教育网地址的服务器和招生用机,不进行NAT转换,使用教育网线路直接访问因特网,配置命令为:

```
flow-action cernet-server nat 4 service-class 4
```

另外,要实现不进行NAT转换而直接转发(重定向)出去,也可通过配置策略路由来实现,直接将数据报文转发到对应的因特网出口线路的网关地址即可。

此时,定义流动作(flow-action)应选用 redirect ip *nexthop interface-name* 参数项,其功能是将报文重定向(不进行NAT转换)到指定的下一跳(*nexthop*),用于实现策略路由。*interface-name* 代表要到达指定的下一跳地址,应从哪一个接口出去。

定义策略路由的流动作方法为:

```
flow-action action-name redirect ip nexthop interface-name
```

对于本例,不进行NAT转换而直接重定向转发出去的配置方法为:

```
flow-action chinanet-server redirect ip 61.186.202.33 Ethernet1/1/4
flow-action cernet-server redirect ip 219.221.55.1 Ethernet1/1/5
```

(6) 配置EACL,将流分类规则与NAT策略动作关联

EACL是在入接口应用,根据应用需要可配置一个或多个EACL。

本应用实例较复杂,路由器的内网接口(E1/1/7)、与防火墙相连的接口(E1/1/6)和用于连接招生用机的接口(E1/1/3),都是入口,需要应用不同的EACL,因此需要定义3个EACL。

从路由器内网口进来的数据包,需要进行NAT转换访问因特网,使用的NAT地址池可以是电信网的地址池,也可以是教育网的地址池。因此,其EACL定义为:

```
eacl out-to-internet rc163 163-cnet
eacl out-to-internet rc1 cnet-163
eacl out-to-internet rc2 cnet-163
eacl out-to-internet rc3 cnet-163
eacl out-to-internet rc4 cnet-163
eacl out-to-internet rc5 cnet-163
eacl out-to-internet rc6 cnet-163
eacl out-to-internet rc7 cnet-163
eacl out-to-internet rc8 cnet-163
eacl out-to-internet rc9 cnet-163
eacl out-to-internet rc10 cnet-163
eacl out-to-internet rc11 cnet-163
eacl out-to-internet rc12 cnet-163
eacl out-to-internet rc13 cnet-163
eacl out-to-internet rc14 cnet-163
eacl out-to-internet rc15 cnet-163
```

下面配置将应用到路由器 E1/1/6 接口的 EACL,从该接口进来的数据包不进行 NAT 转换,配置命令为:

```
eacl eacl-from-dmz gongwang1 chinanet-server
eacl eacl-from-dmz cnet1 cernet-server
```

下面配置将应用到路由器 E1/1/3 接口的 EACL,从该接口来的数据包也不进行 NAT 转换,配置命令为:

```
eacl eacl-from-zhaosheng cnet2 cernet-server
```

(7) 配置接口地址,并在入接口上分别应用 EACL

路由器的接口地址已经配置,此处只需配置 EACL 应用,实现的命令为:

```
[NE40]int e1/1/7
[NE40-Ethernet1/1/7]access-group router eacl out-to-internet
[NE40-Ethernet1/1/7]int e1/1/6
[NE40-Ethernet1/1/6]access-group router eacl eacl-from-dmz
[NE40-Ethernet1/1/6]int e1/1/3
[NE40-Ethernet1/1/3]access-group router eacl eacl-from-zhaosheng
```

(8) 配置到地址池的空接口静态路由

对于本例,实现的配置命令为:

```
ip route-static 61.186.202.36 255.255.255.252 NULL 0
ip route-static 219.221.55.4 255.255.255.252 NULL 0
```

到此为止,双出口的 NAT 配置就完成了。

2. 实现的完整配置命令

```
#配置地址池
[NE40]nat address-group telecom 61.186.202.36 61.186.202.39 mask 255.255.255.252 slot 2
[NE40]nat address-group cernet 219.221.55.4 291.221.55.7 mask 255.255.255.252 slot 2
#根据不同的地址池,分别配置 NAT 策略
[NE40]nat-policy number 1 ip 61.186.202.33 nat address-group telecom
[NE40]nat-policy number 2 ip 219.221.55.1 nat address-group cernet
[NE40]nat-policy number 3 ip 61.186.202.33
[NE40]nat-policy number 4 ip 219.221.55.1
#配置定义访问电信网的流分类规则
[NE40]rule-map intervlan rc163 ip 192.168.0.0 0.0.255.255 any
#访问教育网的流分类规则
[NE40]rule-map intervlan rc1 ip 192.168.0.0 0.0.255.255 162.105.0.0 0.0.255.255
[NE40]rule-map intervlan rc2 ip 192.168.0.0 0.0.255.255 166.111.0.0 0.0.255.255
[NE40]rule-map intervlan rc3 ip 192.168.0.0 0.0.255.255 202.4.128.0 0.0.31.255
[NE40]rule-map intervlan rc4 ip 192.168.0.0 0.0.255.255 202.38.64.0 0.0.31.255
[NE40]rule-map intervlan rc5 ip 192.168.0.0 0.0.255.255 202.38.192.0 0.0.63.255
[NE40]rule-map intervlan rc6 ip 192.168.0.0 0.0.255.255 202.112.0.0 0.0.255.255
[NE40]rule-map intervlan rc7 ip 192.168.0.0 0.0.255.255 202.115.0.0 0.0.255.255
```

```
[NE40]rule-map intervlan rc8 ip 192.168.0.0 0.0.255.255 202.120.0.0 0.1.255.255
[NE40]rule-map intervlan rc9 ip 192.168.0.0 0.0.255.255 202.192.0.0 0.15.255.255
[NE40]rule-map intervlan rc10 ip 192.168.0.0 0.0.255.255 204.179.122.0 0.0.0.255
[NE40]rule-map intervlan rc11 ip 192.168.0.0 0.0.255.255 210.32.0.0 0.15.255.255
[NE40]rule-map intervlan rc12 ip 192.168.0.0 0.0.255.255 211.64.0.0 0.7.255.255
[NE40]rule-map intervlan rc13 ip 192.168.0.0 0.0.255.255 211.80.0.0 0.7.255.255
[NE40]rule-map intervlan rc14 ip 192.168.0.0 0.0.255.255 222.28.0.0 0.0.255.255
[NE40]rule-map intervlan rc15 ip 192.168.0.0 0.0.255.255 219.221.49.0 0.0.0.255
#DMZ 区服务器和招生用机的流分类规则
[NE40]rule-map intervlan gongwang1 ip 61.186.202.48 0.0.0.15 any
[NE40]rule-map intervlan cnet1 ip 219.221.55.64 0.0.0.63 any
[NE40]rule-map intervlan cnet2 ip 219.221.55.16 0.0.0.15 any
#配置服务级别采用 4,连接数没有限制
[NE40]nat service-class 4 connections 0
#配置 NAT 策略动作
[NE40]flow-action 163-cnet nat 1 2 service-class 4
[NE40]flow-action cnet-163 nat 2 1 service-class 4
[NE40]flow-action chinanet-server nat 3 service-class 4
[NE40]flow-action cernet-server nat 4 service-class 4
#不进行 NAT 转换直接重定向出去,定义采用策略路由实现方式的流动作
#flow-action chinanet-server redirect ip 61.186.202.33 Ethernet1/1/4
#flow-action cernet-server redirect ip 219.221.55.1 Ethernet1/1/5
#配置 EACL,将流分类规则与 NAT 策略动作关联
[NE40]eacl out-to-internet rc163 163-cnet
[NE40]eacl out-to-internet rc1 cnet-163
[NE40]eacl out-to-internet rc2 cnet-163
[NE40]eacl out-to-internet rc3 cnet-163
[NE40]eacl out-to-internet rc4 cnet-163
[NE40]eacl out-to-internet rc5 cnet-163
[NE40]eacl out-to-internet rc6 cnet-163
[NE40]eacl out-to-internet rc7 cnet-163
[NE40]eacl out-to-internet rc8 cnet-163
[NE40]eacl out-to-internet rc9 cnet-163
[NE40]eacl out-to-internet rc10 cnet-163
[NE40]eacl out-to-internet rc11 cnet-163
[NE40]eacl out-to-internet rc12 cnet-163
[NE40]eacl out-to-internet rc13 cnet-163
[NE40]eacl out-to-internet rc14 cnet-163
[NE40]eacl out-to-internet rc15 cnet-163
[NE40]eacl eacl-from-dmz gongwang1 chinanet-server
[NE40]eacl eacl-from-dmz cnet1 cernet-server
[NE40]eacl eacl-from-zhaosheng cnet2 cernet-server
#分别在各入接口上应用 EACL
[NE40]int e1/1/7
[NE40-Ethernet1/1/7]access-group router eacl out-to-internet
[NE40-Ethernet1/1/7]int e1/1/6
```

```
[NE40-Ethernet1/1/6]access-group router eacl eacl-from-dmz
[NE40-Ethernet1/1/6]int e1/1/3
[NE40-Ethernet1/1/3]access-group router eacl eacl-from-zhaosheng
[NE40-Ethernet1/1/3]quit
#配置到地址池的空接口静态路由
[NE40]ip route-static 61.186.202.36 255.255.255.252 NULL 0
[NE40]ip route-static 219.221.55.4 255.255.255.252 NULL 0
[NE40]quit
#保存配置并退出
<NE40>save
<NE40>quit
```

6.4.4 NE40 的静态地址转换配置

1. NE40 静态地址转换配置的分类

NE40 静态地址转换配置分为两种情况。第一种情况是将用于地址端口转换(NAPT)的地址池中的某公网地址的某个端口映射到内部服务器的某个端口,这种配置比较简单,只需使用以下命令进行配置即可实现。其配置命令为:

```
nat server protocol tcp|udp global global-ip prot inside local-ip port
```

例如,若要将地址池中的 61.186.202.37 这个地址的 TCP 80 端口映射到内网的 192.168.2.2 服务器,则实现的配置命令为:

```
[NE40]nat server protocol tcp global 61.186.202.37 80 inside 192.168.2.2 80
```

第二种情况是将某个公网地址完整地(全部端口)映射到内网中的某个私网地址。此时,使用以下的配置命令是无法实现的。

```
nat server global 61.186.202.41 inside 192.168.2.3
```

对于这种情况,在 NE40 中,其配置步骤和配置方法与地址端口转换配置基本相同,只是在定义用于静态地址转换的地址池时,必须添加 no-pat 关键字。

2. 配置需求

根据 2.4.3 小节的规划,61.186.202.40/29 地址段的 8 个 IP 地址,作为电信公网的静态地址转换使用;219.221.55.8/29 网段的 8 个 IP 地址,作为教育网的静态地址转换使用。

现要求实现以下静态地址映射:

```
61.186.202.40←→192.168.62.2
61.186.202.41←→192.168.62.3
61.186.202.42←→192.168.18.254
219.221.55.8←→192.168.63.2
```

3. 配置步骤

(1) 配置内网服务器的公网地址池

由于有两个用于静态地址转换的地址段,因此需要定义两个地址池。其配置命令为:

```
nat address-group chinanet_static_nat 61.186.202.40 61.186.202.47 mask 255.255.
255.248 slot 2 no-pat
nat address-group cernet_static_nat 219.221.55.8 219.221.55.15 mask 255.255.255.
248 slot 2 no-pat
```

(2) 配置允许的内部服务器的地址或地址段

该步实际上是配置要进行静态地址转换的内部服务器所在的网段地址或具体的 IP 地址。对于本例，其配置为：

```
rule-map intervlan static_nat1 ip 192.168.18.254 0.0.0.0 any
rule-map intervlan static_nat2 ip 192.168.62.0 0.0.0.255 any
rule-map intervlan static_nat3 ip 192.168.63.0 0.0.0.255 any
```

(3) 配置内部服务器的公网地址与私网地址的映射关联

配置命令：

```
nat server global global-ip inside local-ip
```

若只映射某个端口，则加上协议类型和端口号，此时的命令用法为：

```
nat server protocol tcp|udp global global-ip port inside local-ip port
```

对于本例，实现的配置命令为：

```
nat server global 61.186.202.40 inside 192.168.62.2
nat server global 61.186.202.41 inside 192.168.62.3
nat server global 61.186.202.42 inside 192.168.18.254
nat server global 219.221.55.8 inside 192.168.63.2
```

(4) 配置服务级别采用 4，连接数没有限制

(5) 配置 NAT 动作

对于本例，有两个静态 NAT 地址池，因此需要配置两个 NAT 动作。

```
flow-action st163 nat address-group chinanet_static_nat service-class 4
flow-action st_cernet nat address-group cernet_static_nat service-class 4
```

(6) 配置 EACL，关联 rule-map 规则与 NAT 动作

在前面配置地址端口转换时，EACL 命名为 out-to-internet，此处静态地址转换的 NAT 动作也要配置在该 EACL 上，实现的配置命令为：

```
eacl out-to-internet static_nat1 st163
eacl out-to-internet static_nat2 st163
eacl out-to-internet static_nat3 st_cernet
```

(7) 在路由器的内网入接口(E1/1/7)上应用 EACL

在前面配置地址端口转换时已经应用了 EACL，为了使配置立即生效，可取消应用，然后再重新应用 EACL 到入接口。

取消应用，使用命令：

```
undo access-group router eacl eacl-name
```

(8) 增加两项配置

当路由器的外网接口地址(出接口)与地址池在同一个网段时,要增加以下两项配置。

• 使能地址池,将之拆分为32位掩码的静态路由,并自动添加黑洞路由。

```
nat enable address-group chinanet_static_nat
nat enable address-group cernet_static_nat
```

• 配置响应针对地址池的ARP请求。

在路由器的电信线路出接口(E1/1/4)配置执行以下命令:

```
nat match-host chinanet_static_nat
```

在路由器的教育网线路出接口(E1/1/5)配置执行以下命令:

```
nat match-host cernet_static_nat
```

在本例中,外网接口地址与地址池属于不同网段,因此这两项不用配置。

4. 实现的完整配置命令

```
#配置内网服务器的公网地址池
[NE40]nat address-group chinanet_static_nat 61.186.202.40 61.186.202.47 mask
255.255.255.248 slot 2 no-pat
[NE40]nat address-group cernet_static_nat 219.221.55.8 219.221.55.15 mask 255.
255.255.248 slot 2 no-pat
#配置允许的内部服务器的地址或地址段
[NE40]rule-map intervlan static_nat1 ip 192.168.18.254 0.0.0.0 any
[NE40]rule-map intervlan static_nat2 ip 192.168.62.0 0.0.0.255 any
[NE40]rule-map intervlan static_nat3 ip 192.168.63.0 0.0.0.255 any
#配置内部服务器的公网地址与私网地址的映射关联
[NE40]nat server global 61.186.202.40 inside 192.168.62.2
[NE40]nat server global 61.186.202.41 inside 192.168.62.3
[NE40]nat server global 61.186.202.42 inside 192.168.18.254
[NE40]nat server global 219.221.55.8 inside 192.168.63.2
#配置服务级别采用4,连接数没有限制。该项前面已配置,不再重复配置
#配置NAT动作(流动作)
[NE40]flow-action st163 nat address-group chinanet_static_nat service-class 4
[NE40]flow-action st_cernet nat address-group cernet_static_nat service-class 4
#配置EACL,关联rule-map规则与NAT动作
[NE40]eacl out-to-internet static_nat1 st163
[NE40]eacl out-to-internet static_nat2 st163
[NE40]eacl out-to-internet static_nat3 st_cernet
#在前面的配置已应用EACL到入口。添加规则节点后应自动生效,若未生效,可取消后重新应用
#重新应用EACL到入接口
[NE40]int e1/1/7
[NE40-Ethernet1/1/7]undo access-group router eacl out-to-internet
[NE40-Ethernet1/1/7]access-group router eacl out-to-internet
[NE40-Ethernet1/1/7]quit
[NE40]quit
```

```
<NE40>save
<NE40>quit
```

习题 6

1. 路由器的配置文件保存在(　　)存储器中。

   A. FLASH　　B. NVRAM　　C. RAM　　D. ROM

2. 可用于对路由器进行配置管理的接口有(　　)。

   A. FastEthernet0/0　　B. Console　　C. AUX　　D. Serial1/0

3. 以下协议中,不能被路由的协议是(　　)。

   A. NetBEUI　　B. IP　　C. IPX　　D. AppleTalk

4. 对于 RIP 路由协议,与路由器直连的网络,其距离定义为(　　)。

   A. 0　　B. 1　　C. 15　　D. 16

5. 以下关于 NAT 的描述,不正确的有(　　)。

   A. 局域网中的主机,由于使用的是私网地址,无法实现让因特网中的主机访问内网主机

   B. 利用 NAT 转换,可实现节约公网 IP 地址

   C. NAT 转换通常在边界路由器上完成

   D. Cisco 和华为的路由器都支持使用接口地址来进行 NAT 转换

6. 某单位只申请到具有 4 个地址的一个子网段,要让该单位局域网内的用户都能访问因特网,应在路由器上配置(　　)。

   A. 静态地址转换　　B. 动态地址转换

   C. 地址端口转换　　D. 只需配置出口路由

7. 以下关于华为路由器 NAT 配置的描述,不正确的是(　　)。

   A. 华为 NE20 和 NE40 不支持用接口地址进行 NAT 转换

   B. 华为路由器应配置 NAT 地址池,并在出口上应用 EACL

   C. 华为路由器应配置 NAT 地址池,并在入口上应用 EACL

   D. 对于 NE40,为提高 NAT 转换的速度,可增配 NAT 转换板

实训 6.1　Cisco 路由器 NAT 配置

[**实训目的**]　掌握 Cisco 路由器地址端口转换和静态地址转换的配置方法。

[**实训设备**]　Cisco 2811 或 Cisco 2621 路由器 1 台,Cisco 2960 交换机 1 台。

若是在 Cisco Packet Tracer 模拟软件中进行实训,则还应增加 1 台路由器和服务器,用于模拟外部的因特网。若采用实际的硬件设备进行组网实训,路由器的外网口地址可采用实训室所在网段的私网地址。实训的内部网络的地址网段可以是任意网段地址。

[**实训网络拓扑结构**]　实训的网络拓扑结构如图 6.6 所示。

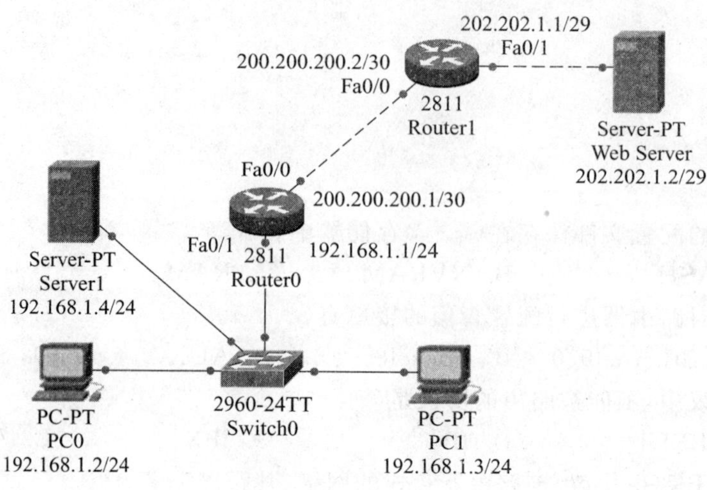

图 6.6 实训网络拓扑

[**实训内容**]

1. 配置路由器的地址端口 NAT 转换。

2. 配置静态地址转换。

[**实训步骤**]

1. 按网络拓扑图构建好实训环境，然后设置好各 PC 和服务器的 IP 地址以及网关地址。

2. 配置 Router0 路由器接口地址和路由。

3. 在 Router0 路由器中配置地址端口 NAT 转换，然后配置静态地址转换，将 200.200.200.1的 TCP 80 端口映射到内网的 192.168.1.4 服务器的 TCP 80 端口。

4. 配置 Router1 的接口地址，然后配置 Web Server 和 Server1 的 Web 服务功能。

5. 在 PC0 或 PC1 主机中访问外部的 202.202.1.2 服务器，然后查看 Router0 路由器的 NAT 会话。

实训 6.2 华三路由器 NAT 配置

[**实训目的**] 掌握华三低端路由器的 NAT 配置与应用。

[**实训设备**] 华三 H3C AR18-22-8 交换路由器 1 台。

该交换路由器相当于一个二层交换机和一个路由器的封装，路由器在该交换路由器的内部相当于是一个单臂路由器的结构。隐含的 Ethernet1/0 接口是内置路由器的内网口，因此，可在该接口上通过划分子接口来实现 VLAN 间的通信。

该交换路由器拥有 8 个内网口，编号为 Ethernet1/1～Ethernet1/8，另有两个 WAN 口，面板上的编号为 WAN0 和 WAN1，接口编号分别为 Ethernet2/0 和 Ethernet3/0。

[**实训内容与步骤**]

1. 将该交换路由器的 Ethernet1/1～Ethernet1/4 口划分到 VLAN10，网段地址为 192.168.1.0/24，网关地址为 192.168.1.1。

将 Ethernet1/5～Ethernet1/7 口划分到 VLAN20，网段地址为 192.168.2.0/24，网关地址为 192.168.2.1。

将 Ethernet1/8 划分到 VLAN30 中，网段地址为 192.168.3.0/24，网关地址为 192.168.3.1。

提示： 各 VLAN 子接口在 Ethernet1/0 接口上，通过划分子接口来获得，子接口所属的 VLAN，采用 vlan-type dot1q vid *vlan-id* 命令配置指定。

2. 定义一条 ACL 规则，允许内网中的所有主机进行 NAT 转换上网。定义命令为：

```
acl number 2001
rule 0 permit
```

3. 配置 Ethernet2/0 接口地址为所申请到的合法公网地址（如 61.161.73.173/26），然后在该接口配置 nat outbound 2001 命令，实现 NAT 转换功能。

若在校园网中实训，该接口的地址可设置为所在网段的某一个私网地址。

4. 配置默认路由，指向因特网的网关地址（如 61.161.73.129）。若在校园网中实训，则默认路由指向所在校园网网段的网关地址。

5. 配置静态地址转换。将路由器外网口地址的 TCP 80 端口映射到内网中的 192.168.3.2服务器。实现的配置命令为：

```
nat server protocol tcp global 61.161.73.173 www inside 192.168.3.2 www
```

通过以上配置之后，该交换路由器就可正常运行了。因特网出口接在 WAN0 口。Ethernet1/1～Ethernet1/8 口可接用户主机或接二层交换机，以实现更多用户的接入。

实训 6.3　利用华三路由器组网

［**实训目的**］　掌握华三低端路由器在组网中的应用，掌握一条物理链路运行 2 个数据业务时路由器的配置方法。

［**实训设备**］　华三 MSR 20-10 路由器 1 台。

［**实训内容**］　某分校与校本部相距较远，分校利用 1 对光纤专线，通过当地网通公司接入因特网。同时，通过网通的 MPLS 链路与校本部实现内网互联，分校访问因特网，直接从当地网通公司的因特网出口进行访问。另外，分校对教育网的访问，通过 MPLS 链路到达校本部，通过校本部的教育网出口进行访问。网络拓扑结构如图 6.7 所示。

［**实训要求**］

1. 对 MSR 20-10 路由器的 E0/0 口进行配置，实现对因特网的接入和与校本部 MPLS 的互联。

2. 对 MSR 20-10 路由器的 E0/1～E0/4 这 4 个以太口进行 VLAN 划分，每个端口划分成一个 VLAN。VLAN 分别为 VLAN10、VLAN20、VLAN30 和 VLAN40，VLAN 接口地址分别为 10.16.0.1、10.16.1.1、10.16.2.1 和 10.16.3.1，子网掩码为 255.255.255.0。

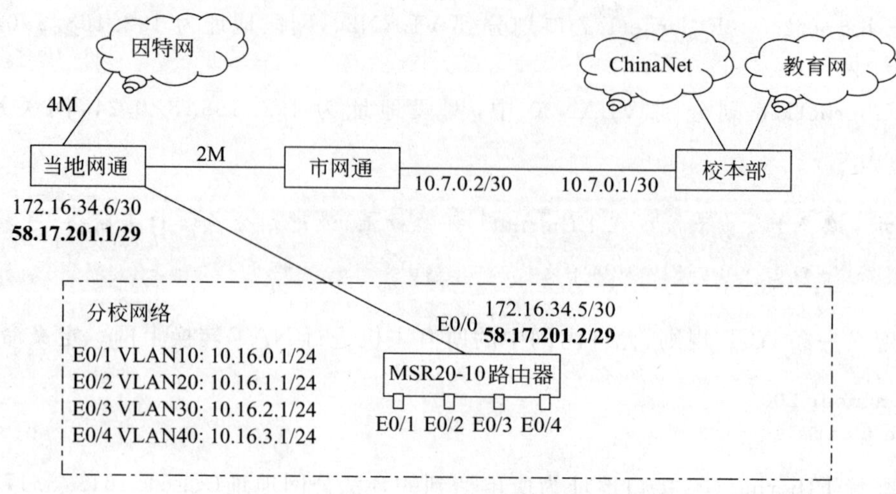

图 6.7 实训网络拓扑

[**实训步骤**]

1. 路由器基本配置。

配置内容：设置主机名、激活 Telnet 服务、配置 Telnet 登录密码、配置进入管理级的密码。

```
<H3C>super
<H3C>system
[H3C]sysname nadd
[nadd]telnet server enable
[nadd]user-interface vty 0 4
[nadd-ui-vty0-4]set authentication password cipher letmein
[nadd-ui-vty0-4]quit
[nadd]super password level 3 cipher h3crouter
```

2. 配置路由器 E0/0 接口，实现因特网的接入和与校本部的互联。

(1) 配置接口地址。

由于是一条物理链路运行 2 个数据业务，该接口需要配置 2 个接口地址，然后根据静态路由指定，访问不同目的网络时，下一跳接口地址不相同。

```
[nadd]int e0/0
#将接口配置为三层接口
[nadd-Ethernet0/0]port link-mode route
#配置接口的 IP 地址
[nadd-Ethernet0/0]ip address 58.17.201.2 255.255.255.248
[nadd-Ethernet0/0]ip address 172.16.34.5 255.255.255.252 sub
[nadd-Ethernet0/0]quit
```

(2) 配置静态路由。

配置策略：访问因特网的配置成默认路由。

校本部使用的网络地址有 192.168.0.0/16 和 61.186.202.32/27。访问部分教育网络也需要路由到校本部出去。

```
[nadd]ip route-static 0.0.0.0 0.0.0.0 58.17.201.1
[nadd]ip route-static 192.168.0.0 255.255.0.0 172.16.34.6
[nadd]ip route-static 61.186.202.32 255.255.255.224 172.16.34.6
[nadd]ip route-static 162.105.0.0 255.255.0.0 172.16.34.6
[nadd]ip route-static 166.111.0.0 255.255.0.0 172.16.34.6
[nadd]ip route-static 202.4.128.0 255.255.224.0 172.16.34.6
[nadd]ip route-static 202.38.64.0 255.255.224.0 172.16.34.6
[nadd]ip route-static 202.38.192.0 255.255.192.0 172.16.34.6
[nadd]ip route-static 202.112.0.0 255.255.248.0 172.16.34.6
[nadd]ip route-static 202.115.0.0 255.255.0.0 172.16.34.6
[nadd]ip route-static 202.120.0.0 255.254.0.0 172.16.34.6
[nadd]ip route-static 202.192.0.0 255.240.0.0 172.16.34.6
[nadd]ip route-static 204.179.122.0 255.255.255.0 172.16.34.6
[nadd]ip route-static 210.32.0.0 255.240.0.0 172.16.34.6
[nadd]ip route-static 211.64.0.0 255.248.0.0 172.16.34.6
[nadd]ip route-static 211.80.0.0 255.248.0.0 172.16.34.6
[nadd]ip route-static 219.221.49.0 255.255.255.0 172.16.34.6
[nadd ip route-static 222.28.0.0 255.255.0.0 172.16.34.6
```

(3) 配置扩展 ACL 规则,确定访问哪些网络时需要进行 NAT 转换。

要路由到校本部的数据包不需要进行 NAT 转换,这些网络的数量相比访问因特网的网络数量要少得多,因此 ACL 的配置策略如下。

先配置不需要进行 NAT 转换的目的网络访问的 ACL 规则,动作为拒绝;然后配置要进行 NAT 转换的网络的访问,动作为允许。

```
[nadd]acl number 3000
[nadd-acl-adv-3000]rule 0 deny ip destination 192.168.0.0 0.0.255.255
[nadd-acl-adv-3000]rule 1 deny ip destination 61.186.202.32 0.0.0.31
[nadd-acl-adv-3000]rule 2 deny ip destination 162.105.0.0 0.0.255.255
[nadd-acl-adv-3000]rule 3 deny ip destination 166.111.0.0 0.0.255.255
[nadd-acl-adv-3000]rule 4 deny ip destination 202.4.128.0 0.0.31.255
[nadd-acl-adv-3000]rule 5 deny ip destination 202.38.64.0 0.0.31.255
[nadd-acl-adv-3000]rule 6 deny ip destination 202.38.192.0 0.0.63.255
[nadd-acl-adv-3000]rule 7 deny ip destination 202.112.0.0 0.0.7.255
[nadd-acl-adv-3000]rule 8 deny ip destination 202.115.0.0 0.0.255.255
[nadd-acl-adv-3000]rule 9 deny ip destination 202.120.0.0 0.1.255.255
[nadd-acl-adv-3000]rule 10 deny ip destination 202.192.0.0 0.15.255.255
[nadd-acl-adv-3000]rule 11 deny ip destination 204.179.122.0 0.0.0.255
[nadd-acl-adv-3000]rule 12 deny ip destination 210.32.0.0 0.15.255.255
[nadd-acl-adv-3000]rule 13 deny ip destination 211.64.0.0 0.7.255.255
[nadd-acl-adv-3000]rule 14 deny ip destination 211.80.0.0 0.7.255.255
[nadd-acl-adv-3000]rule 15 deny ip destination 222.28.0.0 0.0.255.255
[nadd-acl-adv-3000]rule 16 deny ip destination 219.221.49.0 0.0.0.255
[nadd-acl-adv-3000]rule 17 permit ip
[nadd-acl-adv-3000]quit
```

(4) 配置 NAT 转换。对于使用私网地址的局域网,必须配置 NAT 转换才能访问。

对于华三低端路由器,其配置方法如下。

① 定义 NAT 转换的地址池:

```
[nadd]nat address-group 1 58.17.201.2 58.17.201.2
```

② 在接口上配置 NAT 转换:

```
[nadd]int e0/0
[nadd-Ethernet0/0]nat outbound 3000 address-group 1
[nadd-Ethernet0/0]quit
```

在本应用示例中,由于 E0/0 接口有两个 IP 地址,为了指定 NAT 转换成哪一个 IP 地址,通过定义 NAT 转换地址池来实现。为了指定访问哪些网络时需要进行 NAT 转换,通过定义 ACL 规则来实现。

如果 E0/0 接口仅用于实现对因特网的接入,则配置较简单,不需要定义地址池。ACL 规则仅需定义一个标准的 ACL 规则,默认全部允许即可,其定义方法如下。

```
acl number 2001
rule 0 permit ip
```

然后在 E0/0 接口下配置 NAT 转换的命令可简化为"nat outbound 2001",此时 NAT 转换为该接口的 IP 地址。

3. 配置 MSR 20-10 路由器的 E0/1～E0/4 口,实现 VLAN 的创建与划分。

```
[nadd]vlan 10
[nadd-vlan10]vlan 20
[nadd-vlan20]vlan 30
[nadd-vlan30]vlan 40
[nadd-vlan40]quit
[nadd]interface Vlan-interface10
[nadd-Vlan-interface10]ip address 10.16.0.1 255.255.255.0
[nadd-Vlan-interface10]quit
[nadd]interface Vlan-interface20
[nadd-Vlan-interface20]ip address 10.16.1.1 255.255.255.0
[nadd-Vlan-interface20]quit
[nadd]interface Vlan-interface30
[nadd-Vlan-interface30]ip address 10.16.2.1 255.255.255.0
[nadd-Vlan-interface30]quit
[nadd]interface Vlan-interface40
[nadd-Vlan-interface40]ip address 10.16.3.1 255.255.255.0
[nadd-Vlan-interface40]quit
[nadd]int e0/1
[nadd-Ethernet0/1]port link-mode bridge
[nadd-Ethernet0/1]port access vlan 10
[nadd-Ethernet0/1]int e0/2
[nadd-Ethernet0/2]port link-mode bridge
[nadd-Ethernet0/2]port access vlan 20
[nadd-Ethernet0/2]int e0/3
[nadd-Ethernet0/3]port link-mode bridge
```

```
[nadd-Ethernet0/3]port access vlan 30
[nadd-Ethernet0/3]int e0/4
[nadd-Ethernet0/4]port link-mode bridge
[nadd-Ethernet0/4]port access vlan 40
[nadd-Ethernet0/4]quit
[nadd]quit
<nadd>save
```

4. 在路由器的 E0/1～E0/4 端口，接上用户计算机，并设置相应网段的 IP 地址和网关地址，然后 ping 所属网段的网关地址，以检测能否 ping 通。若能 ping 通，则 VLAN 配置成功。

通过以上 VLAN 划分，利用 MSR 20-10 路由器，即可实现将校园网划分为 4 个网段运行。E0/1～E0/4 下面分别级联二层交换机，以实现对用户主机的接入。

以上配置方案，是通过在 MSR20-10 路由器的 E0/0 接口上设置主副 IP 地址来实现的。对于该种配置方案，若分校网络内部有使用私网地址的服务器，需要进行静态地址转换，此时不能使用以下命令进行静态地址转换配置(命令可以执行，但不能正常工作)。

```
nat server protocol tcp|udp global global-ip port inside local-ip port
```

对于 MSR20-10 路由器，静态地址转换的正确配置方法是：

在外网接口上执行"nat outbound static"命令，然后在系统视图模式下，利用"nat static *local-ip global-ip*"命令来配置静态地址转换。

此时不能采取在外网接口配置主副 IP 地址的配置方案，只能将 E0/0 接口划分出 2 个子接口，每个子接口配置一个 IP 地址，分别用于各数据链路的通信。此时 MSR20-10 路由器的 E0/0 接口与当地网通公司之间的互联链路必须采用 Trunk 链路工作模式。

新的配置方案的配置关键点如下：

```
[nadd]int e0/0
[nadd-Ethernet0/0]port link-mode route
[nadd-Ethernet0/0]int e0/0.1
[nadd-Ethernet0/0.1]vlan-type dotlq vid 602
[nadd-Ethernet0/0.1]nat outbound static
[nadd-Ethernet0/0.1]nat outbound 3000 address-group 1
[nadd-Ethernet0/0.1]ip address 58.17.201.2 255.255.255.248
[nadd-Ethernet0/0.1]interface Ethernet0/0.2
[nadd-Ethernet0/0.2]vlan-type dotlq vid 2130
[nadd-Ethernet0/0.2]ip address 172.16.34.5 255.255.255.252
#配置静态地址转换。假设将内网的 10.16.2.11 主机与 58.17.201.3 地址建立一一对应的映射关系。
[nadd-Ethernet0/0.2]quit
[nadd]nat static 10.16.2.11 58.17.201.3
```

另外，还要注意在编号为 3000 的 ACL 规则集中添加规则，对参与静态地址转换的主机，不允许再进行 NAT 地址转换，配置方法示例如下：

```
rule 17 deny ip source 10.16.2.11 0
rule 18 permit ip
```

第 7 章

访问控制列表

访问控制列表(Access Control List,ACL)使用包过滤技术,通过检查数据包的源端口、目的端口、源地址、目的地址等内容,并根据检查的结果,确定允许或禁止哪些数据包通过,以达到维护网络安全、限制网络流量等的目的。

通过配置访问控制列表,可使路由器或三层交换机成为一个包过滤防火墙,对经过的数据包进行过滤,以实现阻止黑客攻击网络、限定网络使用者访问权限和时间、阻止网络病毒传播等功能。

7.1 访问控制列表简介

7.1.1 访问控制列表概述

访问控制列表由一系列语句组成,这些语句主要包括匹配条件和采取的动作(允许或禁止)两个部分。访问控制列表应用在路由器或交换机的接口上,通过匹配数据包信息与访问控制列表参数来决定允许还是拒绝数据包通过某个接口。数据包是通过还是拒绝,主要通过数据包中的源地址、目的地址、源端口、目的端口、协议类型等信息来决定。

访问控制列表主要有以下几方面的功能。

(1) 控制网络流量,提高网络性能。将访问控制列表应用到路由器接口,对经过接口的数据包进行检查,并根据检查的结果决定数据被转发还是被丢弃,达到控制网络流量,提高网络性能的目的。例如,通过访问控制列表限制用户访问大型的 P2P 站点,以及过滤常用 P2P 软件使用的端口等方式达到限制网络流量的目的。

(2) 控制用户网络行为。如禁止单位员工看股票、用 QQ 聊天,只靠管理手段是不够的,还必须从技术上进行控制。可以用两种方式限制用户的行为:第一种是使用访问控制列表限制用户只能使用常用的因特网服务,其他服务全部过滤掉;第二种是封堵软件的端口或者禁止用户登录软件的服务器,如通过封堵股票软件的端口或禁止用户登录股票软件的服务器来限制用户看股票。

(3) 控制网络病毒的传播。这是访问控制列表使用最广泛的功能。例如,蠕虫病毒在局域传播的常用端口为 TCP 135、139 和 445,通过访问控制列表过滤掉目的端口为 TCP 135、139 和 445 的数据包,就可控制病毒的传播。

7.1.2　访问控制列表的分类

访问控制列表可分为标准 IP 访问控制列表和扩展 IP 访问控制列表。标准 IP 访问控制列表通过检查数据包的源 IP 地址决定允许或拒绝数据包通过路由器的接口。与标准 IP 访问控制列表相比，扩展 IP 访问控制列表具有更大的灵活性和可扩充性，它不仅检查数据包的源 IP 地址，还要检查数据包的目的 IP 地址、特定协议类型、源端口号、目的端口号等。

7.1.3　访问控制列表的匹配过程

在理解 ACL 匹配过程前，先介绍 ACL 的一些相关特性。

(1) 路由器的每个接口可以在进入(In)和离开(Out)两个方向上分别应用一个 ACL，且每个方向上只能应用一个 ACL。进入和离开是相对于路由器而言，如进入是指数据从其他设备进入到路由器。

(2) ACL 语句包括两个动作，一个是拒绝(deny)数据包通过，过滤掉数据包；另一个是允许(permit)数据包通过，不过滤数据包。

(3) 当数据包进入路由器时，应用在接口进入方向(In 方向)的 ACL 起作用。

(4) 当数据包离开路由器时，应用在接口离开方向(Out 方向)的 ACL 起作用。

(5) 每个 ACL 列表结尾有一个隐含的“拒绝所有数据包(deny any)”的语句。因此，如果数据包不匹配 ACL 中的任何语句，将被拒绝。

ACL 列表应用到路由器的接口后，数据包通过路由器接口的匹配、转发的过程如图 7.1 所示。当数据包从路由器 S0 接口进入时，路由器使用该接口 In 方向的 ACL 对数据包进行检查。如果不允许数据包通过，则直接丢弃数据包；如果允许数据包通过，路由器根据路由表决定数据包的离开接口。假设数据包的离开接口为 E0，当数据包到达 E0 接口时，如果 E0 接口有 Out 方向的 ACL 列表，路由器将使用 ACL 列表对数据包进行检查，并根据检查的结果进行相应的操作。具体步骤为：

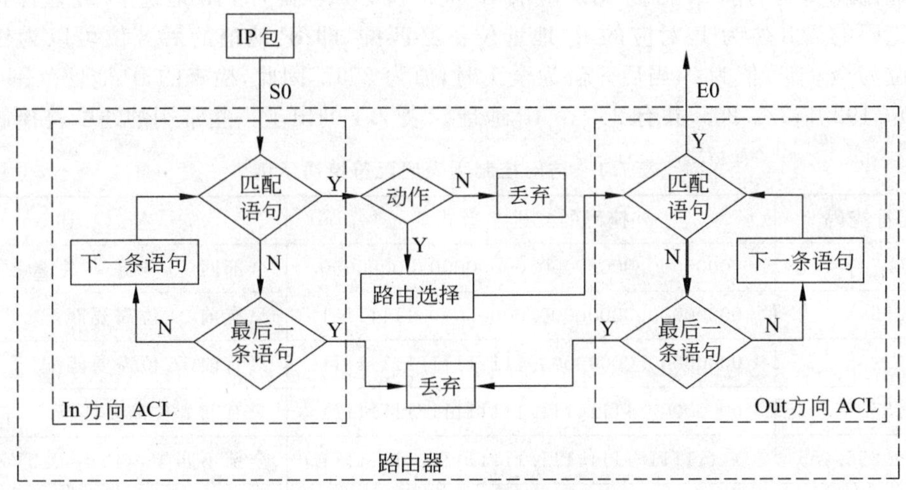

图 7.1　路由器数据转发过滤过程

(1) 数据包进入路由器,路由器取出 In 方向 ACL 列表中第一条语句。

(2) 将 ACL 语句的匹配项和数据包中的相应项进行匹配比较。

(3) 如果匹配,执行语句定义的动作,如果动作为拒绝,则直接丢弃数据包,如果是允许,则转(5)。

(4) 如果不匹配,判断此语句是否是 ACL 的最后一条语句。如果不是,取下一条语句,转(2);如果是,则直接丢弃数据包。

(5) 根据路由表进行路由选择,决定数据包的离开接口。

(6) 当数据包到达离开接口时,路由器取出 Out 方向 ACL 列表的第一条语句。

(7) 将 ACL 语句的匹配项和数据包中的相应项进行匹配比较。

(8) 如果匹配,执行由语句定义的动作(允许或拒绝)。

(9) 如果不匹配,判断此语句是否是 ACL 列表的最后一条语句。如果不是,取下一条语句,转(7);如果是最后一条语句,则直接丢弃数据包。

无论使用标准还是扩展 ACL,其匹配过程都是一样的,两者的唯一区别在于匹配项。扩展 ACL 所能使用的匹配项要比标准 ACL 多。标准的 ACL 只检查源 IP 地址,而扩展的 ACL 要检查源 IP 地址、目的 IP 地址、源端口和目的端口。

7.1.4 访问控制列表的通配符掩码

访问控制列表通配符掩码的作用与子网掩码类似,它与 IP 地址一起决定检查的对象是一台主机、多台主机,还是某网段的所有主机。通配符掩码也是 32 位二进制数,与子网掩码相反,它的高位是连续的 0,低位是连续的 1,使用点分十进制来表示。

IP 地址与通配符掩码的作用规则是:32 位的 IP 地址与 32 位的通配符掩码逐位进行比较,通配符掩码为 0 的位要求 IP 地址的对应位必须匹配,通配符掩码为 1 的位所对应的 IP 地址位不必匹配。例如:

IP 地址　　192.168.1.0(相应的二进制为 11000000 10101000 00000001 00000000)
通配符掩码　0.0.0.255(相应的二进制为 00000000 00000000 00000000 11111111)

该通配符掩码的前 24 位为 0,对应的 IP 地址位必须匹配,即 IP 地址前 24 位保持不变;通配符掩码的后 8 位为 1,对应的 IP 地址位不必匹配,即 IP 地址的后 8 位可以为任意值。当后 8 位为全 0 时,值为 0;当后 8 位为全 1 时,值为 255。因此,检查的 IP 地址范围为 192.168.1.0～192.168.1.255,共有 256 个 IP 地址。表 7.1 列出了一些常用的通配符掩码。

表 7.1 访问控制列表通配符掩码示例

通配符掩码	掩码的二进制形式	描　述
0.0.0.0	00000000.00000000.00000000.00000000	全部匹配,与 host 关键字等价
0.0.0.255	00000000.00000000.00000000.11111111	只有前 24 位需要匹配
0.0.255.255	00000000.00000000.11111111.11111111	只有前 16 位需要匹配
0.255.255.255	00000000.11111111.11111111.11111111	只有前 8 位需要匹配
255.255.255.255	11111111.11111111.11111111.11111111	全部不匹配,与 any 关键字等价
0.0.15.255	00000000.00000000.00001111.11111111	只有前 20 位需要匹配
0.0.3.255	00000000.00000000.00000011.11111111	只有前 22 位需要匹配

通配符掩码还有两个特殊的关键字，一个是 host，表示一台主机，是通配符掩码 0.0.0.0 的简写形式。例如，只检查 IP 地址为 192.168.1.10 的数据包，可使用以下两种 ACL 语句：

```
192.168.1.10 0.0.0.0 或 host 192.168.1.10
```

另一个是 any，表示所有主机，是通配符掩码 255.255.255.255 的简写形式。例如，允许所有 IP 地址的数据都通过，可使用以下两种 ACL 语句：

```
192.168.1.10 255.255.255.255 或 any
```

使用 host 和 any 两个关键字，不仅可以简化配置的工作量，还可以增加语句的可读性。

7.2　标准 IP 访问控制列表

7.2.1　标准 IP 访问控制列表的配置命令

1. 配置标准 IP 访问控制列表

```
access-list access-list-number deny|permit source-address source-wildcard
[log]
```

下面分别对这条命令中的参数进行解释。

(1) 访问控制列表编号

标准的 IP 访问控制列表，其访问控制列表编号(即参数 *access-list-number*)只能是 1～99之间的一个数字。同时，只要访问控制列表编号在 1～99 之间，IOS 就知道这是一个标准的 IP 访问控制列表。访问控制列表编号有两个功能，一个是定义了访问控制列表操作的协议，一个是定义了访问控制列表的类型。其他协议的访问控制列表编号如表 7.2 所示。

表 7.2　访问控制列表协议及编号

协议类型	访问控制列表编号范围	协议类型	访问控制列表编号范围
标准的 IP	1～99	以太网地址	700～799
扩展的 IP	100～199	标准的 IPX	800～899
以太网类型代码	200～299	扩展的 IPX	900～999

(2) 访问控制列表的动作

访问控制列表的动作参数包括两个：一个是 deny，即匹配的数据包将被过滤掉；另一个是 permit，即允许匹配的数据包通过。每个访问控制列表语句必须包含这两个动作中的一个，并且只能包含一个。

(3) 源地址

对于标准的 IP 访问控制列表，源地址参数 *source-address* 即为源 IP 地址。它必须和通配符掩码联合使用才有效。

(4) 通配符掩码

参数 *source-wildcard* 代表通配符掩码,其含义参见7.1.4小节。

(5) 访问控制列表日志

只有高于11.3版本的IOS才支持关键字log。如果该关键字用于访问控制列表中,则对符合访问控制列表条件的报文记录日志。因此,包含有log关键字的访问控制列表也称为带日志的访问控制列表(Logged Access List)。

当将一个带日志的访问列表应用于一个接口上时,激活访问列表的第一个数据包会立即引发一条日志信息。对于后继的数据包,如果其检查时间超过5min,则被显示到控制台上或记录到内存中。日志信息的格式由IOS命令logging console来控制。日志信息包含访问控制列表号、采取的动作(允许或拒绝)、源IP地址以及在显示了第一个匹配以后每5min间隔内的数据包数目。

2. 应用访问控制列表到接口

```
ip access-group access-list-number in|out
```

访问控制列表只有被应用到路由器的某个接口才能生效。接口上通过的数据包有两个方向,一个是通过接口进入路由器的数据包(即in方向的数据包),一个是通过接口离开路由器的数据包(即out方向的数据包),out是访问控制列表的默认方向。因此,将访问控制列表应用到某个接口时,必须指明其方向。每个接口只能在进入和离开两个方向上分别应用一个访问控制列表,如果接口的某个方向上已经应用了一个访问控制列表,再次应用时将覆盖掉以前的访问控制列表。

3. 显示所有协议的访问控制列表配置细节

```
show access-list [access-list-number]
```

其中,*access-list-number* 是可选参数,带上此参数将只显示指定编号的访问控制列表的配置细节,如果不指定则显示所有访问控制列表的配置细节。

4. 显示IP访问控制列表

```
show ip access-list [access-list-number]
```

本命令用于显示与IP协议有关的访问控制列表的配置细节。

7.2.2 标准IP访问控制列表的配置举例

[**例7.1**] 网络如图7.2所示,通过配置访问控制列表实现以下要求:主机192.168.1.1不能访问主机192.168.2.1,但可访问其他主机,对其他主机间的访问不做任何限制。

分析:

(1) 由于题目只要求对数据包中的IP地址进行检查,因此可用标准IP访问控制列表来实现。

(2) 如果把访问控制列表应用在Fa0/0端口,将阻止主机192.168.1.1访问192.

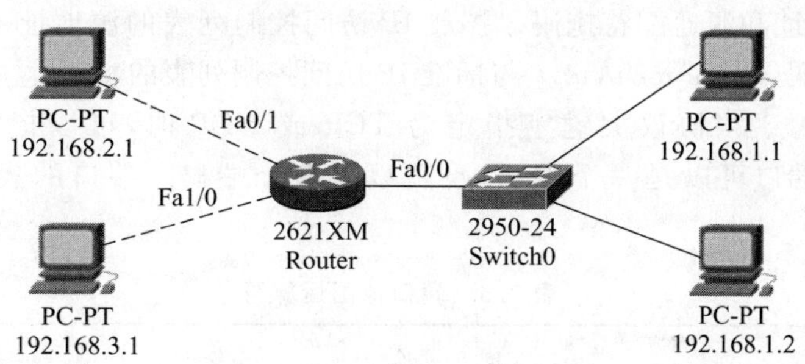

图 7.2　标准 IP 访问控制列表配置

168.2.1 和 192.168.3.1 两台主机，不能实现题目的要求。如果把访问控制列表应用在 Fa0/1 口就可以达到题目的要求。因此，访问控制列表应用端口的选择非常重要，在实际配置时一定要仔细考虑。

(3) 确定访问控制列表应用的方向，根据题目的要求，应该应用在 Fa0/1 接口的 Out 方向，而不是 In 方向。

配置步骤和方法如下：

```
router# configure terminal
router(config)#access-list 1 deny host 192.168.1.1
router(config)#access-list 1 permit any
router(config)#interface FastEthernet 0/1
router(config)#ip access-group 1 out
```

7.3　扩展 IP 访问控制列表

7.3.1　扩展 IP 访问控制列表的配置命令

扩展 IP 访问控制列表的使用方法与标准 IP 访问控制列表的使用方法基本相同，两者的区别在于扩展 IP 访问控制列表中有更多的匹配项。扩展 IP 访问控制列表的匹配项包括数据包的源 IP 地址、目的 IP 地址、协议类型、源端口和目的端口等。扩展 IP 访问控制列表的命令格式为：

```
access-list access-list-number permit|deny protocol source-address source-
wildcard source-port destinaiton-address destination-wildcard destination-
port log options
```

下面分别对这条命令中的参数进行解释。

(1) 访问控制列表号。扩展 IP 访问控制列表的编号 *access-list-number* 参数与标准 IP 访问控制列表的类似，扩展 IP 访问控制列表的编号范围为 100～199。

(2) 访问控制列表的动作。使用 permit 或 deny 关键字，其含义与标准 IP 访问控制列表的相同。

(3) 协议。协议(*protocol*)定义了需要被过滤的协议类型，如 IP、TCP、UDP、ICMP、EIGRP、GRE 等。

(4) 源 IP 地址和源通配符掩码。扩展 IP 访问控制列表的源地址 *source-address* 和源地址通配符掩码 *source-wildcard* 与标准 IP 访问控制列表的相同。

(5) 源端口号。当协议关键字指定为 TCP 或 UDP 时,可以指定过滤的源端口 *source-port*。源端口可以是一个端口,也可以是多个端口。端口的表达方式如表 7.3 所示。

表 7.3 端口范围运算符

运算符	描　述	例
eq	等于,用于指定单个的端口	eq 21 或 eq ftp
gt	大于,用于指定大于某个端口的一个端口范围	gt 1024
lt	小于,用于指定小于某个端口的一个端口范围	lt 1024
neq	不等于,用于指定除了某个端口以外的所有端口	neq 21
range	指定两个端口号间的一个端口范围	range 135 145

(6) 目的地址和通配符掩码。扩展 IP 访问控制列表的目的地址 *destination-address* 和目的地址通配符掩码 *destination-wildcard* 与源地址和源地址通配符掩码相同。

(7) 目的端口号。目的端口号 *destination-port* 的指定方法与源端口号的指定方法相同。

7.3.2 扩展 IP 访问控制列表配置举例

[**例 7.2**] 在如图 7.3 所示的网络中,要求 LAN3 的所有主机只能访问 Internet 中的 WWW、FTP、SMTP、POP3 服务。LAN2 中的主机 192.168.2.1 只提供 WWW 服务,主机 192.168.2.2 只提供 FTP 服务,主机 192.168.2.3 只提供 SMTP 服务。LAN1 中的主机不能访问 Internet,但可以访问 LAN2 和 LAN3。

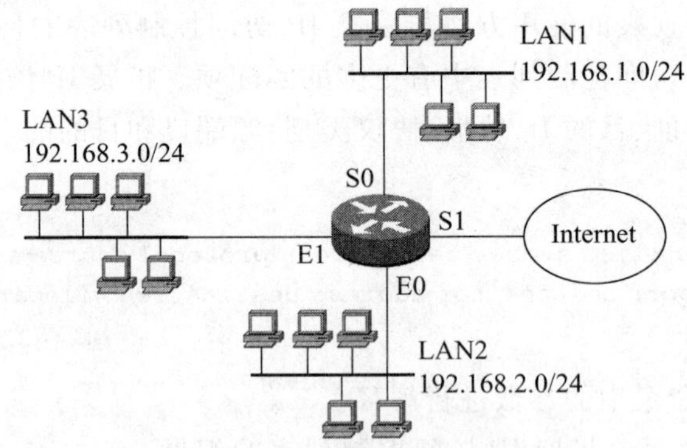

图 7.3 扩展 IP 访问控制列表配置

分析:

(1) 题目中不仅要对 IP 地址进行检查,还要对服务类型(端口号)进行检查,因此,只能使用扩展的 IP 访问控制列表。

(2) 题目要求对 LAN1 和 LAN3 到因特网的访问进行控制，这个控制应用在路由器 S1 口的离开方向。

(3) 题目要求其他网络只能访问 LAN2 的几种服务，其他端口不能访问，这种控制应用在路由器 E0 口的离开方向。

路由器配置如下：

```
!允许网段 LAN3 的主机访问 Internet 的 WWW、FTP、SMTP 和 POP3 服务
router(config)#access-list 101 permit tcp 192.168.3.0 0.0.0.255 any eq www
router(config)#access-list 101 permit tcp 192.168.3.0 0.0.0.255 any eq ftp
router(config)#access-list 101 permit tcp 192.168.3.0 0.0.0.255 any eq smtp
router(config)#access-list 101 permit tcp 192.168.3.0 0.0.0.255 any eq pop3
!禁止 LAN1 的主机访问 Internet
router(config)#access-list 101 deny ip 192.168.1.0 0.0.0.255 any
!应用访问控制列表 101
router(config)#interface serial 1
router(config-if)#ip access-group 101 out
!允许其他网段的主机访问 LAN2 的 WWW、FTP、SMTP 服务，拒绝其他请求
router(config)#access-list 102 permit tcp any host 192.168.2.1 eq www
router(config)#access-list 102 permit tcp any host 192.168.2.2 eq ftp
router(config)#access-list 102 permit tcp any host 192.168.2.3 eq smtp
router(config)#access-list 102 deny ip any any
!应用访问控制列表 102
router(config-if)#interface ethernet 0
router(config-if)#ip access-group 102 out
```

7.3.3　访问控制列表配置注意事项

配置访问控制列表主要分为两个步骤：第一步是配置访问控制列表语句，第二步是把配置好的访问控制列表应用到某个接口上。可以理解为第一步是制定检查数据包的标准，第二步是配置标准使用的地方。

在配置访问控制列表语句时，要注意以下事项。

(1) 注意访问控制列表中语句的顺序，尽量把作用范围小的语句放在前面。如以下访问控制列表：

```
access-list 101 deny icmp any any
access-list 101 permit icmp host 192.168.1.1 any
```

访问控制列表的本意是只允许主机 192.168.1.1 的 ICMP 包通过，其他主机的 ICMP 包都过滤掉。访问控制列表执行时，首先匹配第一句，任何主机发送的 ICMP 包都是满足条件的，因此将被过滤掉，而第二句永远不会被执行，从而造成主机 192.168.1.1 发送的 ICMP 包也被过滤掉。如果交换一下语句的先后顺序，改成如下的形式：

```
access-list 101 permit icmp host 192.168.1.1 any
access-list 101 deny icmp any any
```

当来到192.168.1.1主机的ICMP包到达接口时,由于匹配第一条语句,路由器将允许其通过,而其他的数据和第二句匹配,因而被拒绝。

(2) 新的表项只能被添加到访问列表的末尾,即不允许将新的语句插入到原有的访问控制列表中。如果新增加的语句必须插入到原访问控制列表中,只有先删除已有的访问控制列表,再创建一个新的访问控制列表。如原访问控制列表为:

```
access-list 101 permit icmp host 192.168.1.1 any
access-list 101 deny icmp any any
```

如果直接增加语句 access-list 101 permit tcp 192.168.1.1 0.0.0.255 any,ACL列表将变为:

```
access-list 101 permit icmp host 192.168.1.1 any
access-list 101 deny icmp any any
access-list 101 permit tcp 192.168.1.1 0.0.0.255 any
```

而这样的语句顺序不符合注意事项(1)的原则,因此,若想插入语句,只能采取先删除列表,再添加的方式。即按以下方式操作:

```
no access-list 101
access-list 101 permit icmp host 192.168.1.1 any
access-list 101 permit tcp 192.168.1.1 0.0.0.255 any
access-list 101 deny icmp any any
```

(3) 标准IP访问控制列表只匹配源地址,若要检查更多的条件,则使用扩展IP访问控制列表。

(4) 标准访问控制列表尽量靠近目的,由于标准访问列表只使用源地址,因此将其靠近源位置会阻止数据包流向其他端口。扩展的访问控制列表尽量靠近源位置,以免访问控制列表影响其他接口上的数据流。

(5) 在应用访问控制列表时,要特别注意应用的方向。

7.4 命名IP访问控制列表

7.4.1 命名访问控制列表

不管是标准IP访问控制列表,还是扩展IP访问控制列表,编号的范围都不允许超过100,这就有可能出现编号不够用的情况。另外,仅用编号区分的访问控制列表不便于对访问控制列表的作用进行识别。基于该原因,Cisco在IOS 11.2版本中引入了命名访问控制列表。

命名IP访问控制列表不使用编号而使用名称来引用。命名的访问控制列表可用于标准和扩展访问列表中。名称必须以字母开头,名称中可以包含字母、数字和以下符号[、]、{、}、_、—、+、/、\、.、&、$、#、@、!、?。名称区分大小写,最大长度为100个字符。

命名IP访问控制列表与标准、扩展IP访问控制列表的工作原理是一样的。编号IP访问控制列表和命名IP访问控制列表的主要区别为:

（1）名字能更直观地反映出访问控制列表完成的功能。

（2）命名访问控制列表突破了 99 个标准访问控制列表和 100 个扩展访问控制列表的数量限制，能够定义更多的访问控制列表。

（3）命名 IP 访问控制列表允许删除个别语句，而编号访问控制列表只能删除整个访问控制列表。把一个新语句插入命名访问控制列表的方法与编号访问控制列表的方法一样。

（4）单个路由器上命名访问控制列表的名称必须是唯一的，而不同路由器上的命名访问控制列表名称可以相同。

配置命名 IP 访问控制列表和配置编号 IP 访问控制列表的语法非常相似。在编号标准 IP 访问控制列表中的匹配项，同样也能在命名标准 IP 访问控制列表中使用。但编号和命名 IP 访问控制列表有两个重要的不同点：①命名访问控制列表是一个全局命令，它在命名访问控制列表的子模式下建立匹配和允许/拒绝动作的相关语句。②当一个命名访问控制列表中的语句被删除时，只有该语句被删除，而编号访问控制列表中删除任何语句都将删除访问控制列表中的所有语句。

表 7.4 列出了命名访问控制列表和编号访问控制列表主要配置命令的区别。表中的 *name* 是由网络管理员指定的名称，该名称在单个路由器中必须唯一。命名访问控制列表不能像编号访问控制列表那样，通过编号范围来区分是标准访问控制列表还是扩展访问控制列表，因此需要通过关键字 standard 和 extended 来显式指出其类型。"..."表示的部分对于编号访问控制列表和命名访问控制列表都是相同的。

表 7.4 编号与命名访问控制列表命令比较

命令类型	编号访问控制列表	命名访问控制列表
标准访问控制列表	access-list 1-99 permit|deny...	access-list standard *name* permit|deny...
扩展访问控制列表	access-list 100-199 permit|deny ...	access-list extended *name* permit|deny ...
标准访问控制列表应用	ip access-group 1-99 in|out	ip access-group *name* in|out
扩展访问控制列表应用	ip access-group 100-199 in|out	ip access-group *name* in|out

7.4.2 命名访问控制列表配置举例

［例 7.3］ 网络如图 7.2 所示，通过配置命名访问控制列表来实现以下要求：主机 192.168.1.1 不能访问主机 192.168.2.1，但可访问其他主机，并且对其他主机间的访问不做任何限制。现列出其配置命令：

```
router#configure terminal
router(config)#ip access-list standard denyhost1
router(config-std-nacl)#deny host 192.168.1.1
router(config-std-nacl)#permit any
router(config-std-nacl)#exit
! 应用访问控制列表 denyhost1
router(config)#interface FastEthernet 0/0
```

```
router(config)#ip access-group denyhost1 out
```

［例 7.4］ 试用命名访问控制列表，配置实现例 7.2 所要求的功能。

现列出其配置命令：

```
router#configure terminal
!允许网段 LAN3 的主机访问 Internet 的 WWW、FTP、SMTP 和 POP3 服务
router(config)#ip access-list extended acl_lan1_lan3
Router(config-ext-nacl)#permit tcp 192.168.3.0 0.0.0.255 any eq www
Router(config-ext-nacl)#permit tcp 192.168.3.0 0.0.0.255 any eq ftp
Router(config-ext-nacl)#permit tcp 192.168.3.0 0.0.0.255 any eq smtp
Router(config-ext-nacl)#permit tcp 192.168.3.0 0.0.0.255 any eq pop3
!禁止 LAN1 的主机访问 Internet
Router(config-ext-nacl)#deny ip 192.168.1.0 0.0.0.255 any
Router(config-ext-nacl)#exit
!应用访问控制列表 acl_lan1_lan3
router(config)#interface serial 1
router(config-if)#ip access-group acl_lan1_lan3 out
!允许其他网段的主机访问 LAN2 的 WWW、FTP、SMTP 服务，拒绝其他请求
Router(config)#ip access-list extended acl_lan2
Router(config-ext-nacl)#permit tcp any host 192.168.2.1 eq www
Router(config-ext-nacl)#permit tcp any host 192.168.2.2 eq ftp
Router(config-ext-nacl)#permit tcp any host 192.168.2.3 eq smtp
Router(config-ext-nacl)#deny ip any any
Router(config-ext-nacl)#exit
!应用访问控制列表 acl_lan2
router(config)#interface ethernet 0
router(config-if)#ip access-group acl_lan2 out
```

7.4.3 命名访问控制列表的维护

要维护的访问控制列表如下：

```
cqdd#show ip access-lists example
Extended IP access list example
    permit tcp host 192.168.1.1 any
    deny tcp host 192.168.1.2 any
```

1. 删除命名访问控制列表语句

其方法是在相应的配置语句前加 no 关键字。例如，要删除语句 permit tcp host 192.168.1.1 any，其方法为：

```
cqdd#configure terminal
cqdd(config)#ip access-list extended example
cqdd(config-ext-nacl)#no permit tcp host 192.168.1.1 any
cqdd(config-ext-nacl)#^Z
!显示删除语句后 example 的内容
cqdd#show ip access-lists example
Extended IP access list hzh
deny tcp host 192.168.1.2 any
```

2. 增加语句

直接使用配置命令就可增加语句，但增加的语句始终是最后一条语句。如果要将语句插入到原有的列表中，只能采用先删除整个访问控制列表再重新配置的方法。例如，要增加语句 permit udp host 192.168.1.3，其方法为：

```
cqdd#configure terminal
cqdd(config)#ip access-list extended example
cqdd(config-ext-nacl)#permit udp host 192.168.1.3 any
cqdd(config-ext-nacl)#^Z
!显示增加语句后 example 的内容
cqdd#show ip access-lists example
Extended IP access list example
    deny tcp host 192.168.1.2 any
    permit udp host 192.168.1.3 any
```

7.5 基于时间的访问控制列表

7.5.1 基于时间访问控制列表概述

基于时间的访问控制列表可以为一天中的不同时间段，或者一个星期中的不同日期，或者二者的结合制定不同的访问控制策略，从而满足用户对网络的灵活需求。这样，网络管理员可以对周末或工作日中的不同时间段定义不同的安全策略。例如，某高校需要对学生宿舍的上网进行控制，其要求是学生在星期日到星期四的晚上 11:00 至次日的 7:00 不能上网，而在星期五到星期六可全天上网。要满足这种需求，就必须使用基于时间的访问控制列表才能实现。

基于时间的访问控制列表能够应用于编号访问控制列表和命名访问控制列表。实现基于时间的访问控制列表只需要两个步骤：第一步是定义一个时间范围，第二步是在访问控制列表中用 time-range 引用时间范围。

7.5.2 基于时间访问控制列表的配置命令

1. 时间范围命名

```
time-range time-range-name
```

此命令的作用是定义时间范围的名称，参数 *time-range-name* 为时间范围的名称。时间范围命名后，还要使用 absolute 和 periodic 两个命令定义具体的时间范围。一个时间范围只能包括一个 absolute 绝对时间范围，但可以包括多个周期时间范围。

2. 定义绝对时间范围

```
absolute [start start-time start-date] [end end-time end-date]
```

absolute 语句指定绝对时间范围。*start-time*，*end-time* 分别用于指定开始和结束时间，使用 24 小时表示，其格式为“小时:分钟”。*start-date* 和 *end-date* 分别用于指定开始日期和结束日期，使用日/月/年的日期格式，而不是通常采用的月/日/年格式，这一点必须注意。命令中的 start 和 end 关键字都是可选的。当省略 start 及其后面的时间、日期时,表示与之相联系的 ACL 语句立即生效,并一直作用到 end 指定的时间、日期为止。当省略 end 及其后面的时间时,表示与之相联系的 ACL 语句在 start 处表示的时间、日期开始生效,并且永远发生作用。表 7.5 列出了常用的绝对时间定义形式。

表 7.5 常用的绝对时间定义形式

定 义	描 述
absolute start 17:00	从配置当天 17:00 开始,直到永远
absolute start 17:00 1 december 2000	从 2000 年 12 月 1 日 17:00 开始,直到永远
absolute end 17:00	从配置时开始,直到当天的 17:00 结束
absolute end 17:00 1 december 2000	从配置时开始直到 2000 年 12 月 1 日 17:00 结束
absolute start 8:00 end 20:00	从每天早晨 8:00 开始到晚上 20:00 结束
absolute start 17:00 1 december 2000 to end 5:00 31 december 2000	从 2000 年 12 月 1 日 17:00 开始,直到 2000 年 12 月 31 日5:00 结束

3. 定义周期、重复使用的时间范围

```
periodic days-of-the-week hh:mm to days-of-the-week hh:mm
```

periodic 是以星期为参数来定义时间范围的一个命令。它可以使用大量的参数,其范围可以是一个星期中的某一天、几天的结合,或者使用关键字 daily、weekdays、weekend 等。表 7.6 列出了在 periodic 语句中可以使用的参数。表 7.7 列出了常用的周期时间范围定义形式。

表 7.6 periodic 中的参数

参 数	描 述
Monday,Tuesday,Wednesday,Thursday,Friday,Saturday,Sunday	某一天或某几天的结合
Daily	每天
Weekday	从星期一到星期五
Weekend	星期六和星期日

表 7.7 常用的周期时间范围定义形式

定 义	描 述
periodic weekend 7:00 to 19:00	星期六早上 7:00 到星期日晚上 19:00
periodic weekday 8:00 to 17:00	星期一早上 8:00 到星期五下午 17:00
periodic daily 7:00 to 17:00	每天早上 7:00 到下午 17:00
periodic Saturday 17:00 to Monday 7:00	星期六晚上 17:00 到星期一早上 7:00
periodic Monday Friday 7:00 to 20:00	星期一和星期五的早上 7:00 到晚上 20:00

在掌握了 time-range、absolute 和 periodic 语句之后，还必须考虑两个注意事项。一是由于使用带时间范围的访问控制列表要依赖于路由器的系统时钟，所以要保证路由器时钟设置的准确性。另一个是在 time-range 范围命令中同时使用 absolute 和 periodic 语句，其匹配的顺序为：首选匹配绝对时间，如果当前系统时间在 absolute 语句定义的时间范围内，则进一步匹配 periodic 语句定义的时间；如果当前系统时间不在 absolute 语句定义的时间范围之内，则将不再进一步匹配 periodic 定义的时间。

例如，指定的时间范围为从星期六早上 8:00 到星期日下午 17:00，日期为 2000 年 6 月 1 日到 2000 年 12 月 31 日。要实现这个时间范围的定义，首先要使用 absolute 语句来定义开始和结束日期，然后使用 periodic 语句来定义星期中的时间范围。具体的定义如下：

```
router(config)#time-range example
router (config-time-range) # absolute start 8: 00 1 June 2000 end 17: 00 31
December 2000
router(config-time-range)#periodic weekend 8:00 to 17:00
```

7.5.3　基于时间访问控制列表的配置举例

[**例 7.5**]　网络如图 7.4 所示，包括两个以太网段并通过路由器连接到 Internet 网络，要求限制 192.168.1.0 网段的主机只能在 2000 年 6 月 1 日至 2000 年 12 月 31 日内的星期六早上 7:00 到星期日下午 17:00 进行 WWW 访问。

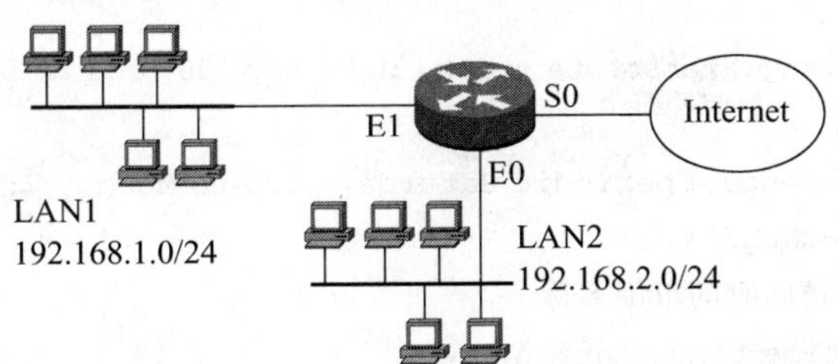

图 7.4　基于时间的访问控制列表一

路由器的配置为：

```
router#configure terminal
!配置时间范围名称
router(config)#time-range allow-www
!配置绝对时间
cqdd(config-time-range)#asbolute start 7:00 1 June 2000 end 17:00 31 December 2000
!配置周期时间
cqdd(config-time-range)#periodic weekend 7:00 to 17:00
cqdd(config-time-range)#exit
!配置 ACL 语句
router(config)#access-list 101 permit tcp 192.168.1.0 0.0.0.255 any eq www time-
range allow-www
```

```
!应用访问控制列表 101
router(config)#interface serial 0
router(config-if)#ip access-group 101 out
```

[例 7.6] 如图 7.5 所示的网络,Web 服务器的 IP 地址为 61.186.170.100,对 Web 服务器的访问作如下限制:从 Internet 访问 Web 只能在星期六早上 7:00 到星期一早上 7:00 时间范围内进行;而 192.168.1.0 网段上的用户只能在星期一到星期五早上 8:00 到下午 17:00 访问 Web 服务器,日期范围为 2004 年 5 月 1 到 2004 年 12 月 31 日。

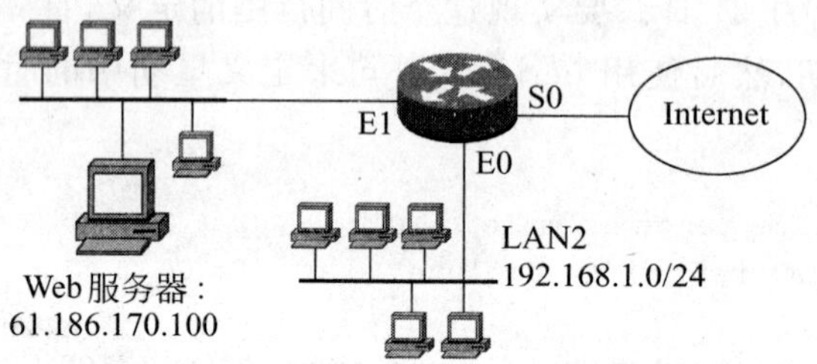

图 7.5 基于时间的访问控制列表二

路由器的配置为:

```
!配置 Internet 的访问时间范围名称
router(config)#time-range internet-www
!配置绝对时间
cqdd(config-time-range)#absolute start 0:00 1 May 2004 end 23:59 31 December 2004
!配置周期时间
cqdd(config-time-range)#periodic Saturday 7:00 to Monday 7:00
cqdd(config-time-range)#exit
!配置 Intranet 的访问时间范围名称
router(config)#time-range intranet-www
!配置绝对时间
cqdd(config-time-range)#absolute start 0:00 1 May 2004 end 23:59 31 December 2004
!配置周期时间
cqdd(config-time-range)#periodic weekday 8:00 to Monday 17:00
cqdd(config-time-range)#exit
!配置 Internet 访问的 ACL 语句
router(config)#access-list 101 permit tcp any host 61.186.170.100 eq www time-
range internet-www
!配置 Intranet 访问的 ACL 语句
router(config)#access-list 102 permit tcp 192.168.1.0 0.0.0.255 host 61.186.170.
100 eq www time-range intranet-www
!应用访问控制列表 101
router(config)#interface serial 0
router(config-if)#ip access-group 101 in
!应用访问控制列表 102
```

```
router(config)#interface ethernet 0
router(config-if)#ip access-group 102 in
```

7.6　通过 IP 访问控制列表控制 vty 访问

网络管理员经常通过虚拟终端(vty)登录到路由器以对其进行配置、管理。如果不对登录路由器的主机和时间进行限制,这将使路由器只有访问口令一层安全保护,安全性不高。如果使用访问控制列表对路由器的 Telnet 登录进行控制,这将在很大程度上增加路由器的安全性。

vty 访问控制列表与编号访问列表和命名访问控制列表的使用一样,只是应用到接口时使用的命令不同。其应用接口的命令为:

```
access-class 编号|名称 in|out
```

其中编号、名称、in、out 的含义与 access-list 命令的含义是一样的,这里不再赘述。

[**例 7.7**]　如图 7.5 所示,Web 服务器的 IP 地址为 61.186.170.100,网络管理员只能从 Web 服务器上登录路由器,而且只能在星期一到星期五的工作时间(上午 8:00 到下午 17:00)登录,访问控制列表从 2004 年 5 月 1 日起一直有效。

路由器的配置为:

```
router#configure terminal
router(config)#time-range telnet-router
cqdd(config-time-range)#asbolute start 7:00 1 May 2004
cqdd(config-time-range)#periodic weekday 8:00 to 17:00
cqdd(config-time-range)#exit
!配置 ACL 语句
router(config)#access-list 101 permit tcp host 61.186.170.100 any eq telnet time-
range telnet-router
!应用访问控制列表 101
router(config)#line vty 0 4
cqdd(config-line)#access-class 101 in
```

7.7　华为访问控制列表配置

7.7.1　华为访问控制列表概述

华为访问控制列表的运行原理、配置方法与 Cisco 的基本一致,主要区别在于命令的关键字和系统的默认参数不同。因此,本书不再对每一条命令作详细的讲解,更详细的内容,读者可参考 Cisco 访问控制列表配置部分。

华为访问控制列表的配置也分为两步,第一步是配置访问控制列表,第二步将访问控制列表应用到指定端口。

7.7.2 华为访问控制列表配置命令

华为创建访问控制列表包括两步，第一步是定义访问控制列表的编号或名称，第二步是配置访问控制列表的规则。

1. 定义编号访问控制列表

```
acl number acl-number [match-order {config | auto}]
```

参数说明：

- *acl-number* 为访问控制列表序号，取值范围 2000～2999 表示标准访问控制列表；3000～3999表示扩展访问控制列表。
- match-order 为可选参数，其作用是设置语句的执行顺序。当选用 config 参数时，表示路由器按照用户的配置顺序来执行访问控制列表中的规则；当选用 auto 参数时，表示路由器按照深度优先(检查范围越小的越先执行)的顺序来执行访问控制列表中的规则。

例如，配置编号为 1 访问控制列表按照深度优先顺序执行：

```
[Quidway] acl number 1 match-order auto
```

2. 定义命名访问控制列表

```
acl name acl-name [advanced | basic] [match-order {config | auto}]
```

参数说明：

- *acl-name* 为访问控制列表的名称，必须以英文字母(即[a～z,A～Z])开头，由英文和数字组成，且中间不能有空格和引号，不区分大小写，不允许使用 all、any 关键字。
- advanced 表示扩展访问控制列表。
- basic 表示标准访问控制列表。

3. 定义标准访问控制列表的子规则

```
rule [rule-id] {permit|deny} [source source-addr wildcard|any] [time-range-
name]
```

参数说明：

- *rule-id* 为指定访问控制列表的子项，取值范围为 0～127。
- permit 表明允许满足条件的报文通过。
- deny 表明禁止满足条件的报文通过。
- *source-addr wildcard* | any 中的 *source-addr wildcard* 表示源 IP 地址和源地址通配符掩码；any 表示所有主机。
- *time-range-name* 为时间段的名称，可选参数，表示该规则在此时间段规则有效。

4. 定义扩展访问控制列表的子规则

```
rule [rule-id] {permit | deny} protocol [source source-addr wildcard | any]
[destination dest-addr wildcard | any] [source-port operator port1 [port2]]
[destination-port operator port1 [port2]] [established] [time-range-name ]
```

参数说明：

- *rule-id* 为指定访问控制列表的子项，取值范围为0～127。
- permit 表明允许满足条件的报文通过。
- deny 表明禁止满足条件的报文通过。
- *protocol* 代表本参数用来指定协议类型，可设置为ICMP、IGMP、TCP、UDP、IP等。如果本参数取值为IP，表示所有的IP协议（ICMP、TCP、UDP等全部）。
- *source-addr wildcard* | any 中的 *source-addr wildcard* 表示源IP地址和源地址通配符掩码；any表示所有主机。
- destination *dest-addr wildcard* | any 中的 *dest-addr wildcard* 表示目的IP地址和目的地址通配符掩码；any表示所有目的地址。
- source-port *operator port*1 [*port*2]表示报文使用的源TCP或者UDP端口号。其中 *operator* 表示端口操作符，包括eq（等于）、gt（大于）、lt（小于）、neq（不等于）、range（在某个范围内）。本参数在protocol参数取值为TCP或UDP时才可用。只有操作符为range时才会同时出现 *port*1 *port*2 两个参数，其他操作符只需 *port*1。
- destination-port *operator port*1 [*port*2]表示报文使用的目的TCP或者UDP端口号。
- established 表示此条规则仅对TCP建立连接的第一个SYN报文有效，可选参数，当protocol参数取值TCP时出现。
- *time-range-name* 为时间段的名称，可选参数，表示该规则在此时间段规则有效。

例如，定义允许主机1.1.1.1访问主机2.2.2.2的子规则：

```
[Quidway-acl-adv-100] rule 1 permit tcp source 1.1.1.1 0.0.0.0 destination 2.2.2.2
0.0.0.0
```

5. 删除访问控制列表的子规则

```
undo rule rule-id
```

参数说明：*rule-id* 为指定访问控制列表的子项，取值范围为0～127。

6. 显示访问控制列表的配置

```
display acl config {all | acl-number | acl-name}
```

参数说明：

- all 表示要显示所有访问控制列表（包括数字和命名访问控制列表）的详细配置信息，包括每一个子规则及其序号和该语句匹配的数据包个数和字节数。
- *acl-number* 代表要显示的访问控制列表序号。
- *acl-name* 代表要显示的访问控制列表名字。

例如，显示所有访问控制列表的内容。

```
<Quidway>display acl config all
Basic acl 10, 1 rule,
    rule 1 permit 10.0.0.1 0 (5 times matched)
Basic acl std1, 2 rules,
    rule 1 permit 20.0.0.1 0 (11 times matched)
```

```
rule 2 permit 30.0.0.1 0 (10001 times matched)
```

7. 时间的定义

```
time-range time-name [ start-time to end-time ][days-of-the-week] [ from start-date][ to end-date]
```

参数说明：

- *time-name* 为定义时间范围的名字，作为一个引用的标识。
- *start-time* 为可选参数，开始时间，表示形式为 hh:mm。
- *end-time* 为可选参数，结束时间，表示形式为 hh:mm。
- *days-of-the-week* 为可选参数，参数表示该时间在每周的哪几天有效。可以输入如下参数：
  数字(0～6)；
  星期一到星期日(Monday, Tuesday, Wednesday, Thursday, Friday, Saturday, Sunday)；
  工作日(working-day)，包括从星期一到星期五；
  休息日(off-day)，包括星期六和星期天。
- from *start-date* 为可选参数，开始日期，表示形式为 hh:mm MM-DD-YYYY，即小时:分 月-日-年。
- to *end-date* 为可选参数，结束日期，表示形式为 hh:mm MM-DD-YYYY。

如果不配置以上两个参数，表示没有日期范围的限制。

例如，定义在2000年1月1日0:0生效，并永远有效。

```
[Quidway] time-range test from 0:0 1-1-2000
```

8. 应用访问控制列表

```
packet-filter inbound ip-group {acl-number | acl-name} {rule rule_id}
```

参数说明：

- inbound 表示对端口接收的报文进行过滤，与 Cisco 不同的是，华为只对进入路由器端口的包进行过滤，不对离开端口的包进行过滤。
- *acl-number* 为访问控制列表编号。
- *acl-name* 为访问控制列表名字。
- *rule_id* 为可选参数，指定应用访问控制列表中的哪个子项，如果不指定则表示要应用访问控制列表中的所有子项。例如，若要应用2000号访问控制列表中编号为10的子规则，则应用命令为：

```
packet-filter inbound ip-group 2000 rule 10
```

例如，若要在 Ethernet 1/1 端口上应用2000号规则，则应用方法为：

```
<Quidway>system-view
[Quidway]interface ethernet 1/1
[Quidway-Ethernet 1/1] packet-filter inbound ip-group 2000
```

7.7.3 华为访问控制列表应用示例

[例7.8] 如图7.6所示,公司企业网通过三层交换机Switch的百兆端口实现各部门之间的互联。财务部门的工资查询服务器(IP地址为129.110.1.2)由Ethernet 2/1端口接入。要求正确配置ACL,限制其他部门在上班时间8:00～12:00访问工资查询服务器,而总裁的计算机(IP地址为129.111.1.2)不受限制,可以随时访问。

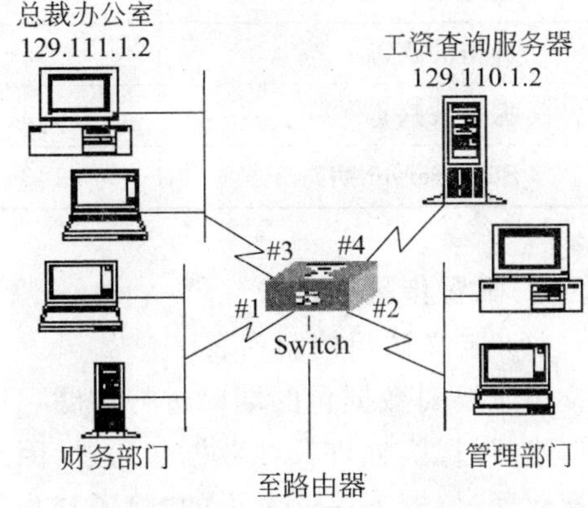

图7.6 华为访问控制典型配置举例

配置步骤:

(1) 定义上班时间段

```
[Quidway] time-range huawei 8:00 to
18:00 working-day
```

(2) 定义ACL

```
#定义基于名称的扩展访问控制列表,命名为 traffic-of-payserver
[Quidway] acl name traffic-of-payserver advanced
#定义 ACL 的子规则
[Quidway-acl-adv-traffic-of-payserver] rule 1 deny ip source any destination 129.
110.1.2 0.0.0.0 time-range huawei
[Quidway-acl-adv-traffic-of-payserver] rule 2 permit ip source 129.111.1.2 0.0.0.0
destination 129.110.1.2 0.0.0.0
```

(3) 应用ACL规则

```
[Quidway] packet-filter ip-group traffic-of-payserver
```

7.8 配置校园网汇聚层IP包过滤

在第5章中完成了校园网各汇聚层交换机VLAN的划分,为了防止校园网内病毒的传播,需要在各栋楼的汇聚层交换机上配置ACL规则,提高网络的安全性。

二层交换机不支持访问控制列表,需要在汇聚层交换机上进行配置和控制。

7.8.1 综合楼汇聚层ACL配置

1. 配置分析

综合楼汇聚层使用华为3528P交换机,具有很强的ACL功能。综合楼是学校的办公楼,不需要对用户的上网行为进行控制,因此ACL的主要功能是过滤常见的病毒传播端口,控制病毒在网络上的传播。由于三层交换机上各个端口对病毒防止的要求一致,因此只需配置一个ACL列表,然后应用到交换机的全部端口。常见病毒的传播端口如表7.8所示。

在三层交换机上配置了ACL列表后,可防止病毒通过三层交换机进行传播,但在同一个二层交换机内的用户之间,病毒仍然可以传播。

表 7.8 常见病毒的传播端口

病毒名称	TCP 端口	UDP 端口
Blaster 蠕虫	4444	69
冲击波病毒	135～139、445、593	135～139、445、593
振荡波病毒	445、5554、9995、9996	
SQL Server 病毒	1434	1434

2. 配置步骤与方法

(1) 定义访问控制列表

由于要对数据包的端口进行过滤，只能使用扩展的 IP 访问控制列表。由于只对病毒端口进行过滤，允许其他数据包通过，因此 ACL 列表的最后一条规则应该是允许所有的数据包通过(这就是通常说的“除了禁止的，其他全部允许”策略)。

```
[zonghelou]acl number 3001
[zonghelou-acl-adv-3001]rule deny tcp destination-port eq 4444
[zonghelou-acl-adv-3001]rule deny tcp destination-port eq 445
[zonghelou-acl-adv-3001]rule deny tcp destination-port eq 593
[zonghelou-acl-adv-3001]rule deny tcp destination-port eq 5554
[zonghelou-acl-adv-3001]rule deny tcp destination-port eq 9995
[zonghelou-acl-adv-3001]rule deny tcp destination-port eq 9996
[zonghelou-acl-adv-3001]rule deny tcp destination-port range 135 139
[zonghelou-acl-adv-3001]rule deny udp destination-port eq 69
[zonghelou-acl-adv-3001]rule deny udp destination-port eq 445
[zonghelou-acl-adv-3001]rule deny udp destination-port eq 593
[zonghelou-acl-adv-3001]rule deny udp destination-port eq 1434
[zonghelou-acl-adv-3001]rule deny udp destination-port range 135 139
[zonghelou-acl-adv-3001]rule permit ip source any destination any
```

(2) 将访问控制列表应用到端口

该汇聚层交换机的 E0/1～E0/24 口均用于用户接入，因此全部都要应用该访问控制列表。配置命令为：

```
[zonghelou]packet-filter inbound ip-group 3001 interface Ethernet 0/1 to
Ethernet 0/24
```

通过定义访问控制列表并应用到端口，IP 包过滤功能就生效了。

若只应用到某一个端口，可使用以下命令用法来进行配置。

```
[zonghelou]interface Ethernet 0/1
[zonghelou-Ethernet0/1]packet-filter inbound ip-group 3001
```

3. 配置检验

要查看配置是否生效以及访问控制列表的数据过滤情况，可使用以下命令来实现。

```
[zonghelou] display acl config 3001
```

```
Advanced ACL 3001, 13 rules,
rule 0 deny tcp destination-port eq 4444(0 times matched)
rule 1 deny tcp destination-port eq 445(101 times matched)
rule 2 deny tcp destination-port eq 593(0 times matched)
rule 3 deny tcp destination-port eq 5554(0 times matched)
rule 4 deny tcp destination-port eq 9995(0 times matched)
rule 5 deny tcp destination-port eq 9996(0 times matched)
rule 6 deny tcp destination-port range 135 139(121 times matched)
rule 7 deny udp destination-port eq 69(0 times matched)
rule 8 deny udp destination-port eq 445(0 times matched)
rule 9 deny udp destination-port eq 593(0 times matched)
rule 10 deny udp destination-port eq 1434(0 times matched)
rule 11 deny udp destination-port range 135 139(0 times matched)
rule 12 permit ip source any destination any(131000 times matched)
```

从输出的显示结果中可见，每一条规则后面的括号中显示了规则被激活的次数。如果显示某个规则的激活次数在短时间内快速增加，网络中就有可能中了病毒。如下面的显示：

```
rule 0 deny tcp destination-port eq 4444(12345 times matched)
```

这个规则被激活的次数太多，对照表 7.8 可知，网络中可能有计算机中了 Blaster 蠕虫病毒。

为了便于统计在某个时间段内 ACL 规则被激活的次数，统计之前，可先将 ACL 计数器清零。其实现命令为：

```
<zonghelou>reset acl counter 3001
```

7.8.2　教学楼汇聚层 ACL 配置

1. 配置分析

教学楼汇聚层使用 Cisco 3550 三层交换机，具有很强的 ACL 功能。教学楼计算机的使用者众多，主要包括教师、学生和其他人员，为了控制用户使用网络的流量和病毒传播，应使用较高的安全措施，即只允许用户进行常用网络操作，其余操作全部禁止。常用网络操作端口如表 7.9 所示。

表 7.9　常用网络操作端口

功　能	TCP 端口	UDP 端口	功　能	TCP 端口	UDP 端口
HTTP 上网	80		DNS 域名解析	53	53
FTP 文件传输	20,21		DHCP IP 地址分配		67,68
SMTP 邮件传输	25		HTTPS 上网	443	
POP3 邮件传输	110				

2. 配置步骤与方法

(1) 定义访问控制列表

由于要对数据包的端口进行过滤，只能使用扩展 IP 访问控制列表。由于采取只允许用户进行常用网络操作而其余操作全部禁止的控制策略,因此ACL列表的最后一条规则应该是禁止所有的数据包通过。

```
jiaoxuelou(config)#access-list 101 permit tcp any any eq 80
jiaoxuelou(config)#access-list 101 permit tcp any any eq 20
jiaoxuelou(config)#access-list 101 permit tcp any any eq 21
jiaoxuelou(config)#access-list 101 permit tcp any any eq 25
jiaoxuelou(config)#access-list 101 permit tcp any any eq 53
jiaoxuelou(config)#access-list 101 permit tcp any any eq 443
jiaoxuelou(config)#access-list 101 permit udp any any eq 53
jiaoxuelou(config)#access-list 101 permit udp any any eq 67
jiaoxuelou(config)#access-list 101 permit udp any any eq 68
jiaoxuelou(config)#access-list 101 deny ip any any
```

(2) 将访问控制列表应用到端口

Cisco 3550不支持对一个端口范围进行访问规则的应用,因此只能逐个端口逐个端口地应用。

```
jiaoxuelou(config)#int fa0/1
jiaoxuelou(config-if)#ip access-group 101 in
jiaoxuelou(config-if)#int fa0/2
jiaoxuelou(config-if)#ip access-group 101 in
…
jiaoxuelou(config-if)#int fa0/24
jiaoxuelou(config-if)#ip access-group 101 in
```

对于Cisco 3750等支持对端口范围进行应用的交换机型号,可采用以下方法来应用访问规则。

```
jiaoxuelou(config)#interface range fa0/1-24
jiaoxuelou(config-if-range)#ip access-group 101 in
```

3. 配置检验

查看配置是否生效以及访问控制列表的数据过滤情况,Cisco使用以下命令来实现。

```
jiaoxuelou#show ip access-lists 101
Extended IP access list 101
access-list 101 permit tcp any any eq 80(1011 matches)
access-list 101 permit tcp any any eq 20(100 matches)
access-list 101 permit tcp any any eq 21(38 matches)
access-list 101 permit tcp any any eq 25(8 matches)
access-list 101 permit tcp any any eq 53(101 matches)
access-list 101 permit tcp any any eq 443
access-list 101 permit udp any any eq 53(123 matches)
access-list 101 permit udp any any eq 67(10 matches)
access-list 101 permit udp any any eq 68(10 matches)
```

```
access-list 101 deny ip any any(2531 matches)
```

将访问控制列表的计数器清零，使用以下命令：

```
jiaoxuelou#clear access-list counters 101
```

7.9 配置校园网防火墙

防火墙的主要功能是对通过它的数据包进行过滤，达到保护网络安全的目的。在本校园网拓扑结构中，防火墙仅用来保护 DMZ 区中的服务器群，以免受到来自因特网和校园内网的攻击。

在第 4 章中已完成了防火墙互联接口地址的配置和路由器的配置。本节将详细介绍防火墙的 ACL 过滤规则的配置，以实现防火墙对包的过滤功能。

7.9.1 防火墙的体系结构与配置步骤

1. 使用交换机作防火墙的优缺点

对于大型网络，必须使用专业的防火墙，而且最好是千兆防火墙。专业千兆防火墙比较昂贵，基于网络建设成本的考虑，本组网案例采用千兆的 Cisco 3750 交换机来充当防火墙。

对于中、小型网络，可通过配置路由器或三层交换机的访问控制列表来达到防火墙的功能。在本组网案例中，虽然网络规模较大，用户数较多，但由于防火墙仅保护 DMZ 区的服务器群，负荷不是很大，故采用 Cisco 3750 交换机来担任。

三层交换机由于基于硬件转发数据包，包过滤速度很快，这是三层交换机作防火墙的最大优点。其缺点是三层交换机的 ACL 只支持包过滤功能，缺少防火墙的其他策略，如防止 DDoS 攻击、碎片攻击、NAT 等功能；另一个缺点是对过滤策略的调整修改不如专业防火墙方便，管理人员必须掌握交换机的 ACL 配置知识。

2. 防火墙体系结构简介

图 7.7 是一个典型的防火墙连接图，它包括三个区域，一个是 Internet 广域网区域，通常连接到防火墙的 WAN 口；一个是内部局域网的 LAN 区域，连接到防火墙的 LAN 口；一个是服务器所在的 DMZ(停火区)区域，连接到防火墙的 DMZ 口。

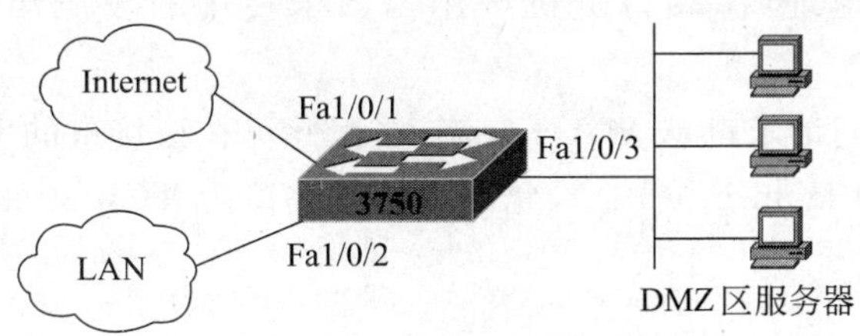

图 7.7 三层交换机防火墙连接图

从图 7.7 中可知，三层交换机的 Fa1/0/1 端口用做防火墙的 WAN 口，Fa1/0/2 端口用做防火墙的 LAN 口，Fa1/0/3 口用做防火墙的 DMZ 口。

3. 三层交换机作防火墙的配置步骤

三层交换机作防火墙的配置步骤大体分为三步,具体如下:

(1) 配置LAN、WAN和DMZ这三个接口的IP地址。

(2) 分别定义应用到LAN口、WAN口和DMZ口的访问控制列表,然后将这些访问控制列表分别应用到这三个接口。

(3) 配置防火墙的路由。

7.9.2 防火墙数据包流动过程与配置策略

1. 防火墙的数据包流动过程

要配置防火墙,必须弄清经过防火墙的数据包的流动过程,如图7.8所示。下面分别以因特网或局域网中的主机、访问防火墙DMZ区中的WWW服务器和DMZ区中的服务器主动发起访问因特网中的WWW服务器为例,介绍数据包的流动过程以及源端口与目的端口的变化,让读者明白防火墙根据应用功能的需求应添加配置哪些过滤规则,这些过滤规则应该添加应用到哪一个接口。

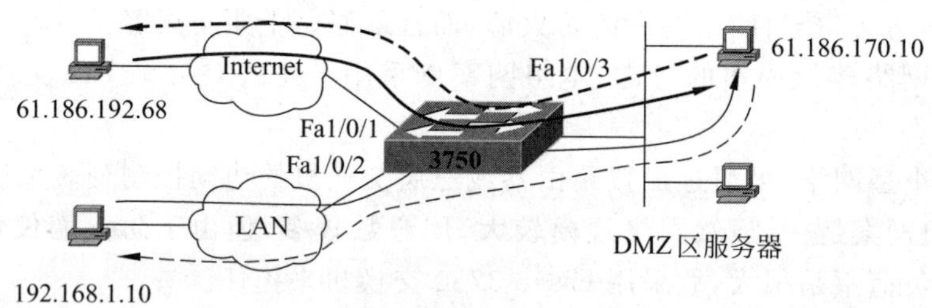

图7.8 防火墙的数据包流动过程

(1) 因特网或内网主机访问DMZ区服务器

下面以来自因特网的主机和内网主机访问DMZ区的WWW服务器为例。假设规则的配置策略采取默认禁止,允许访问的服务必须在规则中明确列出。

① 因特网主机访问DMZ区中的WWW服务器

首先,主机发起的访问请求包(在图7.8中用粗黑实线表示),经防火墙的WAN口(Fa1/0/1)流入防火墙,该请求包的目的IP地址为要访问的服务器,目的端口为TCP 80,源地址为自己的IP地址,源端口随机使用当前未使用的较低端的端口(大于或等于1024)。

来自因特网的访问请求都从WAN口流入,因此可在该接口的In方向应用访问控制列表(假设规则名称为from-internet),允许对目的端口为TCP 80的服务器进行访问,其访问规则应为:

```
permit tcp any host 61.186.170.10 eq www
```

经防火墙的路由选择后,从DMZ口(Fa1/0/3)流出到达目标服务器61.186.170.10。

服务器收到请求后,回应包的源端口为TCP 80,从防火墙的DMZ口(Fa1/0/3)流入(图7.8中用粗虚线表示)。

由此可见，对来自 DMZ 区的响应包，应在 DMZ 接口 in 方向应用的访问控制列表（假设规则名称为 from-server）中，添加允许响应包通过的规则。其规则应为：

```
permit tcp host 61.186.170.10 eq www any
```

经防火墙的路由选择后，从 WAN 口（Fa1/0/1）流出，到达发起访问请求的主机。

由此可见，若访问规则的配置策略采用默认禁止，则需要分别在 from-internet 和 from-server 访问控制列表中添加规则，允许因特网主机对 DMZ 区中 WWW 服务器的访问。

② 局域网主机访问 DMZ 区中的 WWW 服务器

其过程与因特网主机访问类似，只是源 IP 地址、流入和流出的端口不同，在图 7.8 中用细实线和细虚线表示。

内网主机 192.168.10 发出访问请求包，其目的端口为 TCP 80，从 LAN 口（Fa1/0/2）流入防火墙。

因此，应在 LAN 口的 in 方向应用访问控制列表（from-lan），实现内网主机对 DMZ 区 WWW 服务器的访问，其规则应为：

```
permit tcp any host 61.186.170.10 eq www
```

- 经防火墙的路由选择后，从 DMZ 口（Fa1/0/3）流出到达目标服务器 61.186.170.10。
- 服务器的响应包源端口为 TCP 80，从 DMZ 口流入防火墙。
- 经防火墙的路由选择后，从 LAN 口（Fa1/0/2）流出，最后到达发起访问请求的主机。

（2）DMZ 区服务器主动访问因特网的 WWW 服务器

① DMZ 区主机主动发起访问请求，目的端口为 TCP 80，从 DMZ 口流入。因此，需要在 from-server 访问控制列表中添加以下规则，允许访问请求包通过。

```
permit tcp any any eq www
```

② 经防火墙的路由选择后，从 WAN 口流出，最终到达目的主机。

③ 因特网 WWW 服务器的响应包的源端口为 TCP 80，从 WAN 口流入防火墙。因此，需要在 from-internet 访问控制列表中添加以下规则，允许响应包回来。

```
permit tcp any eq www any
```

④ 经防火墙路由选择后，从 DMZ 口流出，最终到达 DMZ 区中发起访问请求的主机。

2. 防火墙 ACL 规则配置策略与方法

从请求包与响应包的流动过程可以总结出，使用交换机配置防火墙的配置策略，具体如下：

- 最好采取默认禁止的配置策略（除了允许的数据包，其余全部禁止）。在具体配置时，注意在每组访问控制列表的最后添加一条禁止所有数据包通过的语句（deny ip any any)。

- 在交换机端口的 In 方向应用 ACL 规则,流出的方向不用配置。
- 对访问请求包在流入的端口配置和应用规则,并根据目的主机地址和目的端口进行检查,以决定是否允许通过。对请求的响应包,在响应包流入的端口上配置和应用规则,并对响应包的源 IP 地址和源端口进行检查,以决定是否允许通过。

根据前面的分析,允许访问 DMZ 区中的 WWW 服务和允许 DMZ 区访问因特网的 WWW 服务的防火墙规则配置为:

```
!依次定义各访问规则
!配置 WAN 口的访问规则
Firewall(config)#ip access-list extended from-internet
!配置允许访问 DMZ 区中的 61.186.170.10 服务器的 www 服务
Firewall (config-ext-nacl)#permit tcp any host 61.186.170.10 eq www
!配置允许 DMZ 区主动访问因特网 www 服务的响应包回来
Firewall (config-ext-nacl)#permit tcp any eq www any
!配置默认禁止通过的规则
Firewall (config-ext-nacl)#deny ip any any
Firewall (config-ext-nacl)#exit
!配置 LAN 口的访问规则
Firewall(config)#ip access-list extended from-lan
!配置允许内网用户访问 61.186.170.10 服务器的 www 服务
Firewall (config-ext-nacl)#permit tcp any host 61.186.170.10 eq www
!内网用户访问因特网不通过防火墙,因此不用添加允许内网用户访问因特网 www 服务的规则
!配置默认禁止通过的规则
Firewall (config-ext-nacl)#deny ip any any
Firewall (config-ext-nacl)#exit
!配置 DMZ 口的访问规则
Firewall(config)#ip access-list extended from-server
!配置允许 61.186.170.10 服务器对 80 端口访问的响应包通过
Firewall (config-ext-nacl)#permit tcp host 61.186.170.10 eq www any
!配置允许 DMZ 区主机主动访问因特网中的 www 服务
Firewall (config-ext-nacl)#permit tcp any any eq www
!配置默认禁止通过的规则
Firewall (config-ext-nacl)#deny ip any any
Firewall (config-ext-nacl)#exit
!下面应用 ACL 规则到相应的端口
!应用 WAN 口访问规则
Firewall(config)#interface Fa1/0/1
Firewall (config-if)#ip access-group from-internet in
!应用 LAN 口访问规则
```

```
Firewall(config-if)#interface Fa1/0/2
Firewall (config-if)#ip access-group from-lan in
!应用 DMZ 口访问规则
Firewall(config-if)#interface Fa1/0/3
Firewall (config-if)#ip access-group from-server in
!保存配置并退出
Firewall (config-if)#end
Firewall#write
Firewall#exit
```

7.9.3 三层交换机作防火墙的 ACL 规则配置

1. 配置内容与要求

配置防火墙，实现仅允许访问以下列出的服务，对未列出的一律禁止访问。允许访问的服务列表如下：

- 内网和因特网用户，可以访问 DMZ 区的 WWW、HTTPS、FTP、SMTP、POP3、DNS、DHCP 服务，并允许 ping 61.186.202.42 服务器。

各服务器地址和所提供的服务如表 7.10 所示。

表 7.10 DMZ 区服务器提供的服务

服务器 IP 地址	提供的服务	服务对应的端口	
		TCP	UDP
61.186.202.42	WWW、HTTPS、FTP、ICMP	80、443、20、21	
61.186.202.43	FTP	20、21	
61.186.202.44	SMTP、POP3	25、110	
61.186.202.45	DNS	53	53
61.186.202.46	DHCP		67、68

- DMZ 区中的主机可以任意访问因特网中的 WWW、HTTPS、FTP、SMTP、POP3、DNS 服务，允许 ping 因特网中的任意主机。

2. 防火墙 ACL 规则配置与应用

(1) 定义和应用 WAN 口的 ACL 规则

```
!创建和定义 ACL 规则，并命名 from-internet
firewall(config)#ip access-list extended from-internet
!配置允许通过的主动请求包进来
Firewall (config-ext-nacl)#permit tcp any host 61.186.202.42 eq www
Firewall (config-ext-nacl)#permit tcp any host 61.186.202.42 eq 443
Firewall (config-ext-nacl)#permit tcp any host 61.186.202.42 range 20 21
Firewall (config-ext-nacl)#permit icmp any host 61.186.202.42
Firewall (config-ext-nacl)#permit tcp any host 61.186.202.43 range 20 21
Firewall (config-ext-nacl)#permit tcp any host 61.186.202.44 eq smtp
```

```
Firewall (config-ext-nacl)#permit tcp any host 61.186.202.44 eq pop3
!允许因特网用户访问 DNS 服务器,即提供 DNS 查询服务
Firewall (config-ext-nacl)#permit tcp any host 61.186.202.45 eq domain
Firewall (config-ext-nacl)#permit udp any host 61.186.202.45 eq domain
!下面配置允许回来的响应包。即 DMZ 主动发起访问请求的响应包要能回来
!DMZ 区的服务器主动发起的 DNS 查询的响应包要允许回来
Firewall (config-ext-nacl)#permit tcp any eq domain any
Firewall (config-ext-nacl)#permit udp any eq domain any
!允许 www 服务的响应包回来
Firewall (config-ext-nacl)#permit tcp any eq www any
!允许 ftp 服务的响应包回来
Firewall (config-ext-nacl)#permit tcp any eq ftp any
Firewall (config-ext-nacl)#permit tcp any eq 20 any
!允许 https 服务的响应包回来
Firewall (config-ext-nacl)#permit tcp any eq 443 any
!允许邮件服务的响应包回来
Firewall (config-ext-nacl)#permit tcp any eq smtp any
Firewall (config-ext-nacl)#permit tcp any eq pop3 any
!配置默认禁止的规则
Firewall (config-ext-nacl)#deny ip any any
Firewall (config-ext-nacl)#exit
!应用 ACL 到端口
Firewall(config)#interface fa1/0/1
Firewall (config-if)#ip access-group from-internet in
```

(2) 定义和应用 LAN 口的 ACL 规则

```
Firewall(config)#ip access-list extended from-lan
!允许内网用户对 DMZ 服务的访问
Firewall (config-ext-nacl)#permit tcp any host 61.186.202.42 eq www
Firewall (config-ext-nacl)#permit tcp any host 61.186.202.42 eq 443
Firewall (config-ext-nacl)#permit tcp any host 61.186.202.42 range 20 21
Firewall (config-ext-nacl)#permit icmp any host 61.186.202.42
Firewall (config-ext-nacl)#permit tcp any host 61.186.202.43 range 20 21
Firewall (config-ext-nacl)#permit tcp any host 61.186.202.44 eq smtp
Firewall (config-ext-nacl)#permit tcp any host 61.186.202.44 eq pop3
Firewall (config-ext-nacl)#permit tcp any host 61.186.202.45 eq domain
Firewall (config-ext-nacl)#permit udp any host 61.186.202.45 eq domain
Firewall (config-ext-nacl)#permit udp any host 61.186.202.46 range 67 68
!配置默认禁止规则
Firewall (config-ext-nacl)#deny ip any any
Firewall (config-ext-nacl)#exit
!应用 ACL 规则到端口
Firewall(config)#interface Fa1/0/2
Firewall (config-if)#ip access-group from-lan in
```

(3) 定义和应用 DMZ 口的 ACL 配置

```
Firewall(config)#ip access-list extended from-server
!配置允许 DMZ 区服务器的响应包出去
```

```
Firewall (config-ext-nacl)#permit tcp host 61.186.202.42 eq www any
Firewall (config-ext-nacl)#permit tcp host 61.186.202.42 eq 443 any
Firewall (config-ext-nacl)#permit tcp host 61.186.202.42 range 20 21 any
Firewall (config-ext-nacl)#permit icmp host 61.186.202.42 echo-reply any
Firewall (config-ext-nacl)#permit tcp host 61.186.202.43 range 20 21 any
Firewall (config-ext-nacl)#permit tcp host 61.186.202.44 eq smtp any
Firewall (config-ext-nacl)#permit tcp host 61.186.202.44 eq pop3 any
Firewall (config-ext-nacl)#permit tcp host 61.186.202.45 eq domain any
Firewall (config-ext-nacl)#permit udp host 61.186.202.45 eq domain any
Firewall (config-ext-nacl)#permit udp host 61.186.202.46 range 67 68 any
!配置允许 DMZ 区服务器主动发起的访问请求包出去
Firewall (config-ext-nacl)#permit tcp any any eq domain
Firewall (config-ext-nacl)#permit udp any any eq domain
Firewall (config-ext-nacl)#permit tcp any any eq www
Firewall (config-ext-nacl)#permit tcp any any eq 443
Firewall (config-ext-nacl)#permit tcp any any range 20 21
Firewall (config-ext-nacl)#permit tcp any any eq smtp
Firewall (config-ext-nacl)#permit tcp any any eq pop3
Firewall (config-ext-nacl)#permit icmp any any
!配置默认禁止规则
Firewall (config-ext-nacl)#deny ip any any
Firewall (config-ext-nacl)#exit
!应用规则到端口
Firewall(config)#interface Fa1/0/3
Firewall (config-if)#ip access-group from-server in
Firewall (config-if)#end
!保存配置并退出
Firewall#write
Firewall#exit
```

到此为止，防火墙就配置完成了。

7.9.4　三层交换机作防火墙的维护管理

防火墙配置完成后，由于服务器的增加、变动以及所提供的服务变动等原因，会造成原有的 ACL 规则配置必须变更，此时就需要对原有的 ACL 配置进行增加、修改或删除等操作。

1. 增加或修改 ACL 规则

ACL 规则不能进行插入操作，增加的规则只能放在原有规则的最后面，而原有规则的最后一条是 deny ip any any，所增加的 permit 规则将被屏蔽，永远不会被激活。增加后的 ACL 列表类似于下面的情况。

```
Firewall (config)#ip access-list extended from-lan
Firewall (config-ext-nacl)#permit tcp any host 61.186.202.41 eq www
...
Firewall (config-ext-nacl)#deny ip any any
Firewall (config-ext-nacl)#permit tcp any host 61.186.202.43 eq www
```

可以看出，以上 ACL 列表中的最后一条规则永远不会被激活，因而达不到相应的目的,因此,增加或修改ACL规则只能按以下步骤来进行。

(1) 执行 show run 命令显示配置内容,然后将ACL规则复制粘贴到记事本中。

(2) 取消规则应用。若用户在内网中,当要编辑修改LAN口的ACL规则时,必须先取消规则应用。若先删除ACL规则,将失去连接,因为规则仍处于应用状态,系统找不到规则列表,会执行默认的规则,即禁止全部,这样内网用户就无法访问连接防火墙了,而自己的访问连接也将被断开。

对于编辑修改WAN口或DMZ口的规则,可以不取消规则应用,而直接删除规则,然后重新定义新规则。

(3) 删除ACL规则。

(4) 在记事本中,对复制所得的规则列表进行增加或修改操作,然后将修改后的新规则复制到剪贴板。

(5) 在全局配置模式下,将规则粘贴出来,即可实现对规则的重新定义。

(6) 重新应用规则到端口。

2. 删除ACL规则

删除ACL规则分为删除一条ACL规则项和删除整个ACL规则集两种情况。

若要删除整个ACL规则集,则使用no命令来实现。例如,若要删除名为from-lan的规则集,则实现命令为:

```
Firewall(config)#no ip access-list extended from-lan
```

若要删除某一条ACL规则,则删除方法为:

```
!首先进入ACL列表视图
Firewall(config)#ip access-list extended from-lan
!删除相应的ACL规则
Firewall (config-ext-nacl)#no permit tcp any host 61.186.202.42 eq www
```

7.10 TCP拦截

7.10.1 TCP拦截概述

SYN洪水(SYN Flood)攻击是当前比较流行的DoS(拒绝服务)与DDoS(分布式拒绝服务)攻击方式之一。它是利用TCP的缺陷,发送大量伪造的TCP连接请求,从而使得被攻击方资源耗尽(CPU满负荷或内存不足)的攻击方式。

SYN Flood攻击的破坏性极强,而且可以与其他攻击方法相结合来攻击网络中的主机,因此必须进行防范。Cisco在IOS 11.3版以后,引入了TCP拦截(TCP Intercept)功能,可以有效防止SYN Flood攻击,其原理具体如下。

在TCP连接请求到达目标主机之前,TCP拦截通过拦截和验证来阻止这种攻击。TCP拦截可以在拦截和监视两种模式下工作。在拦截模式下,路由器拦截到达的TCP SYN请求,并代表服务器建立与客户机的连接。如果连接成功,则代表客户机建立与服务器的连接,并将两个连接进行透明合并。在整个连接期间,路由器会一直拦截和发送数据包。对于非法的连接请求,路由器提供更为严格的半连接(half-open)超时限制,以防止自身的资源被SYN攻击耗尽。在监视模式下,路由器被动地观察流经路由器的连接请求,如果连接超过了所配置的建立时间,路由器就会关闭此连接。

7.10.2 TCP拦截的配置

在Cisco路由器上开启TCP拦截功能需要两个步骤:首先是配置扩展访问控制列表,以确定需要保护的IP地址;然后开启TCP拦截。配置访问控制列表是为了定义需要进行TCP拦截的源地址和目的地址,保护内部目标主机或网络。在配置时,通常需要将源地址设为any,并且指定具体的目标网络或主机。如果不配置访问控制列表,路由器将会允许所有的请求通过。下面分别进行介绍。

1. 开启TCP拦截

```
ip tcp intercept list access-list-number
```

其中,*access-list-number* 是已经设置好的IP访问控制列表的编号或名称。

2. 设置TCP拦截模式

```
ip tcp intercept mode intercept | watch
```

TCP拦截在默认的拦截模式下,路由器响应到达的SYN请求,并代替服务器发送一个响应初始源IP地址的SYN+ACK报文,然后等待客户机的ACK。如果收到ACK,再将原来的SYN报文发往服务器,路由器代替原来的客户机与服务器一起完成三次握手过程。这种模式增加了路由器的开销和会话建立的时间。

在监视模式下,路由器允许SYN请求直接到达服务器。如果这个会话在30s内(默认值)没有建立起来,路由器就给服务器发送一个复位(reset)报文,以清除这个连接。

3. 配置路由器等待时间

```
ip tcp intercept watch-timeout seconds
```

在监视模式下,路由器默认的第三次握手的等待时间是30s,其中时间参数 *seconds* 是以秒为单位的。

4. 配置删除TCP半连接的阈值

路由器定义了一系列认为服务器遭受攻击的阈值,当半连接超过阈值时,就认为服务器正遭受攻击,这时路由器就主动删除连接,直到半连接值降到小于阈值。当路由器认为服务器正遭受攻击时,进行下面的操作:

(1) 每一个新的连接导致一个最早的或随机的连接被删除。

(2) 初始的重传超时时间被减少一半,直到0.5s。

(3) 如果处于监视模式,则超时时间减半,直到15s。

有两个因素用来判断路由器是否正在遭受攻击。如果超过了两个上限阈值中的任何一个,都表明路由器正遭受攻击,路由器将对连接进行删除,直到阈值已经降至两个下限阈值以下。配置上、下限阈值的命令为:

(1) ip tcp intercept max-incomplete high *number*

其中,*number* 参数用于设置路由器开始删除连接之前,能够存在的最大半连接数,默认为 1100。

(2) ip tcp intercept max-incomplete low *number*

其中,*number* 参数用于设置路由器停止删除连接之前,能够存在的最大半连接数,默认为 900。

(3) ip tcp intercept one-minute high *number*

其中,*number* 参数用于设置路由器开始删除连接之前,每分钟内能存在的最大半连接数目,默认为 1100。

(4) ip tcp intercept one-minute low *number*

其中,*number* 参数用于设置路由器停止删除连接之前,每分钟内能存在的最大半连接数目,默认为 900。

半连接总数与每分钟半连接的数量比率是相联系的。任何一个最大值到达,TCP 拦截就被激活并且开始删除半连接。一旦 TCP 拦截被激活,这两个值都必须下降到 TCP 拦截的低设置值,以便停止删除连接。

5. 设置路由器删除半连接的方式

```
ip tcp intercept drop-mode oldest|random
```

路由器删除半连接有两种方式,一种是删除建立时间最早的连接即 oldest 方式,另一种是随机删除已经建立的连接即 random 方式。默认值为 oldest。

6. 查看 TCP 拦截信息

```
show tcp intercept connections
show tcp intercept statistics
```

第一条命令用于查看已经建立的连接和半连接的数量。第二条命令用于查看 TCP 拦截的各种状态。

7.10.3 TCP 拦截配置举例

如图 7.9 所示,Web 服务器的 IP 地址为 61.186.170.100,配置路由器进行 TCP 拦截,以保护 Web 服务器不受 SYN 洪水攻击。要求采用拦截和监视两种模式分别配置。在拦截模式下,设置最大半连接数的高、低值分别为 500 和 300;每分钟保持连接数的高、低值分别为 500 和 300,删除连接的方式采用默认值。在监视模式下,设置路由器等待时间为 20s。

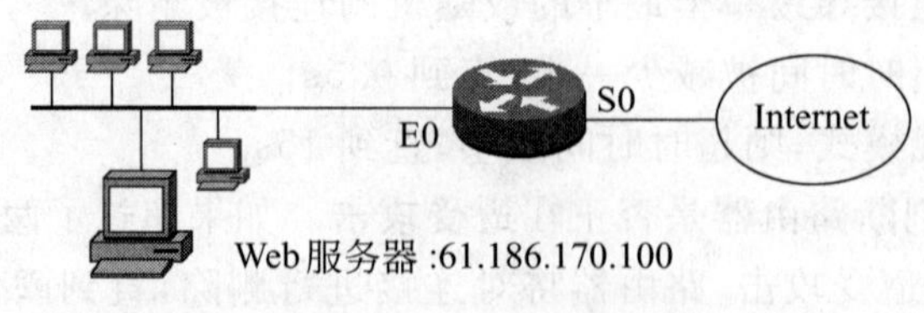

图 7.9 TCP 拦截配置网络

(1) 拦截模式下的配置

```
!配置 TCP 拦截的访问控制列表
router(config)#access-list 101 permit tcp any host 61.186.170.100
!设置为拦截模式
router(config)#ip tcp intercept mode intercept
!设置开始删除连接的最大半连接数
router(config)#ip tcp intercept max-incomplete high 500
!设置停止删除连接的最大半连接数
router(config)#ip tcp intercept max-incomplete low 300
!设置开始删除连接的一分钟连接数
router(config)#ip tcp intercept one-minute high 500
!设置停止删除连接的一分钟连接数
router(config)#ip tcp intercept one-minute low 300
!开启 TCP 拦截
router(config)#ip tcp intercept list 101
```

(2) 监视模式下的配置

```
!配置 TCP 拦截的访问控制列表
router(config)#access-list 101 permit tcp any host 61.186.170.100
!设置为拦截模式
router(config)#ip tcp intercept mode watch
!设置路由器的等待时间为 20s
router(config)#ip tcp intercept watch- timeout 20
!开启 TCP 拦截
router(config)#ip tcp intercept list 101
```

习题 7

一、选择题

1. 访问控制列表的主要作用有(　　)。
   A. 限制网络流量,提高网络性能　　B. 控制用户的网络行为
   C. 控制网络病毒的传播　　D. 进行 NAT 地址转换
2. 访问控制列表的类型有(　　)。
   A. 标准访问控制列表　　B. 安全访问控制列表
   C. 扩展访问控制列表　　D. 硬件访问控制列表
3. 下列描述中,正确的是(　　)。
   A. 端口上可使用多个访问控制列表
   B. 端口上只能使用 in 方向的访问控制列表
   C. 可在端口的 in 方向和 out 方向分别使用一个访问控制列表
   D. 可在端口的 in 方向和 out 方向分别使用多个访问控制列表
4. IP 地址和通配符掩码为 192.168.1.0 0.0.7.255,其检查 IP 地址范围为(　　)。
   A. 192.168.1.0～192.168.1.7　　B. 192.168.1.7～192.168.1.255
   C. 192.168.1.0～192.168.7.255　　D. 192.168.0.0～192.168.7.255

5. 访问表采取的动作有(　　)。

A. 拒绝数据包通过　　B. 增加数据包的头部

C. 允许数据包通过　　D. 增加数据包的传输速度

6. 拒绝来自主机 192.168.5.5 的数据包的语句为(　　)。

A. access-list 1 deny 192.168.5.5 0.0.0.0

B. access-list 1 deny host 192.168.5.5

C. access-list 1 deny 192.168.5.5

D. access-list 1 deny 192.168.5.5 255.255.255.255

7. 定义星期六早上 8:00 到星期日晚上 11:00 的命令,正确的是(　　)。

A. periodic weekend 8:00 am to 11:00 pm

B. periodic weekend 8:00 to 23:00 要 BD

C. periodic Saturday 8:00 to Sunday 23:00

D. periodic weekend 8:00 23:00

8. 华为交换机显示访问控制列表配置的语句,正确的是(　　)。

A. show access-list 101　　B. display rule 11

C. display acl config 3001　　D. display access-list 3001

9. 使用访问控制列表做防火墙,以下说法正确的是(　　)。

A. 可防止 DDoS 攻击

B. 采用"除了允许的数据包,其余全部禁止"的策略

C. 采用"除了禁止的数据包,其余全部允许"的策略

D. 可对数据包进行基于端口的数据包过滤

10. 要禁止 129.9.0.0/16 网段内的主机访问 202.38.160.0/24 网段内的主机的 ftp 端口,下列访问控制列表定义正确的是(　　)。

A. acl number 2000

rule deny tcp source 129.9.0.0 0.0.255.255 destination 202.38.160.0 0.0.0.255 source-port eq ftp

B. acl number 3000

rule deny tcp source 129.9.0.0 0.0.255.255 destination 202.38.160.0 0.0.0.255 source-port eq ftp

C. acl number 2000

rule deny tcp source 129.9.0.0 0.0.255.255 destination 202.38.160.0 0.0.0.255 destination-port eq ftp

D. acl number 3000

rule deny tcp source 129.9.0.0 0.0.255.255 destination 202.38.160.0 0.0.0.255 destination-port eq ftp

二、简答题

1. 描述数据包通过配置有 ACL 的路由器的匹配、转发过程。

2. 简述 IP 地址与访问控制列表通配符掩码的作用规则。

3. 在进行访问控制列表配置时应注意哪些问题?

4. 编号访问控制列表和命名访问控制列表的区别是什么?

实训 7.1 配置标准访问控制列表

[**实训目的**] 熟悉标准访问控制列表的配置方法及步骤。

[**实训设备**]

1. 1台 Cisco 2621XM 路由器。

2. 2台测试用 PC 和1台提供 WWW 和 FTP 服务的服务器。

配置参数及网络连接如图 7.10 所示。

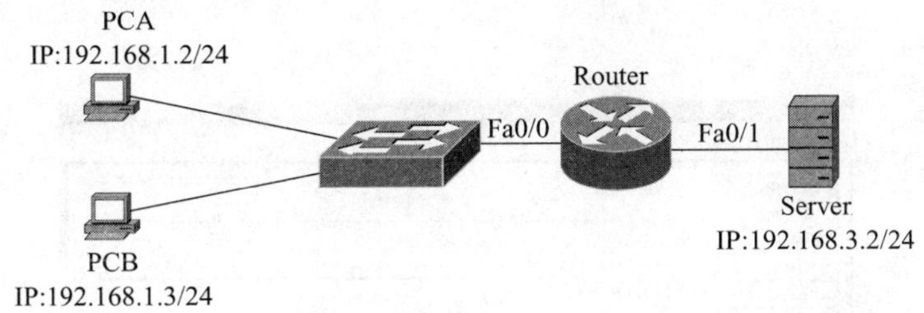

图 7.10 实训 7.1 网络连接图

[**实训内容**]

1. 在模拟器 Cisco Packet Tracer 中建立如图 7.10 的网络,服务器开启 HTTP 服务。

2. 配置路由器(Router),让 PCA 和 PCB 都能访问 Server 提供的服务。Router 各接口的 IP 地址为 Fa0/0—192.168.1.1/24、Fa0/1—192.168.3.1/24。

3. 在 Router 上配置标准访问控制列表,允许 PCA 访问 Server 服务器;禁止 PCB 访问 Server 服务器。

4. 检查配置的结果。检查 PCA 和 PCB 访问 Server 的 HTTP 服务的结果是否与配置目标相同。

实训 7.2 配置扩展访问控制列表

[**实训目的**] 熟悉和掌握扩展 IP 访问控制列表的配置步骤与配置方法。

[**实训设备**]

1. 1台 Cisco 2621XM 路由器,加 NM-2E2W 模块,共4个以太网口。

2. 4台测试用 PC 和1台提供 WWW 和 FTP 服务的服务器。

配置参数及网络连接如图 7.11 所示。

[**实训内容**]

1. 在模拟器 Cisco Packet Tracer 中建立如图 7.11 的网络,服务器开启 HTTP 和 DNS 服务。

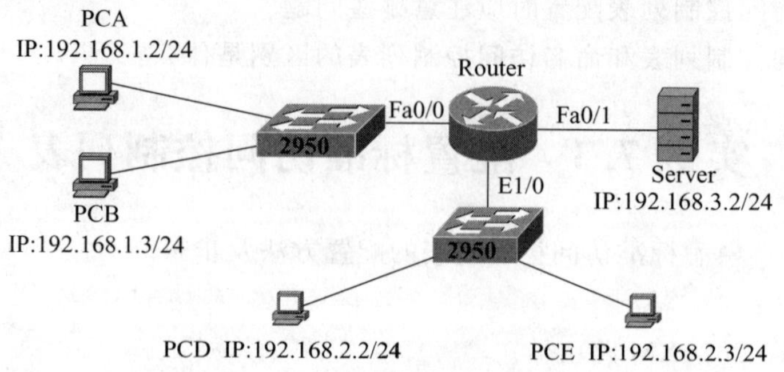

图 7.11 实训 7.2 网络连接图

2. 在 Server 上配置 DNS 域名 www.test.com,对应 IP 地址为 192.168.2.2,配置如图 7.12 所示。

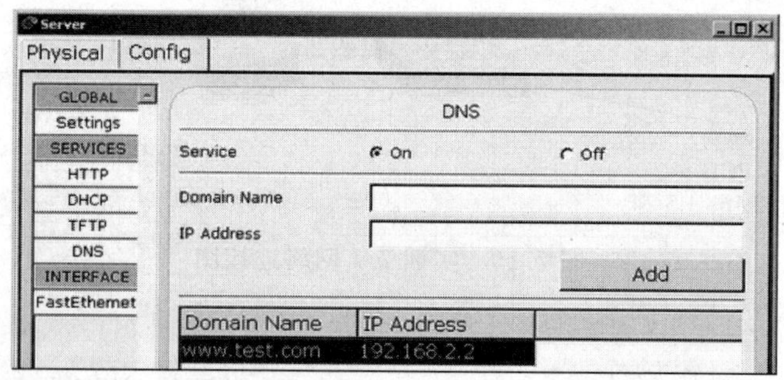

图 7.12 模拟器 DNS 服务器的配置

3. 配置路由器(Router),让局域网 192.168.1.0/24 和 192.168.2.0/24 的主机都能访问 Server 提供的服务。Router 各接口的 IP 地址为 Fa0/0—192.168.1.1/24、Fa0/1—192.168.3.1/24、E1/0—192.168.2.1/24。

4. 在 Router 上配置命名的扩展访问控制列表,达到以下目的:

- PCA 所有时间都能访问 Server 服务器。
- PCB 只能在每天 8:00～17:30 访问 Server 服务器。
- PCD 只能访问 Server 服务器的 HTTP 服务。
- PCE 只能访问 Server 服务器的 DNS 服务。

5. 检查配置的结果。

(1) 将路由器的时间设置为 5:00,这时 PCB 应该不能访问 Server 的 HTTP 和 DNS 服务(DNS 服务的检查可直接在 PCB 的命令提示符下执行 ping www.test.com,如果能解析出 IP 地址,表明能访问 Server 服务器的 DNS 服务);再将路由器的时间设置为 11:00,再次检查 PCB 能否访问 Server 的 HTTP 和 DNS 服务。

(2) 检查 PCA、PCD、PCE 对 Server 服务器的访问是否满足要求。

实训7.3　用路由器配置防火墙

［实训目的］　熟悉命名扩展访问控制列表的配置方法及步骤。

［实训设备］

1. 1台Cisco 2621XM路由器，加NM-2E2W模块，共4个以太网口。

2. 4台测试用PC和2台提供WWW和FTP服务的服务器。

配置参数及网络连接如图7.13所示。

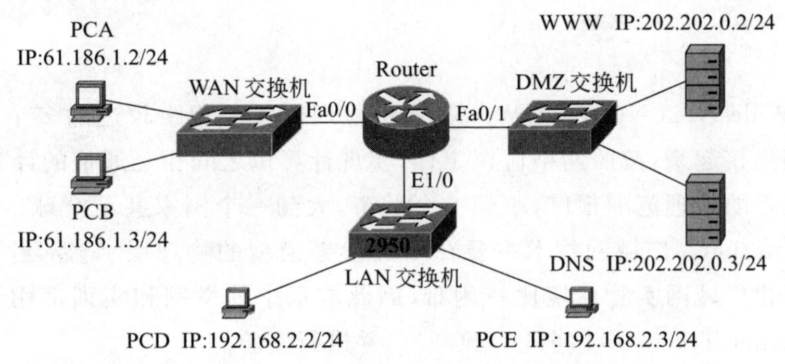

图7.13　实训7.3网络连接图

［实训内容］

1. 在模拟器Cisco Packet Tracer中建立如图7.13的网络，服务器WWW和DNS分别开启HTTP和DNS服务。

2. 在DNS服务器上配置DNS域名为www.test3.com，对应IP地址为202.202.0.3，WWW服务器的DNS的域名为www.test2.com，对应IP地址为202.202.0.2。

3. 配置路由器(Router)，让广域网主机61.186.1.0/24和局域网192.168.2.0/24的主机都能访问DMZ区两台服务器提供的WWW和DNS服务。Router各接口的IP地址为Fa0/0—61.186.1.1/24、Fa0/1—202.202.0.1/24、E1/0—192.168.2.1/24。

4. 在Router上配置访问控制列表，让广域网主机和局域网192.168.2.0/24的主机都只能访问202.202.0.2服务器的WWW服务和202.202.0.3服务器的DNS服务，其他服务全部拒绝。

5. 检查配置的结果。

用WAN和LAN内的主机访问DMZ区内的主机，测试是否达到实验目的。

第8章 广域网协议及其配置

广域网(Wide Area Network,WAN)是将地理位置上相距较远的多个计算机系统,通过通信线路连接起来,按照网络协议工作,实现计算机之间相互通信的计算机系统的集合。广域网覆盖的地理范围很广,小到一个城市,大到一个国家甚至全球。目前,最大的广域网就是Internet。广域网技术主要在OSI参考模型的物理层、链路层和网络层。由于在实验室搭建广域网实验环境比较困难,因此本章中的举例和实训都用Cisco官方模拟器Cisco Packet Tracer 4.1搭建实验环境,并进行实验。

8.1 广域网概述

8.1.1 局域网与广域网的连接

广域网和局域网在覆盖范围、拓扑结构等方面有很大的不同。局域网的覆盖范围一般不超过10km,而广域网的覆盖范围可从几十千米到几千千米;局域网一般使用星型、环型、总线型和树型拓扑结构,而广域网使用网状拓扑结构。正因为这些区别,局域网和广域网不可能使用相同的协议。

要将距离较远的局域网连接起来,不可能由企业自己去铺设线路,而必须租用数据通信公司(如电信、网通)的广域网线路。数据通信公司提供的广域网租用线路的速率可从几kb/s到几千Mb/s。通过广域网将很多个局域网连接起来,就形成了覆盖范围很广的互联网,这样局域网就可通过广域网与另一个相隔很远的局域网进行通信。图8.1所示是一个典型的广域网和局域网的连接方式。

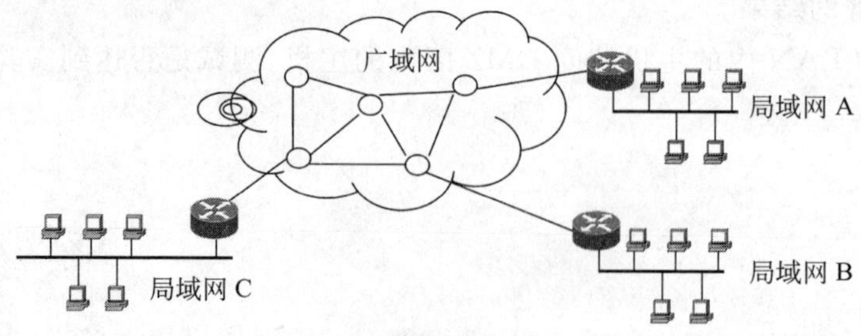

图8.1 广域网和局域网的互联

由于广域网和局域网使用的协议不同，广域网和局域网的连接边界设备必须对协议进行转换，否则两种网络之间不能通信。广域网和局域网的边界连接设备一般为路由器，它同时支持广域网和局域网协议，能对协议进行自动转换，因此这种协议转换对网络用户是透明的。

路由器一般使用串行口（Serial）连接广域网，使用以太口（Ethernet、Fastethernet）连接局域网。Cisco 路由器主要采用两种串行口，一种是体积较大的 60 针串行接口，另一种是体积较小的具有 26 个接触点的智能串行接口（Smart Serial）。每种广域网接口，都有相应的连接线缆，其物理层标准有 RS-232/V. 24、RS-449、V. 35、X. 21 和 EIA-530，最常用的主要是 V. 24 和 V. 35 电缆，如图 8. 2 和图 8. 3 所示。

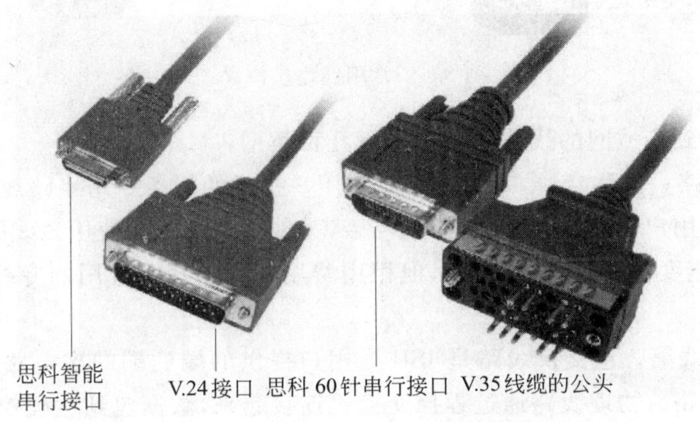

图 8. 2　思科路由器串行线缆接口

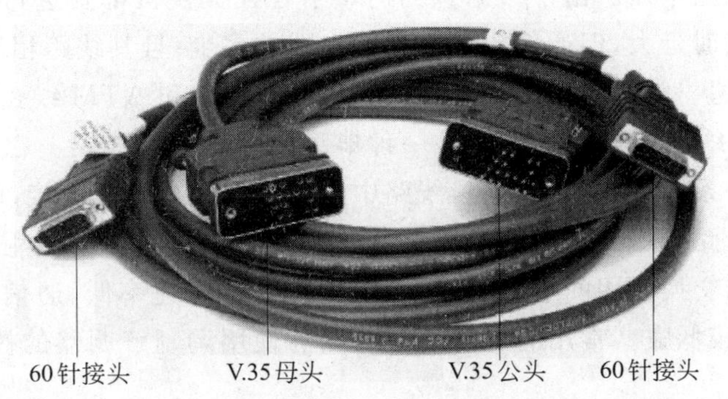

图 8. 3　V. 35 线缆

思科设备支持的线缆主要有 RS-232、V. 35 和 EIA-530。在实际组网的过程中，要根据租用 ISP 线路的种类选择符合要求的线缆。

8. 1. 2　典型广域网链路层协议

广域网链路层协议定义了数据帧如何在广域网的线路上进行帧的封装、传输和处理。典型广域网链路及封装的协议如图 8. 4 所示，主要有分组交换协议 X. 25、高级数据链路控制协议（High-level Data Link Control，HDLC）、点到点协议（Point-to-Point Protocol，

PPP)、帧中继(Frame Relay,FR)、数字数据网(Digital Data Network,DDN)和综合业务数字网(Integrated Service Digital Network,ISDN)。

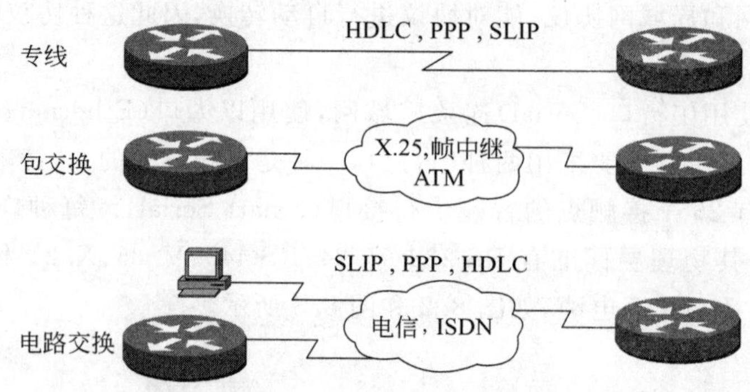

图 8.4　常用链路层协议

局域网连接到广域网的线路主要有以下几种类型:

(1) 专用线路。简称专线,专线是 ISP 为用户提供的一条专用线路或通道,线路或通道只能由租用的用户使用,不管线路空闲与否,其他用户都不能使用该线路。由于是专用线路,因而线路速度稳定、传输速率高,但租用费用也很昂贵。常用的专线有 DDN 专线、光纤专线。

(2) 包交换线路。包交换线路是 ISP 为用户提供的端到端的虚电路,一条物理电路可分成多条虚电路。物理线路通过程控交换机连接起来,数据包到达程控交换机后,由路由表决定数据包离开程控交换机的物理线路。虚电路对用户是透明的,用户使用虚电路就像是使用物理电路一样。由于数据包到达每个程控交换机都要进行路由选择,因而包交换线路比专线的时延大,但通信质量并不比专线差多少,且其线路租用价格比专线低得多,所以使用较普遍。常用的包交换线路有 X.25、帧中继和 ATM 线路。

(3) 电路交换线路。电话线路就是一种典型的电路交换线路。在通话前,通过拨号在通信双方建立一条物理的通信线路,线路中间使用程控交换机连接,通话过程中一直使用拨号时建立的线路,通话结束后,再拆除线路。其特点是线路的使用有建立、通信和拆除三个过程。电路交换使用的电路通常为电话线路,传输速率低、通信质量差,但价格按通信时间收费,比较低廉。常用的电路交换线路有使用调制解调器的拨号线路、ISDN 线路等。

8.2　X.25 协议

8.2.1　X.25 协议简介

X.25 协议是 CCITT 关于公用数据网上以分组方式工作的 DTE 与 DCE 之间的接口标准,其功能是为公用数据网在分组交换方式下提供终端操作,它不涉及分组交换网的内部结构。由于 X.25 协议的使用越来越少,因此本书只对其进行简单的介绍,不作详细的讲解,也不讲解其在路由器上的配置方法。

X.25 协议以虚电路为基础，描述了建立连接、传输数据和终止连接的全过程控制。它定义了物理层、数据链路层、分组层（即网络网）三层协议，分别对应于 ISO/OSI 七层模型的下三层。

(1) 物理层。基本功能是建立、保持和拆除 DTE 和 DCE 之间物理链路的机械、电气、功能和规程的条件，提供同步、全双工的点到点比特流的传输手段。DTE 和 DCE 间的通信按 X.21 建议规定。

(2) 数据链路层。定义了 DTE 和 DCE 间进行通信的数据帧格式和无差错传输。使用的协议是平衡式链路访问规程（Link Access Procedure Balanced，LAPB），它是高级数据链路控制（HDLC）协议的一部分。LAPB 的设计是为了点对点连接。它为异步平衡模式会话提供帧结构、错误检查和流控机制。本层只对分组进行透明传输，不对分组进行任何处理。

(3) 分组层（网络层）。主要描述 DTE/DCE 接口上交换控制信息和用户数据的分组层规程，规定了虚电路业务规程、基本分组结构和数据分组格式以及可选用的用户业务功能等。这一层采用的是时分复用原理，把一条实际的物理线路分成多条逻辑信道（虚电路），实现一个源 DTE 和多个目的 DTE 的分组数据交换。此外，还提供永久虚电路（PVC）功能。

8.2.2 X.25 网络组成

如图 8.5 所示，X.25 网络由数据终端设备（DTE）、数据电路终端设备（DCE）、分组交换设备（PSE）及通信线路组成。DTE 通常是用户侧的主机、路由器或终端等。DCE 则通常为同步调制解调器（基带 MODEM 或称数字 MODEM）、G.703 协议转换器、分组交换设备（PSE）等设备。网络的连接方式通常是路由器通过 V.35 或 V.24 线缆与基带 MODEM 连接，基带 MODEM 的另一端连接分组交换机 PSE。

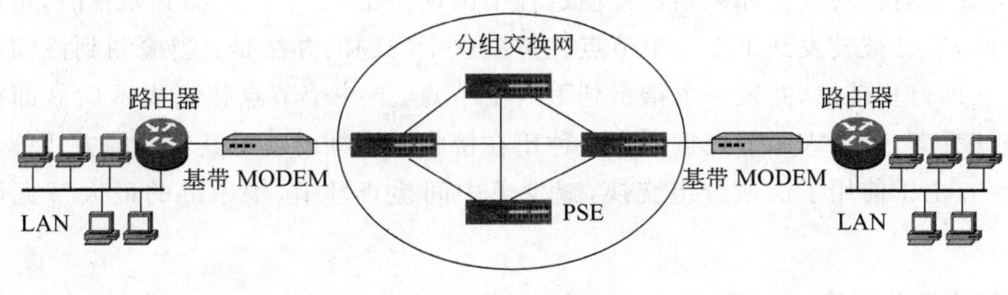

图 8.5 X.25 网络

8.2.3 虚电路

X.25 协议为通信双方 DTE/DCE 之间建立的连接称为虚电路。虚电路分为永久虚电路（Permanent Virtual Circuit，PVC）和交换虚电路（Switched Virtual Circuit，SVC）两种。PVC 用于通信双方间频繁的、大流量的数据传输；SVC 用于通信双方间断的、少量的数据传输。

交换虚电路（SVC）的建立像打电话一样，首先由源 DTE 呼叫目的 DTE，目的 DTE

收到呼叫后,可以接受或拒绝呼叫请求。如果接受呼叫请求,就在源DTE和目的DTE间建立了一个交换虚电路,然后进行数据传输,数据传输完成后,再对虚电路进行断开。通信的任何一方可以在任何时候中断连接。它适用于通信双方数据传送量少、传输随机性强的场合。

永久虚电路PVC类似于专线通信,在两个客户之间建立固定的通路。它由网络管理中心预先根据客户需求而设定,因此在客户使用中只有数据传送阶段,而无呼叫建立和拆除阶段。它适合于通信双方数据传输频繁、通信量大的场合。

8.3 帧中继的配置

8.3.1 帧中继概述

1. 帧中继简介

帧中继在许多方面都非常类似X.25协议,但X.25协议不提供高速服务,而帧中继则可以提供高速服务。X.25协议是针对链路质量比较差的模拟电话网络而设计的,为保证数据的正确传输,链路层的每个节点都要对收到的数据做大量的检查和处理,如差错校验等,同时还要保留原始帧的副本,直到它们收到来自下一个节点的确认消息。不仅如此,X.25还在网络层进行从源端到目的端的错误检查和处理。这些检查和处理将增大数据传输的时间延迟,从而降低了网络的传输速率。现在,光纤网络具有很低的误码率,因而可以简化差错控制操作。帧中继充分利用现代高质量网络的特点,中间节点只转发帧而不回送确认帧,只是在目的节点收到一帧后才回送端到端的确认,从而加快了网络的传输速率。

帧中继的基本原理是:节点收到帧的目的地址后立即转发,无须等待收到整个帧并做相应的处理后再转发。如果帧在传输过程中出现差错,当节点检测到差错时,可能该帧的大部分内容已被转发到了下一个节点。解决这个问题的办法是:当检测到该帧有错误时,节点立即停止转发,并发一个指示到下一个节点,下一个节点接到指示后立即终止转发,将该帧丢弃,并请求源节点重发。这种正在接收一个帧时就对其转发的方式称为快速分组交换。由于使用了快速分组交换,减少了中间检查环节,帧中继的最大带宽可达到2Mb/s。

2. 帧中继的层次

X.25有3个层次,而帧中继只有2层,即物理层和帧中继层,取消了X.25的分组层,而且还减少了X.25帧层的一部分功能,对X.25协议进行了很大的改进和简化,因而可以认为帧中继是1.5层。帧中继的物理层没有定义任何具体的协议,它允许使用者选用任何方便的协议。在帧中继层,它使用了HDLC的一个简化版本,去掉了HDLC中大量的差错校验和流量控制。

3. 帧中继的虚电路

帧中继传输是基于永久虚电路连接的,虚电路在其他标准中是由网络层实现的。帧中继使用数据链路连接标识符(Data-Link Connection Identifier,DLCI)来标识网络所设置的永久虚电路,在两个指定节点之间的所有数据都沿同一路径进行传输,DLCI 的长度为 10 比特,其最大值可达 1024 比特。帧中继提供了一种多路复用的手段,它通过为每对数据终端设备分配不同的 DLCI 来实现物理传输介质的复用,从而在同一条物理线路上建立多条永久虚电路。永久虚电路可被认为是虚拟的专用线路,但由于其是“虚拟”的,因而价格比专用线路便宜。

帧中继永久虚电路 DLCI 的意义只限于本地,即它们的值只需在本地交换机是唯一的,在整个中继广域网上并不是唯一的。也就是说,不同的交换机可能具有相同的 DLCI。如图 8.6 所示,Host A 只有一条物理线路,但由于它要和 Host B、Host C 两台计算机通信,因此要建立两条 PVC,从而分配两个 DLCI,即 10 和 52。当 Host A 和 Host B 通信时,Host A 端的 DLCI 为 10,Host B 端的 DLCI 为 22;当 Host A 和 Host C 通信时,Host A 端的 DLCI 为 52,Host C 端的 DLCI 为 26。不管 Host A 在发送时使用哪个 DLCI 值,最终都通过同一个物理端口发送出去。

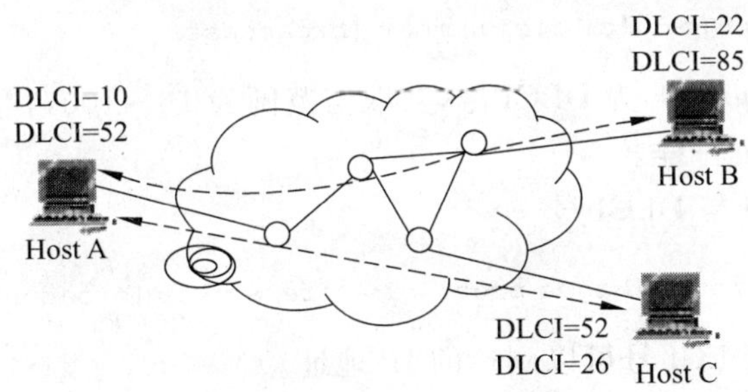

图 8.6　帧中继网络

在帧中继网络中,PVC 的使用意味着路由信息已经包含在地址信息中。也就是说,在两个给定的用户站点间,总是通过相同的节点传输数据。这样,如果网络知道了目的地址,它同时也就知道了路由。原来由网络层实现的交换和路由功能,通过使用 PVC 可以在数据链路层实现,这就是帧中继名字的由来。分组交换出现在网络层,它传输的数据单元是分组,帧中继在数据链路层,它传输的数据是帧。

4. 中继的实现

当交换机收到帧时,首先进行 CRC 校验。校验正确,就从帧中取出 DLCI 地址,然后查询交换表(该表由服务提供商建立在交换机内存中,存储 DLCI 与交换机端口的映射),再按照交换表对应的端口把接收到的帧发送出去;检验不正确,交换机就直接丢弃该帧。接收端对接收到的帧进行完整性检查,如果发现错误,则请求重发,在帧中继网络中,交换机只对帧检错而不纠错。

例如,当交换机收到一个 DLCI 为 30 的数据时,查询如表 8.1 所示的交换表,DLCI 为 30 口的对应端口为 2,从而将该数据帧从 2 号端口转发出去。

表 8.1 帧中继交换机交换表

DLCI	端口	DLCI	端口
20	1	40	3
30	2	50	2

8.3.2 帧中继的配置命令与配置步骤

1. 配置命令

(1) 封装帧中继协议

```
encapsulation frame-relay [cisco|ietf]
```

参数说明:*cisco*|*ietf* 为指定帧中继协议的封装格式,Cisco 路由器的默认格式为 cisco,在 Cisco 路由器与其他厂家路由设备相连时,应使用 ietf 格式。

(2) 设置虚电路的 DLCI 号

```
frame-relay interface-dlci dlci-number [broadcast]
```

参数说明:*dlci-number* 为 DLCI 号,其取值范围为 16～1007,号码由 ISP 分配,就像电话号码由电信局分配一样。

(3) 映射协议地址与 DLCI 号

```
frame-relay map protocol-type protocol-address dlci [broadcast]
```

本命令设置通过 DLCI 号可以到达的 IP 地址。

参数说明:

- *protocol-type* 代表协议地址的类型,如 IP、IPX 等协议。
- *protocol-address* 代表具体的协议地址。这个地址值是指通过 DLCI 可以到达的地址值,而不是所设置路由器的地址。例如,命令 frame-relay map IP192.168.1.1 20 的含义是通过路由器的编号为 20 的 DLCI 可以到达 192.168.1.1 这个主机。
- broadcast 为可选项,允许在帧中继网络上传输路由广播信息。

(4) 设置 LMI 类型

```
frame-relay lmi-type {ansi | cisco | q933a}
```

LMI 定义了帧中继的接口信息标准,用于管理和维护两个通信设备间的运行状态。Cisco 提供了三种 LMI 封装类型,即 cisco、ansi 和 q933a。从 Cisco IOS 版本 11.2 开始,软件支持本地管理接口 LMI 自动识别,自动识别使接口自动确定交换机支持的 LMI 类型,用户可以不明确配置 LMI 接口类型。

(5) 显示帧中继相关信息命令

```
show frame-relay lmi
show frame-relay map
show frame-relay pvc
show frame-relay route
```

2. 配置步骤

(1) 配置帧中继协议封装格式。

(2) 配置 IP 地址。

(3) 配置 DCE 时钟。

(4) 配置本地虚电路的 DLCI 号。

(5) 配置动态或静态地址映射。

(6) 配置本地管理端口 LMI。如果 IOS 的版本是 11.1 或者更早,需要指定 LMI 的类型,如 IOS 是 11.2 以后的版本,不需要该步骤,因为 LMI 的类型可自动适应。

(7) 启用端口。

3. 配置实例

[**例 8.1**]　如图 8.7 所示,两个路由器连接而成的点对点帧中继网络,其 IP 地址和 DLCI 号已在图中标出。配置完成后,用 ping 命令测试配置的正确性。

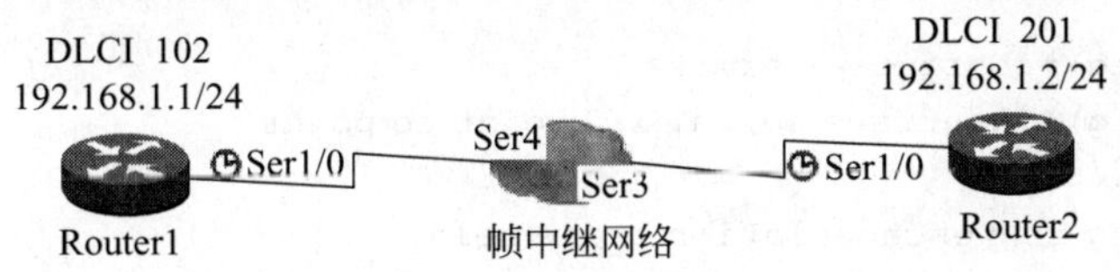

图 8.7　帧中继点对点实例

配置步骤为:

(1) 在 Cisco Packet Tracer 中搭建实验平台

① 在 Cisco Packet Tracer 环境中加入两台 2620XM 路由器,再加入一个 Cloud-PT-Empty 云。

② 每台 2620XM 路由器上加上 NM-1E2W 模块,再在 NM-1E2W 模块中插入包含一个 Serial 口的 WIC-1T 模块。

③ 在 Cloud-PT-Empty 云中加入两个 PT-CLOUD-NM-1AM 模块。

④ 配置 Cloud-PT-Empty 云中 Serial 接口的 LMI 类型为 cisco。在 Serial3 接口上添加 DLCI 为 201,Name 为 Router2 的虚电路号;在 Serial4 接口上添加 DLCI 为 102,Name 为 Router1 的虚电路号,如图 8.8 所示。

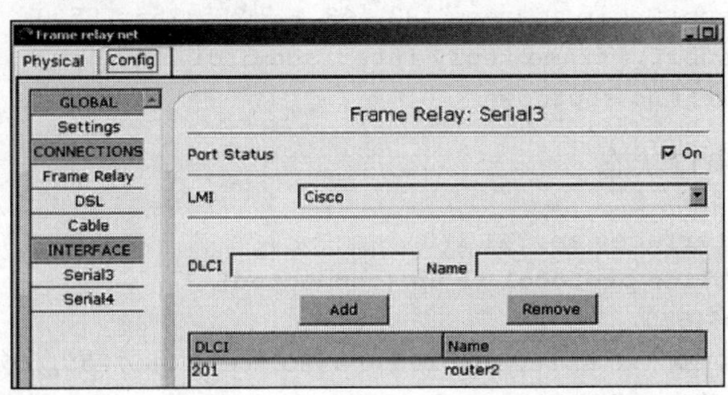

图 8.8　配置 Serial 接口

⑤ 配置Cloud-PT-Empty云中的帧中继交换表,添加来自Serial3接口上的Router2子接口和Serial4接口上的Router2子接口连接到一条虚电路中,如图8.9所示。

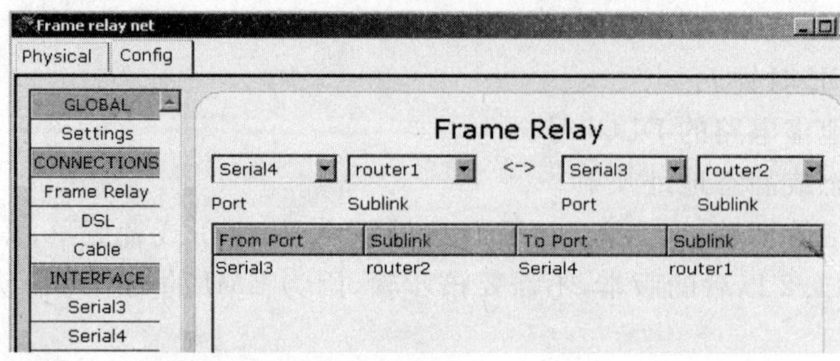

图8.9 配置帧中继交换表

(2) 配置路由器

① 配置Router1

```
router1(config)#configure terminal
router1(config)#interface serial 1/0 point-to-point
!封装帧中继协议
router1(config-if)#encapsulation frame-relay
!配置 DCE 时钟
router1(config-if)#clock rate 64000
!进入子接口配置模式
router1(config-if)#interface serial 1/0.1 point-to-point
router1(config-subif)#ip address 192.168.1.1 255.255.255.0
!配置子接口的 DLCI 号
router1(config-subif)#frame-reply interface-dlci 102
router1(config-if)#no shutdown
```

② 配置Router2

```
router2(config)#configure terminal
router2(config)#interface serial 1/0
router2(config-if)#encapsulation frame-relay
router2(config-if)#clock rate 64000
router2(config-if)#interface serial 1/0.1 point-to-point
router2(config-subif)#ip address 192.168.1.2 255.255.255.0
router2(config-subif)#frame-reply interface-dlci 201
router2(config-if)#no shutdown
```

(3) 查看Serial串口状态

```
Router1#show interfaces serial 1/0
Serial1/0 is up, line protocol is up (connected)
  Hardware is HD64570
  MTU 1500 bytes, BW 128 Kbit, DLY 20000 usec, rely 255/255, load 1/255
  Encapsulation Frame Relay, loopback not set, keepalive set (10 sec)
```

只有Serial和line protocol都设置为UP才表示线路连通,如果只有Serial设置为

UP 表明协议配置或者线路有问题。后面的例子也可通过查看串口状态来检查配置的正确性。

[例 8.2]　如图 8.10 所示，三个路由器通过帧中继网络连接起来，每个路由器都只有一个物理出口。配置路由器，使路由器 A 能与路由器 B 和路由器 C 通信。

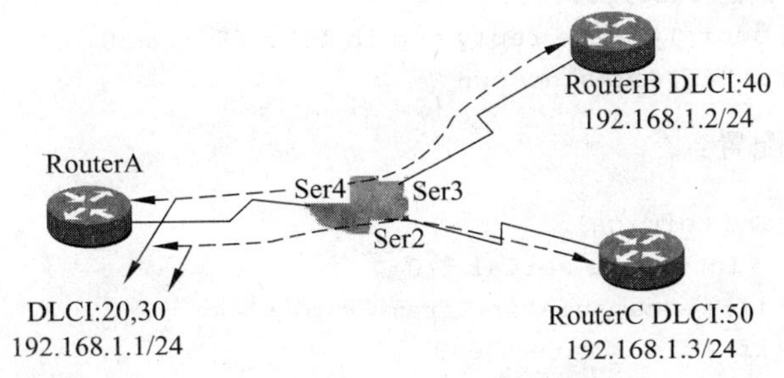

图 8.10　帧中继多点实例

配置步骤为：

(1) 在 Cisco Packet Tracer 中搭建实验平台

① 在 Cisco Packet Tracer 环境中加入三台 2620XM 路由器，再加入一个 Cloud-PT-Empty 云。

② 每台 2620XM 路由器上加上 NM-1E2W 模块，再在 NM-1E2W 模块中插入包含一个 Serial 口的 WIC-1T 模块。

③ 在 Cloud-PT-Empty 云中加入三个 PT-CLOUD-NM-1AM 模块。

④ 配置 Cloud-PT-Empty 云中 Serial 接口的 LMI 类型为 cisco。按照图 8.10 中的数据配置好所有 Serial 接口上各个子接口的 DLCI 和名称。

⑤ 配置 Cloud-PT-Empty 云中的帧中继交换表，添加两条虚电路的交换表，如图 8.11 所示。

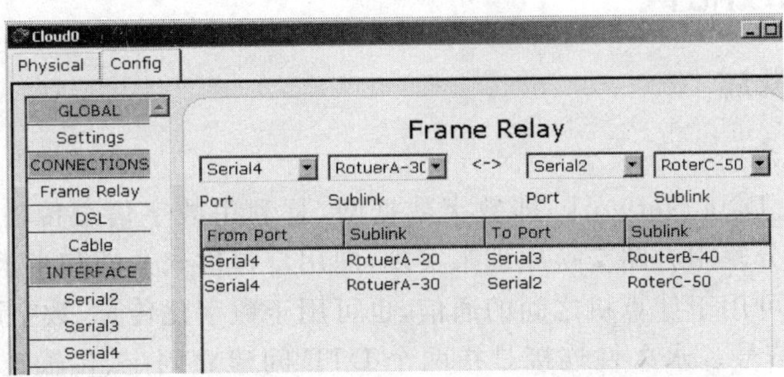

图 8.11　帧中继多点实例交换表

(2) 配置路由器

① 路由器 A 的配置：

```
routerA#configure terminal
routerA(config)#interface serial 1/0
routerA(config-if)#encapsulation frame-reply
```

```
routerA(config-if)#clock rate 64000
routerA(config-if)#interface serial 1/0.1 multipoint
routerA(config-subif)#ip address 192.168.1.1 255.255.255.0
!通过 DLCI 20 可到达 192.168.1.2
routerA(config-subif)#frame-reply map ip 192.168.1.2 20
!通过 DLCI 30 可到达 192.168.1.3
routerA(config-subif)#frame-reply map ip 192.168.1.3 30
routerA(config-subif)#no shutdown
```

② 路由器 B 的配置:

```
routerB#configure terminal
routerB(config)#interface serial 1/0
routerB(config-if)#encapsulation frame-reply
routerB(config-if)#clock rate 64000
routerB(config-if)#interface serial 1/0.1 multipoint
routerB(config-subif)#ip address 192.168.1.2 255.255.255.0
routerB(config-if)#frame-reply map ip 192.168.1.1 40
routerB(config-subif)#no shutdown
```

③ 路由器 C 的配置:

```
routerC#configure terminal
routerC(config)#interface serial 1/0
routerC(config-if)#encapsulation frame-reply
routerC(config-if)#clock rate 64000
routerC(config-if)#interface serial 1/0.1 multipoint
routerC(config-if)#ip address 192.168.1.3 255.255.255.0
routerC(config-if)#frame-reply map ip 192.168.1.1 50
routerC(config-subif)#no shutdown
```

8.4 DDN 的配置

8.4.1 DDN 概述

1. DDN 的概念

DDN(Digital Data Network)即数字数据网,是利用数字信道传输信号的数据传输网,它使用同步时分复用电路交换原理来实现,向用户提供永久性和半永久性连接的数字数据传输信道,既可用于计算机之间的通信,也可用于数字化传真、数字语音、数字图像信号或其他数字化信号。永久性连接是指两个 DTE 间建立固定、传输速率不变的独占带宽电路连接。半永久性是指由 DDN 用户提出申请,由 ISP 网络管理人员对 DDN 电路的传输速率、传输数据的目的地和传输路由进行配置。点对点专用线路(专用数字通信信道)是 DDN 最典型、最主要的应用。本章也主要讲解 PPP 和 HDLC 点对点协议的配置。

2. DDN 网络结构

如图 8.12 所示,DDN 网络由数字传输电路和相应的数字交叉连接复用设备组成。其中,数字传输电路主要以光缆传输电路为主,数字交叉连接复用设备对数字电路进行半

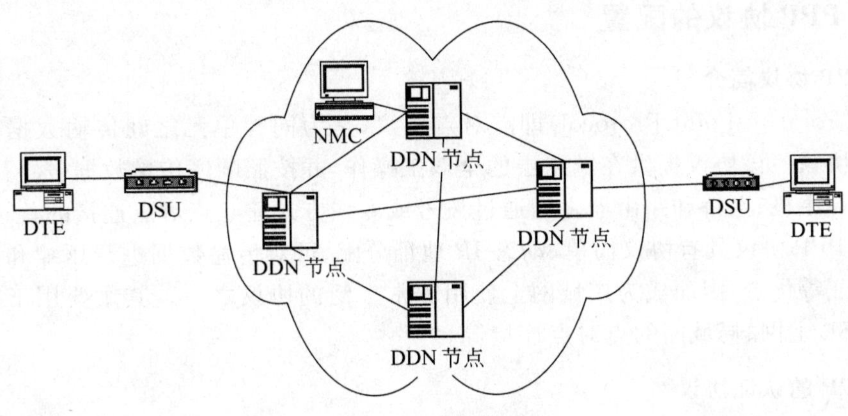

图 8.12　DDN 网络结构

固定交叉连接和子速率的复用。

DTE：数据终端设备。接入 DDN 网的用户端设备可以是局域网，通过路由器连至对端，也可以是一般的异步终端或图像设备，以及传真机、电传机、电话机等。DTE 和 DTE 之间是全透明传输。

DSU：数据业务单元。可以是调制解调器或基带传输设备，以及时分复用、语音/数字复用等设备。DTE 和 DSU 主要功能是业务的接入和接出。

NMC：网管中心。可以方便地进行网络结构和业务的配置，实时地监视网络运行情况，进行网络信息、网络节点告警、线路利用情况等收集、统计报告。

3. DDN 的特点

(1) 提供透明传输网。将数字通信的规程和协议交给智能化用户终端来完成，本身不受任何规程的约束，所以 DDN 是全透明网。对用户通信协议没有要求，用户可以自由选择网络设备及协议。它支持 PPP、SLIP、HDLC 和 SDLC 等链路层通信协议以及 IP、Novell IPX、Apple Talk 和 DECnet 等多种网络层协议。

(2) 传输速率高，网络时延小。DDN 用户的数据信息根据事先的协议，在固定通道带宽和预先约定速率的情况下顺序传输，只需按时隙通道准确地将数据信息送到目的地，免去了目的终端对信息的重组，减少了时延。DDN 可提供 2Mb/s 或 $N\times 64$kb/s(N 取值范围为 1～31)速率的数字传输信道。

(3) 网络安全可靠。采用路由迂回和备用方式，使电路安全可靠。

(4) 提供灵活的连接方式和组网环境。可以支持数据、语音、图像传输等多种业务，它不仅可以和用户设备进行连接，也可以和用户网络连接，为用户提供灵活的组网环境。

(5) 网络管理简便。图形化网络管理系统可以实时地收集网络内发生的故障并进行故障分析和定位。网络管理系统还可根据预先设定的程序自动进行相应的故障处理，电路的测试、告警、路由迂回均可由计算机自动完成，使网络智能化，减少了人为操作的失误。

8.4.2 PPP 协议的配置

1. PPP 协议简介

PPP(Point-to-Point Protocol)即点对点协议,是为同等单元之间传输数据包而设计的链路层协议。该协议提供在链路层的全双工操作,并按照顺序传递数据包。目前,它已经成为各种主机、网桥和路由器之间通过拨号或专线方式建立点对点连接的首选方案。

由于 PPP 协议具有协议简单、动态 IP 地址分配、可对传输数据进行压缩和对入网用户进行认证等优点,因而成为广域网上使用非常广泛的协议之一。其主要用于家庭拨号上网、ADSL 上网、局域网的点对点连接等。

2. PPP 的认证协议

PPP 的认证是可选的。通信双方在建立起链路连接后,进行认证协议选择,然后进行认证。一旦通过认证,双方将建立网络层的连接,否则将断开连接。最常用的认证协议有口令验证协议(Password Authentication Protocol, PAP)和挑战-握手验证协议(Challenge-Handshake Authentication Protocol,CHAP)。

(1) 口令验证协议(PAP)

PAP 是一种简单的明文验证方式。网络接入服务器(Network Access Server,NAS)要求用户提供用户名和口令,用户反复在链路上发送用户名和密码,直至认证通过,否则连接终止。由于用户名和密码以明文形式传输,很容易被非法用户截取,因而这种协议的安全性很差。

(2) 挑战-握手验证协议(CHAP)

CHAP 认证比 PAP 认证安全,因为 CHAP 不在线路上发送明文密码,而是发送经过摘要算法加密过的随机序列,也被称为"挑战口令"。NAS 向远程用户发送一个挑战口令,其中包括会话 ID 和一个任意生成的挑战字串(arbitrary challenge string),远程客户将使用 MD5 算法加密用户名、用户口令和接收到的挑战口令,并以密文的形式返回给 NAS。NAS 对接收到的数据进行比对,如果正确,则验证通过。由于 CHAP 以密文方式传送口令,因而具有较大的安全性,但由于需要多次进行身份质询、响应,要耗费较多的 CPU 资源,因此只用在对安全要求很高的场合。

3. PPP 的配置命令

(1) 封装 PPP 协议

```
encapsulation PPP
```

(2) 设置用户名和口令

```
username username1 password password1
```

此命令用于设置 NAS 服务器和认证客户端的本地口令数据库。当用于设置 NAS 服务器时,*username*1 为认证客户端路由器的名称,*password*1 为认证客户端路由器的登录密码;当用于设置认证客户端时,*username*1 为 NAS 服务器的路由器名称,*password*1 为 NAS 服务器设置的登录密码。

(3) 配置认证方式

```
ppp authentication {chap | chap pap | pap chap | pap}
```

两端的路由器必须使用相同的用户认证协议。chap pap 表示首先用 chap 认证，如果失败，再用 pap 协议，pap chap 的含义则相反。

(4) 设置本地路由器名和口令

```
hostname hostname1
```

其中，*hostname*1 是设置路由器的名字。

(5) 设置压缩算法

```
compress mppc|predictor|stac
```

Cisco 路由器支持 PPP 的压缩算法有 STAC、Predictor 和微软的点到点压缩算法 MPPC。路由器间一般采用 STAC 压缩算法，在路由器和 PC 间的拨号连接一般采用 MPPC 压缩算法。

注意：压缩虽然可以减少传输的数据量，但由于 Cisco 的压缩是通过软件完成的，将影响系统性能。建议当路由器 CPU 利用率长时间超过 65%(通过 show process 命令查看 CPU 利用率)时，就不要使用压缩。

4. 配置步骤

(1) 配置路由器名称。

(2) 配置路由器用户名和口令数据库。

(3) 在 Serial 接口封装 PPP 协议。

(4) 在 Serial 接口指定 PPP 协议认证方式。

(5) 配置 IP 地址。

(6) 对 DCE 端的路由器要配置 Serial 接口的时钟。

5. 配置实例

[**例 8.3**]　如图 8.13 所示，两台路由器通过 DTE/DCE 线路直接连接起来，Router2 作为 NAS 服务器，Router1 作为认证客户端和 DCE 端，要求通过 PPP 协议将路由器连通。

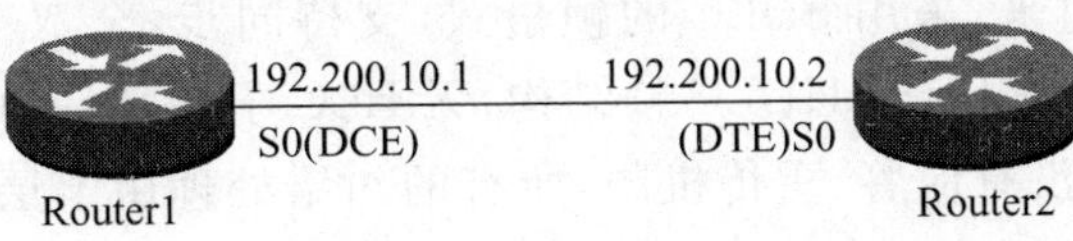

图 8.13　PPP 配置实例

实验平台的搭建方法是：在 PT 模拟器中加入两台 2620XM 路由器，每个路由器加上 NM-1E2W 模块，然后在 NM-1E2W 模块中插入包含一个 Serial 口的 WIC-1T 模块，再使用 DCE/DTE 线通过 Serial 接口将两个路由器连接。

配置步骤和配置命令如下。

(1) Router2 NAS服务器的配置:

```
router2#configure terminal
!配置路由器名称
router2(config)#hostname router2
!设置认证客户端路由器的名称和登录口令
router2(config)#username router1 password 111111
router2(config)#interface Serial1/0
router2(config-if)#ip address 192.200.10.2 255.255.255.0
!封装 PPP
router2(config-if)#encapsulation ppp
!设置认证协议
router2(config-if)#ppp authentication chap
router2(config-if)#no shutdown
```

(2) Router1 的配置:

```
router1#configure terminal
router1(config)#hostname router1
!设置 NAS 路由器的名称和登录口令
router1(config)#username router2 password 111111
router1(config)#interface Serial 1/0
router1(config-if)#ip address 192.200.10.1 255.255.255.0
router1(config-if)#encapsulation ppp
!设置 DCE 时钟
router1(config-if)#clock rate 64000
router1(config-if)#ppp authentication chap
router1(config-if)#no shutdown
```

(3) 使用ping命令检查路由器的连通性。

8.4.3 HDLC 协议的配置

1. HDLC 协议简介

HDLC(High-Level Data Link Control)即高级数据链路控制协议,是一个点对点的数据传输协议,工作在链路层,其帧结构有两种类型。一种是ISO HDLC帧结构,它由IBM SDLC协议演化过来,采用SDLC的帧格式,支持同步,全双工操作,分为物理层及LLC两个子层;另一种是Cisco HDLC帧结构,无LLC子层,因而Cisco HDLC对上层数据只进行物理帧封装,没有应答、重传机制,所有的纠错处理由上层协议处理。因此,ISO HDLC与Cisco HDLC是两种不兼容的协议。

HDLC和PPP都是点对点的广域网传输协议,在具体组网时,这两种协议的选择主要基于以下原则:在Cisco路由器之间用专线连接时,采用Cisco HDLC协议,因为它的效率比PPP协议高得多;在Cisco路由器与非Cisco路由器用专线连接时,不能用Cisco HDLC,因为非Cisco路由器不支持Cisco HDLC,这时应采用PPP协议。

2. 配置命令

（1）封装 HDLC 协议

```
encapsulation hdlc
```

默认情况下，Cisco 路由器的 HDLC 协议是激活的，是 Cisco 路由器的默认封装协议，不需要进行显式封装。但如果端口已被封装为其他协议，则应使用该命令进行显式封装。

（2）设置 DCE 端线路时钟频率速度

```
Clock rate speed
```

在实际应用中，Cisco 路由器接 DDN 专线时，同步串口需要通过 V.35 或 V.24 DTE 线缆连接 CSU/DSU，这时 Cisco 路由器为 DTE，CSU/DSU 为 DCE，由 CSU/DSU 提供时钟。例如，两台路由器直接通过 DTE/DCE 线缆连接，一台路由器作为 DTE，一台路由器作为 DCE，就必须由作为 DCE 的路由器提供时钟，因此必须使用该命令设置线路时钟频率速度。

（3）设置压缩算法

```
compress stac
```

对于 HDLC 协议，Cisco 路由器只支持 STAC 一种压缩算法。

3. 配置步骤

（1）配置 IP 地址。

（2）封装 HDLC 协议。

（3）如果路由器作为 DCE，要配置 DCE 时钟，否则省略此步。

（4）启用端口。

4. 配置实例

［**例 8.4**］　如图 8.14 所示，两台路由器通过 DTE/DCE 线路直接连接起来，Router1 作为 DCE 端，Router2 作为 DTE 端，要求通过 HDLC 协议将路由器连通。

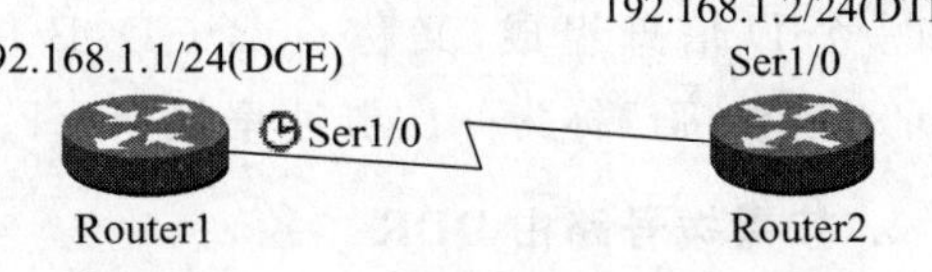

图 8.14　路由器 HDLC 配置连接图

实验平台的搭建方法是：在 PT 模拟器中加入两台 2620XM 路由器，每个路由器加上 NM-1E2W 模块，然后在 NM-1E2W 模块中插入包含一个 Serial 口的 WIC-1T 模块，再使用 DCE/DTE 线通过 Serial 接口将两个路由器连接。

配置步骤和配置命令如下。

（1）Router1 的配置：

```
router1#configure terminal
router1(config)#interface Serial0
router1(config-if)#ip address 192.200.10.1 255.255.255.0
!封装 HDLC 协议
```

```
router1(config-if)#encapsulation hdlc
!设置 DCE 时钟
router1(config-if)#clock rate 1000000
router1(config-if)#no shutdown
```

(2) Router2 的配置：

```
router2#configure terminal
router2(config)#interface Serial0
router2(config-if)#ip address 192.200.10.2 255.255.255.0
router2(config-if)#encapsulation hdlc
router2(config-if)#no shutdown
```

(3) 使用 ping 命令检查路由器的连通性。

8.5 ISDN 的配置

8.5.1 ISDN 概述

1. ISDN 简介

ISDN(Integrated Services Digital Network)即综合业务数字网，是基于公共电话网的数字化网络，它利用普通的电话线实现双向高速数字信号的传输，可在其上开展语音、数据、视频、图像等各项通信业务，因而被形象地称作“一线通”。ISDN 主要应用于 Internet 接入、话音新业务、公司网络的互联或远程接入、网络专线连接的备份以及双向视频会议等业务。

ISDN 提供两种接口，一种为基本速率接口(Basic Rate Interface，BRI)，一种为主速率接口(Primary Rate Interface，PRI)。BRI 面向小型办公室或个人用户，由两个 B 信道和一个 D 信道组成，又叫 2B+D 接口。B 信道用于传输数据，其速率为 64kb/s，两个信道可合起来使用，达到 128kb/s 的速率。D 信道用于传输控制信号，其速率为 16kb/s。PRI 为客户提供高速的数据传输服务，也由 B 信道和 D 信道组成。在我国，PRI 由 30 个 B 信道和一个 D 信息组成，又称 30B+D，B 信道和 D 信道的速率都为 64kb/s，总速率为 2Mb/s，这种接口称为一次群速率接口 E1。

2. 按需拨号路由 DDR

对于随时需要在网上高速传输数据的广域网连接，大多采用专线方式。但如果用户只是偶尔传输数据或只是在特定时间传输数据，如银行每晚传送报表，这种情况下，用专线连接就很不经济，而应使用 DDR(Dial-on-Demand Routing)。其工作方式为：当一个数据包到达路由器后，路由器检索路由表，确定这个数据包要通过拨号接口才能传输出去，如果这个数据包是一个感兴趣的数据包(interesting packet)，这就会触发路由器产生一个 DDR 请求，路由器通过拨号而与对端路由器建立连接，连接建立成功后，开始进行数据传输，当数据传输完成后，空闲计时器开始计时，如果超过设置的空闲时间仍没有数据传输，则路由器停止与对端路由器的连接，拨号中止。感兴趣的数据包是指允许用户通过拨号接口发送的一个或多个第 3 层的数据包，这种允许可通过访问控制列表(Access

Control List)定义。

8.5.2　用 ISDN 实现 DDR 的配置

1. 配置命令

(1) 设置 ISDN 交换类型

```
isdn switch-type switch-type1
```

其中,*switch-type*1 指 ISDN 的交换类型,中国的交换类型为 basic-net3。

(2) 设置 SPID

```
isdn spid1 spid-1
isdn spid2 spid-2
```

只有使用了 Basic NI1 或者 DMS-100 交换类型,才需要配置 SPID。我国的 ISDN 不需要进行这项配置。SPID(Service Profile IDentifiers)即服务特征 ID,用于为 ISDN 载波提供一种号码标识,以便 ISDN 交换机识别出用户申请的服务类型,俗称 ISDN 号码,类似于电话拨号时用的电话号码。spid-1 和 spid-2 是 ISP 分配的第一个和第二个 B 信道的 SPID 号码。

(3) 启动多链路 PPP

```
ppp multilink
```

ISDN 有多个 B 信道,本命令就是启用第二个 B 信道的命令之一。利用多个 B 信息来获得更快的速率,就要使用多链路 PPP。多链路 PPP 把数据包分成多个分段,并在多条链路上分别发送分段,在分段到达目的地后,再将分段组合起来形成一个完整的数据包,从而实现多条链路上通信的负载平衡。使用 Multilink PPP 必须使用 Cisco IOS11.0(3)或者以后的版本,并且本地和远程的路由器必须都支持 Multilink PPP。

(4) 设置启用第二个 B 信道的阈值

```
dialer load-threshold number
```

number 设置当网络负载达到这个设定值时,就启用第二个 B 信道。其范围是 1～255,当设置为 255 时表示网络负载为 100%才启动。

(5) 设置协议地址与电话号码的映射

```
dialer map protocol next-hop-address [name hostname] [dial-string]
```

参数说明:

- *protocol* 设置协议类型,一般为 IP。
- *next-hop-address* 设置路由器的下一跳地址。
- *hostname* 设置下一跳路由器的名称。
- *dial-string* 设置 ISDN 的号码。

(6) 设置 bri 接口

```
interface bri 0
```

(7) 设置启动拨号的数据包类型

```
dialer-list dialer-group Protocol [protocol-type] [permit|deny]
```

参数说明：

- *dialer-group* 为拨号列表编号。
- *protocol-type* 为协议类型，一般为 IP。
- permit 允许通过，deny 禁止通过。

(8) 启用拨号列表

```
dialer-group dialer-group-number
```

其中，*dialer-group-number* 为拨号列表编号。

2. 配置步骤

(1) 配置路由器名。
(2) 配置连接的目的路由器名称及 chap 连接的口令。
(3) 配置 ISDN 交换类型。
(4) 配置基本速率口 bri 的 IP 地址。
(5) 基本速率口 bri 封装 PPP。
(6) 配置基本速率口 bri PPP 认证的类型。
(7) 配置启用第二 B 信道的值。
(8) 配置基本速率口 bri IP 地址与电话号码的映射关系。
(9) 启用基本速率口 bri 拨号列表。
(10) 设置启动拨号的数据包类型。
(11) 启用端口。

3. 配置实例

[**例 8.5**] 如图 8.15 所示，Router1 与 Router2 通过 ISDN 拨号连接，当有 IP 数据传输时，才进行拨号，当空闲时间超过 120s 时，断开连接。

图 8.15 网络结构图

(1) Router1 的配置：

```
router#configure terminal
!设置路由器的名字
router(config)#hostname router1
!配置连接的目的路由器名称及 chap 连接的口令
router1(config)#username router2 password cisco
!设置交换类型
router1(config)#isdn switch-type basic-net3
```

```
!配置 bri 接口
router1(config)#interface bri 0
!设置 IP 地址
router1(config-if)#ip address 192.200.10.1 255.255.255.0
!封装 PPP
router1(config-if)#encapsulation ppp
!设置 PPP 认证类型
router1(config-if)#ppp authentication chap
!启用多链路 PPP
router1(config-if)#ppp multilink
!设置 IP 地址与电话号码的映射关系
router1(config-if)#dialer map ip 192.200.10.2 name router2 572
!启用拨号组 1
router1(config-if)#dialer-group 1
!设置启动拨号的数据包类型
router1(config)#dialer-list 1 protocol ip permit
!设置空闲 120s 后,断开连接
router1(config-if)#dialer idle-timeout 120
router1(config-if)#no shutdown
```

(2) Router2 的配置:

```
router#configure terminal
router(config)#hostname router2
router2(config)#username router1 password cisco
router2(config)#isdn switch-type basic-net3
router2(config)#interface bri 0
router2(config-if)#ip address 192.200.10.2 255.255.255.0
router2(config-if)#encapsulation ppp
router2(config-if)#ppp authentication chap
router2 (config-if)#ppp multilink
router2(config-if)#dialer map ip 192.200.10.1 name router1571
router2(config-if)#dialer-group 1
router2(config)#dialer-list 1 protocol ip permit
router2(config-if)#dialer idle-timeout 120
router2(config-if)#no shutdown
```

［**例 8.6**］　如图 8.16 所示的局域网使用私有地址 192.168.1.0/24,在路由器中进行 NAT 地址翻译,然后通过 263 提供的 ISDN 连接到 Internet 网络。263 的 ISDN 电话号码为 263,用户名为 263,口令为 263。

配置如下:

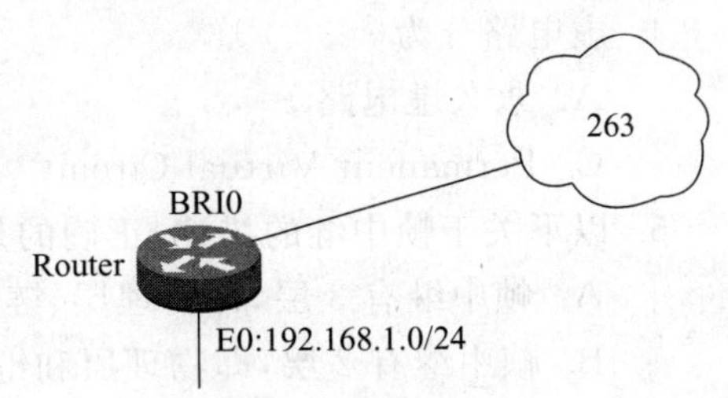

图 8.16　网络结构图

```
router#configure terminal
router(config)#isdn switch-type basic-net3
router(config)#interface Ethernet 0
router(config-if)#ip address 192.168.1.1
255.255.255.0
!配置该端口为 NAT 内部端口
router(config-if)#ip nat inside
```

```
router(config-if)#no shutdown
router(config-if)#interface bri 0
!通过 DHCP 动态获得 IP 地址
router(config-if)#ip address negotiated
!配置该端口为 NAT 外部端口
router(config-if)#ip nat outside
router(config-if)#encapsulation ppp
router(config-if)#ppp authentication pap
router(config-if)#ppp multilink
router(config-if)#dialer-group 1
!配置拨号时使用的电话号码
router(config-if)#dialer string 263
router(config-if)#dialer idle-timeout 120
!配置拨号的用户名及口令
router(config-if)#ppp pap sent-username 263 password 263
router(config-if)#no shutdown
router(config-if)#exit
!配置默认路由
router(config)#ip route 0.0.0.0 0.0.0.0 bri 0
router(config)#dialer-list 1 protocol ip permit
!配置进行 NAT 转换的 IP 地址范围
router(config)#access-list 2 permit any
router(config)#ip nat inside source list 2 interface bri 0 overload
```

习题 8

一、选择题

1. 广域网技术主要涉及 OSI 模型的(　　)。
   A. 物理层　　B. 链路层　　C. 网络层　　D. 传输层
2. 广域网的链路主要有(　　)。
   A. 专用线路　　B. 包交换线路　　C. 电路交换　　D. 虚拟线路
3. 广域网的二层协议主要有(　　)。
   A. X.25　　B. HDLC　　C. Frame Relay　　D. PPP
4. 虚电路分为(　　)。
   A. 永久虚电路　　B. 交换虚电路
   C. Permanent Virtual Circuit　　D. Switched Virtual Circuit
5. 以下关于帧中继的描述,正确的是(　　)。
   A. 帧中继有 3 层,即物理层、链路层和网络层
   B. 帧中继有 2 层,即物理层和链路层
   C. 帧中继中间节点只转发帧而不回送确认帧
   D. 帧中继中间节点转发帧且必须回送确认帧

6. 对 PPP 的描述，正确的是(　　)。

A. PPP 认证协议有两种即 PAP 和 CHAP

B. PAP 比 CHAP 认证更安全

C. CHAP 比 PAP 认证更安全

D. CHAP 较 PAP 更耗费 CPU 资源

7. 对 E1 接口的描述，正确的是(　　)。

A. E1 接口的速率为 2Mb/s

B. E1 接口由 30 个 B 信道和 1 个 D 信道组成

C. E1 接口的速率为 128kb/s

D. E1 接口由 2 个 B 信道和 1 个 D 信道组成

二、简答题

1. 在路由器上配置帧中继有哪些步骤？

2. 什么是 DDN？它具有哪些优点和特点？

3. PPP 有哪些认证协议？并对这些协议进行简单的说明。

4. 什么是 ISDN？

实训 8.1　配置 PPP 协议

[实训目的]　掌握串行链路 PPP 协议的封装，熟悉 PAP 和 CHAP 认证的配置方法和配置步骤。

[实训设备]

1. 两台 Cisco 2621XM 路由器，每个路由器加上 NM-1E2W 模块，然后在 NM-1E2W 模块中插入包含一个 Serial 口的 WIC-1T 模块。

2. 两台测试用 PC。

[实训网络拓扑]　配置参数及网络连接如图 8.17 所示。

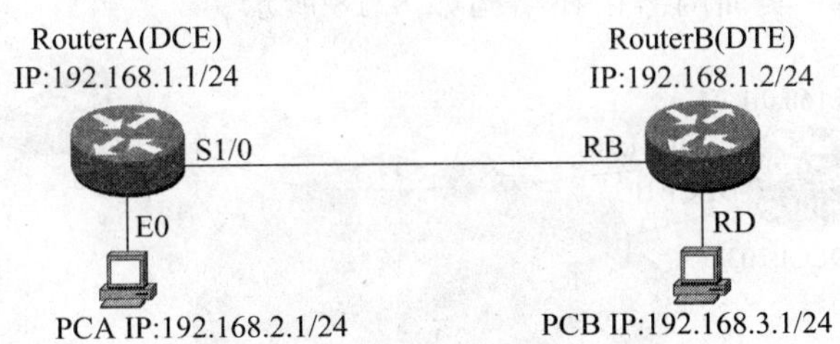

图 8.17　网络连接图

[实验内容与步骤]

1. 在 Cisco Packet Tracer 中搭建实验平台，两个路由器的连接使用 DEC/DTE 线缆连接。

2. 配置路由器以太口的接口地址：RouterA 的 E0 接口地址为 192.168.2.2/24，RouterB 的 E0 接口地址为 192.168.3.2/24。

3. 配置 PCA 和 PCB 的 IP 地址及网关，使其能与各自的路由器连通。

4. 配置路由器 Serial 口的接口地址，在接口地址上封装 PPP 协议，启用接口(no shutdown)。

5. 查看路由器 Serial 口的状态，看端口和协议是否都是 UP 状态(Serial1/0 is up, line protocol is up)，如果不是则检查前面的配置。

6. 用 ping 命令检查路由器是否连通。

7. 在两个路由器上分别配置 PPP 认证服务端和客户端数据库(username 命令)。

8. 在两个路由器的 Serial 端口上配置 PAP 认证(ppp authentication pap)。

9. 用 ping 命令检查路由器是否连通。

10. 将两个路由器的 Serial 端口上配置的 PAP 认证取消(no ppp authentication pap)，重新配置成 CHAP 认证(ppp authentication chap)。

11. 用 ping 命令检查路由器是否连通。

12. 在路由器上配置路由，让两台 PC 之间连通(RouterA：ip router 192.168.3.0 255.255.255.0 192.168.1.2；RouterB：ip router 192.168.2.0 255.255.255.0 192.168.1.1)。

13. 在 PCA 上执行 ping 192.168.3.1，检查两台 PC 是否连通。

14. 用 debug 命令查看 PPP 的认证过程(在全局模式下执行 debug ppp authentication)。

实训 8.2 配置帧中继协议

[实训目的] 掌握帧中继多点协议的配置步骤和方法。

[实训设备]

1. 4 台 Cisco 2621XM 路由器，每个路由器加上 NM-1E2W 模块，然后在 NM-1E2W 模块中插入包含一个 Serial 口的 WIC-1T 模块。

2. 一个帧中继云 Cloud-PT-Empty 云中加入 4 个 PT-CLOUD-NM-1AM 模块。

[实训网络拓扑] 实训网络拓扑结构如 8.18 所示。

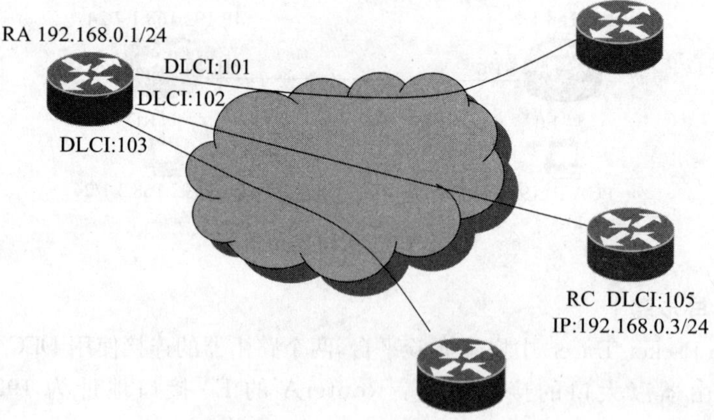

图 8.18 网络连接图

［实训内容与步骤］

1. 在 Cisco Packet Tracer 中搭建实验网络平台。

2. 在 Cloud-PT-Empty 云中加入 4 个 PT-CLOUD-NM-1AM 模块，配置 Cloud-PT-Empty 云中 Serial 接口的 LMI 类型为 cisco。

3. 按照图 8.18 中的数据配置好 Cloud-PT-Empty 云中所有 Serial 接口上各个子接口的 DLCI 和名称。

4. 配置 Cloud-PT-Empty 云中的帧中继交换表，添加 3 条虚电路的交换表。

5. 配置各个路由器 S1/0 接口，封装帧中继协议，配置虚电路号，启用端口。

6. 使用 ping 命令检查配置是否正确。

第 9 章

网 络 管 理

网络管理简称网管。网管概念出现在 19 世纪，随着计算机和通信技术的飞速发展，网管技术也从原始的人工管理发展为计算机自动管理。现在，一个高效、实用的网络一刻也离不开网络管理。网络管理已成为网络技术的一个重要组成部分。

9.1 网络管理基础知识

9.1.1 网管的基本概念

尽管网络管理还没有一个精确的定义，但它的内容可归纳为：网络管理包括对硬件、软件和人力的使用、综合与协调，以便对网络资源进行监视、测试、配置、分析、评价和控制，这样就能以合理的价格满足网络的使用需求。

网管并不是指对网络进行行政上的管理，而是利用网络本身，通过读取或写入网络节点上的状态信息来了解网络的运行状况和对网络进行控制的一种管理。网络管理模型中的主要构件如图 9.1 所示，下面分别进行介绍。

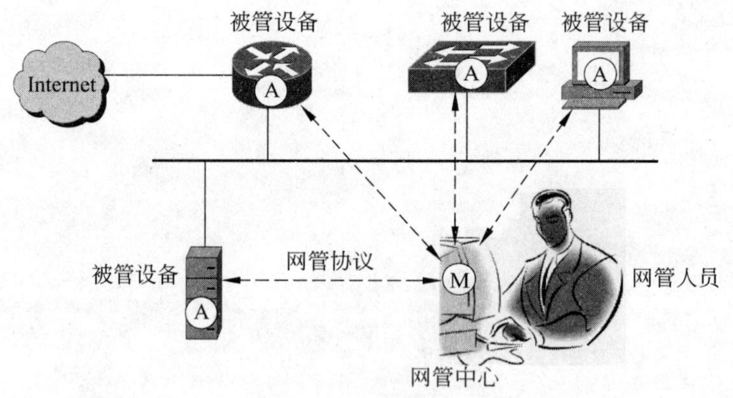

图 9.1　网络管理模型

(1) 网管中心。它是整个网络管理系统的核心，它通常是具有良好图形界面的高性能工作站，并由网络管理人员进行直接操作和控制。所有向被管设备发送的命令都是从网管中心发出的。网管中心的关键构件是网管软件(图 9.1 中有字母 M 标注的设备),由网管软件负责对网络信息的收集和管理。

(2) 被管设备。它可以是主机、路由器、交换机、打印机、集线器、网桥等。在每个被管设备中可以有许多被管对象,如一台路由器就可以有路由接口、CPU、内存等多个被管对象。在每个被管设备中都要运行一个程序,以便和网管中心进行通信,这些运行着的程序叫网络管理代理程序,简称代理(agent),即图 9.1 中标注有字母 A 的设备。每个被管对象都维护着一个可供网管中心读写的若干控制和状态信息,这些信息总称为管理信息库(Management Information Base,MIB)。

(3) 网管协议。用于网管中心与被管设备间的通信,它是一套通信规则。网络管理员利用管理协议通过网管中心对被管设备进行管理。目前,使用的网络管理协议是简单网络管理协议(Simple Network Management Protocol,SNMP)。它按照客户/服务器方式工作,网络管理中心运行 SNMP 客户端程序,向被管设备发出请求或命令,被管设备运行 SNMP 服务器程序,返回响应或执行命令。

网络管理主要有五大功能。

(1) 故障管理:故障管理保证网络资源无障碍无错误的运营状态,其主要包括故障检测、故障诊断、故障排除和故障记录。

(2) 配置管理:它是最基本的网络管理功能,负责网络的建立、业务的展开以及配置数据的维护。配置管理功能主要包括资源清单管理、资源开通以及业务开通。资源清单管理是所有配置管理的基本功能,资源开通是为满足新业务需求及时地配备资源,业务开通是为端点用户分配业务或功能。

(3) 计费管理:记录用户使用网络资源的情况并核收费用,同时也统计网络资源的利用效率。

(4) 性能管理:保证网络有效运营和提供约定的服务质量。在评价和报告网络资源运营状态的同时,保证各种业务的峰值性能。性能管理中的测量结果是规划过程和资源的开通过程的主要依据,以预知现实的或即将发生的资源不足。

(5) 安全管理:采用信息安全措施保护网络中的系统、数据以及业务安全。

9.1.2 SNMP 概述

SNMP 协议发布于 1988 年,现已有 SNMPv1、SNMPv2、SNMPv3 三个版本。基本指导思想是协议要尽可能简单。基本原理是若要管理基本对象,就必须在该对象中添加一些软件或硬件,但这种“添加”必须对原有对象的影响尽可能小。

SNMP 的基本功能包括监视网络性能、检测分析网络差错和配置网络设备等。在网络正常工作时,SNMP 可实现统计、配置和测试等功能。当网络出现故障时,可实现各种差错检测和功能恢复。

在 SNMP 管理系统中必须有一个管理中心,运行网络管理软件。管理软件和被管设备中的代理程序利用 SNMP 报文进行通信,通信的 SNMP 报文通过 UDP 协议传输。

9.1.3 管理信息库(MIB)

管理信息库(MIB)是网络中所有可能被管对象集合的数据结构。只有在MIB中的对象才能被SNMP管理。SNMP采用与域名系统DNS类似的树形结构,如图9.2所示。

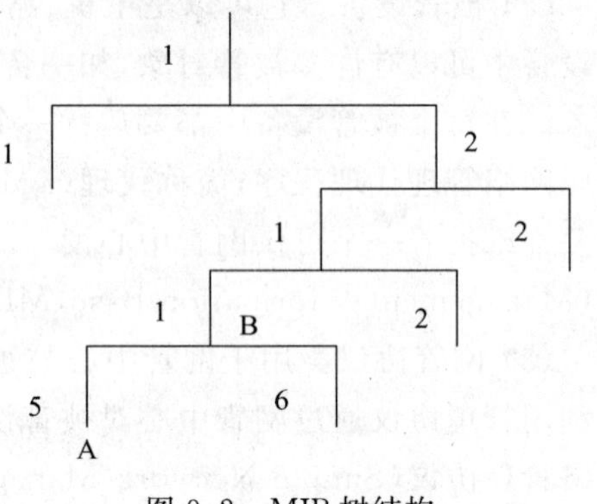

图9.2 MIB树结构

树的节点表示管理对象,管理对象可以用从树根开始的一条路径进行唯一的识别。MIB就是用来描述树的层次结构,它是所监控网络设备的标准变量定义的集合。在图9.2中,管理对象B可以用一串数字{1.2.1.1}唯一确定,这串数字是管理对象的客体标识符(Object Identifier)。以太网交换机常用的MIB内容如表9.1所示。

表9.1 以太网交换机支持的常用MIB

MIB属性	MIB内容	参考资料
公有MIB	BRIDGE MIB	参见RFC1493
		参见RFC2675
	RIP MIB	参见RFC1724
	以太网MIB	参见RFC2665
	IF MIB	参见RFC1573
私有MIB	DHCP MIB	—
	QACL MIB	—
	ADBM MIB	—
	VLAN MIB	—
	设备管理	—
	接口管理	—

表9.2列出了以太网设备的常用MIB变量,这些变量维护在以太网设备中,供网络管理中心查询。

表9.2 以太网设备的常用MIB变量

MIB变量	含义	MIB变量	含义
SysUpTime	距上次重启动的时间	IPInReceives	接收到的IP数据包
IfNumber	网络接口数	IPRoutingTable	IP路由表
IfMTU	接口的最大传输单元	TcpInSegs	已收到的TCP报文数
IpDefaultTTL	IP生存时间值	UdpInDatagrams	已收到的UDP报文数

9.1.4 SNMP 的 5 种协议单元

SNMP 规定了 5 种 SNMP 报文，用来在管理进程和代理进程之间进行数据交换。实际上，SNMP 只有两种基本的管理功能。

(1) "读"操作，用 get 报文检测各被管对象的状况。

(2) "写"操作，用 set 报文改变被管对象的状况。

SNMP 的功能通过探询操作实现，即 SNMP 网络管理中心定时向被管设备周期地发送探询报文，被管设备收到探询报文后，将 MIB 变量中的信息返回网络管理中心。探询的好处是可使系统相对简单，且网络开销小，但探询管理协议不够灵活，而且所管理的设备数目不能太多。SNMP 不是完全的探询协议，它允许不经过询问就能发送某些信息，这种信息称为陷阱(trap)。当被管对象的代理程序检测到有事件发生时，就检查其门限值，当达到门限值时，就主动向管理进程报告事件。这种方法的优点是仅在严重事件发生时才发送陷阱，且陷阱数据包的字节数很少。

SNMP 使用无连接的 UDP 在网络上传送 SNMP 报文，网络开销很小，但 UDP 不保证可靠交付。在运行代理程序的服务端(被管设备)使用熟知端口 161 接收 get、set 报文和发送响应报文。在运行管理程序的客户端(网络管理软件)使用熟知端口 162 接收来自各代理的陷阱报文。

9.2 SNMP 网管配置

9.2.1 华为 SNMP 的配置

华为路由器和交换机 SNMP 的配置步骤基本相同。

1. 配置命令

(1) 设置团体名

SNMP 团体名用来定义 SNMP manager 和 SNMP agent 的关系。团体名起到了类似于密码的作用，可以限制 SNMP manager 访问以太网交换机上的 SNMP agent。

```
snmp-agent community {read | write} community-name [acl acl-list]
```

参数说明：

- read 代表对 MIB 对象只能进行读操作。
- write 代表对 MIB 对象可进行读、写操作。
- *community-name* 为团体名称字符串，长度为 1～31 个字符。
- *acl-list* 代表设置可访问 agent 的 IP 地址范围，为标准的访问列表，数值范围为 2000～2999。

(2) 设置系统信息

系统信息包括管理员的标识及联系方法、设备的位置信息和 SNMP 的版本信息。管理员的标识及联系方法是描述系统维护联系信息的字符串，设备维护人员可以利用维护信息了解该设备的生产厂商等信息。如果设备发生故障，设备维护人员可以利用系统维护联系信息，及时与设备生产厂商取得联系。

```
snmp-agent sys-info {contact sysContact|location sysLocation|version{{v1| v2c|
v3}|all}}
```

参数说明：

- *sysContact* 代表设置管理员的联系方式，一般为邮件地址。
- *sysLocation* 代表设置设备所在的位置。

例如，配置管理员的联系方式为 test@126.com，设备的位置为办公楼，支持所有SNMP版。

```
[zonghelou] snmp-agent sys-info contact test@126.com
[zonghelou] snmp-agent sys-info location bangonglou
[zonghelou] snmp-agent sys-info version all
```

(3) 允许或禁止发送 Trap

Trap 是被管理设备主动向网管中心发送的不经请求的信息，用于报告一些紧急的重要事件。

```
snmp-agent trap enable               //允许发送 trap
undo snmp-agent trap enable          //禁止发送 trap
enable snmp trap updown              //允许交换机端口发送 trap
undo enable snmp trap updown         //禁止交换机端口发送 trap
```

(4) 设置发送 Trap 目标主机的 IP 地址

```
snmp-agent target-host trap address udp-domain host-addr
```

其中，*host-addr* 代表设置接收 Trap 信息的主机 IP 地址。

(5) 指定发送 Trap 的源接口地址

```
snmp-agent trap source interface-type interface-number
```

其中，*interface-number* 为指定发送 Trap 信息的源接口地址，这个接口可以是实际的物理接口，也可以是虚拟的接口，如 vlan interface、loopback 等。

(6) 设置 Agent 接收/发送的 SNMP 消息包的大小

```
snmp-agent packet max-size byte-count
```

其中，*byte-count* 代表设置 Agent 能接收/发送的 SNMP 消息包大小，其取值范围为484～17940，单位为字节，默认值为1500字节。

(7) 禁止 SNMP Agent 运行

```
undo snmp-agent
```

禁止 SNMP Agent 运行以后，用户配置任何一条 snmp-agent 命令，都将重新启动SNMP Agent。

(8) 显示 SNMP 报文统计信息

```
display snmp-agent statistics
```

(9) 显示当前配置的团体名

```
display snmp-agent community [read | write]
```

(10) 显示系统联络字符串、位置字符串和 SNMP 版本

```
display snmp-agent sys-info [contact | location | version]
```

2. 配置步骤

(1) 配置团体。
(2) 配置系统信息。
(3) 允许发送 Trap。
(4) 设置发送 Trap 目标主机的 IP 地址。
(5) 指定发送 Trap 的源接口地址。

3. 配置举例

[**例 9.1**]　如图 9.3 所示，网管工作站与以太网交换机通过以太网相连，网管工作站 IP 地址为 129.102.149.23，以太网交换机 VLAN2 的接口 IP 地址为 129.102.0.1，将接口 Ethernet0/3 加入到 VLAN2 中。在交换机上进行如下配置：设置团体名为 public，访问权限为只读，管理员联系地址为 test@126.com，交换机的位置信息为 bangonglou、允许交换机发送 Trap 消息。

图 9.3　华为交换机 SNMP 配置

配置步骤为：

```
<Quidway>system-view
#设置团体名，只读
[Quidway] snmp-agent community read public
#设置系统信息
[Quidway] snmp-agent sys-info contact test@126.com
[Quidway] snmp-agent sys-info location bangonglou
[Quidway] snmp-agent sys-info version all
#设置网管使用的 VLAN 接口为 VLAN2 接口，将用于网管的端口 Ethernet0/3 加入到 VLAN2 中，
配置 VLAN2 的接口 IP 地址 129.102.0.1
[Quidway] vlan 2
[Quidway-vlan2] port ethernet 0/3
[Quidway-vlan2] interface vlan 2
[Quidway-Vlan-interface2] ip address 129.102.0.1 255.255.0.0
#允许向网管工作站 129.102.149.23 发送 Trap 报文，使用的团体名为 public
[Quidway-Vlan-interface2] enable snmp trap updown
```

```
[Quidway-Vlan-interface2] quit
[Quidway] snmp-agent target-host trap address udp-domain 129.102.149.23
#允许被管设备发送 Trap 信息
[Quidway] snmp-agent trap enable
```

9.2.2 Cisco SNMP 的配置

1. 配置命令

(1) 配置团体名

```
snmp-server community community-name ro|rw access-list-number
```

参数说明:

- *community-name* 为指定团体名。
- ro 为只读 Read-only。
- rw 为可读、可写 Read-write。
- *access-list-number* 为设置能够访问被管设备的访问列表,可为标准或扩展访问列表。

(2) 允许发送 Trap

```
snmp-server enable traps
```

(3) 指定 Trap 信息发送到网管中心的地址

```
snmp-server host IP-Address traps trap-string
```

参数说明:

- *IP-Address* 代表设置网管中心的 IP 地址。
- *trap-string* 代表设置发送 Trap 时使用的字符串。

(4) 设置 Trap 信息发送的源地址

```
snmp-server trap-source interface-number
```

其中,*interface-number* 代表各种类型源的接口地址。

(5) 配置维护人员联系信息

```
snmp-server contact address-information
```

其中,*address-information* 代表维护人员地址,一般为邮件地址。

(6) 配置被管设备位置信息

```
snmp-server location location-information
```

其中,*location-information* 代表设备位置信息,一般使用地址的拼音或英文。

(7) 显示 snmp 配置信息

```
Show snmp
```

2. 配置步骤

(1) 配置团体名。

(2) 允许发送 Trap。

(3) 配置维护人员联系信息。

(4) 配置被管设备位置信息。

(5) 设置 Trap 信息发送的源地址。

(6) 指定 Trap 信息发送到网管中心的地址。

3. 配置举例

[**例 9.2**]　如图 9.3 所示，网管工作站与以太网交换机通过以太网相连，网管工作站 IP 地址为 129.102.149.23，以太网交换机 VLAN2 的接口 IP 地址为 129.102.0.1，将接口 Ethernet0/3 加入到 VLAN2 中。在交换机上进行如下配置：设置团体名为 public，访问权限为只读，管理员联系地址为 test@126.com，交换机的位置信息为 bangonglou、允许交换机发送 Trap 消息。

配置步骤为：

```
Cisco# configure terminal
!设置团体名
Cisco (config)# snmp-server community public RO
!设置系统信息
Cisco (config)# snmp-server contact test@126.com
Cisco (config)# snmp-server location bangonglou
!设置 Trap 信息发送的源地址
Cisco (config)# snmp-server trap-source ethernet 0/3
!设置 Trap 信息发送到的网管中心地址
Cisco (config)# snmp-server host 129.102.149.23
!允许被管设备发送 Trap 信息
Cisco (config)# snmp-server enable traps.
```

9.3　交换机与路由器的管理

9.3.1　访问控制与安全管理

1. 配置远程 telnet 管理地址

路由器的管理地址可直接使用接口的 IP 地址，三层交换机的管理地址使用 VLAN 的接口地址，二层交换机必须配置专门的管理地址，才能利用 Telnet 登录。

其配置步骤分两步，第一步为配置二层交换机 IP 地址，第二步是配置二层交换机的默认网关。

(1) 配置 Cisco 二层交换机管理 IP 地址

```
Switch(config)# interface vlan 1
Switch(config-if)# ip address 192.168.1.2 255.255.255.0
Switch(config-if)# exit
Switch(config)# ip default-gateway 192.168.1.1
```

(2) 配置华为二层交换机管理 IP 地址

```
<Switch> system-view
[Switch]interface vlan-interface1
[Switch-Vlan-interface1]ip address 192.168.1.2 255.255.255.0
```

```
[Switch-Vlan-interface1]quit
#通过配置默认路由来设置默认网关
[Switch]ip route-static 0.0.0.0 0.0.0.0 192.168.1.1
```

2. 配置设备登录密码

Cisco 设备要配置登录密码和 enable 密码,华为设备要配置登录密码和 super 密码。

(1) 设置 Cisco 登录密码

```
Switch#configure terminal
Switch(config)#line vty 0 15
Switch(config-line)#password 123456
Switch(config-line)#exit
Switch(config)#enable secret 654321
```

(2) 设置华为登录密码

```
<Switch>system-view
[Switch]user-interface vty 0 4
[Switch-ui-vty0-4]user privilege level 1
[Switch-ui-vty0-4]set authentication password cipher 123456
[Switch-ui-vty0-4]quit
[Switch]Super password level 3 cipher 654321
```

3. 对登录交换机/路由器的计算机进行限制

利用 ACL 列表对登录交换机/路由器的计算机进行限制,减少能远程登录设备的计算机数量,从而提高安全性。

(1) Cisco 对远程登录计算机的限制

```
Router#configure terminal
Router(config)#access-list 1 permit 192.168.1.0 0.0.0.255
Router(config)#access-list 1 deny any
Router(config)#line vty 0 15
Router(config-line)#access-class 1 in
```

(2) 华为对远程登录计算机的限制

```
<Switch>system-view
[Switch]acl number 2001 match-order config
[Switch-acl-basic-2001]rule permit 192.168.1.0 0.0.0.255
[Switch-acl-basic-2001]rule deny source any
[Switch-acl-basic-2001]quit
[Switch]user-interface vty 0 4
[Switch-ui-vty0-4]acl 2001 inbound
```

9.3.2 交换机与路由器的文件管理

1. 浏览文件

(1) 查看文件系统

```
router#show file systems
```

列出设备上所有存储器上的以字节为单位的存储容量。类似于 Windows 系统各分区磁盘的情况，如图 9.4 所示。

```
shiqiaopu-4006#show file systems
File Systems:
     Size(b)       Free(b)       Type      Flags    Prefixes
*  27262976       2289188       flash       rw      bootflash:
     524280        523124       flash       rw      cat4000_flash:
     524280        519787       nvram       rw      nvram:
```

图 9.4　show file systems 执行结果

(2) 改变文件目录(Change Directory)

```
router#cd [Directory]
```

改变当前目录，类似于 DOS 系统的 cd 命令。

(3) 显示目录中的文件信息

```
router#dir
```

显示目录中的文件信息。/all 选项可查看已经做了删除标记，但还没有被彻底删除的文件。

(4) 查看有关本地或者远程文件的信息

```
router#show file information filesystem:path
```

该命令可查看到一个远程或者本地文件系统中的文件信息，其输出信息会显示映像的类型和大小。

2. 删除文件

(1) 删除存储器上的文件

```
router#delete [filesystem:] filename
```

从存储器上删除一个文件。执行后，文件并没有被真正删除，而是做了删除标记(相当于 Windows 系统的放入回收站)，可以用 dir /all 命令查看到，还可使用 undelete 命令恢复。

(2) 恢复被删除的文件

```
router#undelete index [filesystem:]
```

恢复用 undelete 删除的文件。恢复时，必须先用 dir/all 命令列出文件的索引号。

(3) 从存储器彻底删除文件

```
router#squeeze filesystem:
```

永久地从文件系统中清除已使用 delete 命令删除的文件，执行后文件不能恢复。

3. 移动文件系统

(1) 保存当前配置文件

```
router#copy running-config startup-config
```

保存当前配置还可使用 write 命令,功能相同。对于华为设备,使用 save 命令。

(2) 把文件复制到当前活动配置中

```
router# copy source running-config
```

把文件复制到当前正在运行的配置中。*source* 可以是保存在存储器任何位置的文本文件。例如,copy startup-config running-config。

4. 目录操作命令

(1) 建立目录(Make Directory)

```
<router>mkdir directory-name
```

Cisco 没有这条命令,*directory-name* 为将要建立的目录名。

(2) 删除目录(Remove Directory)

```
<rotuer>rmdir directory-name
```

Cisco 没有这条命令,*directory-name* 为将删除的目录名。

9.3.3 Cisco IOS 的备份与升级

1. 配置 Cisco TFTP Server 服务器

(1) 安装 Cisco TFTP Server

安装过程只需单击 Next 按钮,直到安装完成。

(2) 配置 Cisco TFTP Server

把 TFTP 服务器的根目录设置为要上传或下载文件的目录即可。

方法是:首先启动 Cisco TFTP Server 服务器,单击 View 主菜单,在弹出的子菜单中单击 Options 菜单项,在弹出的 Options 窗口中将 TFTP server root 设置为要上传或下载文件的目录,如图 9.5 所示。

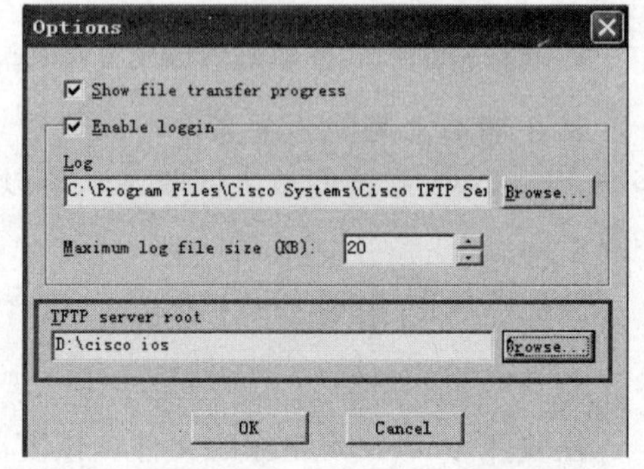

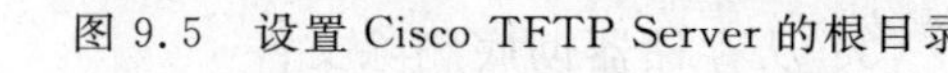
图 9.5 设置 Cisco TFTP Server 的根目录

(3) 在路由器上用 ping 命令检查到 TFTP 服务器的网路是否通,只有网路连通的情况下,才能进行 IOS 的备份或升级操作。

2. IOS 的备份

执行 copy flash tftp 命令,可将 flash 中的 IOS 备份到 TFTP 服务器的根目录中。

执行该命令后,按照提示输入相关的参数,参数顺序为:①要备份的原文件名;②TFTP 服务器 IP 地址;③目标文件名,直接回车表示与源文件名相同,也可输入其他文件名。下面用加粗的字体表示输入的内容。

```
Router# copy flash tftp
Source filename []? c2500-d-1.121-8a.mz
Address or name of remote host []? 172.16.162.58
Destination filename [c2500-d-1.121-8a.mz]? (直接回车)
```

```
!!!!!!!!!!!!!!!!!!!!!!!!!!!!!!!!!!!!!!!!!!!!!!!!!!!!!!!!!!!!!!!!!!!!!!
[OK-4289602 bytes]
4289602 bytes copied m 62.320 secs (69187 bytes/sec)
```

3. 配置文件的备份

执行 copy startup-config tftp 命令，可将配置文件备份到 TFTP 服务器的根目录中。

执行该命令后，按提示输入相关参数，参数的顺序为：①TFTP 服务器 IP 地址；②目标文件名，直接回车表示使用默认的 Router-confg 作文件名，也可输入其他文件名。

```
Router#copy startup-config tftp
Address or name of remote host []?192.168.1.2
Destination filename [Router-confg]?c2600.bak
!!
[OK-224 bytes]
224 bytes copied in 0.072 secs (3000 bytes/sec)
```

4. IOS 的升级与恢复

IOS 的升级与恢复操作方法相同，区别在于下载到路由器的 IOS 文件不同。

执行 copy tftp flash 命令，按提示输入参数，参数的顺序为：①TFTP 服务器 IP 地址；②要升级的 IOS 文件名；③复制到设备上的文件名，直接回车，表示使用相同的文件名，也可输入其他文件名。

```
Router#copy tftp flash
Address or name of remote host []?192.168.1.2
Source filename []?c2600.bak
Destination filename [c2600.bak]?c2600.bin
Accessing tftp://192.168.1.2/c2600.bak...
Loading c2600.bak from 192.168.1.2: !
[OK-224 bytes]
224 bytes copied in 0.038 secs (5894 bytes/sec)
```

如果升级后的路由器 flash 中存放有多个 IOS，路由器在启动时，默认情况下会执行第一个 IOS，也就是用 dir 命令列出的第一个 IOS。如果要指定具体的 IOS 启动文件，则要用 boot system flash 命令进行指定。

例如，用 dir 命令查看到 flash 中有两个 bin 文件，即 c2600-i-mz. 122-28. bin 和 c2600. bin，现要指定 c2600. bin 为启动的 IOS 文件，则指定方法为：

```
Router#dir
Directory of flash:/
   1  -rw-     5571584    <no date>   c2600-i-mz.122-28.bin
   2  -rw-     224        <no date>   c2600.bin
32514048 bytes total (26942240 bytes free)
Router# configure terminal
Router(config)#boot system flash c2600.bin
```

5. 恢复配置文件

执行 copy tftp startup-config 命令来实现,然后按提示输入相关的参数,参数顺序为:①TFTP 服务器 IP 地址;②TFTP 上的要恢复的配置文件名;③直接回车。

```
Router#copy tftp startup-config
Address or name of remote host []?192.168.1.2
Source filename []?router-confg
Destination filename [startup-config]?(直接回车)
Accessing tftp://192.168.1.2/router-confg...
!!
[OK-224 bytes]
224 bytes copied in 0.072 secs (3000 bytes/sec)
```

9.3.4 Cisco IOS 的灾难恢复

1. IOS 灾难恢复简介

由于误操作,导致 IOS 被删除,或者在 IOS 升级过程中,由于某种原因导致 IOS 升级失败,而原有的 IOS 文件又被删除。发生这种情况时,千万别重启路由器或关掉路由器的电源。只要路由器操作系统还在运行,要恢复 IOS 就比较方便,而且恢复速度也比较快,因为可通过网络来进行恢复。若重启了路由器,则就比较麻烦了,此时路由器会因找不到 IOS 而无法正常启动。这种情况下,IOS 的恢复比较麻烦,故称为灾难性恢复。

2. 恢复方法简介

灾难性恢复的方法有两种:一是利用 Console 口,通过 Xmodem 命令来恢复;二是通过网络接口来恢复,该方法恢复速度快、操作简单,推荐采用。

使用 Console 口灌注 IOS 需要花费几个小时的时间,因为 Console 口默认的通信速率是 9600b/s。要想提高速度,可采用以下办法来实现:

先在 rommon 模式,执行 confreg 命令,修改 Console 端口的通信速率,将其改到 115200 的波特率,然后使用 Xmodem 命令灌注,灌注完毕后,再将 Console 端口的通信速率改为默认的 9600。该方法的优点是速度快、花费时间少,缺点是操作步骤较多、比较麻烦,除了要修改 Console 端口的通信速率外,还要修改计算机的 COM1 串口的通信速率,另外也要设置超级终端的通信速率,即 Console 口、计算机的 COM1 串口和超级终端三者的通信速率必须保持一致,否则在超级终端中将出现乱码。

因此,根据在灌注之前是否修改控制口的波特通信率,利用 Console 来注入 IOS 就有两种方法。

3. 利用 Console 口,通过 Xmodem 恢复

为简单起见,本方法采用不修改 Console 口通信速率的方式来实现。

(1) 将 IOS 操作系统文件保存在计算机中的某个文件夹中,用配置线览连接路由器的 Console 口与计算机的 COM1 口。

(2) 打开路由器的电源,30s 内按下 Ctrl+Break 组合键,中断路由器的正常启动,让其进入 rommon 监视模式,即 rommon 1>(此处的 1 为命令行序号,每执行 1 条命令自动加 1)。

(3) 执行 Xmodem 命令,该命令的-c 参数表示进行校验。

例如,若要恢复的 IOS 文件名为 c2600-i-mz. 122-11. bin,则 xmodem 命令为:

```
rommon 1>xmodem -c c2600-i-mz.122-11.bin
```

待屏幕上不断出现 C 这个字母时,就可以开始传文件了,单击超级终端的"传送"菜单,在弹出的菜单中选择"发送文件"菜单项,以打开"发送文件"对话框,如图 9.6 所示。单击"浏览"按钮,选择要注入的 IOS 操作系统文件,然后在协议组合框中选择 Xmodem 协议,最后单击"发送"按钮,即可开始注入传送 IOS 操作系统,注入窗口界面与后面的图 9.7 类似。

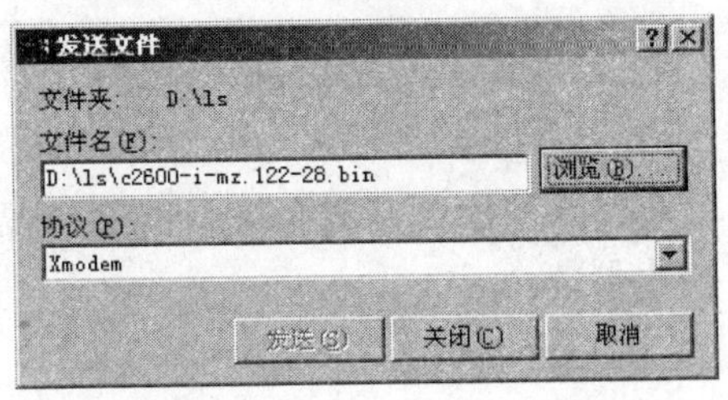

图 9.6　"发送文件"对话框

注入成功后,将出现路由器的命令提示符(router>)。执行 enable 命令进入特权模式,然后执行 dir 命令,通过查看文件系统,可检查 IOS 文件是否已成功写入 flash 中。如果执行 dir 命令的文件列表中有刚才注入的 IOS 操作系统文件,则 IOS 恢复成功。

4. 通过 tftpdnld 恢复 IOS

该方法通过网络接口来注入 IOS,因此注入速度快。其恢复操作步骤如下:

(1) 将 TFTP 服务器的 IP 地址设为 192. 168. 1. 2,将 IOS 文件放置在 TFTP 服务器的站点根目录下,并设置访问权限,然后启动 TFTP 服务器。

(2) 用控制线将 TFTP 服务器与路由器的 Console 口相连,在 TFTP 服务器上运行超级终端程序,连接访问路由器;然后再用交叉网线将 TFTP 服务器接入到路由器的第 1 个以太网口上。

(3) 启动超级终端,然后打开路由器的电源,30s 内按 Ctrl+Break 组合键,以进入路由器的 rommon 模式,然后在提示符后,输入执行以下命令:

```
rommon 1>IP_ADDRESS=192.168.1.1                  (路由器的 IP 地址)
rommon 2>IP_SUBNET_MASK=255.255.255.0            (路由器的子网掩码)
rommon 3>DEFAULT_GATEWAY=192.168.1.2             (用 TFTP 服务器的地址)
rommon 4>TFTP_SERVER=192.168.1.2                 (TFTP 服务器 IP 地址)
rommon 5>TFTP_FILE=C2600-I-MZ.122-11.BIN         (IOS 文件名,不要路径)
rommon 6>sync                                    (保存参数配置)
```

注意:命令的大小写。前面 5 条命令必须大写,后面要执行的 tftpdnld 命令要用小写。使用 sync 命令保存配置后,若 IOS 传送失败,可重新执行 tftpdnld 命令来重传,就不用重新设置前面 5 项配置了。

(4) 执行 tftpdnld 命令,并回答 y,开始传送 IOS,如下所示:

```
rommon 7>tftpdnld
IP_ADDRESS: 192.168.1.1
IP_SUBNET_MASK: 255.255.255.0
```

```
DEFAULT_GATEWAY: 192.168.1.2
TFTP_SERVER: 192.168.1.2
TFTP_FILE: C2600-I-MZ.122-11.BIN
Invoke this command for disaster recovery only.
WARNING: all existing data in all partitions on flash will be lost!
Do you wish to continue? y/n: [n]: y
Receiving C2600-I-MZ.122-11.BIN from 192.168.1.2
!!!!!!!!!!!!!!!!!!!!!!!!!!!!!!
File reception completed.
Copying file C2600-I-MZ.122-11.BIN to flash.
Erasing flash at 0x607c0000
program flash location 0x605b0000
```

(5) 该种传送方式会将IOS直接复制到flash中,传送成功后,就可执行reset命令重启路由器。

```
rommon 8>reset
```

9.3.5 华为VRP的备份与恢复

华为VRP的备份或恢复与Cisco的步骤基本一致,都要使用TFTP服务器,只是命令不同。在进行下面的操作前必须配置好TFTP服务器,并与交换机/路由器连通。

1. 从交换机/路由器备份文件到TFTP服务器

华为设备中,VRP文件和配置文件都可用dir命令查看到,因此,VRP和配置文件的备份是一样的,使用同样的命令,只是文件名不同。

命令为:

```
tftp put source-file Destination-file
```

参数说明:

- *source-file* 指存储在交换机/路由器上的文件名,可用dir命令查看。
- *Destination-file* 指备份到TFTP服务器的文件名。这个文件名带有TFTP服务器的IP地址,其格式是://X.X.X.X/destination-file。一定要注意,不能省略//这个符号。例如,将文件备份到192.168.168.12这个TFTP服务器上的命令为:

```
<zonghelou>dir
Directory of flash:/
-rwxrwxrwx 4201060 Nov 12 2004 17:02:35 S3526EFC-VRP310-r0030.bin
-rwxrwxrwx 4 Apr 15 2008 12:12:23 snmpboots
-rwxrwxrwx 7456 May 23 2008 09:23:10 vrpcfg.txt
7932928 bytes total (3719168 bytes free)
[zonghelou]tftp put vrpcfg.txt //192.168.168.12/vrpcfg.txt
...
Uploading succeeds!
```

2. 从TFTP服务器恢复文件到交换机/路由器

命令为:

```
tftp get source-file Destination-file
```

参数说明：

- *source-file* 指在 TFTP 服务器上的文件名。这个文件名带有 TFTP 服务器的 IP 地址，其格式是：//X. X. X. X/ source-file。一定要注意，不能省略//这个符号。
- *Destination-file* 指存储到设备上的文件名。恢复后，可用 dir 命令查看其是否恢复成功。例如，将 TFTP 服务器 192. 168. 168. 12 上的 vrpcfg. txt 文件恢复到设备上，并将文件名更改为 cfg. txt，命令为：

```
[zonghelou]tftp get //192.168.168.12/vrpcfg.txt cfg.txt
...
Downloading succeeds!
[zonghelou]quit
<zonghelou>dir
Directory of flash:/
-rwxrwxrwx 4201060 Nov 12 2004 17:02:35 S3526EFC-VRP310-r0030.bin
-rwxrwxrwx 4 Apr 15 2008 12:12:23 snmpboots
-rwxrwxrwx 7456 May 23 2008 09:23:10 vrpcfg.txt
-rwxrwxrwx 7456 Jun 18 2008 13:05:14 cfg.txt
7932928 bytes total (3710976 bytes free)
```

9.3.6　华为 VRP 的灾难恢复

与 Cisco 设备一样，华为设备在 VRP 升级失败后的恢复也有两种方式，一种是通过 Xmodem 恢复，一种是通过网络恢复。

1. 通过 Xmodem 恢复

(1) 用 Console 线缆连接路由器的 Console 口与 PC 的 COM1，在 PC 上用超级终端连接路由器。

给路由器加电后，将首先运行 BOOTROM 程序，注意终端屏幕上显示的提示信息，当出现“Press Ctrl-B to enter Boot Menu...”提示时，在 5s 之内，输入“Ctrl＋B”，系统要求输入启动 BOOTROM 的密码，输入正确的密码后(默认设置为没有密码)，系统进入 BOOT 菜单：

```
Press Ctrl-B to enter Boot Menu... 5
Password:
                           BOOT MENU
1. Download application file to flash←下载应用程序到 Flash 中
2. Select application file to boot←选择启动文件
3. Display all files in flash←显示 Flash 中所有文件
4. Delete file from flash←删除 Flash 中的文件
5. Modify bootrom password←修改 BOOTROM 密码
0. Reboot←重新启动交换机
Enter your choice(0-5):1
```

(2) 输入“1”，回车后，系统进入下载程序菜单：

```
1. Set TFTP protocol parameter←设置 TFTP 参数
2. Set FTP protocol parameter←设置 FTP 参数
3. Set XMODEM protocol parameter←设置 XMODEM 参数
```

```
0. Return to boot menu←返回 BOOT 菜单
Enter your choice(0-3):3
```

(3) 输入“3”,选择采用 XModem 协议完成软件升级,回车后,系统进入下载速率选择菜单:

```
Please select your download baudrate:
1. 9600
2. 19200
3. 38400
4. 57600
5. 115200 *
0. Return←返回下载程序菜单
Enter your choice (0-5):5
```

(4) 根据实际情况,选择合适的下载速率,若如上所示输入“5”,即选择 115200b/s 的下载速率,回车后终端显示如下信息:

```
Are you sure to download file to flash? Yes or No(Y/N)Y
```

(5) 输入“Y”,系统开始文件下载;输入“N”,系统将返回下载程序菜单。以输入“Y”为例,回车后,系统界面如下:

```
Download baudrate is 115200 bps. Please change the terminal's baudrate to
115200 bps, and select XMODEM protocol.
Press enter key when ready.←波特率更改完成后,请输入回车
```

(6) 根据提示,改变超级终端程序的波特率,使其与所选的下载波特率一致。终端的波特率设置完成后,必须做一次终端的断开和重新连接操作,新建立的连接才会使用新的通信速率。

超级终端重新连接成功后,输入回车即开始程序的下载,终端显示如下信息:

```
Now please start transfer file with XMODEM protocol.
If you want to exit, Press <Ctrl+X>. ←(退出下载程序,输入<Ctrl+X>
Waiting...CCCCC
```

(7) 单击超级终端的“传送”菜单,在弹出的菜单中选择“发送文件”菜单项,弹出“发送文件”对话框,设置好 VRP 的文件路径和文件名,选择 Xmodem 协议,单击“发送”按钮即可开始传送 VRP 到设备,如图 9.7 所示。

(8) 程序下载完成后,系统界面如下:

```
Loading ...CCCCCCCCCCCCCCCCCCCCCCCCCCCCCCCCCC.done!
Please change the terminal's baudrate back to 9600 bps.
Press enter key when ready.←波特率更改完成后,请输入回车
```

(9) 根据提示,将超级终端的波特率改为 9600b/s,并做一次断开和连接操作,然后输入回车,系统开始将文件写入 Flash,成功后显示以下信息:

```
Writing to flash................................done!
```

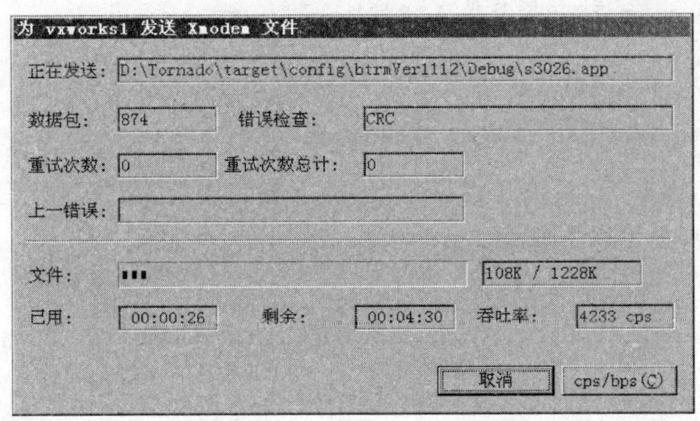

图 9.7 正在发送文件界面

(10) 重新启动设备,进行正常的启动。

2. 通过网络恢复

(1) 用控制线将 TFTP 服务器与路由器的 Console 口相连,在 TFTP 服务器上运行超级终端程序,连接访问路由器;然后再用交叉网线将 TFTP 服务器接入到路由器的第1个以太网口上。

(2) 将 TFTP 服务器的 IP 地址设为 192.168.1.2,将 IOS 文件放置在 TFTP 服务器的站点根目录下,并设置访问权限,然后启动 TFTP 服务器。

给路由器加电后,按前面介绍的方法,进入路由器的 BOOT 菜单:

```
Press Ctrl-B to enter Boot Menu...5
Password :
                          BOOT MENU
1. Download application file to flash ←下载应用程序到 Flash 中
2. Select application file to boot←选择启动文件
3. Display all files in flash←显示 Flash 中所有文件
4. Delete file from flash←删除 Flash 中的文件
5. Modify bootrom password←修改 BOOTROM 密码
0. Reboot←重新启动交换机
Enter your choice(0-5):1
```

(3) 在 BOOT 菜单中,输入"1",回车后,系统进入下载程序菜单:

```
1. Set TFTP protocol parameter ←设置 TFTP 参数
2. Set FTP protocol parameter ←设置 FTP 参数
3. Set XMODEM protocol parameter ←设置 XMODEM 参数
0. Return to boot menu ←返回 BOOT 菜单
Enter your choice(0-3):1
```

(4) 在下载程序菜单中,输入"1",选择采用 TFTP 下载软件,回车后,开始 TFTP 相关参数的设置:

```
Load File name ←下载的文件名
Switch IP address ←路由器 IP 地址
```

```
Server IP address ←TFTP 服务器的 IP 地址
```

(5) 根据实际情况,完成相关信息输入,回车后系统界面如下:

```
Are you sure to download file to flash? Yes or No(Y/N)
```

(6) 输入"Y",回车后,系统开始程序下载,下载完成后,系统开始写 Flash,当写操作完成后,终端窗口将显示以下信息:

```
Loading.......................................................done!
Writing to flash..............................................done!
```

(7) 重新启动路由器,即可进行正常的启动。

9.3.7 交换机与路由器密码的重置

在实际应用中,有时会因忘记密码而无法登录路由器或交换机,此时就必须重置密码。华为设备的不同型号,重置方法可能不相同,因此,本节只针对 Cisco 设备,介绍密码重置的方法。

首先使用超级终端方式连接到路由器或交换机,然后按以下步骤操作。

(1) 给路由器加电,30 秒内按 Ctrl+Break 组合键,让其出现"rommon 1>"提示符,若没有出现,则关闭路由器重来。

(2) 执行 confreg 0x2142 命令。

```
rommon 1>confreg 0x2142
```

(3) 执行 reset 重启动路由器。

```
rommon 2>reset
```

(4) 系统重启时,屏幕将显示以下对话提示:

```
%system configuraiton to get started? no
```

输入 no,按回车键,系统显示"Press RETURN to get started!",按回车键,系统进入用户模式。

```
Router>
```

(5) 执行 enable 命令进入特权模式。

```
Router>enable
```

(6) 执行 copy startup-config running-config 命令,将启动配置复制到运行配置中。

```
Router#copy startup-config running-config
```

(7) 执行 show startup-config 命令查看启动配置信息。

若以前密码是用明文方式设置的,则可看到以前配置的密码;若是用密文配置的,则用 enable serect 命令重新设置新的密码即可。

(8) 设置好新密码后,执行 config-register 0x2102 命令恢复寄存器的值,然后进入特权模式保存配置信息。

```
Router(config)#config-register 0x2102
Router(config)#end
Router#write
```

(9) 使用 reload 命令重启路由器,用新密码登录。

```
Router#reload
```

9.4　用 Ethereal 分析网络数据包

Ethereal 是非常流行的一种网络数据包嗅探和分析软件。Ethereal 的功能完全能够和收费软件 sniffer pro 媲美,具有很强的网络数据包分析和统计功能。网络管理员通过对经过网络的数据包进行分析,从而发现网络问题并进行排除。Ethereal 是目前最流行的基于开放源代码的网络包分析工具之一。

Ethereal 的主要功能有:

(1) 从网络接口上捕获实时数据包 。

(2) 能对捕获的数据包进行详细的协议分析。

(3) 可将捕获的数据包进行存储和打开、导入和导出。

(4) 可按多种方式设置过滤条件,只收集有用的数据包。

(5) 按多种方式查找需要的数据包。

(6) 生成各种各样的数据包统计报表。

Ethereal 的使用方式主要是两种:一种是通过把 Ethereal 所在计算机的网卡设置成混杂模式,捕获本网段内的数据包;另一种是让安装 Ethereal 的计算机连接到局域网出口的镜像端口,从而对整个局域网的流入、流出数据包进行捕获和分析。下面对该软件主要功能做一些介绍。

9.4.1　Ethereal 的安装

本软件可从作者的网站上下载,下载完成后,双击 wireshark-setup-1.0.0.exe 程序,出现安装界面,直接单击 Next 按钮,在 License Agreement 窗体中单击 I agree 按钮,在后面弹出的窗体中单击 Next 按钮,直到弹出 Install WinPcap 窗体,如图 9.8 所示,一定要勾选 Install WinPcap 4.0.2 复选框,然后一直单击 Next 按钮,直到安装完成。

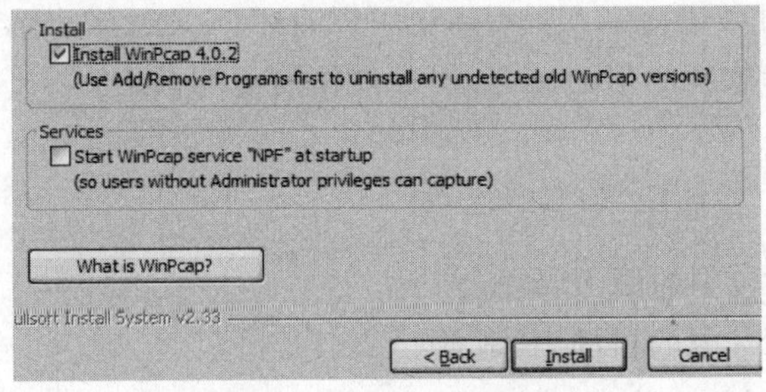

图 9.8　安装 WinPcap

9.4.2 用 Ethereal 捕获数据包

启动 Ethereal 软件,单击 Capture 菜单下的 Interfaces 菜单项,出现图 9.9 所示的选择网卡的窗体,可根据显示的 IP 地址来决定选择哪块网卡来捕获数据包。

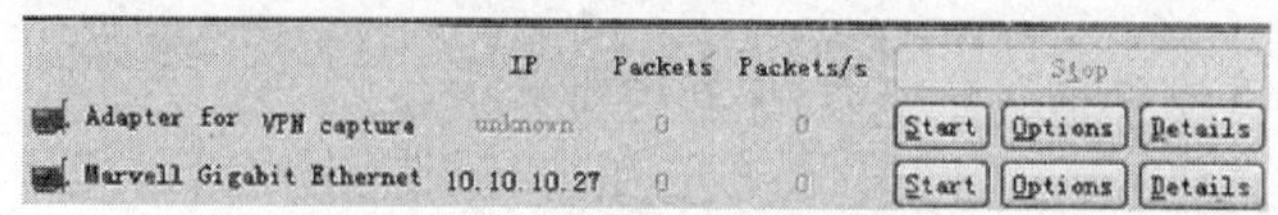

图 9.9 网卡选择

选择好网卡后,单击 Capture 菜单下的 Start 菜单项,Ethereal 将开始捕获数据包,并将其显示在主窗体中,如图 9.10 所示。主窗体分为三大部分,分别是:①包列表区。列表区中每一行对应一个数据包,显示包的源地址(Source)、目的地址(Destination)、协议类型(Protocol)等信息。②包细节区,采用了树状结构显示协议和协议字段,可被展开及折叠。③包字节区,将数据包的内容以十六进制格式显示出来,左边显示偏移量,中间显示十六进制数值,右边显示相应的 ASCII 字符。

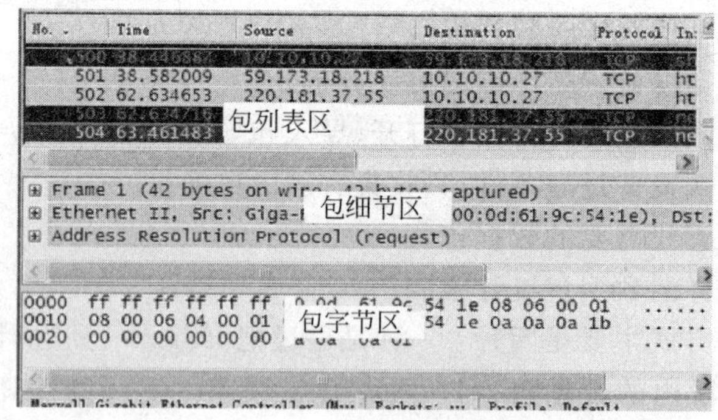

图 9.10 Ethereal 主窗体

如果要停止捕获,可单击工具栏中的停止按钮,也可单击 Capture 菜单下的 Stop 菜单项。

9.4.3 过滤条件的设置

当数据很多时,必须对不关心的数据包进行过滤。Ethereal 通过设置过滤条件来捕获满足过滤条件的数据包。软件提供了一些常用的过滤表达式(单击 Analyze 菜单下的 Display Filters 菜单项,如图 9.11 所示),也可以自己定义过滤表达式。对于过滤表达式的详细介绍,可以参考软件的帮助文档,本书仅作简要的介绍。

1. 常用的变量名

(1) IP 地址变量

ip.src:表示数据包中的源 IP 地址。

ip.dst:表示数据包中的目的 IP 地址。

ip.addr:表示数据包中的 IP 地址,既可以是源地址,也可以是目的地址。

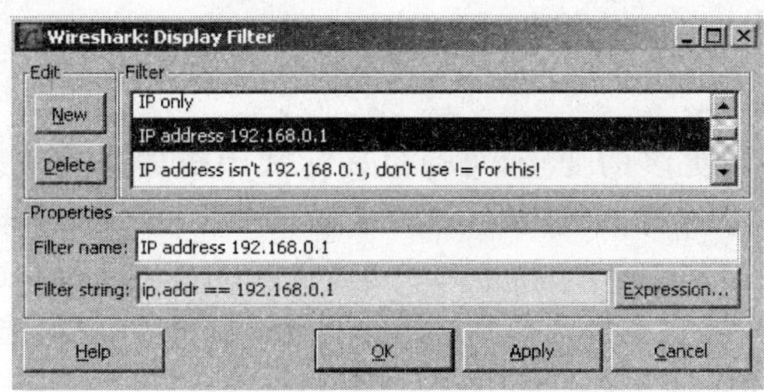

图 9.11 存储的过滤表达式

(2) MAC 地址变量

eth.src：表示数据包中的源 MAC 地址。

eth.dst：表示数据包中的目的 MAC 地址。

eth.addr：表示数据包中的 MAC 地址，既可以是源地址，也可以是目的地址。

(3) TCP、UDP 变量

tcp.port：表示 TCP 端口，通过和 ip.src、ip.dst 合用，可表示源端口、目的端口。

udp.port：表示 UDP 端口，通过和 ip.src、ip.dst 合用，可表示源端口、目的端口。

2. 运算符

常用运算符如表 9.3 所示。

表 9.3 常用运算符

运算符	符 号	含 义	实 例
关系运算符	==	等于	ip.src==10.0.0.5
	!=	不等于	ip.src!=10.0.0.5
	>	大于	ip.addr>192.168.1.1
	<	小于	ip.dst<192.168.1.1
	>=	大于等于	ip.dst>=192.168.1.1
	<=	小于等于	ip.dst<=192.168.1.1
逻辑运算符	and	与	ip.dst>=192.168.1.1 and ip.dst<=192.168.1.255
	or	或	ip.src==10.0.0.5 or ip.src==10.0.0.10
	not	非	not ip.src==10.0.0.5

3. 过滤表达式

简单表达式由变量和关系运算符组成。过滤表达式由多个简单表达式通过逻辑运算连接在一起组成，其语法为：

```
[not] 简单表达式[and|or [not] 简单表达式...]
```

例如，要对源地址为 192.168.1.1 且 TCP 端口为 80 的数据过滤，其过滤表达式为：

```
ip.src==192.168.1.1 and tcp.port==80
```

4. 表达式编辑器

在使用过程要使用更多的变量,可通过表达式编辑器来完成。单击图 9.11 中的 Expression 按钮,将启动表达式编辑器,如图 9.12 所示。表达式编辑器窗口由三部分组成,左边为变量区(Field name),中间为关系运算符区(Relation),右边为数值区(Value)。其操作方步骤为:第一步在左边选择要过滤的变量;第二步在中间选择关系运算符;第三步在右边输入变量的值。

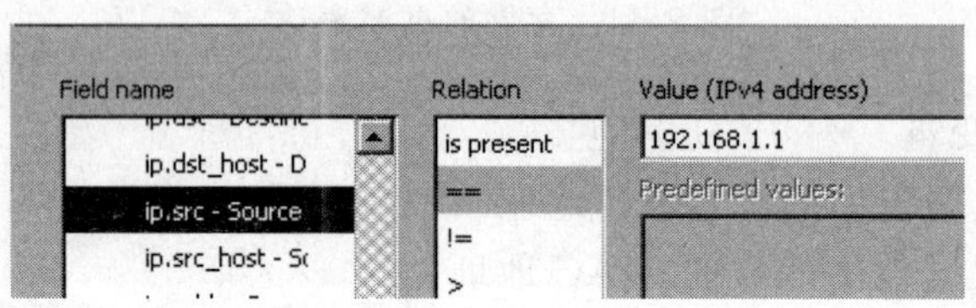

图 9.12 表达式编辑器

5. 过滤表达式的使用

在讲过滤表达式使用前,先介绍过滤表达式工具条的使用。如图 9.13 所示,工具条上有 4 个按钮,其功能如下。

Filter: Expression... Clear Apply

图 9.13 过滤表达式工具条

Filter:启动图 9.11 的窗口,可直接从窗口中选择已经存储的过滤表达式。

Expression:启动表达式编辑器。

Clear:清除输入框中的过滤表达式即取消对数据包的过滤,捕获所有数据包。

Apply:让输入框中的过滤表达式生效。

过滤表达式的使用分两步:第一步是在输入框中输入过滤表达式,既可直接在输入框中输入,也可通过 Filter 和 Expression 按钮输入;第二步是单击 Apply 按钮使过滤表达式生效,如图 9.14 所示。

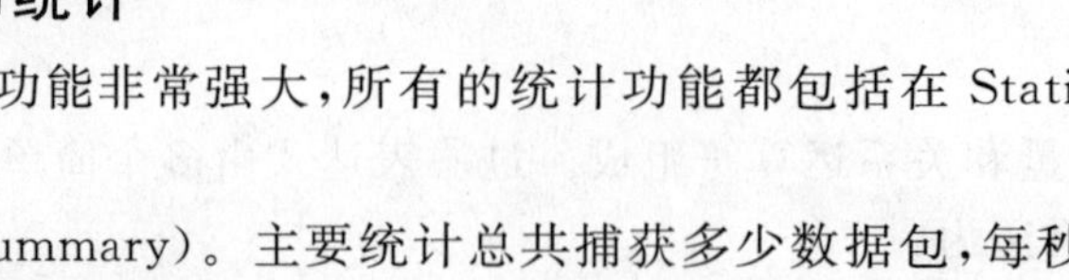

Filter: ip.src==192.168.168.12

	Source	Destination	Protocol
34	192.168.168.12	219.133.48.92	OICQ
16	192.168.168.12	219.133.48.92	OICQ
64	192.168.168.12	59.108.118.99	TCP
06	192.168.168.12	59.108.118.99	TCP

图 9.14 过滤表达式应用结果

9.4.4 数据包的统计

Ethereal 的统计功能非常强大,所有的统计功能都包括在 Statistics 菜单中,本书只介绍常用统计功能。

(1) 综合统计(summary)。主要统计总共捕获多少数据包,每秒平均多少个包,包的平均大小,包的大小分布等数据。

(2) 按协议层次统计(protocol hierarchy)。按协议对包进行分类统计。

(3) 按会话进行统计(conversations)。按各种协议的会话进行统计,主要的协议有以太网、IPv4、IPX、TCP 和 UDP 端口等,如图 9.15 所示。

Conversations: (Untitled)

Ethernet: 73 | Fibre Channel | FDDI | IPv4: 24 | IPX: 2 | JXTA | NCP | RSVP | SCTP | TCP: 3 | Token Ring | UDP: 116

IPv4 Conversations

Address A	Address B	Packets	Bytes	Packets A->B	Bytes A->B	Packets A<-B	Bytes
192.168.168.140	192.168.168.255	1	110	1	110	0	0
192.168.168.223	192.168.168.255	1	258	1	258	0	0
192.168.168.12	192.168.168.160	1	104	1	104	0	0
192.168.168.80	192.168.168.255	1	92	1	92	0	0
192.168.168.221	192.168.168.255	1	92	1	92	0	0
192.168.168.12	219.133.48.92	3	282	1	78	2	204
192.168.168.135	192.168.168.255	3	276	3	276	0	0

图 9.15　会话统计

9.5　网络流量监控

PRTG(Paessler Router Traffic Grapher)是一款功能强大的免费软件,它通过 SNMP 协议与设备进行通信,取得设备的流量信息并生成图形报表,它几乎支持所有能启用 SNMP 协议的设备,包括服务器、路由器、交换机、计算机等多种设备。通过对这些设备信息的统计,帮助网络管理员找到网络的问题所在,确定网络的升级方向。该软件还可将绘制完成后的图形报表发布成页面,供网络管理员或其他人员通过网络查看统计信息报表。

9.5.1　PRTG 的安装

本软件可从作者的网站上下载,下载完成后,双击 PRTG Traffic Grapher 4.0.8.154 Setup.exe 程序,出现安装界面。直接单击 Next 按钮,在出现的窗体中选择 I accept the agreement 后,单击 Next 按钮,弹出选择安装路径目录,通过 Browse 按钮选择安装路径目录,然后单击 Next 按钮,弹出信息选择对话框,如图 9.16 所示。

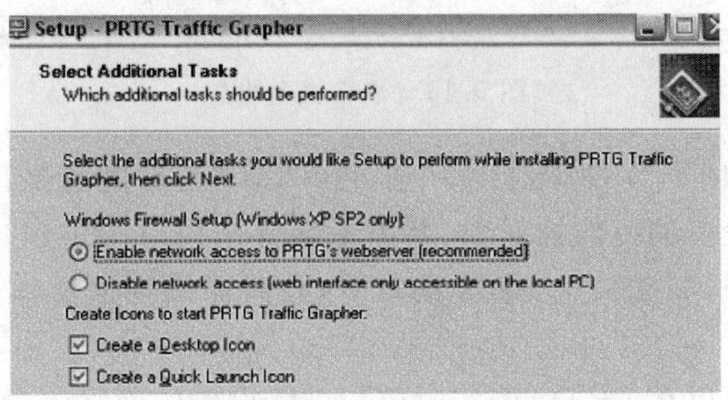

图 9.16　开启 webserver 功能

若要以网页方式发布流量统计报表,则要选择开启 webserver 功能,即选中 Enable network access to PRTG's webserver (recommended)单选按钮,还可选择建立桌面图标(Create a Desktop Icon)和任务栏快捷方式图标(Create a Quick Launch Icon)。

单击 Next 按钮,出现安装窗体,安装完成后,直接单击 Finish 按钮完成安装。安装完成后,必须重新启动操作系统,软件才能使用。

9.5.2 添加监控设备

启动 PRTG 软件,单击 Sensor 菜单下的 Add 菜单项,如图 9.17 所示。

监控交换机/路由器设备选择 Standard SNMP Traffic Sensor 单选按钮,如图 9.18 所示,然后单击 Next 按钮。

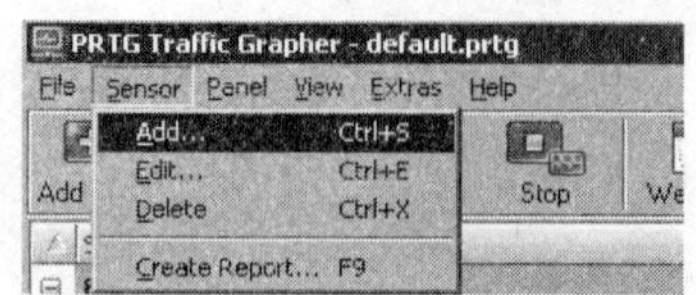

图 9.17 添加监控设备菜单

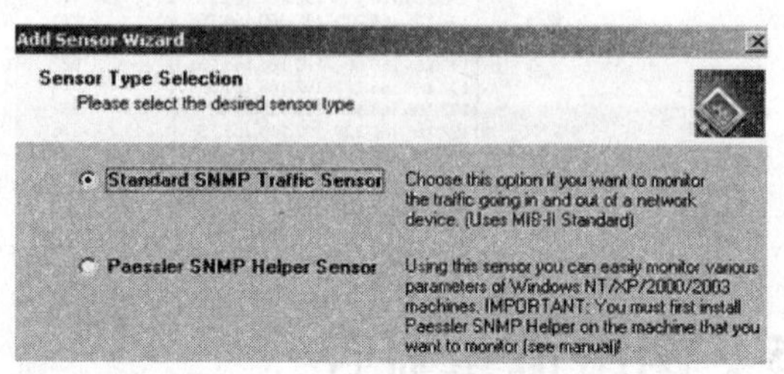

图 9.18 SNMP 选择

在出现的对话框中输入要监控设备的名称、IP 地址、配置 SNMP 时设定的团体名和 SNMP 端口号,如图 9.19 所示,然后单击 Next 按钮。

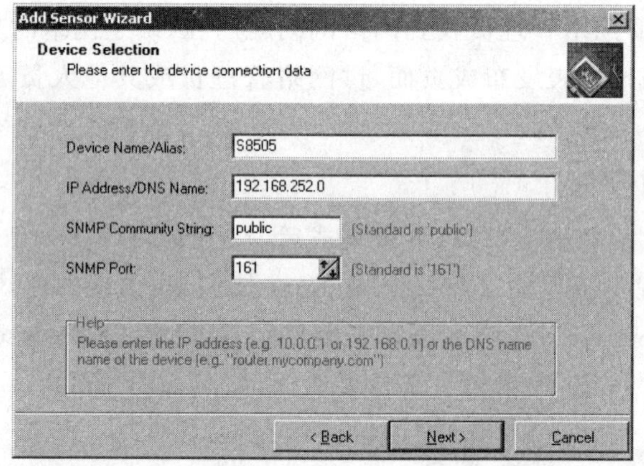

图 9.19 被管设备设置

如果设备已经启用了 SNMP,且上一步的 SNMP 参数配置是正确的,PRTG 将与设备进行通信,搜索出设备的可监控对象,并显示在弹出窗口中供用户选择。如图 9.20 所示,选择要监控的对象,如端口、VLAN 接口等,在后面出现的窗体全部单击 Next 按钮,直到配置完成。

配置完成后,就可以在 PRTG 中实时监控被管设备的网络流量等信息,如图 9.21 所示。还可重复上述步骤,在 PRTG 中添加多个监控设备,这些设备将以树型结构显示在 PRTG 中。

9.5.3 将 PRTG 的统计报表发布到网站

在 PRTG 软件主窗体中,单击 Extras 菜单下的 Options 菜单项,出现选项菜单。下面对选项菜单的功能进行讲解。

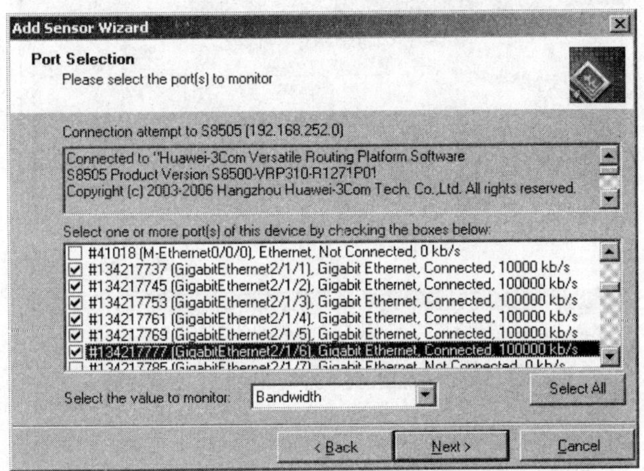

图 9.20　监控对象选择

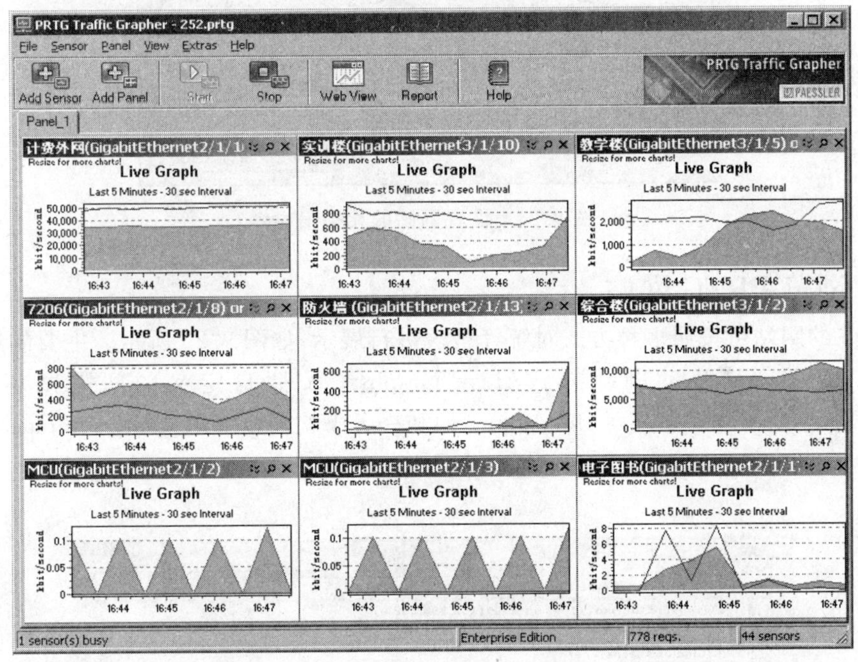

图 9.21　PRTG 监控主窗口

(1) 设置 PRTG 为 Windows 的服务程序。在选项窗体中勾选 Run as Service 复选框即可,如图 9.22 所示。

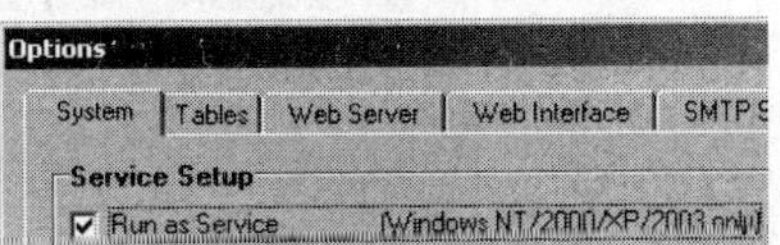

图 9.22　设置为 Windows 服务

(2) 设置 WWW 服务器的 IP 地址和端口。端口默认为 8080,可设置为 80 端口,如图 9.23 所示。

(3) 设置网站的相关信息,包括网站的风格、网站标题、主页网址及主页的宽度和高度,如图 9.24 所示。

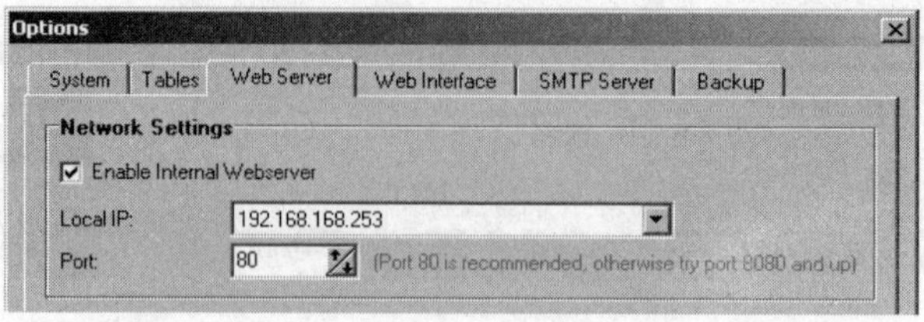

图 9.23 设置 WWW 服务器

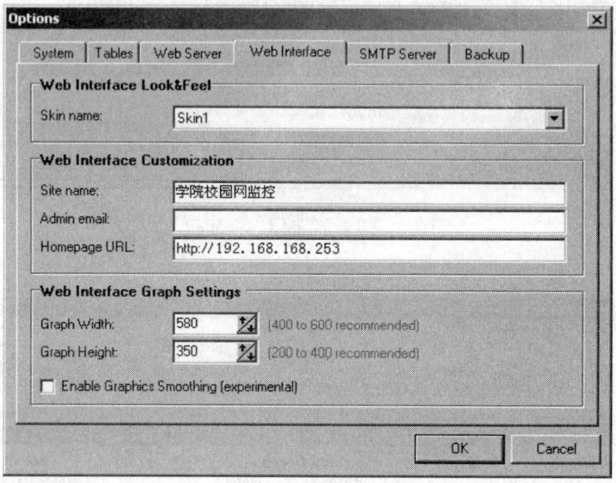

图 9.24 设置网站的相关信息

9.5.4 浏览 PRTG 网站

PRTG 的网站可按照多种方式对统计报表进行展示,如图 9.25 所示。主要的展示方式有文本方式(Text)、自动刷新方式(Live Graphs)、按照自定义的间隔刷新(Custom Intervals)、一小时平均流量显示(1h Averages)和一天平均流量显示(Daily Averages)等。

图 9.25 PRTG 网站主页

9.6 网络故障判断与排除

9.6.1 网络连通性测试

网络连通性测试是网络维护经常使用的测试项。通常采用 ping 命令来检查。思科设备、华为设备和 Windows 操作系统都支持 ping 命令,但参数有一些区别。

1. Cisco 设备上的 ping 命令

使用此命令后,如果提示符为"...",表示不通;如果提示符为"!",表示连通;如果是"."和"!"交替表示有掉包,如"..!!..!!!"。

```
cqdd7206#ping 192.168.1.1
Sending 5, 100-byte ICMP Echos to 192.168.1.1, timeout is 2 seconds:
   ...  ←不通
Success rate is 0 percent (0/5)
cqdd7206#ping 192.168.252.254
Type escape sequence to abort.
Sending 5, 100-byte ICMP Echos to 192.168.252.254, timeout is 2 seconds:
   !!!!!    ←连通
Success rate is 100 percent (5/5), round- trip min/avg/max=1/1/4 ms
```

在网络的测试中,还经常通过改变 ping 命令的参数来更仔细地检查网络,如 ping 大包、带源地址的 ping 等。Cisco 设备 ping 命令的参数设置是通过对话形式来完成的,如下所示。

```
cqdd7206#ping ←输 ping 后不带任何参数,直接按回车键
Protocol [ip]: ←指定使用的协议,默认为 IP
Target IP address: 192.168.252.254 ←设置目标地址
Repeat count [5]: 100 ←设置 ping 包的数目
Datagram size [100]: 1024 ←调协 ping 包的大小,单位为字节
Timeout in seconds [2]: ←超时设置
Extended commands [n]: y ←是否使用扩展的 ping 命令
Source address or interface: 192.168.251.1 ←ping 包中的源 IP 地址
Sending 100, 1024-byte ICMP Echos to 192.168.252.254, timeout is 2 seconds:
Packet sent with a source address of 192.168.251.1
!!!!!!!!!!!!!!!!!!!!!!!!!!!!!!!!!!!!!!!!!!!!!!!!!!!!!!!!!!!!!!!!!!!!!!!!!!!!!!!!
Success rate is 100 percent (100/100), round- trip min/avg/max=1/7/24 ms
```

带源地址 ping 命令主要用于测试当一个设备有多个接口时,在设备上使用不带参数的 ping 命令是连通的,但在某个接口连上 PC 后,从 PC 上 ping 不通,这时可设置 PC 所在接口的地址为源 IP 地址,再进行测试,如果不通,就可能是路由设置有误。后面的实训中专门练习用这个命令检查网络故障。

2. 华为设备上的 ping 命令

如果提示响应时间,表示连通;如果提示请求超时(Request time out),表示不通。

```
<zonghelou>ping 192.168.168.2
```

```
PING 192.168.168.2: 56 data bytes, press CTRL_C to break
    Reply from 192.168.168.2: bytes=56 Sequence=1 ttl=127 time=14 ms ←连通
    Reply from 192.168.168.2: bytes=56 Sequence=2 ttl=127 time=11 ms
<zonghelou>ping 192.168.168.240
PING 192.168.168.240: 56 data bytes, press CTRL_C to break
    Request time out        ←不通
    Request time out
```

华为 ping 命令的参数直接在命令行中设置，参数如下：

- -a 指定源地址。
- -c 指定 ping 包数目。
- -s 指定 ping 包大小。

例如，指定源地址为 192.168.168.1，数目为 10 个，大小为 1024，命令为：

```
Ping -a 192.168.168.1 -c 10 -s 1024 192.168.168.12
```

3. Windows 中的 ping 命令

Windows 中 ping 命令的提示与华为的相同，只是其参数设置有区别。下面介绍其参数：

- -t 一直 ping 直到用 Control-C 命令终止。
- -n count count 表示 ping 包的数目。
- -l size size 表示 ping 包的大小(注：该参数是字母 l，不是数字 1)。

例如，若要指定 ping 包数量为 10 个，大小为 1024K，则命令为：

```
Ping -n 10 -l 1024 192.168.168.12
```

9.6.2 路由追踪

通过路由追踪，可以查看端到端的通信链路中，经过了哪些路由节点。在局域网中，当两端不能 ping 通时，可以通过路由追踪知道是到哪一个路由器后就不通了。因此，可以通过追踪命令来查找故障点。其命令为：

```
Cisco: traceroute destination-address
华为: tracert [-a source-address] destination-address
Windows: tracert destination-address
destination-address: 要追踪的目的 IP 地址。
source-address: 追踪命令使用的源 IP 地址，Cisco 没有带源地址的追踪命令。
```

例如，追踪目的 IP 地址为 172.16.32.5 的命令为：

```
cqdd7206#traceroute 172.16.32.5
Type escape sequence to abort.
Tracing the route to 172.16.32.5
    1 192.168.251.254 16 msec 20 msec 20 msec
    2 222.176.5.166 8 msec 8 msec 4 msec
    3 172.16.32.6 8 msec 8 msec 8 msec
    4 172.16.32.5 8 msec * 8 msec
```

上面的信息表明，从设备到目的地址中间经过了四个路由设备，其路径为 192.168.

251.254→222.176.5.166→172.16.32.6→172.16.32.5。

9.6.3 DNS 解析故障排查

在网络维护中，常常会碰到 DNS 解析故障，故障表现为网站用域名不能访问，但用 IP 地址却能够访问。

一旦 DNS 解析出故障，将不能实现域名到 IP 地址的自动转换，因而会出现用域名不能访问，而用 IP 地址却能访问的故障现象。对 DNS 解析故障的处理分为两步。

1. 查看主机的 DNS 服务器地址配置

方法：在操作系统的命令行模式，输入 ipconfig/all 查看 DNS 服务器的配置地址。

```
C:\>ipconfig /all
Ethernet adapter 本地连接 31
  Physical Address...............: 00-1A-4D-68-D8-4F ←MAC 地址
  DHCP Enabled...................: No ←指定 IP 地址
  IP Address.....................: 192.168.168.12 ←IP 地址
  Subnet Mask ...................: 255.255.255.0 ←子网掩码
  Default Gateway ...............: 192.168.168.1 ←默认网关
  DNS Servers ...................: 61.128.128.68 ←首选 DNS 服务器地址
                                   61.128.192.68 ←备用 DNS 服务器地址
```

2. 使用 nslookup 测试 DNS 服务器的解析

方法：在命令行执行 nslookup 命令。

```
C:\>nslookup
Default Server: 68.128.128.61.cq.cq.cta.net.cn
Address: 61.128.128.68 ←DNS 服务器 IP 地址
>www.sina.com.cn ←要求解析 www.sina.com.cn 域名
Server: 68.128.128.61.cq.cq.cta.net.cn
Address: 61.128.128.68
Non-authoritative answer:
Name: jupiter.sina.com.cn
Address: 218.30.66.101 ←返回域名 www.sina.com.cn 对应的 IP 地址
Aliases: www.sina.com.cn
>www.test1.com ←要求解析 www.test1.com 域名
Server: 68.128.128.61.cq.cq.cta.net.cn
Address: 61.128.128.68
DNS request timed out,timeout was 2 seconds ←连接域名服务器超时
```

当出现 DNS request timed out 提示时，可能是因为解析 www.test1.com 域名的服务器出现了故障，此时可判断为 DNS 故障。

9.6.4 防止 ARP 病毒

ARP 是 Address Resolution Protocol（地址解析协议）的缩写，其功能是将 IP 地址解析成 MAC 地址。

计算机在数据链路层使用的是 MAC 地址，而常用的是网络层的 IP 地址，因此就需要有一个将 IP 地址转换成 MAC 地址的协议，这就是 ARP 协议。

如果计算机每传输一个数据包都要去查询MAC地址,就会因查询数据包过多而造成网络资源的浪费。因此,当查询到MAC地址后,就会在本机保留一个IP地址和MAC地址的对应表(ARP缓存),供下次传输数据时使用。对于长时间未使用的ARP表项,就会因老化而被系统自动清除。

1. ARP病毒原理

如图9.26所示,三台电脑通过交换机连接成局域网,主机名分别为A、B、C,对应的IP地址为192.168.1.1、192.168.1.2、192.168.1.3,MAC地址分别为MAC_A、MAC_B和MAC_C。

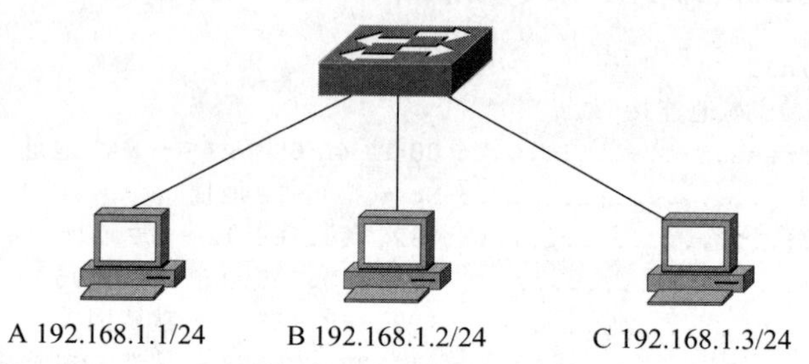

图9.26 ARP病毒原理

主机B要向主机C发送数据,先查找ARP缓存,缓存中没有主机C的MAC地址,于是以广播方式向全网发出"IP地址为192.168.1.3主机的MAC地址是多少"的ARP查询包,这时主机A和主机C都会收到这个查询包。主机A收到包后,对比查询的IP地址不是自己,将包丢弃。主机C收到查询包后,对比查询的IP地址与自己的IP地址一致,回答"IP地址为192.168.1.3主机的MAC地址是MAC_C",主机B收到回应包,然后通过MAC地址与主机C进行通信。

这个过程看起来是完美的,但有一个致命的缺陷,那就是协议正常工作建立在全网主机都只发送正确数据包的基础上。例如,在主机B查询主机C的MAC地址时,本应该只由主机C回应这个查询,但是,如果主机A有不怀好意的程序使主机A也主动回答这个查询,且响应包中的MAC地址不是主机C的MAC地址而是主机A的MAC地址MAC_A。不仅如此,主机A还重复地发送这个响应包,当主机B缓存中关于主机C正确MAC项目因老化而删除时,就会把主机A发送的欺骗MAC地址记录到缓存中,以后发向主机C的数据就发到主机A中了。

如果主机A冒充的不是主机C的MAC地址,而是整个局域网网关的MAC地址,局域网以前通过网关转发的数据包就通过主机A转发了。这样,主机A就会监听整个局域网向外发送的数据包。如果用户的用户名和密码是通过名文发送的,就很容易被主机A盗取,造成很大的安全隐患。

主机A冒充局域网的网关,只能接收局域网中主机通过网关转发出去的数据包,而不能接收从网关转发回局域网主机的数据包。因此,更高级的ARP病毒不仅冒充网关,还会向网关发送ARP欺骗包,让网关上记录的所有IP地址对应的MAC地址都是MAC_A,这样网关向局域网内转发的数据包也会发向主机A。

从上面的分析可以看出，ARP 病毒分为两种，一种是对网关进行欺骗；另一种是对局域网主机进行欺骗。这样，当局域网有一台主机中 ARP 病毒后，将使全网的上网速度变慢，甚至很多主机不能上网，给网络的运行带来很大安全威胁。

2. ARP 病毒源的定位

从 ARP 病毒的攻击原理知道，查找 ARP 病毒源是非常方便的，可从两个方面入手。

一方面是用 Ethereal 捕获网络中的 ARP 包，如某台主机发送大量的 ARP 包，包的 MAC 地址不变，而 IP 地址在不断地变化，那这个 MAC 地址对应的主机就中了 ARP 病毒。

另一方面是在网关设备（如汇聚层交换机）上，查询 ARP 缓存（Cisco 使用 show arp 命令，华为使用 display arp 命令），如果出现多个 IP 地址对应一个 MAC 地址，则该 MAC 地址的主机就是 ARP 病毒源。

```
[huawei]display arp
IP Address      MAC Address      Port Name       Aging     Type
192.168.6.148   00e0-4c3b-71ff   Ethernet0/19     20       Dynamic
192.168.6.3     00e0-4c4c-1133   Ethernet0/19     20       Dynamic
192.168.6.79    00e0-4c4c-1133   Ethernet0/19     20       Dynamic
192.168.6.123   00e0-4c4c-1133   Ethernet0/19     20       Dynamic
192.168.6.207   00e0-4c4c-1133   Ethernet0/19     20       Dynamic
192.168.6.222   00e0-4c4c-1133   Ethernet0/19     20       Dynamic
192.168.4.227   0016-363c-a970   Ethernet0/22     13       Dynamic
```

从上面显示的内容可以知道，MAC 地址为 00e0-4c4c-1133 的主机中了 ARP 病毒。

3. ARP 病毒的防止

从 ARP 病毒的原理入手，对应的措施有：

(1) 对于冒充网关的 ARP 病毒，可采用局域网内的每台主机静态绑定网关 MAC 地址的措施来处理。Windows 中静态绑定 ARP 地址的命令为 arp -s 网关 IP 地址 网关 MAC 地址。如网关的 IP 地址为 192.168.1.1，MAC 地址为 00-aa-00-62-c6-09，静态绑定的命令为 arp -s 192.168.1.1 00-aa-00-62-c6-09。可将此命令做成自动批处理文件 autoexec.bat，开机后自动执行。

(2) 对于欺骗网关的 ARP 病毒，可在网关将所有的主机 IP 地址对应的 MAC 地址进行静态绑定（Cisco 设备的命令为 arp ip-address mac-address，华为设备的命令为 arp static ip-address mac-address）。当主机比较多时，这个工作量很大。因此，最好的办法还是及时定位病毒源，清除病毒。此时网内必须采用静态分配 IP 地址方式。

习题 9

一、选择题

1. 网关模型的主要构件包括（ ）。

A. 网管中心　　B. 被管设备　　C. 网管协议　　D. 网管人员

2. 以下不属于网管功能的是(　　)。

A. 故障管理　B. 配置管理　C. 计费管理　D. 网络共享

3. SNMP 协议使用(　　)通信。

A. TCP　B. UDP　C. IP　D. IPX

4. 以下属于 SNMP 管理功能的是(　　)。

A. "读"操作,用 get 报文来检测各被管对象的状况

B. "写"操作,用 set 报文来改变被管对象的状况

C. 存储操作

D. 管理操作

5. 华为设备的 SNMP 步骤包括(　　)。

A. 配置团体名　B. 允许发送 Trap

C. 指定发送 Trap 的源接口地址　D. 设置发送 Trap 目标主机的 IP 地址

6. 配置 Cisco 二层交换机的管理地址包括(　　)。

A. 配置二层交换机的 IP 地址　B. 配置二层交换机的默认网关

C. 配置二层交换机的 VLAN 号　D. 配置二层交换机的端口速率

7. 对 IOS 进行灾难性恢复的方法有(　　)。

A. 通过 Xmodem 进行恢复　B. 通过 copy 命令恢复

C. 通过 tftpdnld 恢复　D. 通过 copy tftp flash 命令恢复

8. Ethereal 的功能有(　　)。

A. 捕获网络接口上的数据包　B. 能对捕获的数据包进行详细的协议分析

C. 生成各种各样的数据包统计报表　D. 能通过 SNMP 协议管理路由器

9. 目的 IP 地址为 192.168.1.10,端口为 TCP 135 的过滤表达式,正确的是(　　)。

A. ip.src==192.168.1.10 and tcp.port==135

B. ip.dst==192.168.1.10 and tcp.port==135

C. ip.src==192.168.1.10

D. tcp.port==135

二、简答题

1. 网络管理的五大功能是什么?

2. 写出华为设备配置 SNMP 协议的步骤。

3. 华为 VRP 的灾难恢复有哪两种方式?

4. 写出防止 ARP 病毒的措施。

实训 9.1　配置路由器、交换机的管理地址

[实训目的]　熟悉二层交换机管理地址的配置方法和步骤。

[实训设备]

1. 1 台 Cisco 2621XM 路由器,1 台 Cisco 2950-24 交换机。

2. 1 台测试用 PC。

［实训网络拓扑］ 网络接口地址及网络连接如图 9.27 所示。

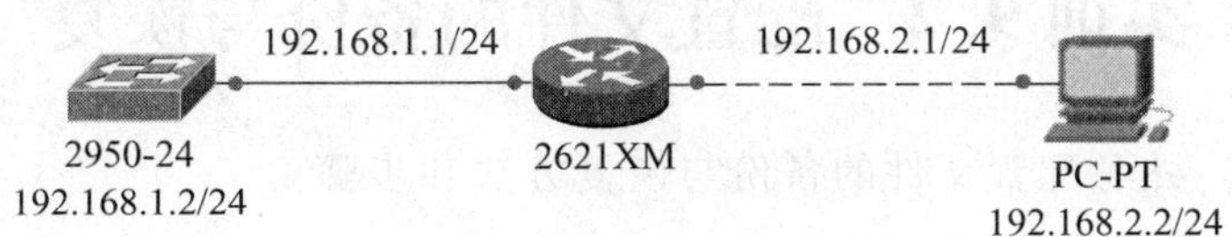

图 9.27　网络连接图

［实训内容与步骤］

1. 按照图 9.27 的参数配好路由器两个以太网接口的 IP 地址，并启用接口。配置好 PC 的 IP 地址，其网关地址为 192.168.2.1，使 PC 与路由器连通。

2. 配置交换机 VLAN1 的 IP 地址，使交换机和路由器连通。交换机的配置命令为：

```
Switch#configure terminal
Switch(config)#interface vlan 1
Switch(config-if)#ip add 192.168.1.2 255.255.255.0
Switch(config-if)#no shutdown
```

3. 配置交换机和路由器的 vty 密码和 enable 密码，可以在路由器上用 Telnet 命令登录交换机，也可以从 PC 上用 Telnet 命令登录路由器。

4. 从 PC 上直接用 Telnet 命令登录交换机，结果是不能登录到交换机。用 ping 检查即 ping 192.168.1.2 也不通。用 tracert 命令检查路由如下：

```
PC>tracert 192.168.1.2
Tracing route to 192.168.1.2 over a maximum of 30 hops:
   1  34 ms  33 ms  48 ms     192.168.2.1
   2  *      *      *         Request timed out.
```

发现可以到达路由器，而路由器也可到达交换机，怎么不通呢？

5. 原因是由于交换机没有配置默认网关，只能和本网段内的主机通信，而路由器有一个接口地址 192.168.1.1 与交换机在一个网段，因此路由器可以访问交换机。而 PC 与交换机不在同一个网段，因此不能访问交换机。

6. 配置交换机的默认网关，命令为：

```
Switch#configure terminal
Switch(config)#ip default-gateway 192.168.1.1
```

7. 此时可通过 PC 使用 Telnet 命令到交换机进行远程配置了，如下所示：

```
PC>telnet 192.168.1.2
Trying 192.168.1.2 ...
User Access Verification
Password:
Switch>enable
Password:
Switch#.
```

实训 9.2 配置文件的备份与恢复

[**实训目的**] 熟悉配置文件的备份与恢复方法和步骤。

[**实训设备**]

1. 1 台 Cisco 2621XM 路由器。
2. 1 台安装了 TFTP 的服务器。

[**实训网络拓扑**] 网络接口地址及网络连接如图 9.28 所示。

[**实训内容与步骤**]

1. 按照图 9.28 中的参数配置好路由器和服务器。
2. 开启服务器的 TFTP 服务,如图 9.29 所示。

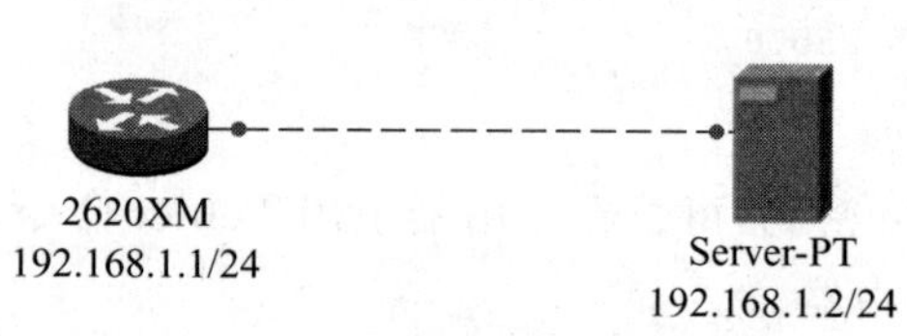

图 9.28 网络连接图

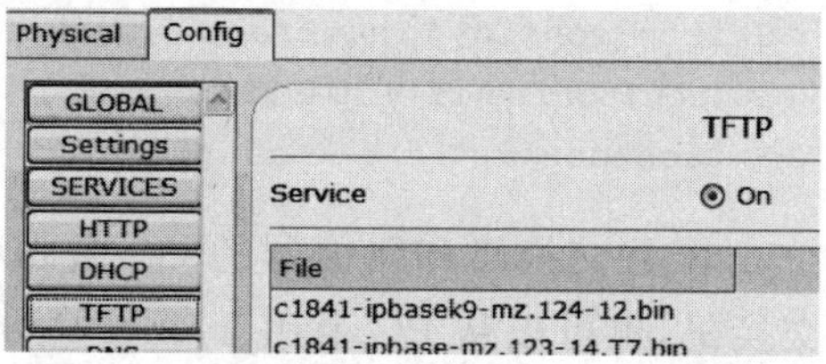

Physical Config
GLOBAL
Settings
SERVICES
HTTP
DHCP
TFTP
TFTP
Service ◉ On
File
c1841-ipbasek9-mz.124-12.bin
c1841-ipbase-mz.123-14.T7.bin

图 9.29 开启 TFTP 服务

3. 在路由器上执行 copy running-config tftp: 命令,将配置文件备份到 TFTP 服务器上,并取名为 c2620xm.bak。备份完成后,查看 TFTP 服务器上是不是增加了 c2620xm.bak 文件,备份是否成功。

4. 将路由器上 FastEthernet0/0 接口的 IP 地址改为 192.168.1.100/24,并用 show running-config 查看是否修改成功。

5. 在路由器上执行 copy tftp: running-config 命令,执行完成后,用 show running-config 查看 FastEthernet0/0 接口的 IP 地址被恢复为 192.168.1.1/24。

实训 9.3 PRTG 软件的安装与使用

[**实训目的**] 熟悉 PRTG 的安装和使用,掌握 SNMP 的配置方法和步骤。

[**实训设备**]

1. 1 台 Cisco 2621XM 路由器。
2. 1 台装有 Windows 操作系统的 PC。

[**实训网络拓扑**] 网络拓扑结构如图 9.28 所示。

[**实训内容与步骤**]

1. 在路由器上开启 SNMP 协议,调协团体名为 Public,允许发送 trap 信息。
2. 在 PC 上安装 PRTG 软件。
3. 打开 PRTG 软件,将路由器添加为监控对象。

4. 将 PRTG 的监控内容发布到 WWW 服务器。

5. 测试 PRTG 的其他功能。

实训 9.4　带源地址的 ping 命令

[实训目的]　熟悉网络连接测试 ping 命令，掌握带源地址的 ping 命令。

[实训设备]

1. 1 台 Cisco 2621XM 路由器，1 台 Cisco 2620XM 路由器。

2. 1 台 PC。

[实训网络拓扑]　网络拓扑结构如图 9.30 所示。

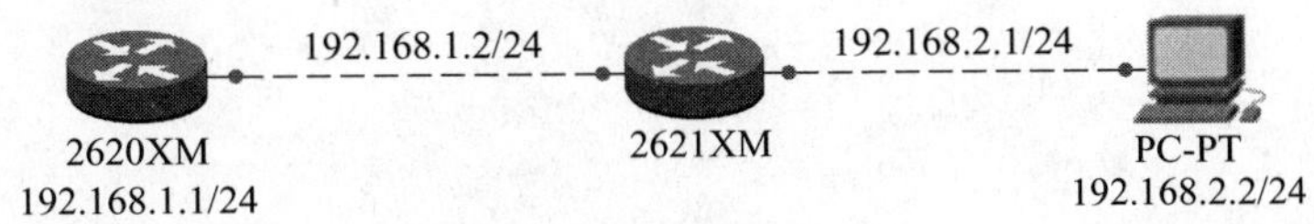

图 9.30　网络连接图

[实训内容与步骤]

1. 按照图 9.30 中的参数配置好路由器和 PC，PC 的网关设备为 192.168.2.1/24。

2. 在路由器 2621XM 上执行 ping 192.168.1.1，能够 ping 通。

3. 在 PC 上执行命令 ping 192.168.2.1，能够 ping 通。

4. 在 PC 上执行命令 ping 192.168.1.1，不能 ping 通。

5. 为什么在路由器上能够 ping 通 192.168.1.1，而在 PC 上不能 ping 通？在路由器上执行带源地址 192.168.2.1 的 ping 命令，如下：

```
Router#ping
Protocol [ip]:
Target IP address: 192.168.1.1
Repeat count [5]:
Datagram size [100]:
Timeout in seconds [2]:
Extended commands [n]: y
Source address or interface: 192.168.2.1
Type escape sequence to abort.
Sending 5, 100-byte ICMP Echos to 192.168.1.1, timeout is 2 seconds:
Packet sent with a source address of 192.168.2.1
...
Success rate is 0 percent (0/5)
```

6. 说明路由器能够 ping 通 192.168.1.1 使用的是 192.168.1.2 这个源地址，由于这两个地址在同一个网段，所以可以 ping 通。而使用源地址 192.168.2.1 时，由于 192.168.1.1 与 192.168.2.1 不在同一个网段，因此不能 ping 通。

7. 由于带源地址 192.168.2.1 时不能 ping 通 192.168.1.1 即 PC 的网关都不能

ping 通 192.168.1.1,因此,PC 也不可能 ping 通。

8. 查找原因,我们发觉,路由器 2620XM 缺少一条到 192.168.2.0/24 网段的路由,因而不通。因此,在路由器 2620XM 加上一条到 192.168.2.0/24 网段的路由。命令如下:

```
Router#configure terminal
Router(config)#ip route 192.168.2.0 255.255.255.0 192.168.1.2
Router(config)#end
```

9. 在 PC 上执行 ping 192.168.1.1,网络连通。

10. 通过带源地址的 ping 命令可以检测具有多个接口地址的路由器、三层交换机某个接口下连接的主机与其他网络不通的故障。

参考文献

谢希仁.计算机网络(第 4 版).北京：电子工业出版社,2004